2018年 水利先进实用技术 重点推广指导目录

水利部科技推广中心　主编

U0248144

中国水利水电出版社
www.waterpub.com.cn

·北京·

图书在版编目（CIP）数据

2018年水利先进实用技术重点推广指导目录 / 水利
部科技推广中心主编. -- 北京 : 中国水利水电出版社,
2018.12
ISBN 978-7-5170-7307-9

Ⅰ. ①2… Ⅱ. ①水… Ⅲ. ①水利工程－技术推广－
中国－目录－2018 Ⅳ. ①TV-63

中国版本图书馆CIP数据核字(2018)第298083号

书　　名	**2018 年水利先进实用技术重点推广指导目录** 2018 NIAN SHUILI XIANJIN SHIYONG JISHU ZHONGDIAN TUIGUANG ZHIDAO MULU
作　　者	水利部科技推广中心　主编
出版发行	中国水利水电出版社 （北京市海淀区玉渊潭南路 1 号 D 座　100038） 网址：www.waterpub.com.cn E - mail：sales@waterpub.com.cn 电话：(010) 68367658（营销中心）
经　　售	北京科水图书销售中心（零售） 电话：(010) 88383994、63202643、68545874 全国各地新华书店和相关出版物销售网点
排　　版	中国水利水电出版社微机排版中心
印　　刷	天津嘉恒印务有限公司
规　　格	210mm×285mm　16 开本　23.5 印张　632 千字
版　　次	2018 年 12 月第 1 版　2018 年 12 月第 1 次印刷
印　　数	0001—1000 册
定　　价	**120.00 元**

本书编写人员

施　昭　樊宝康　魏岳翰　何　苗　王　岚　娄　瑜　谷金钰
杨　斌　樊　博　甘　洛

关于发布 2018 年度水利先进实用技术
重点推广指导目录的通知

水技推〔2018〕9 号

各流域机构，各省、自治区、直辖市水利（水务）厅（局），各计划单列市水利（水务）局，新疆生产建设兵团水利局，各有关单位：

为深入贯彻国家创新驱动发展战略，大力推进水利科技创新，进一步加快科技创新成果与先进实用技术转化应用，为实现水利现代化提供坚实的科技支撑和技术引领，我中心根据《水利先进实用技术重点推广指导目录管理办法》，结合水利工作实际技术需求，组织开展了《2018 年水利先进实用技术重点推广指导目录》的评审工作，现将评审结果予以发布。

各地要结合工作实际，加大创新步伐，认真组织好先进实用技术的推广转化，加强先进技术应用宣传，切实提高现代水利发展水平，努力实现科技兴水目标。

水利部科技推广中心

2018 年 2 月 27 日

附件：

2018 年度水利先进实用技术重点推广指导目录

附件：

2018 年度水利先进实用技术重点推广指导目录

编号	技术名称	完成人	持有单位
TZ2018001	大坝安全在线监测及监测成果三维仿真展示平台系统（ZSK2000）	孙建会、王万顺、易广军、贺虎、朱赵辉、武学毅、熊成林、李秀文、田振华	中国水利水电科学研究院
TZ2018002	矩形小回线源瞬变电磁快速渗漏探测系统	邓中、杨玉波、王万顺、赵文波、智斌、王会宾、李春风、姚成林、贾永梅	中国水利水电科学研究院
TZ2018003	泵站群安全高效运行关键技术	雷晓辉、王浩、田雨、安学利、廖卫红、郑艳侠、王旭、赵晓维、赵冬梅	中国水利水电科学研究院、北京市南水北调工程建设管理中心
TZ2018004	水库大坝安全运行动态监管云平台	盛金保、刘成栋、向衍、沙海飞、李先明、邹世平、袁辉、刘检生、付宏	南京水利科学研究院
TZ2018005	水资源管理综合数据库设计成套关键技术	吴永祥、王高旭、雷四华、张行南、李臣明、魏俊彪、施睿、吴巍、赵宏臻	南京水利科学研究院
TZ2018006	卫星遥感数据传输关键技术	祝明、张建刚、王向军、耿丁蕤、李钢、马艳冰、周光华、周立新、秦文海	水利部水利信息中心
TZ2018007	风光水多能互补分布式发电技术	徐锦才、张巍、金华频、舒静、陈昌杰、周剑雄、关键、陈艇、孟克	水利部农村电气化研究所
TZ2018008	水库大坝无盖重灌浆裂隙封闭材料与技术	陈亮、肖承京、魏涛、张达、王媛怡、冯菁、苏杰、廖灵敏、张健	长江水利委员会长江科学院
TZ2018009	基于时-频转换降维的水库群多目标调度谱优化模型软件（ROSOM）	陈端、王永强、张晖、黄明海、陈辉、李清清、毕胜、郭辉、刘志雄	长江水利委员会长江科学院
TZ2018010	一种塑性混凝土弹性模量测试方法	宋力、常芳芳、高玉琴、鲁立三、郝伯瑾、李娜、张凯、刘慧、张晓英	黄河水利委员会黄河水利科学研究院
TZ2018011	台阶式生态护坡技术	陈飞野、曹伟、索二峰、王大川、王爱国、邓刚、杨璐、撖鹏飞、蒋爱辞	黄河勘测规划设计有限公司
TZ2018012	一种适用于感潮内河水系排污口污水的原位生态修复方法及系统	汪义杰、黄岳文、陈文龙、杨芳、唐红亮、崔树彬、李丽、王建国、马金龙	珠江水利委员会珠江水利科学研究院
TZ2018013	水土保持监督管理信息移动采集系统 V1.0	亢庆、赵永军、李智广、卢敬德、扶卿华、罗志东、伍容容、王敬贵、刘超群	珠江水利委员会珠江水利科学研究院、水利部水土保持监测中心、广东华南水电高新技术开发有限公司

编号	技术名称	完成人	持有单位
TZ2018014	ZJ.BD-001型北斗数据终端	杨跃、覃朝东、韦三纲、王珊琳、赵旭升、邓长涛、陈高峰	珠江水利委员会珠江水利科学研究院
TZ2018015	灌溉用水户水权交易系统（手机移动客户端）	石玉波、张彬、郭晖、吴越、王寅、范景铭、谭雨瑶、邓延利、高磊	中国水权交易所股份有限公司
TZ2018016	水泵出水管的止水结构	王立成、郭继施、郭强、黄红建、蒋小健、李绍鹏、贾静、李岳东、梅占敏	中水北方勘测设计研究有限责任公司
TZ2018017	一种用于高埋深、高地温、高地应力岩爆地区防止隧洞内石块进入水轮机的方法	王立成、王振光、马妹英、吕会娇、范永平、赵秋、李浩瑾、于野、吴晋青	中水北方勘测设计研究有限责任公司
TZ2018018	土石坝水下砂层地震液化压重加固技术	杨启贵、高大水、谭界雄、任翔、王秘学、李建清、马超、周晓明、周启	长江勘测规划设计研究有限责任公司
TZ2018019	砌石坝混凝土防渗面板重构成套技术	彭琦、高大水、谭界雄、位敏、卢建华、叶俊荣	长江勘测规划设计研究有限责任公司
TZ2018020	水库地震数据高速采集技术系统	刘文清、宋伟、李茂华、朱建、董建辉、孙青兰、房艳国、徐新喜、龚成	长江三峡勘测研究院有限公司
TZ2018021	山洪灾害分析评价审核汇集数据前处理系统	王俊、郭海晋、徐德龙、毕宏伟、毛北平、伏琳、罗倩	长江水利委员会水文局
TZ2018022	山洪灾害分析评价县级统计数据处理系统V1.0	徐德龙、伏琳、毛北平、彭全胜、程正选、王驰、李俊、孙元元、肖潇	长江水利委员会水文局
TZ2018023	黄河防洪调度综合决策会商支持系统	姚保顺、魏军、丁斌、段勇、祝杰、李长松、张希玉、李勇、范柯	黄河水利委员会信息中心
TZ2018024	挥发性有机物全自动监控系统	周艳丽、郭正、杨勋兰、李韶旭、李泓露、张军献、黄亮、王静蕾、崔钶	黄河流域水环境监测中心
TZ2018025	变动河床条件下的流量自动监测系统	朱志方、袁占军、弓增喜、徐进进、赵亮、苏茂荣、杨昆鹏、张林波、贾明敏	黄河水利委员会供水局
TZ2018026	生产建设项目水土保持天地一体化监管系统	孙涛、李辉、常清睿、刘昌军、石北啸、孙东亚、宋桂银、孟凡锦、刘宁	中国水利水电科学研究院、北京北科博研科技有限公司
TZ2018027	模块化小流域暴雨洪水分析系统（FFMS）	刘昌军、张顺福、常清睿、张淼、郭良、周剑、叶磊、谭亚男、冯珺	中国水利水电科学研究院、中国科学院西北生态环境资源研究院
TZ2018028	一种调水工程中输水工程设计系统	邵薇薇、丁相毅、刘家宏、杨志勇、陈向东、翁白莎、于赢东、晏点逸、龚家国	中国水利水电科学研究院

编号	技 术 名 称	完 成 人	持 有 单 位
TZ2018029	变化环境下流域降水产流演变过程监测分析技术	刘佳、王浩、李传哲、田济扬、于福亮、廖丽莎、王洋、周普、邱庆泰	中国水利水电科学研究院
TZ2018030	基于土壤-植被-大气连续体（SPAC）水分运动过程的干旱遥感监测模拟系统	宋文龙、苏志诚、吕烨、刘盈斐、廖丽莎、屈艳萍、孙洪泉、高辉、马苗苗	中国水利水电科学研究院、北京易测天地科技有限公司、山东易图信息技术有限公司
TZ2018031	大型双调节水轮机调速系统	潘熙和、王爱生、黄业华、严国强、郑兴华、黄宇、周颖	长江水利委员会长江科学院
TZ2018032	GYT 系列高油压水轮机调速器	潘熙和、王爱生、刘立祥、周国斌、方斌臣、程玉婷、涂丽琴、谢俊海	长江水利委员会长江科学院
TZ2018033	双核励磁调节装置	严国强、张祖贵、黄业华、周颖、潘熙和、涂丽琴、聂伟	长江水利委员会长江科学院
TZ2018034	珠江水质生物监测与评价技术	王旭涛、黄少峰、黄迎艳、闻平、李思嘉、吴世良、魏立菲、谭细畅、李佳明	珠江水资源保护科学研究所
TZ2018035	附加质量法堆石体密度快速无损检测技术	张建清、蔡加兴、马圣敏、张智、马其、陈剑飞、严俊、任丽平、徐梦璇	长江地球物理探测（武汉）有限公司
TZ2018036	DW.YJS－1 型声波遥测雨量计	陈军强、钟道清、黄灶金、黄志旺、沈正、高月明、陈杰锋、杨榕	广东华南水电高新技术开发有限公司、珠江水利委员会水利科学研究院
TZ2018037	大中型水库大坝安全巡检与智能诊断系统	付宏、芦绮玲、刘成栋、向衍、那巍、鲁涛、刘检生、张凯	山西省河道与水库技术中心、南京水利科学研究院、山西省西山提黄灌溉工程建设管理中心
TZ2018038	拖车式移动泵	陈服军、李万平、贾彦博、杨志刚、苏巍、杨静、张兴纲、穆文诚、张林	天津水利电力机电研究所
TZ2018039	蛙式浮体清淤机组	王建军、陈服军、贾彦博、叶社记、李万平、潘建光、杨志刚、苏巍、王斌斌	天津水利电力机电研究所、山西临龙泵业有限公司
TZ2018040	大坝坝后过流面综合检测技术	张洪星、徐玲、钱建华、陈思宇、唐力、李维耿、聂强、冯永祥、来记桃	上海遨拓深水装备技术开发有限公司、中国电建集团昆明勘测设计研究院有限公司、雅砻江流域水电开发有限公司
TZ2018041	北斗卫星实时监测水库群坝体变形技术	陈凯、李陶、熊寻安、姜卫平、龚春龙、叶世榕、吉海、陈锦庆、曹梦成	深圳市水务规划设计院有限公司、武汉大学、深圳市西丽水库管理处
TZ2018042	集成稳流痕量灌溉滴箭组开发与研制	史庆生、焦丽娜、李桐、田家宾、韩铁军、侯佳、杨立玉	天津市水利科学研究院

编号	技术名称	完成人	持有单位
TZ2018043	一种可科学重现稀遇潮洪流动特性的水景观设计方法	杨首龙、何承农、何光同、陈谋祥、叶丽清、黄梅琼、胡朝阳、夏厚兴、薛泷辉	福建省水利水电勘测设计研究院
TZ2018044	人为引发河床演变对河流水位变化敏感性分析方法	杨首龙、林琳、何承农、叶丽清、黄梅琼、胡朝阳、夏厚兴	福建省水利水电勘测设计研究院
TZ2018045	明渠自动流量监测站	李嘉、吕航、蒋报春、周炼、钟志武、傅新耀、曾静奚、寻伟超	湖南省水利水电勘测设计研究总院
TZ2018046	钻孔雷达探测技术	潘绍财、崔双利、汪玉君、孔繁友、于国丰、曲磊、杨小宸、刘元峰、尹铭	辽宁省水利水电科学研究院
TZ2018047	升挂式水闸与闸门启闭技术	杨建中、李志国、郭绍艾、朱建和、杨芳、赵磊、靳翠红、焦小彦、邵长乐	河北省水利水电第二勘测设计研究院
TZ2018048	砌石重力坝加高关键技术	董良山、方卫华、李贤锋、罗志唐、丘必学、靳秀峰、李剑明、王润英、吴锋	广东省水利电力勘测设计研究院、水利部南京水利水文自动化研究所、梅州市清凉山供水有限公司
TZ2018049	南瑞水利一体化管控平台软件	黄华东、余有胜、向南、谈震、舒伊娜、张绿源、刘磊	南瑞集团有限公司、国电南瑞科技股份有限公司
TZ2018050	南瑞水量调度管理系统软件	黄华东、余有胜、向南、纪菁、谈震、刘磊、张绿源	南瑞集团有限公司、国电南瑞科技股份有限公司
TZ2018051	中天海洋水下观测网水质在线监测系统	薛济萍、谢书鸿、薛建林、杨华勇、郭朝阳、陈燕虎、张锋、蔡炳余、栗雪松	中天海洋系统有限公司
TZ2018052	平板式测控一体化闸门	吕锡从、李小龙、李晓鹏、梁丽红、贾莉、房勇、辛康妹、黄朝忠、黄静	北京航天福道高技术股份有限公司、中建金球（北京）工程技术研究院、宁夏回族自治区秦汉渠管理处
TZ2018053	华维区域性水资源管理智慧云平台	吕名礼、张中华、李鸣、夏鸽飞、吴竹、吕名华、吴小李、朱登平、杨富军	上海华维节水灌溉股份有限公司
TZ2018054	Z（H）Q潜水轴（混）流泵	蔡奎义、钟德品	上海东方泵业（集团）有限公司
TZ2018055	WQ潜水污水泵（第二代）	蔡奎义、钟德品	上海东方泵业（集团）有限公司
TZ2018056	GZBW（S）系列大型潜水贯流泵	金雷、王宁、宋天涯、胡薇、莫小健、叶卫宁、舒雪辉、宋飞、王诚成	合肥恒大江海泵业股份有限公司
TZ2018057	环保型多功能混凝土搅拌楼（站）关键技术	曹玉芬、许杰、郑晓刚、方勇、徐晓立、冯新红、郑寓、方毅、何新初	杭州江河机电装备工程有限公司

编号	技术名称	完成人	持有单位
TZ2018058	混凝土仓面水气二相流智能喷雾控温系统	张国新、李松辉、刘茂军、刘毅、孟继慧、张龑、张晓光、顾佳俊、李玥	中国水利水电科学研究院
TZ2018059	联合室内和现场试验确定土体本构模型参数的方法	汪小刚、刘小生、刘启旺、陈宁、赵剑明、杨玉生、侯淑媛、宋远齐、王宏	中国水利水电科学研究院
TZ2018060	冲击映像无损检测方法及系统	冯少孔、张国新、彭冬、黄涛、陈峰、成建国、马文贵、刘明新、汪飞	中国水利水电科学研究院、江苏筑升土木工程科技有限公司
TZ2018061	自愈型混凝土防水抗渗外加剂	张国新、代日增、王鹏禹、李炳奇、王永、王桂友、侯斌、顾佳俊	中国水利水电科学研究院、潍坊百汇特新型建材有限公司
TZ2018062	大型低摩阻叠环式双向静动剪切试验系统	饶锡保、江泊洧、陈云、左永振、王艳丽、张计、周若、韩贤权、蒋昱州	长江水利委员会长江科学院
TZ2018063	悬臂浇筑辊轴行走式轻型三角挂篮	王孝军、牛家盈、时振彬、戚秀君、刘景才、李新军、李广义、张鹏、潘剑峰	山东黄河工程集团有限公司
TZ2018064	HJXK－1型超长边坡渠道削坡开槽机	林彦春、曹为民、高长海、杨小东、尚永立、孟北方、吕连盛、肖发光、白凤兰	黄河建工集团有限公司
TZ2018065	变水位深水斜坡基底护筒埋设及固定技术	吕连盛、常卯三、宋艳青、姚宇星、乔惠平、白凤兰、杨生萍、王效宇、吴云飞	黄河建工集团有限公司
TZ2018066	应用于泵站反向发电的高压四象变频器	钱邦永、问泽杭、罗震、孙承祥、祁国虎、肖怀前、盛维高、杨华、刘振峰	江苏省淮沭新河管理处
TZ2018067	水闸闸孔内自浮式发电装置	许永平、钱邦永、肖怀前、罗震	江苏省淮沭新河管理处
TZ2018068	一种新型的水利工程扬压力测压管	周元斌、吉庆伟、张前进	江苏省骆运水利工程管理处
TZ2018069	抗裂型混凝土薄壳窨低成本快建装置及工艺	庄文贤、尹德庆、陈书法、翟亚明、张静西	连云港市临洪水利工程管理处
TZ2018070	超深水位变幅水力自升降拦漂工程关键技术	陈启春、徐长明、陈启东、李邦宏	四川东方水利装备工程股份有限公司
TZ2018071	超高闸滑模施工技术	孔维龙、史东建、张红杰、丁同岭、安运增、桑相明、孔玉花、张瑞艳、吴永忠	河南省中原水利水电工程集团有限公司
TZ2018072	机泵设备健康监测评估系统（PHMS）	雷文平、李国平、陈宏、李得保、闫家万、邵海霞、刘遥、贾建明、陈磊	郑州恩普特科技股份有限公司
TZ2018073	欣生牌JX抗裂硅质防水剂（掺合料）	陈土兴、胡景波	金华市欣生沸石开发有限公司

编号	技 术 名 称	完 成 人	持 有 单 位
TZ2018074	中苏科技一体化智能泵站	宋成法、颜爱忠、马恩禄、卜亚祥、刘金宝、刘冰菁、孙学文	中苏科技股份有限公司
TZ2018075	蓝深一体化预制泵站	陈斌、黄学军、董绵杰、王震、史长彪、徐啸、许荣贵、李善庭	蓝深集团股份有限公司
TZ2018076	水坦克装配式蓄水池	李森、陈庚文、沈志滔	广西芸耕科技有限公司
TZ2018077	大口径双向拉伸自增强硬聚氯乙烯（PVC-O）管	勾迈、高长全、张贵锁、戚亚宁、张希兵、王迎涛、孟永红、王建辉、周少鹏	河北建投宝塑管业有限公司
TZ2018078	给水用高性能硬聚氯乙烯管材及连接件	袁本海、朱阳林、朱瑞霞、贾金金、于长青	河北泉恩高科技管业有限公司
TZ2018079	给水用钢丝网骨架塑料（聚乙烯）复合管	张阿柯、肖炳荣、刘小春、彭乐、周克瑞、张梅林、刘秋良、刘立洪	湖南前元新材料有限公司
TZ2018080	快速装配式护壁桩护岸	张雁、毛由田、毛永平、金忠良、姚栋、李军、李震、余涛、袁峰	建华建材集团、南京水利科学研究院
TZ2018081	快速装配式波浪桩生态护岸	张雁、毛由田、毛永平、金忠良、姚栋、杨广超、李军、余熠、余涛	建华建材集团、南京水利科学研究院
TZ2018082	超大口径数字化水轮机进水蝶阀	王洪运、张军仿、周达、姜建华、殷明、佘明明、陈凡、杨建	湖北洪城通用机械有限公司
TZ2018083	多级消能调节阀	王洪运、张云海、张旭、喻明武、杨呈、吴友林、李志敏、邹时新	湖北洪城通用机械有限公司
TZ2018084	500 型黄河顶推轮	周海潮、孙志伟、邢俊阔、曹瑞祥、赵田雨、赵庆亮、贾士强、邵杰、郁萍	山东黄河顺通集团有限公司
TZ2018085	螺旋伞齿螺杆式启闭机	钟晓东、钟鲁江、汤健、陶勇、杨俊杰、蔡福海、李强	江苏武东机械有限公司
TZ2018086	直联式启闭机	钟晓东、钟鲁江、汤健、陶勇、杨俊杰、蔡福海、李强	江苏武东机械有限公司
TZ2018087	可拆卸式组合防汛系统	章立、周思杭、袁沛、毕秀霞、邵胜凯、汪若晨	杭州中车车辆有限公司
TZ2018088	WX-防汛抗洪折叠式速凝型防洪墙（防洪挡水墙）	王彬、李晨光、王岚	河北五星电力设备有限公司
TZ2018089	"瓦尔特"水陆两栖全地形车	王彬、刘万新	河北五星电力设备有限公司
TZ2018090	手提便携式快速捆枕器	寇春祥、时振彬、牛家盈、陈茂军、欧阳广启、李士光、陈洪良、李广生、曾鹏	山东黄河河务局济南黄河河务局

编号	技术名称	完成人	持有单位
TZ2018091	一种用于防汛的专用土工布袋	樊峻江、韦建斌、陈国星、陈擎宇、杜云峰、武闻天、陈诚、高坤、李思齐	江苏省水利防汛物资储备中心
TZ2018092	一种防汛用编织袋	徐跃初、陈飞陆、邓丽萍	岳阳市鼎荣创新科技有限公司
TZ2018093	一种高强抢险网兜	王珏、许福丁、张柏英、黄宽、黄倩、钟正、彭俊伟、王伟、吴婷婷	马克菲尔（长沙）新型支档科技开发有限公司
TZ2018094	一种抗洪专用囊	游丽鹏	江苏凸创科技开发有限公司
TZ2018095	新型防汛专用塑编袋	高朋杨、朱合令、韩立收、杨英豪、郭志斌	商丘市大鹏塑料编织有限公司
TZ2018096	京穗喷水式船外机	林毅良、唐敬国、魏岳翰	重庆京穗船舶制造有限公司
TZ2018097	YBRG 翻斗式雨量计	戈燕红、唐卡迪、张令旗、王超、林培雄、黄贤文	宇星科技发展（深圳）有限公司
TZ2018098	山东黄河应急抢险多途径信息采集与传输系统	李凯、李广义、毕学东、郑东飞、袁春阳、戚秀君、高学萍、张锟、李兵	山东黄河河务局山东黄河信息中心
TZ2018099	四创乡镇防灾一体机	陈博嘉、张凌、曾伟、林铸、陈震	福建四创软件有限公司
TZ2018100	基康 G 云通用展示与预警平台	苏航、张绍飞、徐厚伟、谭斌、何泽凌、江修、李贯军、赵初林、侯新华	基康仪器股份有限公司
TZ2018101	雨洪集蓄保墒生态梯级人工湖系统	曾平、焦剑、李文奇、钟莉、鲁欣、张丽丽、冷艳杰、张婷、殷殷	中国水利水电科学研究院
TZ2018102	水沙实体模型试验自动测控系统	胡海华、党伟、董占地、陆琴、吉祖稳、邓安军、史红玲、李慧梅、刘飞	中国水利水电科学研究院
TZ2018103	冰水情一体化雷达监测装备	刘之平、郭新蕾、付辉、杨开林、崔海涛、王涛、郭永鑫、李甲振、陈洁	中国水利水电科学研究院、大连中睿科技发展有限公司
TZ2018104	中科水润水土保持监测与管理信息系统	王耀国、许昊翔、王临梅、高阳力、史伟、马辉、申邵洪	中科水润科技发展（北京）有限公司、水利部水利信息中心、长江水利委员会长江科学院
TZ2018105	水利工程建设管理信息系统 V1.0	李喆、张穗、申邵洪、文雄飞、向大享、陈希炽、姜莹、赵静、王莹	长江水利委员会长江科学院
TZ2018106	CK－DSM 大坝安全监测数据管理及分析云服务系统	李端有、牛广利、何亮、黄跃文、邹双朝、张启灵、谭勇、韩笑、杨胜梅	长江水利委员会长江科学院

编号	技术名称	完成人	持有单位
TZ2018107	IAC2000系列一体化测控装置	黄华东、蓝彦、周兴、刘磊、陈华栋、熊光亚、李志安	南瑞集团有限公司、国电南瑞科技股份有限公司
TZ2018108	生产信息管理系统（PIMS）	杨锋、谭建军、陈述平、刘连翔、章光裕、张一之、王勇、龚金风、黄夭容	湖南江河机电自动化设备股份有限公司
TZ2018109	水利电力智能管理服务云平台（WEIC）	杨锋、侯放鸣、陈述平、贺广武、章光裕、张一之、王勇、罗亮、余波	湖南江河机电自动化设备股份有限公司
TZ2018110	GE730智能视频监控装置	姚卫兵、陈银、姚彦良、孙凡、张强、陈海平、解生翔、杜超	南京开悦科技有限公司
TZ2018111	支持视频及4G传输的低功耗遥测终端机WJ-6000	古钟璧	成都万江港利科技股份有限公司
TZ2018112	弘泰水库现代化综合管理平台	朱孟业、余丽华、邹长国、陈翔、梅传贵、杨宇、刘铁锤	宁波弘泰水利信息科技有限公司
TZ2018113	子规水利工程标准化管理系统	戴孟烈、樊开彬、付杰、邬豪光、王磊、郭绍辉、陈林姗、袁荣狄、江平涛	宁波子规信息科技有限公司
TZ2018114	正呈-基于北斗高精度定位的大坝安全监测系统	陈琛、李帅、张吕炯、李春笙、蒋建华、刘莉莉、李林红、叶力萌、文潇	浙大正呈科技有限公司
TZ2018115	西德云-泵站智能控制和信息管理系统	陈尚坚、沈强、董浩喆、官卫东	深圳西德电气有限公司
TZ2018116	基于LoRaWAN的云终端测量系统	苏航、张绍飞、徐厚伟、谭斌、江修、何泽凌、侯新华、李贯军、赵初林	北京基康科技有限公司
TZ2018117	TP.YDJ-1型遥测终端机	甘洪江、张加利、杨盛、喻甫军、刘华、冉晓军、左陶强、习中怀、肖林	重庆多邦科技股份有限公司
TZ2018118	智慧流域物联网多源信息获取与分析关键技术	叶松、冶运涛、李喆、陈文龙、沈定涛、曹波、张穗、申邵洪、梁犁丽	长江水利委员会长江科学院、中国水利水电科学研究院
TZ2018119	灌区信息化管理系统V1.0	江显群、王珊琳、黄钲武、陈武奋、杜敏军、梁启斌、刘涛、高丽、陈明敏	珠江水利委员会珠江水利科学研究院
TZ2018120	中科水润智能节水灌溉、综合水价改革一体化平台及设备	王耀国、许昊翔、王临梅、高阳力、史伟、马辉、刘旭东	中科水润科技发展（北京）有限公司、水利部水利信息中心、黄河水利委员会信息中心
TZ2018121	力创农业水价综合改革管理云平台	刘文峰、何云、轩永盛、李增斌、宋绍坦、陈东英、徐强	山东力创科技股份有限公司
TZ2018122	海森农业水价综合改革管理平台	郑建光、崔利刚、鲍聪、王立伟、武海亮、马龙、幺小亮、刘羽	唐山海森电子股份有限公司

编号	技术名称	完成人	持有单位
TZ2018123	禹贡灌区智能监控与标准化管理软件	张仁贡、黄林根、赵克华、周国民、李锐、汪建宏	浙江禹贡信息科技有限公司
TZ2018124	富金智能手机远程无线控制（灌溉）系统	李惠钧、李剑锋、赵文帝、李武锦、林钴莎	宁波市富金园艺灌溉设备有限公司
TZ2018125	水质在线监测系统V3.1.1	李华玮、党文龙、雷鑫、景兴伟、童辉、章柏聪、沈伟峰	深圳市水净科技有限公司
TZ2018126	五维水环境物联网监测系统	王军、吴劼、王继斌、郭良志、王永刚、丁辉、单志鹏、马磊	江苏南大五维电子科技有限公司
TZ2018127	东深水资源取水许可台账系统	郭华、张奕虹、高华军、李超文、徐铁铁、丁映霞、周云、邓娟	深圳市东深电子股份有限公司
TZ2018128	弘泰智慧水利云平台	余丽华、邹长国、赵子建、缪能斌、谈娟娟、周华、杨宇	宁波弘泰水利信息科技有限公司
TZ2018129	水权管理物联网控制管理系统V3.0	田中、刘刚、刘博、秦广云	山东金田水利科技有限公司
TZ2018130	基于区域水权的水量智能管理系统V1.0	金彦兆、孙勇、王以兵、卢书超、朱亮煜、孟彤彤、邓建伟、孙栋元、胡想全	甘肃大河自动化工程技术有限公司、甘肃省水利科学研究院
TZ2018131	主副流道微喷头	温季、姜新、郭树龙	水利部农田灌溉研究所
TZ2018132	新水源景物联网机井灌溉一体化系统	冀鹏、白雪风、欧士伟、丁宝文、姜吉祥、魏少帅	北京新水源景科技股份有限公司
TZ2018133	海森农田灌溉智能控制系统	郑建光、崔利刚、鲍聪、王立伟、武海亮、马龙、幺小亮、郑建朋、刘羽	唐山海森电子股份有限公司
TZ2018134	海森智能联控精准水肥一体化系统	郑建光、郑建朋、赵树生、崔利刚、鲍聪、王立伟、毕东旭、马丙杰	唐山海森电子股份有限公司
TZ2018135	中水润德水肥一体化智能云灌溉系统	江培福、邵唯、邱照宁、晏清洪、冷启兴、程琳	北京中水润德科技有限公司
TZ2018136	RTU-JDY型机井灌溉控制器	李永、李建国、余晨、王迪虎、马凌志、吴海强	中兴长天信息技术（南昌）有限公司
TZ2018137	力创基于物联网的新型超声波流量计	冯胜利、孙学宏、刘婷、黄龙、乔东坡、吴多祥、刘新刚、张敬德、李铜	山东力创科技股份有限公司
TZ2018138	余姚银环-电磁流量计	胡建成、朱家顺、徐建波	余姚市银环流量仪表有限公司
TZ2018139	农丰宝农业管理系统平台	朱勇、亓海顺、张昕明、关进中、韩斯、徐金涛、杨海峰、郑洪强、付国丽	黑龙江中联慧通智联网科技股份有限公司
TZ2018140	农田暗沟滤排水减污增效综合技术	韩秋华、陈焕生、缪水林、黄镇、王时秋、高敏、韩冰	绍兴市灵鹫农业科技发展有限公司

编号	技术名称	完成人	持有单位
TZ2018141	软管串接水泵技术	潘红兵、樊治波、卜建煜、马克倩、孙华伟	上海创丞科功水利科技有限公司、北京筑兴房地产开发有限公司
TZ2018142	小型一体化水雨情应急监测设备	薛内川、刘祥海、向琴、向玉林、谢学成、李道彬、赵国茂、何宇、常亮	四川省水文水资源勘测局
TZ2018143	潞碧垦测控一体化槽闸	高虹、贾光耀、黄好慧	潞碧垦水利系统科技（天津）有限公司
TZ2018144	水（肥）智控缓释剂-耕农保牌抗旱宝	张殿锡、张洪鹏、宫焕龙、陈贵娟、李成育、朱瑞军、丁明浩	吉林省汇泉农业科技有限公司、吉林省润禾滩地农业开发有限公司
TZ2018145	毛细透植物根系节水渗灌装置	古欣、陈珊、孙华伟	四川威铨工程材料有限公司、北京筑兴房地产开发有限公司
TZ2018146	远程控制节能型卷盘喷灌机	虞志杰、严斌成、虞志斌、曹广磊、严正、庄云超、沈家乐、孙冬平、王志超	江苏金喷灌排设备有限公司
TZ2018147	灌溉用电磁阀	张明耀、张峰、张成忠、楼恩辉	宁波耀峰液压电器有限公司
TZ2018148	一体式智能化苦咸水淡化装备	沈敏、张亦含、刘芬芬、陈亚云、陈浙墩、王浩、严登华、贾宝平、蒋建峰	江苏美森环保科技有限公司、中国水利水电科学研究院、常州苏南水环境研究院有限公司
TZ2018149	新型矿物基一剂多效水环境快速治理技术	段增山、毛珊玫	沃顿环境（深圳）有限公司
TZ2018150	HJG型全自动高效一体化供水装置	陈师楚、夏宏生	佛山市弘峻水处理设备有限公司、广东水利电力职业技术学院
TZ2018151	蓝海自动自洁净水机	罗其海、陈云根、王彩兰、罗华杰、周尧平	浙江蓝海环保有限公司
TZ2018152	SZ型自动净水设备（分体式无动力）	杨金波、任岳夫、钱国明、任佳明	浙江神洲环保设备有限公司
TZ2018153	HC型除氟除砷净水设备	章佳琰、叶开良、胡茜娜、杨赟、陈莹、章春水、彭克奇	浙江华晨环保有限公司
TZ2018154	光催化解毒＋生物操控水生态修复技术	王雄伟、范敬兰、甘泉、娄瑜	江苏拜仁环境科技有限公司、南京苏全信息科技有限公司
TZ2018155	BH—高效纳米纤维滤料处理高浊水一体化净水系统及设备	阎勇刚、栾茂耕、高占恒、胡壮	青岛兰海希膜工程有限公司
TZ2018156	大型海水淡化（高盐水脱盐）节能系统及设备	阎勇刚、栾茂耕、高占恒、胡壮	青岛兰海希膜工程有限公司
TZ2018157	HD型全自动多功能净水设备	王军民、李超	浙江华岛环保设备有限公司
TZ2018158	智能型分布式微生物污水处理系统	李志刚、江培福、晏清洪、邱照宁、冷启兴、邵唯	北京中水润德科技有限公司、重庆固润科技发展有限公司

编号	技 术 名 称	完 成 人	持 有 单 位
TZ2018159	倍特生态清淤技术	张曦、朴琦镐、万艳雷、谢晓靓	长江勘测规划设计研究有限责任公司
TZ2018160	假俭草新品种"涵宇一号"技术	高强、颜学恭、刘同宦、胡瑞、石劲松、蔡道明、李亚龙、郭天雷、刘晓路	长江水利委员会长江科学院、荆州长江水土保持工程有限公司
TZ2018161	DT碟管式膜技术	李越彪、张卓	烟台金正环保科技有限公司
TZ2018162	中小河流岸坡生态防护成套技术	何宁、张桂荣、何建村、周成、吴艳、周彦章、周富强、王国利、李登华	南京水利科学研究院、新疆水利水电科学研究院、四川大学
TZ2018163	生物生态水处理技术（EPSB/B&Z）	王晓全、李建红、常永合、王禹淞、张强	昆明光宝生物工程有限公司
TZ2018164	无栽培基质的混凝土植被护坡技术	刘宏涛、胡兴娥、谢开骥、郭棉明、袁玲、郝钰斌、宋利平、朱剑峰	中国科学院武汉植物园
TZ2018165	工程创面人工土壤微生态修复技术	艾应伟、艾小燕、张雯娟、朱梦克、杨航、张冠华	四川大学、长江水利委员会长江科学院
TZ2018166	城市水库消涨带水土生态修复技术	党晨席、蒋文、蔡勇、马浩、曾正纲、郭立鹏、黄金权、赵兵、李思思	深圳市水务规划设计院有限公司
TZ2018167	复合型人工湿地污水处理集成技术体系	赖佑贤、万斌、汪尚朋、刘洪涛、李小平、梁金锐、王硕、邱华生、黄小龙	武汉中科水生环境工程股份有限公司、广州市水电建设工程有限公司
TZ2018168	一种人工芦苇根孔床	张美、阚凤玲、李艳平、王洁、樊博、程琳	中科绿洲（北京）生态工程技术有限公司
TZ2018169	一种抗径流抗侵蚀生态防护毯复合结构体及其施工方法	高武刚、张潮、李英、井长剑、张娜、王志兴、刘树峰、魏剑、游有林	衡水健林橡塑制品有限公司
TZ2018170	一种新型植生土工固袋	高武刚、张潮、李英、井长剑、张娜、王志兴、刘树峰、魏剑、游有林	衡水健林橡塑制品有限公司
TZ2018171	ZN-130全液压遥控割草机	李怀志、李怀前、王昊、闵晓刚、罗国强、马吉星、文琰超、郭欣、闵楠	河南黄河河务局焦作黄河河务局、河南紫牛智能科技有限公司
TZ2018172	一种实现植被快速复绿的生态护坡结构	王钰、许福丁、张柏英、黄倩、钟正、彭俊、王伟、吴婷婷、黄宽	马克菲尔（长沙）新型支档科技开发有限公司
TZ2018173	启鹏现浇生态混凝土技术	甘瑶瑶、莫保明、何恺文、林辉	福建启鹏生态科技有限公司
TZ2018174	沃而润蜂巢约束系统	孔祥明、何伟嘉、郭照军、杨文虎、潘新宇、满书岩、汪鹏、雷文军、韦一	深圳市沃而润生态科技有限公司
TZ2018175	柔性三维网格系统（SINO-ECO系统）	乔支福	黑龙江华生工程材料有限公司

编号	技术名称	完成人	持有单位
TZ2018176	元亨河长制管理信息系统	何顺兰、胡宏宇、蒋廷华、汪世乐、汤林挺、董志浩、平红良、陈昊	浙江元亨通信技术股份有限公司
TZ2018177	河长制信息管理服务系统V1.0	王耀国、许昊翔、王临梅、高阳力、史伟、刘旭东、申邵洪	中科水润科技发展（北京）有限公司、长江水利委员会长江科学院、黄河水利委员会信息中心
TZ2018178	基于华浩超算平台的河长制管理信息系统	倪向阳、王一文、贾晋鹏、王贵作、刘星丽	华浩博达（北京）科技股份有限公司
TZ2018179	鼎昆远程实时白蚁监测预警系统	沈俊峰、沈伟强	浙江鼎昆环境科技有限公司
TZ2018180	钛能水环境监测管理系统	花思洋、吉拥平、顾纪铭、印小军、卢兴、高学林、葛海亮、邢述春、陈雨晴	钛能科技股份有限公司
TZ2018181	ZLHT系列环境参数监控系统软件	朱勇、亓海顺、张昕明、关进中、韩斯、徐金涛、杨海峰、郑洪强、付国丽	黑龙江中联慧通智联网科技股份有限公司
TZ2018182	华微5号无人船测量系统	彭期冬、林俊强、吴彬、吴宾、叶芳飞、刘维超、靳甜甜、尹婧、张爽	中国水利水电科学研究院、上海华测导航技术股份有限公司
TZ2018183	地下水分区动态预测与评价技术	李传哲、刘佳、王浩、田济扬、于福亮、谭亚男、邱庆泰、郭重汕、王洋	中国水利水电科学研究院
TZ2018184	南水水尺图像水位自动提取软件	陈翠、牛智星、阮聪、陈智、嵇海祥、李幸福、刘伟、王丰华	水利部南京水利水文自动化研究所、江苏南水科技有限公司
TZ2018185	CK-LAT低功耗数据采集仪	李端有、黄跃文、周芳芳、毛索颖、谭勇、邹双朝、曹浩、韩贤权、韩笑	长江水利委员会长江科学院
TZ2018186	降雨侵蚀过程测定仪器及其测定方法	张平仓、赵元凌、钱峰、李昊、任斐鹏、董林垚、黄金权、刘晓路、崔豪	长江水利委员会长江科学院
TZ2018187	水平式ADCP流量自动监测系统	张国学、周波、陈卫、王志飞、袁德忠、王巧丽、李雨、雷昌友、陈金凤	长江水利委员会水文局
TZ2018188	内陆水域水文泥沙采样成套设备	段光磊、晏黎明、周儒夫、程含斌、彭玉明、马经安、方智、谢静红、周纯海	长江水利委员会水文局荆江水文水资源勘测局
TZ2018189	XF-A悬浮直立水尺	徐辉、孙文华、时国军、亓传周、苏金超、徐鹏、刘保生、张曙光、王海雷	山东黄河河务局菏泽黄河河务局

编号	技 术 名 称	完 成 人	持 有 单 位
TZ2018190	水下地形智能勘测船	王磊、陈若舟、王天奕、邢方亮、陈俊、丘谨炜、罗朝林、郭泽斌	珠江水利委员会珠江水利科学研究院
TZ2018191	水土保持无人机对地动态监测技术	宋月君、杨洁、廖凯涛、周春波、左继超、喻荣岗、郑海金、张利超、陈浩	江西省水土保持科学研究院
TZ2018192	多邦水位计（TP-SYQ10气泡式、TP-SYT压力式、TP-SWL雷达式）	左陶强、冉晓军、杨盛、刘华、甘洪江、张加利、习中怀、肖林、喻甫军	重庆多邦科技股份有限公司
TZ2018193	TP-DXS-02型地下水位在线监测一体机	杨盛、刘华、冉晓军、张加利、肖林、甘洪江、习中怀、喻甫军、左陶强	重庆多邦科技股份有限公司
TZ2018194	WRU-2000遥测终端机	李建明、李建阳、冯立刚、许大朋、刘长永、王福坤	北京威控科技股份有限公司
TZ2018195	亿立能在线测流系统软件	张新强、王三槐、周浩、熊涛、吴明明、方芳	湖北亿立能科技股份有限公司
TZ2018196	一种智能数传蒸发站	张新强、盛李立、夏洪敏	湖北亿立能科技股份有限公司
TZ2018197	一种基于经验模态分解的中长期水文预报技术	吕继强、闫旺、王战平、罗平平、周美梅、张晓玲、聂启阳、慕登睿、薛强	长安大学
TZ2018198	应用于流量巡测的便携式雷达	陈德莉	上海航征测控系统有限公司
TZ2018199	应用于流量在线监测的雷达	陈德莉	上海航征测控系统有限公司
TZ2018200	RTU-DXS03型遥测浮子式水位计	李永、李建国、余晨、王迪虎、马凌志、吴海强	中兴长天信息技术（南昌）有限公司
TZ2018201	RTU-JDY型遥测终端机	李永、李建国、余晨、王迪虎、马凌志、吴海强	中兴长天信息技术（南昌）有限公司
TZ2018202	RTU-DXS02型压力式地下水位一体机	李永、李建国、余晨、王迪虎、马凌志、吴海强	中兴长天信息技术（南昌）有限公司
TZ2018203	智能扫描式声学多普勒测流仪	傅琰、王月斌、张吉栋、方雷、杨波、王超、韩永根、龚真、郑豪锋	杭州开闳环境科技有限公司
TZ2018204	AJ系列气相分子吸收光谱仪	郝俊、孙璐、刘丰奎、牛军、谢东花、周艳丽、李兵、肖振国、束金祥	上海安杰环保科技股份有限公司
TZ2018205	H5110型遥测终端机	周志明、王涛	深圳市宏电技术股份有限公司
TZ2018206	水质在线监测和水处理无人船	张玉昌、张强、曾振华、房伟平、韩福忠、杨光、尚薇、王冬、张舒	深圳市百纳生态研究院有限公司

编号	技术名称	完成人	持有单位
*TZ2018207	安全生产元素化管理系统 V2.1	戴孟烈、樊开彬、邹豪光、付杰、袁荣狄、王磊、吕海峰、江益平、程国印	宁波子规信息科技有限公司
*TZ2018208	采样/监测/测量/暗管探测无人船系统	张云飞、成亮、邹雪松	珠海云洲智能科技有限公司
*TZ2018209	闸门测控一体化系统	于树利、张喜、许卓宁、杨茂、杨志涛、钱谷、刘文、曹振银、秦志强	唐山现代工控技术有限公司
*TZ2018210	强化耦合生物膜反应器（EH-BR）技术	李保安、张敏利、史毅军、侯爱平、王旭洋、位红永、李海	天津海之凰科技有限公司
*TZ2018211	一种修复富营养化水体的组合装置及方法（细分子化超饱和溶氧-超强磁化技术）	扈乃维、林华兵、王慧智、崔旭鹏、韩殿微、王玉、田立君、张洋、乌溪	北京环尔康科技开发有限公司
*TZ2018212	水力自控翻板闸坝技术	曾龙祥、廖炳炎、曾锋、杨嘉滨、何丽县、邓黎红、曾雄、邓正初	湖南省水电（闸门）建设工程有限公司
*TZ2018213	气盾坝生产加工技术	陈华卫、牟泰源、孙万龙、马慧敏	烟台华卫橡胶科技有限公司
*TZ2018214	倾斜式升降水闸	周卫东、张意、周骞、赵延军、张坚、黄自康、龙丁山	湖南力威液压设备有限公司
*TZ2018215	竹缠绕复合管道技术	叶柃、杨会清、张永维、翁赟、张淑娴	浙江鑫宙竹基复合材料科技有限公司
*TZ2018216	圣戈班穆松桥-球墨铸铁管道系统	孙恕、陈锐、韦志群、蔡道林	圣戈班（徐州）铸管有限公司、圣戈班管道系统有限公司
*TZ2018217	微润灌溉技术与设备	杨庆理	深圳市微润灌溉技术有限公司
*TZ2018218	光伏扬水系统	施洪峰	深圳天源新能源股份有限公司
*TZ2018219	水文水资源测控终端机	李海增、吴超、付红民、董文波、王涛、董金鑫、刘鑫、李万美、明刚	北京奥特美克科技股份有限公司
*TZ2018220	水资源实时监控与管理系统	李宏伟、臧志刚、朱荣付、周卫龙、曹元、王洪让、安然、李月颖、王佩涛	北京奥特美克科技股份有限公司
*TZ2018221	山洪灾害预警系统	滑新波、史改宾、王佩涛、程光荣、周卫龙、高彦昭、韩春阳、安然、李月颖	北京奥特美克科技股份有限公司
*TZ2018222	中小河流信息管理系统	滑新波、周卫龙、王大正、李宏伟、程光荣、朱荣付、王洪让、安然、李月颖	北京奥特美克科技股份有限公司

编号	技术名称	完成人	持有单位
* TZ2018223	机井首部灌溉控制一体机	吴玉晓、李海增、李晨光、王洋、杨建军、吴超、付红民	北京奥特美克科技股份有限公司
* TZ2018224	系列超声波多普勒流速仪	夏文军、陈庆良、黄建平、廖建波	厦门博意达科技有限公司
* TZ2018225	超氧纳米气泡黑臭水体治理技术	蔡建、吉林安、殷克	太仓昊恒纳米科技有限公司
* TZ2018226	TAS9000 灌溉预报与管理系统	花思洋、金启超、汤敏、韦东、顾纪铭、印小军、张慧、谷晓南、冯晓波	钛能科技股份有限公司
* TZ2018227	PAS670 智能井房	花思洋、金启超、崔得志、王海兵、顾纪铭、张紫贤、印小军、万荣荣、兰飞飞	钛能科技股份有限公司
* TZ2018228	东深城市水资源管理系统	郭华、张奕虹、林占东、王家亮、陈柏芳、刘正坤、陈松、孙爱兵、刘江啸	深圳市东深电子股份有限公司
* TZ2018229	东深洪水预报调度系统软件 V2.0	郭华、林占东、王家亮、刘江啸、张奕虹、解家毕、邓娟、陈虎兴、魏吉海	深圳市东深电子股份有限公司
* TZ2018230	东深水利工程建设管理系统	郭华、张奕虹、林占东、王家亮、陈柏芳、刘正坤、陈松、孙爱兵、刘江啸	深圳市东深电子股份有限公司
* TZ2018231	中小流域水资源统一调度系统	郭华、林占东、王家亮、杜瑞英、孙爱兵、刘江啸、张奕虹、刘正坤、白重峰	深圳市东深电子股份有限公司
* TZ2018232	SK 系列集成式一体化净水设备	孙振坤、李一、谭长宝	青岛鑫源环保集团有限公司
* TZ2018233	SK 系列反渗透设备	孙振坤、陈海涛、谭长宝、刘强强	青岛鑫源环保集团有限公司
* TZ2018234	CTF 混凝土增效剂	潘亚宏、冯庆革、阮树求、杨德坡、阮汉斌、苏良佐	广州市三骏建材科技有限公司
* TZ2018235	EPSB 生物生态综合治理技术	李建、刘琴、黄东方、廖蓉、庞凯、周明敏、徐小龙	四川清和科技有限公司
* TZ2018236	一种汽车无水干洗剂	朱正龙、朱铁鑫	上海美瀚汽车环保科技股份有限公司

注 排名不分先后；加 * 的为历年列入指导目录，超过三年有效期，此次通过复审列入 2018 年指导目录的技术。

目　　录

1 大坝安全在线监测及监测成果三维仿真展示平台系统（ZSK2000）

持有单位

中国水利水电科学研究院

北京中水科工程总公司

技术简介

1. 技术来源

自主研发。

2. 技术原理

该系统采用先进的领域驱动设计分层模式，通过深入分析安全监测工程中涉及的传感器、仪器、设施、项目等概念，封装了监测领域对象，实现了系统的"高内聚，低耦合"。

3. 技术特点

实现了复杂格式数据的批量导入，公式解析器，不同仪器监测数据的转换计算，监测数据可视化技术，二维三维导航，异常测点定位，自定义报表设计器，自动生成初步分析报告。

技术指标

（1）与其他系统的接口——系统提供与采集系统的无缝对接，自动提取相应系统采集的数据信息，并进行即时的异常识别和预警。

（2）内置仪器种类——系统内置了目前所有安全监测仪器设备，如振弦式、差阻式、光纤式、电位器式、数字式等，并可以通过配置向导自定义新式仪器。

（3）二维、三维导航自由切换——系统在二维、三维监测对象管理、导航、定位方面性能优越，实现了监测对象定位的平滑转场，树形目录与测点交互定位流畅、无卡顿。

技术持有单位介绍

中国水利水电科学研究院隶属中华人民共和国水利部，是从事水利水电科学研究的公益性研究机构。主持承担了一大批国家级重大科技攻关项目和省部级重点科研项目，承担了国内几乎所有重大水利水电工程关键技术问题的研究任务，还在国内外开展了一系列的工程技术咨询、评估和技术服务等科研工作。取得了一大批原创性、突破性科研成果，共获得国家科技进步奖100项、省部级奖745项。

北京中水科工程总公司是中国水利水电科学研究院全资企业，是北京市科学技术委员会首批认定的高新技术企业。公司开展国内外水利水电、交通、能源、铁路、市政、建筑等行业相关领域的技术研发，承接工程勘测设计、施工、监理、咨询评估、监测检测、项目总承包。可从事工程新材料、监测仪器与信息化系统、水处理设备、机电设备的研发、生产和销售。

应用范围及前景

根据工程规模和建模成本，中小型坝系统单价为20万元/套；大中型坝系统单价为40万元/套。

系统的投运可使工程运管单位实现"少人值守，无人值班"；自动生成初步分析报告功能，可提高工作效率，并节约运行管理费用60%以上。

系统开发依托自有资金，前期投资80万元，推广应用期累计投入50万元，目前已在10个项目推广使用，已收回全部投资。除水库大坝安全监测外，系统还可用于输水工程、地下洞室、边坡围堰、尾矿库坝、除险加固等项目的监测，能够全面提升安全监测在水工程的安全性态研究和应用于指导实际生产活动的效能，社会效益和经

济效益非常可观。

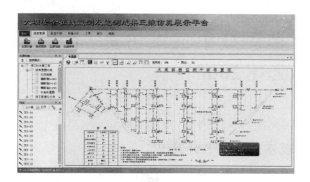

■ZSK2000 系统大坝监测仪器二维布置

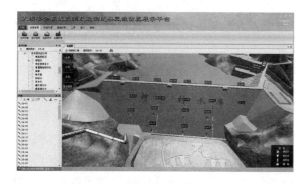

■ZSK2000 系统大坝监测仪器三维布置

■ZSK2000 系统大坝监测仪器三维场景模拟

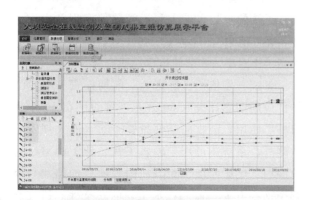

■ZSK2000 系统典型测点过程线

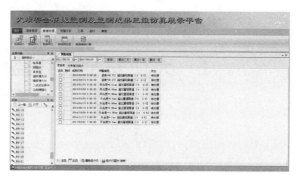

■ZSK2000 系统预警功能

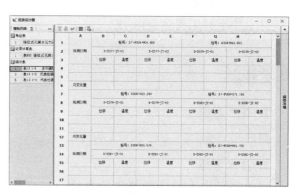

■ZSK2000 系统分析报告数据统计

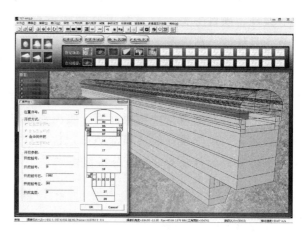

■ZSK2000 系统厂房施工进度三维模拟

技术名称：	大坝安全在线监测及监测成果三维仿真展示平台系统（ZSK2000）
持有单位：	中国水利水电科学研究院、北京中水科工程总公司
联 系 人：	常清睿
地　　址：	北京市海淀区车公庄西路 20 号
电　　话：	010 - 68781072
手　　机：	13331028332
传　　真：	010 - 68786006
E - mail：	changqr@iwhr.com

2　矩形小回线源瞬变电磁快速渗漏探测系统

持有单位

中国水利水电科学研究院

技术简介

1. 技术来源

瞬变电磁法是一种有效的浅层地球物理勘探手段，大多数的瞬变电磁探测方法采用中心回线装置，但在大坝和堤防等水工建筑物渗漏探测中，由于堤坝呈梯形体分布，堤坝顶部和马道的纵向尺寸一般较为狭窄，现场条件的限制导致无法布设大面积的正方形发射线框，此外，由于渗漏通道一般埋深在几十米的深度，埋深一般较小，对探测结果的深度和精度均有较高的要求。为了解决上述问题，开发了矩形小回线源瞬变电磁快速渗漏探测技术。

2. 技术原理

将发射回线由正方形调整为长方形，将观测点由发射回线中心一点扩展至长方形回线的中心一个带状区域，实际观测时，发射回线不移动，接收线圈在某区域内等间隔移动，当移动至某一部位后，发射回线沿侧线移动一个指定的距离 d，接收回线继续沿固定间隔移动至下一测点，直至该测线观测结束。

3. 技术特点

对已有的小回线瞬变电磁检测方法进行改进，依据堤坝结构特点，结合瞬变电磁法的典型观测装置，将中心回线装置和定源回线装置的特点相结合，既达到了监测深度的要求，也保证了探测精度，并且提高了现场探测的效率。

技术指标

（1）本系统适用于瞬变电磁法渗漏快速探测。

（2）本系统可用于大坝、堤防和围堰等水工建筑物渗漏探测。

（3）本系统适用于宽度不小于 2m 的大坝、堤防或者马道探测。

（4）本系统可根据现场条件灵活选择发射和接收线圈尺寸。

（5）本系统探测效率可达到每小时 30 个测点。

技术持有单位介绍

中国水利水电科学研究院隶属中华人民共和国水利部，是从事水利水电科学研究的公益性研究机构。主持承担了一大批国家级重大科技攻关项目和省部级重点科研项目，承担了国内几乎所有重大水利水电工程关键技术问题的研究任务，还在国内外开展了一系列的工程技术咨询、评估和技术服务等科研工作。取得了一大批原创性、突破性科研成果，共获得国家科技进步奖 100 项、省部级奖 745 项。

应用范围及前景

该技术可应用于我国大江、大河、大湖以及水库的渗漏隐患和渗漏通道探测，通过改进的矩形小回线源瞬变电磁法，可以快速、准确确定渗漏通道的位置及范围，为大坝、堤防和围岩渗漏通道探测提供一种先进、快速、准确的新方法。

矩形小回线源瞬变电磁快速渗漏探测系统装置简单，设备轻便，测量快速，已经成功应用于海南陀兴水库、黑龙江尼尔基水利枢纽、西藏藏木水电站、西藏旁多水利枢纽、云南景洪水电站、普洱大河边水库等多座大坝渗流通道检测，探测结果经钻孔验证，用户反应良好，为大坝、堤防和围堰等渗漏隐患的处理提供了科学依据。

■云南普洱一碗水水库现场检测

■西藏旁多水利枢纽大坝渗漏探测

■云南普洱大河边水库现场检测

■江西九江西泉眼水库渗漏检测

■海南陀兴水库大坝渗漏检测现场

■云南景洪水电站下游围堰渗漏检测

■尼尔基水利枢纽左副坝渗漏检测

技术名称：矩形小回线源瞬变电磁快速渗漏探测系统

持有单位：中国水利水电科学研究院

联系人：常清睿

地 址：北京市海淀区复兴路甲1号

电 话：010 - 68781072

手 机：13331028332

传 真：010 - 68786006

E - mail：changqr@iwhr.com

3　泵站群安全高效运行关键技术

持有单位

中国水利水电科学研究院
北京市南水北调工程建设管理中心

技术简介

1. 技术来源

北京市科技计划课题。

2. 技术原理

多类输水元件衔接紧密、多建筑物交互扰动频繁、调控运行约束条件众多、工程调度能耗费用巨大等。针对该类调水工程的基本特点，结合实际现场调研，总结提出了高精度数值模拟和低能耗经济运行两方面的现实需求，为梯级泵站明渠调水工程运行调度方面的科学研究指明了方向。

3. 技术特点

（1）多单元并联内边界的梯级泵站明渠调水工程数值精细仿真，针对渠道、泵站、倒虹吸、渐变段等多种类型的建筑物紧密衔接。

（2）泵站、倒虹吸、渡槽、涵洞等建筑物通常为多个单元并联布置。

（3）多因素多约束影响下梯级泵站输水系统经济优化运行及规律分析，泵站群明渠输水系统特定时期的甩站可行性分析及其优化运行。

技术指标

（1）模拟设计流量运行时泵站进、出水侧水位与实测水位值最大误差仅为1～2cm。

（2）应用泵站群输水系统多约束条件下的优化模型，可节省运行费用5%以上。

（3）水位控制指标最大相对误差小于1%，稳态模拟误差小于3cm。

技术持有单位介绍

中国水利水电科学研究院隶属中华人民共和国水利部，是从事水利水电科学研究的公益性研究机构。主持承担了一大批国家级重大科技攻关项目和省部级重点科研项目，承担了国内几乎所有重大水利水电工程关键技术问题的研究任务，还在国内外开展了一系列的工程技术咨询、评估和技术服务等科研工作。取得了一大批原创性、突破性科研成果，共获得国家科技进步奖100项、省部级奖745项。

北京市南水北调工程建设管理中心主要负责市南水北调配套工程建设管理，具有丰富的工程建设管理经验，开展了大量关于工程技术的有关研究，主持参与了科委科技支撑项目等课题研究。

应用范围及前景

研究的具有复杂内边界的梯级泵站调水工程数值仿真模型，可在具有复杂内边界的河网或输水系统中推广应用。该项目研究的梯级泵站调水工程多变量多尺度时空嵌套优化调度模型和特定工况下梯级泵站明渠调水工程甩站优化运行模型，也在团城湖至怀柔水库段进行了应用，同时可以推广应用到其他特点类似的梯级泵站调水工程。

技术名称：泵站群安全高效运行关键技术
持有单位：中国水利水电科学研究院、北京市南水北调工程建设管理中心
联 系 人：常清睿
地　　址：北京市海淀区复兴路甲1号
电　　话：010-68781072
手　　机：13331028332
传　　真：010-68786006
E-mail：changqr@iwhr.com

4 水库大坝安全运行动态监管云平台

持有单位

南京水利科学研究院

技术简介

1. 技术来源

自主研发。

2. 技术原理

云计算平台有硬件平台和软件平台组成，构成了水库大坝安全监控系统的数据层即水库大坝安全运行的数据管理平台，实现了水库大坝安全监测信息的融合管理，为数据分析管理提供基础能力。

3. 技术特点

（1）提出了基于SOA和云计算技术的数据中心解决方案，提高了云终端的可控性管理，有效整合了云设施资源，降低了运维成本，解决了传统数据中心资源利用率低、业务部署上线周期长等难点。

（2）开发了基于主动数据库的容错、传递、校正与预警技术，集成各类预报模型、监控模型的方法库；融合水库水雨情、安全监测、视频监视等多系统，实现资源共享，消除"信息孤岛"；创造性地集成移动终端、大数据和云技术的最新研发成果；建立了可集成完全B/S结构的多水库大坝安全集中运行动态监管平台。

技术指标

（1）智能巡检系统巡检点定位精度：0.5m；最小定位频率：1s；数据传输：支持WiFi及其他常用通信接口；隐患智能诊断响应最小时间：1s。

（2）图形绘制响应时间不大于0.5s。

（3）模型计算时间不大于2s。

（4）年度报告自动绘制时间不大于5s。

（5）显著提升水利工程运行管理能力和管理水平，综合效益提高5%以上。

技术持有单位介绍

南京水利科学研究院建于1935年，原名中央水工试验所，是我国最早成立的综合性水利科学研究机构，2001年被确定为国家级社会公益类非营利性科研机构。主要从事基础理论、应用基础研究和高新技术开发，承担水利、交通、能源等领域中具有前瞻性、基础性和关键性的科学研究任务，兼作水利部大坝安全管理中心、水利部水闸安全管理中心、水利部应对气候变化研究中心、水利部基本建设工程质量检测中心、水利部水文仪器及岩土工程仪器质量监督检验测试中心。

应用范围及前景

适用于水库大坝安全管理，能对土石坝、混凝土坝、面板坝等多种坝型的实际情况，迅速有效地分析评价大坝的安全状况，提高大坝安全监测数据分析可靠性和水库大坝安全预警能力。

已形成相应的技术规范、专利发明和软件著作权，并在省级水行政主管部门监管的大型水利工程中示范应用。

技术名称：水库大坝安全运行动态监管云平台
持有单位：南京水利科学研究院
联 系 人：向衍
地　　址：江苏省南京市广州路223号
电　　话：025-85828145
手　　机：13813992366
传　　真：025-85828145
E - mail：yxiang@nhri.cn

5 水资源管理综合数据库设计成套关键技术

持有单位

南京水利科学研究院

技术简介

1. 技术来源

自主研发。

2. 技术原理

梳理水资源管理数据库与已建的实时雨水情数据库、基础水文数据库、水质数据库之间的关系，总结归纳已建水利行业数据库标准规范在各级水利部门的应用；基于水利数据中心的理念，采用面向对象思想构建了水资源管理统一数据模型，设计提出基础数据库、监测数据库、业务数据库、空间数据库、多媒体数据库的库表结构，构建了水资源管理数据库的元数据和数据字典。

3. 技术特点

采用面向对象的思想设计了水资源管理数据库统一数据模型，提出了基础数据库、监测数据库、业务数据库、空间数据库、多媒体数据库的库表结构、标识符命名规则、数据类型约定、主键及索引以及数据库物理设计，完成了数据库的元数据和数据字典设计，解决了水资源数据库的高效存储检索、方便应用以及与外部数据库的数据共享问题。主要特点如下：

（1）将水资源管理系统所用到的各个繁杂数据库及数据表转换为简单的对象（Feature）、关系（Relation）及属性（Attribute）三类要素进行存储，分别对应空间对象表、空间关系表、业务关系表、空间属性表和业务属性表等。对象、属性和关系三者的设计遵循松耦合的方式，增加了水资源数据的可利用性，在存储设计上，将对象与空间关系存储在空间库中，属性和业务关系

存储在基础库、监测库和业务库中，以增强依据主题聚合的能力以及依据应用需求扩展的能力。

（2）将水资源所涉及的对象划分为管理者对象与被管理者对象，管理者对象包括水资源国家级管理者、流域级管理者、省级管理者、地市级管理者、县级管理者等。被管理者对象包括：取用水户、流域分区、水资源分区、水功能区、入河排污口、地表水取水口、引调水工程等。在数据模型的基础之上，可抽取形成各种应用视图，来满足在应用系统运行过程中及信息平台发布中所需要的各类数据。

（3）在模型设计的过程中，采用统一的设计框架，并在框架中留有接口，在继承现有成果的基础上，为后续的增加和扩展留有裕量，以满足用户今后数据重组、数据扩容和扩大应用范围的需求，在模型结构、模型对象等各方面进行充分考虑后续扩展的需要。

（4）空间数据描述实体的形态与特征，业务数据描述实体的属性，在水资源数据模型设计时应保持相对独立。为了保证空间数据与业务数据的独立性，将空间数据与业务数据独立存储，同时保证了空间数据能够与业务数据无缝链接。

（5）在建立实体数据库时，同步建立元数据和数据字典，填补了水资源数据库在元数据和数据字典标准建设方面的空白。在全面、完整表达水资源数据信息的同时也有利于后续的扩展。

技术指标

"基础数据库表结构及标识符"（SZY301）分为水利基础信息类、水资源专题信息类及监测设备信息类共3类库表，包括对象表59张，关系表40张；"监测数据库表结构及标识符"（SZY302）分为取排水监测信息类、雨水情监测信息类、水质监测信息类、测站设备工况监测信

息类库表共 4 类 24 张库表；"业务数据库表结构及标识符"（SZY303）包括用水总量控制管理类库表 155 张，用水效率控制管理库表 70 张，水功能区限制纳污管理类库表 96 张，水资源监督考核类库表 24 张，水资源管理支撑保障类库表 115 张；"空间数据库表结构及标识符"（SZY304）包括 44 张空间对象信息表和 11 张空间关系信息表；"多媒体数据库表结构及标识符"（SZY305）包括多媒体资料基本信息库表、文档资料信息表、图片资料信息表、视音频资料信息表。

根据本技术建设的水利部、31 个省（自治区、直辖市）、新疆生产建设兵团和 7 个流域机构的水资源监控系统平台已建设成功，并运行了 2 年有余。2016 年，国家水资源监控系统通过了由水利部组织，中国软件评测中心和南京瑞迪水利信息科技有限公司等承担的技术评估，证明该技术建设的数据库合理、高效。

技术持有单位介绍

南京水利科学研究院建于 1935 年，原名中央水工试验所，是我国最早成立的综合性水利科学研究机构，2001 年被确定为国家级社会公益类非营利性科研机构。主要从事基础理论、应用基础研究和高新技术开发，承担水利、交通、能源等领域中具有前瞻性、基础性和关键性的科学研究任务，兼作水利部大坝安全管理中心、水利部水闸安全管理中心、水利部应对气候变化研究中心、水利部基本建设工程质量检测中心、水利部水文仪器及岩土工程仪器质量监督检验测试中心。

应用范围及前景

该技术该项目解决了水资源数据存储与管理方面的关键技术，已成功应用于水利部、流域、省级和地市各级水资源监控能力建设项目中，对国家水资源监控系统三级平台之间实现互联互通、信息共享和业务协调发挥了关键作用。成果可为各类水资源监控系统、水资源调度系统等水利信息化系统的数据储存和应用提供技术支撑，具有广阔的推广应用前景。

技术名称：	水资源管理综合数据库设计成套关键技术
持有单位：	南京水利科学研究院
联系人：	沙海飞
地　址：	江苏省南京市广州路 223 号
电　话：	025 - 85828135
手　机：	13915975513
传　真：	025 - 83722439
E - mail：	hfsha@nhri. cn

6 卫星遥感数据传输关键技术

持有单位

水利部水利信息中心

技术简介

1. 技术来源

自主研发。

2. 技术原理

数据分发传输基于水利卫星通信网络，数据分发传输系统框架主要包括数据分发、条件接收、数据传输主站、卫星、远端站接收、数据接收等。

3. 技术特点

（1）数据分发传输系统由中心站设施和远端站设施构成。其中 iDirect 主站和 iDirect 远端站为水利部已有设备。数据广播系统软件为开发的数据分发与广播软件。

（2）中心站完成卫星遥感数据信息适配、信息发布策略管理以及信息的发送和接收等功能，与各业务部门的卫星遥感信息平台连接，按照有条件发布原则上星传输，并管理卫星信道带宽。

技术指标

（1）用户管理：修改与创建用户的级别、权限、密码；用户登录、注销等；定义、修改、增加远端站客户；远端站客户注册。

（2）系统管理：组播地址的定义与设置；更新时间间隔的设置；系统运行方式的设置；系统安全标签的生产与保存；服务端数据空间自动清理；服务端的日志生存与浏览。

（3）信道管理：服务端信道监测；远程客户端信道监测；动态显示信道工作状态；动态带宽优化：最大限度利用卫星的出境带宽，实现从数据源到目的地的动态传输带宽分配。

（4）任务管理：对 Block 数据进行块记录，实现按块补发；完成 PUSH 或 PULL 系统运作；客户端分配数据源任务；定时或人工广播系统信息；设置远端用户接受数据源目录；数据文件的切割与拼接还原；接受信息错误回传与客户端的自动点播；服务端数据源自动抓取与广播推送；接收端文件自动保存。

（5）可维护性：增加和修改数据源的信息、目录等；不同的用户匹配不同的数据源；增加和修改远端站的客户信息。

（6）接口管理：定义"抓取"数据源接口；定义广播地址与远端站关联；定义客户端文件接收正确时调用第三方程序的接口。

（7）个性化管理：工作栏、状态栏、消息栏、工具栏视口的显现与隐蔽。

技术持有单位介绍

水利部水利信息中心是水利部直属事业单位，负责水利信息系统的建设和运行维护工作，为各项水利工作提供信息和技术支撑。

应用范围及前景

设计开发的数据分发与数据广播软件，实现了卫星遥感水利空间数据的分解、卫星遥感数据拼接、条件接收与信息回传等，将推动卫星遥感数据在水利行业的应用。

技术名称：卫星遥感数据传输关键技术

持有单位：水利部水利信息中心

联 系 人：张建刚

地　　址：北京市西城区白广路二条 1 号水利部水文局

电　　话：010 - 63202567

手　　机：13911064120

E - mail：jgzhang@mwr.gov.cn

7　风光水多能互补分布式发电技术

持有单位

水利部农村电气化研究所

技术简介

1. 技术来源

自主研发。

2. 技术原理

水能、风能及太阳能是国家积极倡导发展的可再生能源，但风能、太阳能有不确定性和随机性，系统控制调节不方便，为了保障电力供应，一般采用蓄电池进行储能。对于容量较大的孤立电网系统，风光互补蓄电池蓄能成本太高，不适合农村地区和无电网地区推广应用。引入水力发电系统后，以水能发电作为基本负荷，风电和光伏发电并入水力发电系统，可有效延长蓄电池的使用寿命，减少系统的维护投资。

3. 技术特点

（1）中国小水电、风能及太阳能资源均较丰富，三者又具有极强的互补性。

（2）采用风光水多能互补分布式发电技术，可以满足容量较大的孤立电网系统，为中国偏远地区的孤立小电网提供更好电源供应技术，改善贫困地区缺电现状，增补小水电和风能、太阳能互补分布式发电技术领域的空白。

技术指标

（1）以水力发电为主的风光水多能互补分布式发电系统，在孤立运行情况下，负载变化小于系统功率的 10% 以内时，供电系统的电压频率变化范围较小，系统可快速达到稳定状态，各项指标优于国家标准。

（2）实现全功能远程监控。自动控制系统增加了云 Box 模块，可通过任一联网的电脑对系统进行监控，同时针对移动设备开发了相应的 APP，实现了手机、平板电脑等移动设备的远程监控。

（3）以水力发电为主的风光水多能互补分布式发电系统在整体并网、单一能源并网、两种能源组合并网过程中，均能实现快速并网。

技术持有单位介绍

水利部农村电气化研究所于 1981 年 11 月在杭州成立，是我国唯一的全国性农村水电和电气化科研机构，主要从事农村水电行业管理的政策法规和技术研究，承担农村水电行业发展规划编制，组织农村水电行业技术标准研究、制修订及宣贯，开展小水电技术进步的研究与信息交流，进行小水电工程质量检测，为发展中国家提供小水电技术培训和援助。完成项目众多，在农村水电方针政策研究，新技术、新产品研究开发等领域取得了一大批重要成果。

应用范围及前景

采用风光水多能互补分布式发电技术，可以满足容量较大的孤立电网系统，改善贫困地区缺电现状，增补小水电和风能、太阳能互补分布式发电技术领域的空白，具有很好的经济与社会效益。

已经将风光水多能互补分布式发电技术在我国及巴基斯坦等地区推广应用。

技术名称：风光水多能互补分布式发电技术
持有单位：水利部农村电气化研究所
联 系 人：舒静
地　　址：浙江省杭州市西湖区学院路 122 号
电　　话：0571 - 56729267
手　　机：13606649529
传　　真：0571 - 88800580
E - mail: jshu@hrcshp.org

8 水库大坝无盖重灌浆裂隙封闭材料与技术

持有单位

长江水利委员会长江科学院

技术简介

1. 技术来源

水库大坝无盖重灌浆裂隙封闭材料与技术是长江水利委员会长江科学院针对坝基裸岩无盖重灌浆裂隙封闭的技术难题，研制出的一种适用于无盖重固结灌浆的裂隙封闭材料及配套封闭技术。

2. 技术原理

在裂隙不发育部位，常用裂隙预封闭材料均可取得较好的封闭效果，但在裂隙发育部位，使用常用材料进行裂隙预封闭后，压水、灌浆过程中均多次出现封堵体被击穿的现象，需反复进行封堵，因此裂隙预封闭的效果并不理想。针对以上不足，选择自主研发的环氧胶泥材料、聚合物基快硬水泥材料和环氧基液三类裂隙封闭材料进行系列改性，以适应不同现场施工需求。通过添加触变剂（含不溶性微、纳米颗粒）调控环氧胶泥的流动性，使其同时满足立面施工性能和裂缝封闭施工需求；通过调整环氧胶泥固化体系中促进剂和缓凝剂的含量，延长可操作时间；通过调整水灰比来调控聚合物基快硬水泥的施工性能，使其在固化后 0.5h 具有一定的力学强度；还针对现场可能存在的潮湿裂隙面问题，研制了专门的环氧基液材料，可有效保障环氧胶泥在潮湿面的粘结效果。

3. 技术特点

水库大坝无盖重灌浆裂隙封闭材料与技术具有凝结时间快、早期强度高、与混凝土、岩石粘结性能好、干燥和潮湿裂隙均适用等特点，能够对坝基浅表层岩体裂隙进行有效的预封闭处理，裂隙封闭施工工艺简单，封闭效果良好，灌浆过程无浆液渗漏，压水无渗漏，满足坝基裸岩无盖重固结灌浆的要求。

技术指标

（1）改性环氧胶泥裂隙封闭材料主要性能指标：

密度：1.62g/cm³。

可操作时间（25℃）：10～45min。

固化时间（25℃）：40～180min。

抗压强度（14d 龄期）：61MPa。

抗拉强度（14d 龄期）：12MPa。

粘结强度与混凝土或花岗岩：3.5～4.3MPa。

收缩率：0.05%。

（2）聚合物基快硬水泥裂隙封闭材料主要性能指标：

外观均匀、无杂质、无结块。

初凝时间（25℃）：8min。

终凝时间（25℃）：12min。

抗压强度（7d 龄期）：32MPa。

粘结强度（7d 龄期）：1.3MPa。

抗渗压力（7d 龄期）：1.5MPa。

技术持有单位介绍

长江水利委员会长江科学院（简称长科院）创建于 1951 年 10 月，是国家非营利科研机构，隶属水利部长江水利委员会。长科院为国家水利事业、长江流域治理、开发与保护提供科技支撑，同时面向国民经济建设相关行业，以水利水电科学研究为主，提供技术服务，开展科技产品开发。

长科院下设 17 个研究所（中心），8 个科技

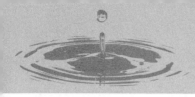

企业。国家大坝安全工程技术研究中心、水利部江湖治理与防护重点实验室、水利部岩土力学与工程重点实验室、水利部水工程安全与病害防治工程技术研究中心、流域水资源与生态环境科学湖北省重点实验室等依托长科院等单位建设。主要专业研究领域防洪抗旱与减灾、河流泥沙与江湖治理、工程水力学、水工结构与建筑材料、基础处理、岩石力学与工程、土工与渗流、爆破与抗震、工程安全与灾害防治、水资源与生态环境保护、土壤侵蚀与水土保持、空间信息技术应用、流域水环境、农业水利研究、国际河流研究、工程质量检测、机电控制设备、水工仪器与自动化、野外科学观测、生态修复研究以及计算机网络与信息化技术应用等。

应用范围及前景

改性环氧胶泥裂隙封闭材料适用于裸岩无盖重固结灌浆的裂隙预封闭。聚合物基快硬水泥裂隙封闭材料应用于裂隙渗漏快速封堵，包括针对渗水缝的预封闭和压水、灌浆过程中裂隙漏水漏浆的封堵。改性环氧基液材料适用于现场可能存在的潮湿裂隙面，可有效保障环氧胶泥在潮湿面的粘结效果。

针对坝基裸岩无盖重固结灌浆裂隙封闭的技术难题，水库大坝无盖重灌浆裂隙封闭材料与技术为坝基裸岩无盖重裂隙预封闭工程提供了可靠的材料和技术，保证了工程进度和质量，发挥了显著的经济社会效益，具有广阔的推广应用前景。

技术名称：水库大坝无盖重灌浆裂隙封闭材料与技术

持有单位：长江水利委员会长江科学院

联 系 人：周若

地　　址：湖北省武汉市黄浦大街 23 号

电　　话：027 - 82829732

手　　机：13886130317

传　　真：027 - 82829781

E - mail：zhouruo@mail.crsri.cn

9 基于时-频转换降维的水库群多目标调度谱优化模型软件（ROSOM）

持有单位

长江水利委员会长江科学院

技术简介

1. 技术来源

自主研发，该软件获得了计算机软件著作权登记证书，登记号 2017SR509655。

2. 技术原理

基于时-频转换降维的水库群多目标调度谱优化模型软件（ROSOM）V1.0 的技术原理包括优化调度目标函数、约束条件以及优化求解方法等部分。以美国哥伦比亚河大型混联水库群为研究案例介绍，计算范围包括中下游以及支流上 10 个大中型水库及其河段。入流包括大古力水库（Grand Coulee）的入库径流、下花岗岩水库（Lower Granite）的水库径流及区间支流的天然径流。各水库的出流为模型的控制变量（即决策变量）。

3. 技术特点

开发的相应软件产品主要功能包括水库群优化调度和区间河道水位流量过程模拟，其中水库群优化调度为多目标，采用进化遗传算法进行优化求解；区间河道水位流量过程模拟为水文学方法，采用率定后的马斯京根模型进行求解。优化模型中上一级水库的决策变量（即水库下泄流量）作为该水库下游河道水位流量过程模拟的输入条件，并演算至下一级水库的坝前。然后以坝前的水位流量作为该水库优化调度的输入条件，以此进行顺序耦合，分叉河道处的流量水位过程同时考虑多个入流及河道验算。模型最下游水库的下游水位流量关系则为模型的水位边界条件。

软件将水库优化调度和区间河道水文过程计算同步耦合，进行梯级水库群多目标优化调度，同时模型的决策变量在每一步迭代中完成时-频转换，在低维的频域空间进行优化，极大减少了变量的搜索空间，因此优化模型的计算效率将大为提高。

技术指标

（1）离线计算与在线优化结合。调度决策变量的集合可通过离线模式进行重复和不间断的计算，其计算成果可通过快速的时频转换分析应用到谱优化模型中，从而开展高效的在线优化。

（2）具有指数的降维效果。水库调度的决策变量的时域相关性（自相关与互相关）较高，即下一时刻的下泄水量与上一时刻高度相关，下游水库的泄水量与上游水库的泄水量也高度相关。该相关性通过时-频分析转化，变量数目可呈指数型下降。

（3）显著提升遗传优化算法性能。遗传算法在对水库调度决策变量进行优化时，其交叉和变异算子将对单个决策变量进行随机调整，如果决策变量间存在相关关系，则随机调整可能破坏原有决策变量解的优良性，从而浪费迭代次数。通过时-频转换后，决策变量为独立的变量，每一次迭代均能对现有解进行优化，从而极大提升优化算法的效率。

（4）具有普适性。可以对不同联系的水库群如串联、并联和混联进行优化分析，适用于大部分的水库群联合调度优化计算。

（5）软件技术主要基于 Matlab 程序语言通过面向对象编程进行开发，多个模块单独封装，组合性好，适用性强，后期易于维护。软件界面利用 Matlab 自带的 GUI 模块进行开发，程序每

次启动时将自动弹出界面，方便用户进行后续操作。界面集成了面板、按钮、数据输入、结果输出等功能，操作简便易用。

（6）软件开发的硬件环境：CPU 主频大于 1GHz，内存大于 1GB，硬盘容量在 2GB 以上的计算机，该软件开发的软件环境：Windows 操作系统（Windows 10/2000/7/8），该软件编程语言及版本号：Matlab 2016 年。

技术持有单位介绍

长江水利委员会长江科学院（简称长科院）创建于 1951 年 10 月，是国家非营利科研机构，隶属水利部长江水利委员会。长科院为国家水利事业、长江流域治理、开发与保护提供科技支撑，同时面向国民经济建设相关行业，以水利水电科学研究为主，提供技术服务，开展科技产品开发。

长科院下设 17 个研究所（中心），8 个科技企业。国家大坝安全工程技术研究中心、水利部江湖治理与防护重点实验室、水利部岩土力学与工程重点实验室、水利部水工程安全与病害防治工程技术研究中心、流域水资源与生态环境科学湖北省重点实验室等依托长科院等单位建设。主要专业研究领域防洪抗旱与减灾、河流泥沙与江湖治理、工程水力学、水工结构与建筑材料、基础处理、岩石力学与工程、土工与渗流、爆破与抗震、工程安全与灾害防治、水资源与生态环境保护、土壤侵蚀与水土保持、空间信息技术应用、流域水环境、农业水利研究、国际河流研究、工程质量检测、机电控制设备、水工仪器与自动化、野外科学观测、生态修复研究以及计算机网络与信息化技术应用等。

应用范围及前景

我国有水库 8.6 万座，相应的水库群优化调度模型的决策变量将急剧上升，模型求解将变得异常复杂，给水库群运行和管理带来巨大挑战。水库群优化调度决策变量降维是突破优化模型维数瓶颈亟需解决的关键问题，也是我国大型水库

群安全运行和高效管理的迫切需求。因此，基于时-频转换降维的水库群多目标调度谱优化模型软件可为流域梯级水库联合调度方式优化与快速求解提供技术支撑。

当前大江大河及其支流所建立梯级水库群已大多投运，该模型软件的推出，可广泛应用于梯级水库群多目标联合调度的模拟计算，适用于梯级水库联合调度下的多目标优化与求解研究与工程实际应用。国内目前有几十家从事梯级水库群联合优化调度模拟研究的单位，如大专院校、部委及省市下属的各公益水利科研院所等，基于时-频转换降维的水库群多目标调度谱优化模型软件，为梯级水库群多目标优化调度求解效率的提升提供一条行之有效的新路径，还可为流域航运规划提供技术手段，为其他复杂系统工程问题的解决提供参考，具有较强的推广应用价值。

技术名称：基于时-频转换降维的水库群多目标调度谱优化模型软件（ROSOM）
持有单位：长江水利委员会长江科学院
联 系 人：周若
地　　址：湖北省武汉市江岸区黄浦大街 23 号长江科学院
电　　话：027 - 82829732
手　　机：13886130317
传　　真：027 - 82829781
E - mail：13886130317@139.com

10   一种塑性混凝土弹性模量测试方法

持有单位

黄河水利委员会黄河水利科学研究院

技术简介

1. 技术来源

中央级公益性科研院所基本科研业务费专项资金资助项目（HKY－JBYW－2013－10）。

2. 技术原理

通过单轴无侧限抗压强度试验和三轴压缩试验测试塑性混凝土应力应变曲线特性，研究抗压强度、峰值应变、残余强度及其他特征点变化规律，提出塑性混凝土应力应变关系本构模型；引入样本相对标准偏差概念及计算方法，分析塑性混凝土弹性模量定义中相对线性段区间，结合裂缝发展情况、破坏现象特点，以典型成果为基础进一步探索区间适应性；结合试验的实操性和国内现有实验条件，参照 SL 352—2006《水工混凝土试验规程》中普通混凝土弹性模量测试方法，分析塑性混凝土试件成型、养护、尺寸、仪器、操作步骤等对其弹性模量测试结果的影响，提出一种适合塑性混凝土抗压静弹性模量的测试方法。

3. 技术特点

（1）提出的本构模型可较好反映塑性混凝土受压特性的应力应变关系。

（2）以试验应力应变曲线为基础提出的塑性混凝土弹性模量计算方法。

（3）以典型成果为基础探索了区间的适应性，并给出修正区间，既考虑全面性又具有针对性。

（4）提出真实反映塑性混凝土特点的弹性模量测试方法——全标距法。

技术指标

塑性混凝土弹性模量测试方法推荐圆柱体试件规格采用 $\phi \times H = 150\text{mm} \times 300\text{mm}$，棱柱体试件规格采用 $B \times B \times L = 150\text{mm} \times 150\text{mm} \times 300\text{mm}$；提出了塑性混凝土弹性模量计算方法，给出了相对线性段的判断标准和选取计算公式中 P_1 点和 P_2 点的方法；以典型成果为基础探索了区间的适应性并给出修正区间。

技术持有单位介绍

黄河水利委员会黄河水利科学研究院始建于 1950 年 10 月，是水利部黄河水利委员会所属的以泥沙研究为中心的多学科、非营利性水利科研机构，学科设置涵盖河流及工程泥沙、工程力学、水土保持、水资源、防汛抢险、新技术应用等 20 多个专业。主要研究领域包括水库泥沙、河道演变、河道整治、河口治理、大型水利水电枢纽布置、粗粒料力学性能研究、水工结构模型试验等。

应用范围及前景

塑性混凝土弹性模量测试方法广泛地应用于水利、交通、工民建等领域。已在郑州引黄灌溉龙湖调蓄工程塑性混凝土防渗墙质量检测、龙背湾水电站上游围堰塑性混凝土防渗墙和出山店水库塑性混凝土防渗墙质量检测等项目中进行了应用，具有较好的推广应用价值。

技术名称：一种塑性混凝土弹性模量测试方法
持有单位：黄河水利委员会黄河水利科学研究院
联 系 人：王艳平
地　　址：河南省郑州市顺河路 45 号
电　　话：0371－66028128
手　　机：13783650197
E－mail：songli@yeah.net

11 台阶式生态护坡技术

持有单位

黄河勘测规划设计有限公司

技术简介

1. 技术来源

台阶式生态护坡技术是在干垒挡土墙的基础上研究出的一种新型柔性边坡防护技术，是一种新型的拟重力式结构。

2. 技术原理

台阶式生态护坡技术主要构件采用混凝土材料预制而成，制作、安装方便，施工工期短。工程整体呈现台阶状，为护坡的多样化、景观化提供了新的设计理念。种植孔用于种植适生植物，增加边坡的绿化面积，提高护坡工程的生态性。砌块体通过玻纤尼龙材料制成锚杆进行拼装连接，使得上下砌块体组成一个柔性的结构，增强了结构的抗剪能力，还可适应地基的微变形。拼装后砌块体间的缝隙可将被防护土体内地下水排走，透水性好；砌块体互相之间能够实现自嵌稳定，具有抗水流冲击的特性，垒砌成台阶状，具有较好的景观效果。

3. 技术特点

在安全性方面，该技术采用的混凝土砌块自重更大，且有锚杆相连接，抗冲、抗滑性能更强。

在外观绿化性能方面，采用的砌块开孔率较大，更适宜种植灌木等绿化植被，绿化效果更佳。

在经济性方面，台阶式生态砌块具有制作简单、施工便捷、造价低、后期管护方便等特点。

技术指标

台阶式生态护坡技术的防护结构型式以多边形植生砌块为主体，拼装而成的台阶式护坡。砌块间采用锚固棒连接，每个 60cm 设置一层土工格栅进行拉结。护坡底部采用 C20 素混凝土底座，顶部采用 C20 素混凝土作为压顶，砌块下设置级配碎石垫层，垫层下部采用土工进行反滤防护。砌块体选用 C30 标号的素混凝土预制而成，厚度为 20cm、边长为 60cm。中部开设有圆形结构种植孔，直径为 30cm，拼装砌筑时，种植孔内回填种植土，并种植适生植物；砌块体四周设有 4 个椭圆形结构的锚固孔，锚固孔长轴为 5cm，短轴为 2.5cm，共 4 个，通过锚杆相连接上下砌块，再采用砂石填充以固定锚杆，锚杆采用玻纤尼龙材料制成。

技术持有单位介绍

黄河勘测规划设计有限公司是 2003 年 9 月由事业单位改制而来的国有大型科技型企业，隶属于水利部黄河水利委员会，其前身为始建于 1956 年的水利部黄河水利委员会勘测规划设计研究院。公司是集流域和区域规划，工程勘察、设计、科研、咨询、监理、施工及项目管理和工程总承包业务等为一体的综合性勘察设计单位，持有国家工程设计综合甲级、工程勘察综合类甲级、工程咨询甲级、水利水电工程施工总承包壹级等 10 多个国家最高等级资质证书。业务领域覆盖了水利、水电、火电、输变电、新能源、工民建、公路、桥梁、生态水利、市政、轨道交通等多个行业，业务范围遍布国内 20 多个省（自治区、直辖市）及全球 30 多个国家和地区。

应用范围及前景

台阶式生态护坡技术适用于对防洪除涝规格、景观绿化效果要求高的城市河道的边坡防护工程，特别是在水位骤降的水位变动区，砌块后

水流可以迅速排出,减少了对边坡的影响。

　　该技术主要依靠砌块块体、坡后填土再通过土工格栅连接构成的复合体来抵抗动、静荷载的作用,达到稳定的目的,而且还能克服传统防护材料施工工期长、景观效果差、坡面透水性差等缺点。砌块种植孔可种植红叶石楠、紫叶小檗、瓜子黄杨等灌木,相比仅能种植普通地被的护坡,景观效果具有较大的优越性,技术应用前景广阔。

■种植孔内回填种植土并准备加植物

■多边形植生砌块

■台阶式生态护坡完工

■多边形植生砌块垒砌连接施工

■台阶式生态护坡垒砌完工

技术名称:台阶式生态护坡技术
持有单位:黄河勘测规划设计有限公司
联 系 人:陈飞野
地　　址:河南省郑州市金水区金水路 109 号
电　　话:0371 - 66023654
手　　机:18103715661
传　　真:0371 - 66023644
E - mail:chenfeiye@qq.com

12 一种适用于感潮内河水系排污口污水的原位生态修复方法及系统

持有单位

珠江水利委员会珠江水利科学研究院

技术简介

1. 技术来源

自主研发国家发明专利技术，该专利技术解决的具体问题主要包括：①提出排污量不稳定的排污口污水原位控制和导流技术与方法；②提高载体表面微生物的自动更新效率，有效避免堆叠式载体板结问题；③提高水体原位处理效率。

2. 技术原理

利用半封闭柔性围隔控制排污口污水，在控制区域内形成上层水生植物吸收区、中层好氧反应区、下层缺氧区的高效生物处理系统。有效发挥导流技术、高效微生物载体技术、同步硝化反硝化技术的综合效能，通过物理沉淀、载体吸附、微生物降解、水生植物吸收与迁移转化等途径净化排水口溢流污染。

3. 技术特点

（1）通过弱透水柔性围幕结合岸墙构建导流渠，对排污口污水进行收集、导流。

（2）自动脱膜的微生物载体系统，在载体框底部曝气气体切割和冲刷作用下，实现自动脱膜。

（3）以水体溶解氧（DO）和氧化还原电位（ORP）为信号，控制间隔曝气系统的启闭及曝气强度，形成系统内部连续的好氧–缺氧环境，显著提高脱氮效率。

技术指标

（1）感潮河涌排污口污水原位处理。以《佛

山市明窦涌水生态治理示范工程》为例，工程于2013 年 11 月运行至今，系统内部及出水保持稳定，水体 COD_{Cr} 为 18.6～35.2mg/L、氨氮为 2.72～3.31mg/L、总磷为 0.144～0.312mg/L，透明度高于 110cm。水质从劣 V 类提升至近地表水 V 类标准，黑臭消除。

（2）富营养化水库库湾水生态修复。以《湛江市市区备用水源地生态保护工程》为例，工程于 2017 年 6 月运行至今，水体水质保持稳定，总氮为 1.1～2.2mg/L、总磷为 0.02～0.03mg/L，透明度高于 120cm；富营养化综合指数为 48.09，整体水质处于中营养水平，水质状态良好。

技术持有单位介绍

珠江水利委员会珠江水利科学研究院（简称珠科院）隶属于水利部流域机构，主要职能是珠江流域及河口区的治理开发、水环境治理与水生态修复、水利数值模拟等理论和应用研究。通过 ISO 90001 质量体系认证及国家计量认证。近年来，为解决日益突出且频繁的水环境污染、水生态破坏等热点难点问题，珠科院先后承担了感潮河道水体污染综合修复技术及工程示范、水利部先进实用技术示范等多项省部级项目，部分研究成果达到国际先进或领先水平。2012 年经水利部科技推广中心批准，设立"水利部科技推广中心水生态修复科技推广示范基地"，为水利先进科技成果转化和推广提供了良好的研究基础和科研平台。珠科院《珠三角城镇水生态修复关键技术与示范》成果获 2015 年大禹水利科学技术奖二等奖。

应用范围及前景

该技术属于河湖水体污染原位治理、水生态

系统修复与富营养化水体污染控制等技术领域，有效控制短期内无法实现截污纳管的污染物排放，应用范围包括：①应用于感潮河涌、湖塘等排污口污水的直接净化或就地处理；②黑臭河道水环境综合整治与水生态修复；③应用于富营养化湖泊或水库库湾等的水生态修复；④应用于分散型农村生活污水的收集处理。

■溢流污染滞纳水体原位治理后
水体透明度大于120cm

■自动脱膜的微生物载体系统

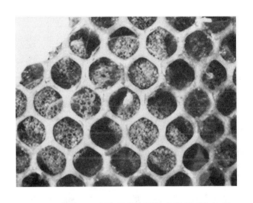

■系统内有益浮游植物浮游动物恢复出现

■柔性围幕对排污口污水进行收集导流

■水生植物有效遮挡污染溢流
且污染物去除效率高

技术名称：一种适用于感潮内河水系排污口污水的
　　　　　原位生态修复方法及系统
持有单位：珠江水利委员会珠江水利科学研究院
联系人：刘晋
地　　址：广东省广州市天河区天寿路80号
电　　话：020-87117188
手　　机：13560030408
传　　真：020-87117512
E - mail：68300710@qq.com

13 水土保持监督管理信息移动采集系统 V1.0

持有单位

珠江水利委员会珠江水利科学研究院
水利部水土保持监测中心
广东华南水电高新技术开发有限公司

技术简介

1. 技术来源

水土保持监督管理信息移动采集系统是为支撑生产建设项目水土保持监事中、事后监管而集成研发的信息化产品和工具。

2. 技术原理

监管系统以 Android 系统智能手机（或平板电脑）、激光测距仪、便携型蓝牙打印机等为硬件平台，以 Android 4.2、Arcgis for Android 为软件开发平台，采用移动智能 APP 开发技术，对软硬件平台具有的空间数据数据存储和展示、GPS 定位导航、4G 移动通信、蓝牙通信、摄影摄像等通用技术，以及基于监管业务应用研发的离线遥感和无人机数据存储和快速浏览、离线空间矢量数据存储和管理、远距离图斑勾绘、不规则堆积体体积快速测量等专业技术进行了集成开发，形成了一整套具有多源空间信息精准、快速、动态采集分析和现场辅助办公功能的软硬件系统，作为生产建设项目水土保持监督管理和现场检查的专业辅助工具，大大提高了工作效率和效益。

3. 技术特点

实现辖区内水土保持数据的采集、传输、交换和发布，建设水土保持部门监督管理、综合治理、监测评价等核心业务的信息化应用。建立与上级主管部门的水土保持信息资源交换系统，建立数据更新维护机制，实现信息资源的充分共享

和有效利用，为水土保持管理部门提供数据统计、信息管理、规划设计及决策支持，提高水土保持监测、设计、管理和决策水平。

技术指标

检测项目包括信息采集、数据库建设、应用系统建设的功能模块测试；系统的安全、可靠性测试；系统的易理解性、易安装性、易操作性测试；用户文档、病毒检查测试。以上测试结论为通过。

技术持有单位介绍

珠江水利委员会珠江水利科学研究院（简称珠科院）建于 1979 年，主要从事基础研究、应用基础研究，承担流域重大问题、难点问题及水利行业中关键应用技术问题的研究任务。珠科院长期以来组织开展重大水利科技问题研究和产品研发，取得了大批科研成果，为珠江流域的水利建设和社会经济发展做出了重大贡献，成为珠江流域 8 省（自治区）及港澳地区的水利科技创新基地和推广中心。

水利部水土保持监测中心是水利部综合事业局直属事业单位，是我国水土保持监测业务工作归口主管单位。主要负责组织开展水土流失综合治理与生态修复、水土流失综合治理措施技术标准体系的研究，开发建设项目水土保持方案技术审查，进行水土保持规范化管理，建立和完善全国水土保持监测网络和信息系统，并组织完成了全国第二次和第三次土地侵蚀遥感调查，实施了全国水土流失动态监测与公告项目。现已建成了国家水土保持数据库，并每年发布年度《中国水土保持公报》，为国家宏观决策提供了科学依据。

广东华南水电高新技术开发有限公司成立于1993年，是广东省科学技术厅批准认定的"广东省水利信息化工程技术研究中心"，是广州市政府采购信息化运行维护定点服务供应商。

应用范围及前景

自 2015 年开始，水利部先后组织开展生产建设项目水土保持监管示范工作和后续试点省工作，该系统已在全国部分地区进行了推广应用，包括支撑了全国 7 个流域管理机构和 31 个省级机构在 38 个示范县的监管工作。借助本系统，共录入涉及 36 类的批复生产建设项目水土保持方案 3708 个，生产建设项目水土流失防治责任范围图空间矢量化 2639 个，建立扰动图斑解译标志 1784 套，解译扰动图斑 28371 个。利用本系统，共发现 2137 处疑似建设地点变更，占总数的 10.9%；9632 处疑似未批先建行为。通过该系统采集到的丰富的定量化基础数据，为生产建设项目水土保持监管深度应用奠定了基础。在上述工作过程中，中央级别流域机构以及有关省市水土保持监测站（中心）等 16 家单位，共采购了 45 套水土保持监督管理信息移动采集系统，并应用到生产建设项目水土保持监管工作中，为该工作高效开展提供了良好的信息化支撑。该技术具有良好的推广应用前景。

■整套水土保持监督管理信息移动采集系统
（软件＋平板电脑＋激光测距仪＋蓝牙打印机）

■在拉萨项目现场推介水土保持监督管理信息移动采集技术

■系统主要功能截图（项目建设水土保持监管）

■水土保持监督管理信息移动采集系统构建

技术名称：水土保持监督管理信息移动采集系统 V1.0
持有单位：珠江水利委员会珠江水利科学研究院、水利部水土保持监测中心、广东华南水电高新技术开发有限公司
联 系 人：卢敬德
地　　址：广东省广州市天河区天寿路 80 号
电　　话：020 - 87117565 - 809
手　　机：18620907003
E - mail：381210840@qq.com

14 ZJ.BD-001型北斗数据终端

持有单位

珠江水利委员会珠江水利科学研究院

技术简介

1. 技术来源

针对当前水利监测站点大多采用 GPRS/GSM 单一信道进行数据传输,在恶劣天气条件下数据保障率低、实时性差等问题,自主设计并开发了基于微功耗嵌入式平台的北斗数据传输终端,可实现基于北斗短报文的数据传输。

2. 技术原理

采用 RS485/RS232 通信接口,兼容市场上绝大多数 RTU 产品,可支持北斗短报文的双向收发、有源定位、卫星授时、长报文自动分包及失败重传等实用功能。产品由 LAN 模块、Transceiver 模块、PA 模块、防雷保护模块、卫星天线及协议转换模块等多个模块共同组成,集成度高、体积小巧,便于安装,为传统水利监测设备接入北斗卫星网络提供了成熟的解决方案。

3. 技术特点

产品针对传统水利监测站点为提高数据传输可靠性,需要增加北斗卫星备用信道的实际需求,结合山洪灾害、水资源监控、水雨情监测等实际应用场景,利用嵌入式技术、微功耗技术以及卫星通信技术,开发了基于总线的一体化低功耗北斗数据透明传输设备,降低了传统设备实现北斗卫星通信的复杂程度和安装维护难度,可提供点对点通信,多对一通信以及指挥机通信等多种组网方案,能够根据用户需要快速构建北斗卫星数据传输网络。产品具有可靠性高、实用性强、技术先进等特点。

技术指标

具有 RS232/RS485 电气标准接口。

报文收发最大长度:≥98 个 ASCII 字符。

平均功耗:≤6W。

发射时功耗:≤100W。

接收通道数:≥2。

首次捕获时间:≤2s。

失锁再捕获时间:≤1s。

支持短报文的双向收发功能。

接收信号误码率:$\leq 1 \times 10^{-5}$。

发射 EIRP 值:5~19dBW。

防护等级:IP68。

技术持有单位介绍

珠江水利委员会珠江水利科学研究院(简称珠科院)是经国务院批准随水利部珠江水利委员会一起成立的国家级科研机构。主要从事基础研究、应用基础研究,承担流域重大问题、难点问题及水利行业中关键应用技术问题的研究任务。目前,珠科院从业职工达 500 余人,其中,教授级高级工程师 50 人,高级工程师 84 人,工程师141 人,博士 68 人。设有河流海岸工程、资源与环境、水利工程技术、信息化与自动化、遥感与地理信息工程、水库移民信息扶持、水利自动化与测控技术和等 5 个专业研究所,以及办公室、科技计划处、人事处和财务处等 4 个职能处室,并设有广东华南水电高新技术开发有限公司和广州珠科院工程勘察设计有限公司。

应用范围及前景

产品针对传统水利监测站点进行北斗卫星信道升级的实际需求,为传统水利监测设备接入北斗卫星网络提供了成熟的解决方案,能够有效提

高水利监测数据传输的可靠性及实时性。产品不但可以应用于山洪灾害、水资源监测、水雨情测报等水利相关项目，还可应用于环保、交通、石油等多个行业，具有广阔的市场前景及可观的经济效益。

产品在海南省 2016 年及 2017 年山洪灾害项目中进行了规模应用，改造卫星监测站点站点近 300 个，显著提高了台风及极端恶劣天气条件下山洪监测数据上报的成功率及实效性。

■立杆式预警站点增加北斗卫星信道

■ZJ.BD-001 型北斗数据终端产品

■水库监测站点北斗卫星信道增补

■水位监测站北斗卫星信道增补

■市县北斗卫星数据接收中心设备安装

■一体化雨量监测站增加北斗卫星信道

技术名称：ZJ.BD-001 型北斗数据终端
持有单位：珠江水利委员会珠江水利科学研究院
联 系 人：刘晋
地　　址：广东省广州市天河区天寿路 80 号
电　　话：020-87117188
手　　机：13560030408
传　　真：020-87117512
E-mail：68300710@qq.com

15 灌溉用水户水权交易系统（手机移动客户端）

持有单位

中国水权交易所股份有限公司

技术简介

1. 技术来源

自主研发。

2. 技术原理

灌溉用水户水权交易系统（手机移动客户端）（简称水权交易 APP）是中国水权交易所股份有限公司自主开发水权交易系统中手机（Android 平台）应用程序。水权交易 APP 是我国首个适用于农业水权交易的手机 APP，农业用水户、农民用水协会等各类交易主体均可通过"微信扫码下载→手机号注册→用户信息完善→挂单交易"四步操作完成交易，并通过水权交易系统结算功能实现在线资金划转，交易流程简单快捷。水权交易 APP 创新性地借鉴证券开盘价形成机制，以灌区为单元，采取用水户双向挂单方式与系统定期匹配模式达成水权交易。

3. 技术特点

水权交易 APP 是采用面向服务的开发框架（SOA）设计，以更快速、更可靠、更具实用性的方式和理念完成 APP 开发，具备很强的扩展性，可根据交易业务创新和变化，随时完成更新。同时，其基于阿里云平台部署，能够在高并发状态下正常运行，保障了水权交易系统的稳定性和安全性。

技术指标

适用版本：Android 4.0 以上；开发环境：Java；开发工具：MyEclipse；开发框架：SOA 网络

系统 阿里云；运行环境：Windows server 2013；手机机型覆盖率：83.6%；安全评估：95.2。

中国软件测评中心为水权交易系统分别出具《软件产品技术鉴定测试报告》和《信息系统安全测评报告》；几维安全为水权交易 APP 出具《应用安全风险评估报告》。

技术持有单位介绍

中国水权交易所股份有限公司是国务院批准的国家级水权交易平台，旨在充分发挥市场在水资源配置中的重要作用，推动水权交易规范有序开展，全面提升水资源利用效率和效益，为水资源可持续利用、经济社会可持续发展提供有力支撑。

应用范围及前景

水权交易 APP 适用于全国各类灌区农户、农民用水协会、农户与农民用水协会及政府回购等交易模式。水权交易 APP 是中国水交所基于水利部《水权交易管理暂行办法》（水政法〔2016〕156 号）规定灌溉用水户水权交易类型开发的手机 APP，是首个面向于农业用水户、农民用水协会以及灌区管理机构的水权交易移动端应用。目前水权交易 APP 已在河北省成安县推广使用，协助县水利局完成了 2016 年度农业水权政府回购工作，回购水量约为 31 万 m³。

技术名称：灌溉用水户水权交易系统（手机移动客户端）	
持有单位：中国水权交易所股份有限公司	
联系人：范景铭	
地　　址：北京市西城区南线阁街 10 号 716 - 719	
电　　话：010 - 63206000	
手　　机：18601289668	
E - mail：fanjm@cwex.org.cn	

16　水泵出水管的止水结构

持有单位

中水北方勘测设计研究有限责任公司

技术简介

1. 技术来源

自主研发，获中国发明专利。

2. 技术原理

水泵出水管的止水结构，包括墙体、穿过墙体的出水管和预埋在墙体中的焊接在出水管外壁的止水环，在出水管和墙体外侧的连接处设置有圆环状的 L 形止水带，止水带的圆环套在出水管外壁上，L 形的两端，一端固定在墙体上，另一端固定在出水管外壁上。避免了传统止水易漏水，且不易检修维护的弊病。在实际运用过程中，由于外水压力作用，使得止水呈挤压状态，从而较为有效达到止水效果，即便墙体与出水管之间产生较大变形错位，止水带较强的拉伸变形能力也可满足运用要求，且后期的检修更换较传统方式更加简便易行，解决水泵运行期间产生的震动造成的不同程度漏水的情况。

3. 技术特点

（1）该技术简单实用、避免了传统止水易漏水，且不易检修维护的弊病。

（2）在实际运用过程中，由于外水压力作用，使得止水呈挤压状态，从而较为有效达到止水效果，即便墙体与出水管之间产生较大变形错位，止水带较强的拉伸变形能力也可满足运用要求，且后期的检修更换较传统方式更加简便易行，有效地解决了水泵出水管与墙体的缝间止水问题。

（3）既能设备的安全运转，又能提高泵站的安全性和经济效益，工作可靠，简单实用，适合推广。

技术指标

通过预埋在墙体中的焊接在出水管外壁的止水环，在出水管和墙体外侧的连接处设置有圆环状的 L 形止水带。

技术持有单位介绍

中水北方勘测设计有研究有限责任公司始建于 1954 年，前身是水利部天津水利水电勘测设计研究院。作为水利部直属的勘测设计科研单位，拥有水利、电力、建筑、水运、公路、市政、农业、园林等多个行业的从业资质。多年来，公司在水利水电规划、勘测、设计、工程总承包、投融资、生态环保以及科研、监理、新能源、智慧城市、数字水利等领域全面发展，成为跨地区、跨行业、跨国经营的综合性科技企业。公司是全国百强设计单位、全国水利优秀企业、全国水利水电勘测设计行业信用评价最高等级ＡＡＡ＋单位、国家高新技术企业，在国内外享有盛誉。公司拥有中国工程院院士 1 名、中国工程设计大师 2 人、天津市工程勘察设计大师 3 人、高级工程师及以上人员 500 余人，以及一大批不同专业领域的技术专家。

应用范围及前景

适用于输水系统、泵站等。

技术名称：水泵出水管的止水结构
持有单位：中水北方勘测设计研究有限责任公司
联 系 人：郭强
地　　址：天津市河西区洞庭路 60 号
电　　话：022 - 28702599
手　　机：13642071555
传　　真：022 - 28348422
E - mail：guo_q@bidr.com.cn

17　一种用于高埋深、高地温、高地应力岩爆地区防止隧洞内石块进入水轮机的方法

持有单位

中水北方勘测设计研究有限责任公司

技术简介

1. 技术来源

自主技术。

2. 技术原理

在发电引水隧洞的集石坑内布置监测仪器，通过监测布置的监测仪器读数来判断集石坑的填满程度，从而决定是否进行块石清除工作。

3. 技术特点

该技术操作简单方便、监测准确无误，既能保障发电设备的安全运转，又能提高水电站的安全性和经济效益，工作可靠，简单实用，适合推广。

技术指标

主要包括由钢板及工字钢焊接而成的钢制箱体、土压力计、预埋钢板、预埋螺栓、预紧螺母、读数仪以及数据传输电缆。在钢制箱体的底面按照 3×3 的形式安装 9 个土压力计，在集石坑底面与土压力计 2 位置对应处设置适当深度的坑槽，以便于钢制箱体、土压力计及预埋钢板的固定。

使用前，需要进行钢制箱体装载程度的标定：首先将箱体内装满水，记录每个土压力计的度数，取平均值记为 I_0；然后向箱内放置石块，达到 50% 的装载程度，记录每个土压力计的度数，取平均值记为 I_{50}；继续向箱内放置石块，达到 70% 的装载程度，记录每个土压力计的度数，取平均值记为 I_{70}，最后将箱体装满石块，并记录每个土压力计的度数，取平均值记为 I_{90}。在引水发电系统的运行阶段，当 9 个土压力计度数的平均值达

到了 I_{90} 时，说明集石坑已经装满，需要关闭检修门，工作人员进入隧洞，将坑内的块石清除。

技术持有单位介绍

中水北方勘测设计有研究有限责任公司始建于 1954 年，前身是水利部天津水利水电勘测设计研究院。作为水利部直属的勘测设计科研单位，拥有水利、电力、建筑、水运、公路、市政、农业、园林等多个行业的从业资质。多年来，公司在水利水电规划、勘测、设计、工程总承包、投融资、生态环保以及科研、监理、新能源、智慧城市、数字水利等领域全面发展，成为跨地区、跨行业、跨国经营的综合性科技企业。公司是全国百强设计单位、全国水利优秀企业、全国水利水电勘测设计行业信用评价最高等级AAA＋单位、国家高新技术企业，在国内外享有盛誉。公司拥有中国工程院院士 1 名、中国工程设计大师 2 人、天津市工程勘察设计大师 3 人、高级工程师及以上人员 500 余人，以及一大批不同专业领域的技术专家。

应用范围及前景

适用于基坑、引水发电系统隧洞内石块集聚防护和块石清除。

技术名称：一种用于高埋深、高地温、高地应力岩爆地区防止隧洞内石块进入水轮机的方法
持有单位：中水北方勘测设计研究有限责任公司
联系人：李浩瑾
地　　址：天津市河西区洞庭路 60 号
电　　话：022 - 28702302
手　　机：18222089015
传　　真：022 - 28348422
E - mail：lihaojin1983@163.com

18　土石坝水下砂层地震液化压重加固技术

持有单位

长江勘测规划设计研究有限责任公司

技术简介

1. 技术来源

中华人民共和国成立后，我国兴建了大量的土石坝，其中黏土心墙坝占很大的比例。由于历史原因，这些工程多属于"三边"工程，大坝填筑采用"人海战术"，因此坝壳料在施工时碾压质量不好，密实度较低，抗震性能很差，尤其是经过几十年的运行，老化病害严重，坝体浸润线以下饱和区，在地震时由于孔隙水压力急剧上升，坝体或坝基砂土极易液化，使砂粒颗粒处于悬浮状态，丧失抗剪强度，对大坝安全构成极大的威胁。针对这一大坝安全问题，该技术提供了蓄水条件下土石坝消除地震液化的解决方案。

2. 技术原理

方案设计思路为：①加固区域确定：加固前采用Biot固结理论有效应力法和弹塑性模型，对大坝进行动应力分析，确定坝体及坝基液化区域。②压重厚度确定：为了消除坝体及坝基液化问题，采用压重法减小砂土孔隙水压力，提高土体间的有效应力，起到抗地震液化作用，压重厚度可结合有限元仿真分析确定。③材料选取：采用抗震性能好的块石料和石渣料对坝体及坝基液化区施加压重；其中水下采用抛投块石料，起到稳固压重基础、挤排坝脚淤泥等作用；水上采用透水石渣料帮坡，可起到压重抗液化、放缓坝坡等作用。

3. 技术特点

（1）在水库蓄水的情况下能进行施工，不需要放空水库，对水库的运行影响小。

（2）相比其他的传统土石坝液化加固方法，具有不扰动原坝体、工程投资少、质量容易控制、加固效果显著、环境影响小等优点。

（3）可放缓坝坡，有效提高坝坡的抗滑稳定安全系数。

技术指标

加固过程中所抛投抛石料有如下要求：①石料由弱风化、微新岩石组成，石质较坚硬，不易软化破碎；②块石干容重大于 $26kN/m^3$，立方体抗压强度大于 $40MPa$，软化系数不低于 0.8；③石料中不含石粉、土块、树根等杂质；④不使用薄片、条状、尖角等形状的块石及风化石与泥岩等；⑤底层挤淤块石参考级配：最大粒径为 $200\sim300mm$，中值粒径 $100\sim170mm$，不均匀系数大于 7，小于 $20mm$ 粒径石料重量百分比小于 5%；⑥其余抛石参考级配：最大粒径不大于 $600mm$，中值粒径为 $150\sim240mm$，不均匀系数大于 10，小于 $10mm$ 粒径重量百分比应小于 5%。

通过了湖北省科技信息研究院查新检索中心的国内外查新。经水利部科技推广中心组织的科技成果鉴定为"总体达到国际先进水平"。

技术持有单位介绍

长江勘测规划设计研究有限责任公司隶属于水利部长江水利委员会，是从事工程勘察、规划、设计、科研、咨询、建设监理及管理和总承包业务的国有科技型企业和国际承包商，综合实力一直位于全国勘察设计单位百强、中国服务业500强，是全国首批设计综合甲级资质企业、三峡工程勘察设计单位、治江事业重要技术支撑和

国家高新技术企业。拥有中国工程院院士 3 人、全国工程勘察设计大师 5 人、各类技术人员 2000 余人。在 60 多年的发展历程中，完成了以长江流域综合规划为代表的大量河流湖泊综合规划和专业规划，先后承担了长江干流及重要支流的开发治理、南水北调中线工程、长江干堤除险加固和一大批大型、特大型水利枢纽，如三峡、葛洲坝、丹江口、水布垭等的勘测、规划、设计、科研工作。

■土石坝水下砂层地震液化压重加固技术现场

应用范围及前景

土石坝水下砂层地震液化压重加固技术是为了解决已建土石坝坝壳料或坝基砂土抗震性能差、密实度底，在地震时对大坝安全造成极大威胁的问题。

■土石坝水下砂层地震液化压重加固技术现场

针对这一威胁大坝安全的重大安全问题，本技术是以降低地震液化度为基础的土石坝压重抗震加固方法，提供了存在抗震问题的土石坝在蓄水条件下消除病害的解决方案，相比于传统的加固方法，具有不扰动原坝体、工程投资少、质量容易控制、加固效果显著、环境影响小等优点。可广泛应用于土石坝地震液化加固工程中，具有巨大应用前景。

目前，土石坝水下砂层地震液化压重加固技术已经在安徽省花凉亭水库［大（1）型水库］中成功应用，取得良好工程效果，产生了非常好的社会效益及经济效益。

■土石坝水下砂层地震液化压重加固技术现场

■土石坝水下砂层地震液化压重加固技术案例

技术名称：土石坝水下砂层地震液化压重加固技术
持有单位：长江勘测规划设计研究有限责任公司
联 系 人：马超
地　　址：湖北省武汉市江岸区解放大道 1863 号
电　　话：027 - 82927843
手　　机：15071195829
传　　真：027 - 82927841
E - mail：machao@cjwsjy.com.cn

19 砌石坝混凝土防渗面板重构成套技术

持有单位

长江勘测规划设计研究有限责任公司

技术简介

1. 技术来源

砌石坝的渗漏处理技术已成为我国该类坝型发展的重大技术难题。针对砌石坝渗漏处理存在的技术难题，依托"十一五"国家科技支撑计划项目"病险水库除险加固关键技术研究"和国家大坝安全工程技术研究中心创新项目"新老混凝土界面无机粘结胶及无机钢筋锚固（植筋）胶的研究与开发"，结合工程实践，研发和提出了砌石坝混凝土防渗面板重构成套技术，主要包括重构防渗面板掺适量聚丙烯腈纤维材料、重构混凝土防渗面板竖向双层止水结构、坝踵盖板止水结构及新老混凝土防渗面板结合面无机增强技术。

2. 技术原理

重构混凝土防渗面板掺聚丙烯腈纤维材料含量可采用约 $0.9 kg/m^3$。坝面重构混凝土防渗面板双向双层止水结构为在防渗面板设带铜止水片的水平施工冷缝，并结合原坝体分缝部位设置竖向结构通缝，在竖向结构通缝中采用 SR 止水和铜片止水结合形成的双层止水结构。混凝土防渗面板重构坝踵盖板止水结构盖板厚度需满足下部基岩帷幕灌浆压浆盖重要求，盖板顶部宽度应大于 2m。新老混凝土防渗面板结合面无机增强技术采用界面粘结和锚杆锚固联合作用，原坝体内偏向水平向以下 5°钻设锚杆并灌注无机植筋胶锚固，新老混凝土防渗面板结合面涂刷无机界面胶。无机界面胶采用硅粉和矿渣粉活性材料，无机植筋胶砂胶比不大于 1.0，且具微膨胀性。两种胶体材料强度高，与混凝土变形特性相近，其线膨胀系数范围为 $(10\sim12)\times10^{-6}/℃$。

3. 技术特点

该成套技术兼顾了防渗面板重构加固工程投资经济性，运行维护成本低，易于运行期大坝管理，提高了重构防渗面板的抗裂防渗性能，使坝体防渗面板与坝基帷幕防渗体衔接部位防渗更为可靠，保障了重构防渗面板结构稳定安全，成功解决了砌石坝漏水及大坝重构防渗体加固的技术难题。

技术指标

采用该成套技术后，经检测防渗面板混凝土抗渗等级达到 W8，抗冻等级达到 F100，混凝土强度达到 C25 等级，韧性提高；新老防渗面板测缝值趋近于零，重构防渗面板后渗压降低明显。

技术持有单位介绍

长江勘测规划设计研究有限责任公司（简称长江设计公司）隶属于水利部长江水利委员会，是从事工程勘察、规划、设计、科研、咨询、建设监理及管理和总承包业务的创新型企业，综合实力一直位于全国勘察设计单位前列，具有国家工程设计综合甲级资质、工程勘察综合甲级、对外承包工程资格等高等级资质证书，是国家核准的高新技术企业。长江设计公司承担了以三峡工程、南水北调中线工程、水布垭水电站为代表的数以百计的工程勘察设计项目，足迹遍布国内和全球 40 多个国家和地区。同时，在工程总承包、工程建设监理以及病险工程治理、输变电工程、新能源工程、交通市政工程、建筑工程、环境工程勘察设计等业务领域取得显著业绩。

应用范围及前景

砌石坝混凝土防渗面板重构成套技术属于水工结构领域，主要用于病险水库除险加固工程中砌石坝上游混凝土防渗面板重构加固，其他类似结构加固工程也可参考采用，具有较好的应用前景。

砌石坝混凝土防渗面板重构是一项系统的加固工程，需根据工程实际情况，采用一种或综合采用多种有效的加固技术，以解决通常遇到的重构防渗面板开裂和防渗止水失效等问题，通过改善新防渗面板及新老面板锚固粘结材料性能，优化防渗面板分缝止水和锚固结构构造，实现对这些问题的解决。

该成套技术在江西省铜鼓县大塅水库除险加固工程中全面应用示范，并在广西全州县磨盘水库和河南省新县长洲河水库砌石坝加固中也成功应用。

■砌石坝加固案例

■砌石坝加固案例

■砌石坝加固案例

■砌石坝加固案例

■砌石坝加固案例

■砌石坝加固案例

技术名称：砌石坝混凝土防渗面板重构成套技术
持有单位：长江勘测规划设计研究有限责任公司
联 系 人：彭琦
地　　址：湖北省武汉市解放大道 1863 号
手　　机：18502776026
传　　真：027 - 82927841
E - mail：21790147@qq.com

20　水库地震数据高速采集技术系统

持有单位

长江三峡勘测研究院有限公司

技术简介

1. 技术来源

集成研发。

2. 技术原理

水库地震数据高速采集技术系统，是以ARM9 为数据处理核心，分别采用了复杂可编程逻辑器件（CPLD）、数字信号处理技术（DSP）、单片机（PIC）编程控制技术、GPS 授时技术及数字滤波放大技术等。地震计将感应到的地面运动信号转换成电压值输出给数据采集器，采集器将模拟电压信号进行滤波放大，再进行 24 位 A/D 转换成 512KSPS 的 1 位数据码流，该码流经DSP 的两段滤波后就得到了地震波形数据（COUNT 值）。上位机中的实时采集程序采用 buILder C++为平台进行编写，程序中包含了地震采集参数设置、通信参数设置、数据回放，数据格式转换、系统标定、滤波方式选择等。

3. 技术特点

独特优势主要表现在，该技术系统的数据采集间隔时由传统的 1s 缩短至 0.95s，增大了采样频率，降低了数据失真度，增加了地震震相初动的清晰度。

技术指标

（1）采样率 50～500Hz 可调。

（2）非线性失真度＜－111dB。

（3）系统动态范围不低于 100dB。

（4）数据采集器分辨率 2～23，线性度优于 1%。

（5）采用 GPS 授时，钟差小于 1ms。

（6）具有自动脉冲标定和正弦稳态标定功能。

（7）能同时采集 3/6 道数据。

（8）以太网数据接口。

（9）24 位 A/D 转换。

（10）输出数据间隔时间为 0.95s。

技术持有单位介绍

长江三峡勘测研究院有限公司（简称三峡院）隶属长江勘测规划设计研究院，是从事工程勘察、科研、咨询、岩土工程设计与施工、地质灾害治理、地震监测与研究、地下水资源评估与开发等业务的科技型企业，拥有综合勘察、岩土工程设计、地质灾害勘查、工程测量等多项甲级资质，综合实力位于全国同行业前列。

应用范围及前景

适用于水库诱发地震监测和天然构造地震监测，同时也适用大坝强震监测。特别是在进行水库地震监测过程中有其独特的优势。

技术名称：水库地震数据高速采集技术系统
持有单位：长江三峡勘测研究院有限公司
联 系 人：孙青兰
地　　址：湖北省武汉市东湖高新区创业街 99 号
电　　话：027 - 87571909
手　　机：13971219800
E - mail：34463119@qq.com

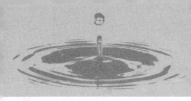

21 山洪灾害分析评价审核汇集数据前处理系统

持有单位

长江水利委员会水文局

技术简介

1. 技术来源

自主研发。

2. 技术原理

该系统采用传统的软件开发生命周期方法和敏捷开发相结合，采用自定向下、逐步求精的结构化的软件设计方法，将有关山洪灾害分析评价数据进行集中导入及格式统一。同时对数据进行统计计算，节省了简单复制粘贴和计算重复规律性数据的时间。可对历史数据进行汇总、统计、分析，进行数据挖掘；也有利于实现数据共享。

3. 技术特点

（1）系统满足山洪灾害分析评价成果审核汇集数据处理的各项需求。

（2）系统满足《山洪灾害分析评价技术要求》，成果输入、输出格式与国家山洪调查评价数据审核汇集软件系统完全一致，方便平台之间数据交换。

（3）系统考虑了不同数据源格式不一、内容不一的难点，经过系统处理，可输出技术要求规定的数据。

技术指标

该系统可以处理山洪灾害分析评价的各类成果数据，包括生成格式化的分析评价目录、生成设计暴雨成果表、生成设计暴雨时程分配表、生成设计洪水过程表、生成控制断面水位-流量-人口关系表、生成防洪现状评价成果表、生成临界

雨量成果表等功能，最终生成的成果满足《山洪灾害分析评价技术要求》，与国家山洪调查评价数据审核汇集软件系统无缝对接。

技术持有单位介绍

长江水利委员会水文局（简称长江委水文局）是具有一定管理职能的公益类事业单位（正局级），成立于1950年2月，总部位于湖北省武汉市，所辖8个水文水资源勘测局（水环境监测中心）分布在昆明、重庆、宜昌、荆州、襄阳、武汉、南京和上海。在长江干流及重要支流控制断面设有水文站118个、水位站233个、雨量站29个、蒸发试验站2个，水环境、水生态监测断面327个，河道固定断面4700多个。

应用范围及前景

该系统属于计算机软件，适用于全国山洪灾害分析评价成果审核汇集的数据前处理。经在湖北、四川、河南、湖南、新疆、云南、贵州、福建等省（自治区）100余县使用，均取得了较好的效果，目前已有云南、湖北、四川、新疆等省（自治区）的山洪灾害分析评价成果通过了国家山洪灾害防治项目组的验收。

技术名称：山洪灾害分析评价审核汇集数据前处理系统

持有单位：长江水利委员会水文局

联 系 人：毛北平

地　　址：湖北省武汉市解放大道1863号

电　　话：027 - 82820092

手　　机：13707126816

传　　真：027 - 82820177

E - mail：zymaobp@cjh.com.cn

22 山洪灾害分析评价县级统计数据处理系统 V1.0

持有单位

长江水利委员会水文局

技术简介

1. 技术来源

根据《山洪灾害分析评价技术要求》，每个县山洪灾害分析评价成果有分析评价目录、设计暴雨成果表、设计暴雨时程分配、设计洪水过程表、控制断面水位-流量-人口关系表、防洪现状评价成果表、临界雨量成果表、预警指标成果表等。

2. 技术原理

根据分析评价的要求，需要对各类成果以行政区、小流域、防治区等为分析单元进行分析统计，针对这一要求，该系统采用传统的软件开发生命周期方法和敏捷开发相结合，采用自定向下、逐步求精的结构化的软件设计方法，将当前某县山洪灾害分析评价数据进行集中导入并格式统一，根据需求对数据进行统计分析、数据挖掘，并进行修约，得出县域内暴雨洪水特性，山洪灾害预警指标分布特征等各类信息。

3. 技术特点

（1）系统满足山洪灾害分析评价成果统计计算的各项需求。

（2）系统满足《山洪灾害分析评价技术要求》，考虑了不同数据源格式不一、内容不一的难点，成果输入、输出格式与国家项目办要求一致，方便平台之间数据交换。

技术指标

各项数据处理满足《山洪灾害分析评价技术要求》（全国山洪灾害防治项目组，2014 年 8 月）。

技术持有单位介绍

长江水利委员会水文局（简称长江委水文

局）是具有一定管理职能的完全公益类事业单位（正局级），成立于 1950 年 2 月，总部位于湖北省武汉市，所辖 8 个水文水资源勘测局（水环境监测中心）分布在昆明、重庆、宜昌、荆州、襄阳、武汉、南京和上海等地。在长江干流及重要支流控制断面设有水文站 118 个、水位站 233 个、雨量站 29 个、蒸发试验站 2 个，水环境、水生态监测断面 327 个，河道固定断面 4700 多个。拥有水利部首批颁发的甲级水文水资源调查评价证书、建设项目水资源论证资质证书和国家测绘局首批颁发的甲级测绘资格证书。2003 年通过国际质量体系认证。2016 年获规划水资源论证甲级资质。

应用范围及前景

适用于全国山洪灾害分析评价县级成果的统计分析。经在湖北、四川、河南、湖南、新疆、云南、贵州、福建等省（自治区）100 余县投产使用，均取得了较好的效果。

该系统可以处理山洪灾害分析评价县级的各类成果数据，为分析评价报告的编写、山洪灾害预警、预案编制、人员转移、临时安置、防灾意识普及、群测群防等工作进一步提供科学、全面、详细的信息支撑。

技术名称：山洪灾害分析评价县级统计数据处理系统 V1.0

持有单位：长江水利委员会水文局

联 系 人：毛北平

地　　址：湖北省武汉市解放大道 1863 号

电　　话：027 - 82820092

手　　机：13707126816

传　　真：027 - 82820177

E - mail：zymaobp@cjh.com.cn

23　黄河防洪调度综合决策会商支持系统

持有单位

黄河水利委员会信息中心

技术简介

1. 技术来源

黄河水利委员会（简称黄委）经过十多年数字黄河工程建设，提出了需要建设一个先进实用的面向黄河防汛抗旱决策者和领导层的会商决策平台——黄河防洪调度综合决策会商支持系统的要求，通过科学数据汇集、组织与再处理，能将各类防汛信息以形象直观的表现形式展现给会商决策者。

2. 技术原理

系统整体采用分层设计的方法，划分为基础平台层、服务支撑层、公共服务层、应用服务层、服务管理和安全管理6个部分，以企业服务总线为依托、服务管理和安全管理为保障，整合数据资源和应用系统，并通过上层应用系统为黄委防汛提供服务。

3. 技术特点

系统开发具有：基于 Skyline 建设了流域三维地貌平台、全面面向服务的体系结构、多语言混合编程（MashUp）、基于 Ajax 架构的异步交互技术特点。

技术指标

将黄河流域装入计算机，黄河流域高精度三维场景（数据量＞210GB）任意尺度下的无延迟流畅运行，并能实时叠加航空航天影像数据且不受数据量制约；实现会商主题（包括防汛部署类、洪水调度类、重大险情抢护类、应急突发事件类、防凌会商了）等信息的协同组织与构造，实现会商主题汇报内容模板化、功能可定制与展现可视化功能，大大节省了汇报人准备资料时间，提高了工作效率。

技术持有单位介绍

黄河水利委员会信息中心是适应治黄信息化发展和"数字黄河"工程建设需要，在原黄委信息中心与通信管理局基础上组建的委直属事业单位（副司局级），2016年黄委网络安全和信息化工作领导小组办公室设在信息中心。现有在职事业职工365人，专业技术人员234人，其中正高级11人，副高级79人，中级77人。

应用范围及前景

黄河防洪调度综合决策会商支持系统作为一个充分利用先进的三维地理信息技术手段的系统，通过集成已有数据，按照决策会商的需求进行组织加工处理，通过 WebGIS 平台形象直观的汇报给防洪决策者，辅助防洪调度会商分析，满足决策者对防汛信息时间、空间变化的了解。进一步提高制定防洪决策方案的科学性。

该系统适用于水利信息化系统、会商汇报、会商演示系统建设以及基于 B/S 开发的其他行业信息化系统建设、三维可视化系统建设等。该项目建成和投入使用以来，成为水利行业信息化系统建设可借鉴的成功系统之一，通过充分借鉴和参考本系统的技术手段、数据处理、业务功能实现、会商过程管理方法等，先后建成了多个基于 WebGIS 平台展现的会商汇报系统和综合信息系统。

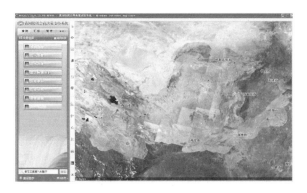

■防汛会商系统主界面

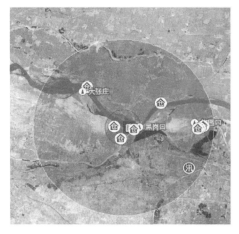

■水利对象空间关联检索

■实时绘制降雨等值面图展现形式

■系统可集成各类三维立体模型成果在 Web 端展示

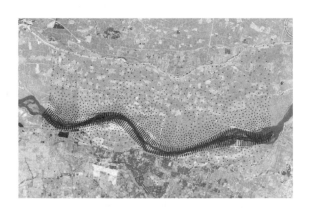

■洪水水沙流场模拟

■会商汇报时按预设步骤自动演示

技术名称：黄河防洪调度综合决策会商支持系统
持有单位：黄河水利委员会信息中心
联 系 人：李勇
地　　址：河南省郑州市城东路 112 号
电　　话：0371－66028292
手　　机：13838252583
传　　真：0371－66023796
E － mail：liyong@yrcc.gov.cn

24 挥发性有机物全自动监控系统

持有单位

黄河流域水环境监测中心

技术简介

1. 技术来源

集成研发。

2. 技术原理

通过对已建自动站软硬件的开发和建立并优化多泥沙河流挥发性有机物在线监测方法，实现原有系统与引进仪器的无缝链接，挥发性有机物的实时监测，提高监测结果的时效性和可靠性。

3. 技术特点

（1）系统与自动站系统集成技术。通过分析已有自动站系统与引进仪器硬件设备对接方式，开发完成硬件和软件系统集成，把孤立的挥发性有机物全自动监控系统引入到现有的花园口自动监测站系统中，实现各系统控制一体化。

（2）载气压力远程控制系统。正常的载气压力是系统运行的必备条件，载气压力远程自动控制和报警系统保证了系统的正常安全运行，提高了挥发性有机物在线监测系统的自动化、远程化控制水平。

（3）标准化方法开发。以满足黄河挥发性有机物在线监测为目标，对仪器的监测参数进行了扩充，建立了适用黄河多泥沙特性的监测分析方法，实现了黄河多沙水体 24 种挥发性有机物的宽范围、低浓度监测，拓宽了原有在线水质监测站的应用范围。

技术指标

（1）监测参数。二氯甲烷、1,1-二氯乙烯、反-1,2-二氯乙烯、顺-1,2-二氯乙烯、三氯甲烷、1,2-二氯乙烷、二溴氯甲烷、苯、四氯化碳、1,2-二氯丙烷、三氯乙烯、1,1,1-三氯乙烷、甲苯、1,1,2-三氯乙烷、四氯乙烯、氯苯、乙苯、对/间二甲苯、邻二甲苯、苯乙烯等。

（2）灵敏度。水中 0.5×10^{-9} 苯，S/N＞200∶1。

（3）稳定性。5×10^{-9} 苯连续 5 次运行，RSD＜15％。

技术持有单位介绍

黄河流域水环境监测中心为黄河流域水资源保护局直属副局级事业单位，具有独立法人资格。黄河流域水环境监测中心负责流域水环境监测工作；具有面向社会承担水资源调查与评价、水环境监测与评价、委托检测的能力和条件；监测能力扩展到水、土壤沉积物与固体废弃物、水文要素、水生生物、大气、噪声 6 大类共 225 个项目参数；陆续建设有花园口等 16 座水质自动监测站，可实现对相关河段水质的实时监控和预警预报。为落实最严格水资源管理制度提供了可靠技术支撑。

应用范围及前景

通过挥发性有机物全自动监控系统在花园口水质自动监测站的实际生产运行，拓宽了水质自动站监测范围，提升了自动监测水平，为其他水质自动监测站的建设起到了很好的示范作用，具有广阔的推广应用前景。

技术名称：挥发性有机物全自动监控系统
持有单位：黄河流域水环境监测中心
联 系 人：周艳丽
地　　址：河南省郑州市城北路东 12 号
电　　话：0371-66020884
手　　机：13838108041
传　　真：0371-66020827
E - mail：zhouyanli2011@126.com

25　变动河床条件下的流量自动监测系统

持有单位

黄河水利委员会供水局

技术简介

1．技术来源

集成研发。依托黄河水利委员会目前已建立的信息传输网络及存储平台，实现符合运用条件的黄河下游引黄水闸供水流量自动监测，将流速、水位、断面面积测量设备整合集成为一套完整的"流量自动监测系统"。

2．技术原理

雷达水位计向水面发射接收微波，微波发射和接收历时可被测得，波速是恒定值，就可得到水位值。非接触式雷达流量计是一种使用多普勒原理的测速仪器，设备通过计算出发射信号和反射信号频率差计算出水面流速。淤积在线测量系统由 5 个型号为 XD－2202－240 淤积厚度传感器和电子单元组成，利用河水相对密度与河底淤沙相对密度的差异，同时采集水位、水温、流速，通过淤沙特性以及专门的算法得出淤沙厚度，配合水位计可得到断面平均水深和断面面积。

3．技术特点

（1）采用的传感器等先进设备，较好解决了变动河床条件下流量测量问题，实现了集成创新。

（2）首次在黄河上使用淤积厚度传感器，实时监测多沙渠道断面冲淤变化，实现变动河床的实时监测。

（3）开发了变动河床条件下的流量自动监测软件系统，提高了流量监测精度和实效性。

技术指标

（1）雷达水位计技术指标。量程：0～20m；工作频率：26GHz；分辨率：1mm；精度：3mm；测量原理：脉冲式；发射角度：5°；传感器保护：喇叭天线（ϕ40mm）（抗凝露和水滴）；工作温度：－40～80℃；电源：12V DC 或 24V DC；质量：2kg。

（2）非接触式雷达流量计技术指标。流速测量范围：0.3～20m/s；分辨率：1mm/s；模拟接口，4～20mA（可选：水位、流速、流量等）；串行口：RS232；电源：10.5～15V DC；工作温度：－30～60℃；仪器工作频率：10GHz。

（3）淤积厚度传感器技术指标。有效测量面积：452.39cm^2；水深范围：20m；淤沙厚度范围：3m；输出信号：4～20mA。

技术持有单位介绍

黄河水利委员会供水局成立于 2002 年 9 月，是水利部黄河水利委员会所属的自主经营、独立核算、自负盈亏具备独立法人资格的经营开发类事业单位。主要研究领域包括黄河供水及水资源节约、保护等政策研究；黄河供水水价政策研究、水价调整方案编制等；供水工程管理、运行维护、计量监测、信息化等先进技术应用等。

应用范围及前景

适合于黄河下游部分渠道宽、浅，冲淤变化剧烈、主流摆动明显的引黄闸。已在柳园口引黄闸、红旗引黄闸、祥符朱引黄闸等现场得到应用，也适合其他变动河床条件下的流量自动监测。

技术名称：变动河床条件下的流量自动监测系统
持有单位：黄河水利委员会供水局
联 系 人：袁占军
地　　址：河南省郑州市金水路 11 号
电　　话：0371－66026933
手　　机：13623716726
传　　真：0371－66023042
E－mail：yuanzj2004@126.com

26　生产建设项目水土保持天地一体化监管系统

持有单位

中国水利水电科学研究院

北京北科博研科技有限公司

技术简介

1. 技术来源

北京市生产建设项目天地一体化动态监管项目。

2. 技术原理

该系统基于 3S 技术，对生产建设项目水土保持情况进行全方位的监测，通过将空间遥感数据和业务数据进行综合分析，提取图斑扰动情况，准确判读疑似违建的准确位置。同时采用了卷积神经网络模型算法，通过机器学习，智能识别图斑扰动，识别精度高达到 60%，极大提高了工作效率。

3. 技术特点

深刻理解"全国水土保持监督管理系统"架构、应用模式及数据要求，可实现与系统的无缝对接。"一键式"批量导入、导出防治责任范围、图斑边界等矢量数据。

基于人工智能技术自动化提取扰动图斑。提供卷帘、双图两种影像对比模式，实现人机交互判读扰动图斑。通过空间叠加分析自动判别扰动图斑合规性。

提供影像自定义分幅功能。任意对比多时相影像，支持按时间顺序展示扰动土地的动态变化过程。在线调整核查图片中图斑的大小和位置，可在线查看或下载核查图片。

快速生成具有扰动图斑影像、项目基本信息以及核查内容的核查表单，辅助监管人员现场核查。实现多源、多尺度、多时相海量遥感影像、

无人机影像数据一体化管理；集定位查询、地面观测、遥感监测、数据采集、存储、传输、处理等野外调查功能为一体；提供多种形式的统计图表、报表，支持自定义表单。

技术指标

响应时间：<4s；并发用户数：1000。

技术持有单位介绍

中国水利水电科学研究院隶属中华人民共和国水利部，是从事水利水电科学研究的公益性研究机构。主持承担了一大批国家级重大科技攻关项目和省部级重点科研项目，承担了国内几乎所有重大水利水电工程关键技术问题的研究任务，还在国内外开展了一系列的工程技术咨询、评估和技术服务等科研工作。取得了一大批原创性、突破性科研成果，共获得国家科技进步奖 100 项、省部级奖 745 项。

北京北科博研科技有限公司成立于 2005 年，是一家以国家政府信息化为核心业务的高新技术企业，具有十多项专业资质。拥有自主知识产权技术和国家重点推广技术 30 余项，其中在智慧人事管理、智能遥感应用、数据建库、行业大数据分析等多个领域享有盛名。公司拥有自有产权的支撑架构，先后从事了"全国水利普查""全国公务员管理""水利投资管理信息系统"等全国性项目。

应用范围及前景

生产建设项目水土保持天地一体化监管系统能解决以下问题：基于遥感影像、GIS 地图对已批复项目空间信息、疑似违建项目范围和核查情况进行展示；基于多期遥感影像提取疑似违法项

目范围；自动化生成、导出和打印常用统计报表、统计图；借助移动端定位导航、地面观测、遥感监测能力，对疑似违法行为进行现场核查；通过无人机遥感影像提取 DEM、DOM 数据，进行高精度取证。

本系统目前应用于生态环保领域，以完成生产建设项目水土保持监督管理工作，已成功应用于北京市、河北省卢龙县以及多项生产建设项目的水土保持天地一体化动态监管工作中。该系统也可在水体污染治理、水政执法等领域进行拓展性应用，推广应用前景广阔。

■提取出的生产建设项目扰动土图斑

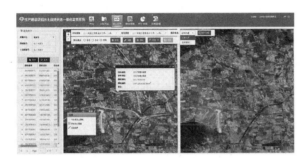

■利用该系统进行生产建设项目扰动土图斑的提取工作

■利用移动巡查 PAD 进行某生产建设项目现场核查

技术名称：生产建设项目水土保持天地一体化监管系统

持有单位：中国水利水电科学研究院、北京北科博研科技有限公司

联 系 人：常清睿

地　　址：北京市海淀区玉渊潭南路 1 号

电　　话：010 - 68781072

手　　机：13331028332

传　　真：010 - 68786006

E - mail：changqr@iwhr.com

27 模块化小流域暴雨洪水分析系统（FFMS）

持有单位

中国水利水电科学研究院

中国科学院西北生态环境资源研究院

技术简介

1. 技术来源

针对无资料小流域暴雨洪水计算及土壤侵蚀分析问题，采取时空变源混合产流模型以及基于深度学习和层次分析法的无资料主导参数计算理论方法，基于专家库、参数库的无资料小流域模块化设计方案等关键技术构建而成，具有完整的自主知识产权。

2. 技术原理

基于 GIS 平台，系统采用 C++、FOTRAN 和 JAVA 等语言编制开发。系统具有小流域自动划分与属性提取，地貌响应单元自动提取，模块化分布式水文模型的自动和手动建模及其前后处理等功能，实现了模块化产汇流模型自动建模和参数自动提取，集成了基于专家库和参数库的无资料小流域洪水分布式计算模型，水文学和水力学耦合分析模型，洪水分析模型和土壤侵蚀模型耦合计算分析模型等，实现了参数自动率定，能够处理水库、河道渗漏、地下硐室、采空区和溶洞等特殊条件下的小流域洪水模拟。

3. 技术特点

（1）系统（FFMS）采用模块化、参数化、智能化、可视化和自动化设计思想。

（2）系统提供了与 PRMS、HEC 等国外软件的数据输出接口，易于兼容其他相同类型的洪水分析软件。

技术指标

具有小流域划分及参数自动提取、基于小流域集水单元的暴雨洪水计算、暴雨洪水与土壤侵蚀耦合计算、时空变源混合产流计算、模块化分布式水文模型建模方法等功能。系统平均功能响应时间 5s 内，稳定运行时间 7×24h，满足洪水分析软件的测试要求。

技术持有单位介绍

中国水利水电科学研究院隶属中华人民共和国水利部，是从事水利水电科学研究的公益性研究机构。主持承担了一大批国家级重大科技攻关项目和省部级重点科研项目。

中国科学院西北生态环境资源研究院是从事高寒干旱地区生态环境、自然资源、灾害和重大工程的国家级研究机构，拥有 2 个国家重点实验室，7 个中科院重点实验室，14 个省部级重点实验室。

应用范围及前景

适用于小流域暴雨洪水分析。系统已在河南、山西、北京、吉林等十几个省（直辖市）小流域暴雨洪水和山洪灾害监测预警系统中得到应用。中国电建集团北京勘测设计研究院有限公司、山西省水文水资源勘测局、河南省水文水资源局、河南省防汛抗旱指挥部办公室等单位均采用 FFMS 软件系统进行了小流域暴雨洪水分析、山洪灾害调查评价、山洪灾害监测预警和水土保持水土流失量计算等方面工作，应用效果较好。

技术名称：	模块化小流域暴雨洪水分析系统（FFMS）
持有单位：	中国水利水电科学研究院、中国科学院西北生态环境资源研究院
联 系 人：	常清睿
地　　址：	北京海淀区玉渊潭南路 1 号
电　　话：	010 - 68781072
手　　机：	13331028332
传　　真：	010 - 68786006
E - mail：	changqr@iwhr.com

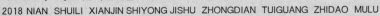

28　一种调水工程中输水工程设计系统

持有单位

中国水利水电科学研究院

技术简介

1. 技术来源

调水工程中输水工程设计系统技术，是在总结多处调水工程（如陕西省引汉济渭工程）的受水末端设计经验的基础上，提出了技术方案，可以从根本上解决调水工程调蓄和供需匹配的问题。

2. 技术原理

由5个技术步骤组成：①地形分析，寻找适于蓄水的低洼地区；②调蓄节点选址，根据海拔高程分析选取调蓄节点的位置；③调蓄节点分析，对确定的调蓄节点进行库容分析和提出节点分布方案；④供需平衡分析，建立供需平衡模型；⑤配水管网设计，用于建立各段输水模型、选取输水干渠糙率，计算配水管网不同流段流量参数。

3. 技术特点

（1）采用地形分析和调蓄节点分析，充分考虑了调蓄节点的安全性和社会因素，最大限度地解决了调水工程末端设计的技术以及相关的社会和环保问题。

（2）建立的供需平衡模型以解决调水与供水、用水的矛盾，充分考虑了糙率和供水管网等要素，实现了调水工程设计的规律化过程。

技术指标

（1）调蓄水源包括引调水、地表水、地下水和再生水，根据供水基数和机动供水能力划分计算单元并确定供水优先次序。

（2）供需平衡模型的输入参数包括计算单元生活/工业需水量、生活/工业用水年内分配系数、当地地表水/地下水可供水量、再生水可供水量、工程来水量。

（3）输出参数包括计算单元水量平衡框架、计算单元调蓄池蓄水过程曲线、计算单元调蓄池需要的调蓄容量、调蓄节点蓄水过程曲线、调蓄节点需要的调蓄容量。

（4）配水管网设计时，对输配水过程进行优化调蓄，可以极大地提高该工程对应的受水区的供用水的匹配程度，将受水区的供水保证率提高到95%以上。

技术持有单位介绍

中国水利水电科学研究院隶属中华人民共和国水利部，是从事水利水电科学研究的公益性研究机构。主持承担了一大批国家级重大科技攻关项目和省部级重点科研项目，取得了一大批原创性、突破性科研成果，共获得国家科技进步奖100项、省部级奖745项。

应用范围及前景

该技术一般适用于大中型调水工程的输水系统设计，并适用于城市受水区的输配水过程的优化设计。已推广应用在引汉济渭工程配套调蓄工程、凤凰县城市水系调蓄工程、引嘉入汉工程调蓄工程规划前期等。

技术名称：一种调水工程中输水工程设计系统
持有单位：中国水利水电科学研究院
联 系 人：常清睿
地　　址：北京市海淀区玉渊潭南路1号
电　　话：010－68781072
手　　机：13331028332
传　　真：010－68786006
E － mail：changqr@iwhr.com

29 变化环境下流域降水产流演变过程监测分析技术

持有单位

中国水利水电科学研究院

技术简介

1. 技术来源

水利部绩效评估试点项目"变化环境下平原区降水产流演变机理研究"、国家自然科学基金项目"气候变化和土地利用/覆盖变化的水文响应耦合模拟与量化研究"。

2. 技术原理

集合现代传感器技术、自动测量和控制、图像分析、数值模拟等多项现代水文监测技术与方法,对流域降水产流过程全要素进行监测、分析,以"监测-分析-应用"为主线,依托原型观测、数值模拟和地理信息技术,定量化分析了变化环境下流域降水产流演变规律及驱动机制,提出了适应于变化环境下的流域降水产流过程演变机制综合分析技术。形成了一套降水产流基本要素监测技术、控制试验装置等监测技术体系,以及变化环境下降水产流演变机理综合分析技术和方法。

3. 技术特点

(1)该技术采用现代传感器技术、自动测量和控制、图像分析、通信网络等多项现代技术,形成了一套集数据采集、分析、记录和整理、原位监测及室内、野外控制实验装置等降水产流监测专利技术体系。

(2)该技术将原型观测、数值模拟和地理信息技术的优势充分结合,实现不同尺度上降水产流过程中的土壤水和地下水实时动态变化的可视化描述和分析。

技术指标

依托项目验收意见指出:在定量研究不同下垫面下径流成分的主要影响因素、土壤水分变化与地表径流、壤中流的响应关系、土壤水分变化对降雨产流的响应机理、结合试验和小流域研究成果对集总式水文模型进行改进等方面具有创新性。鉴定意见指出:具有重大的理论和实践价值,取得了大量创新性成果,研究成果总体达到国际先进水平,部分达到国际领先水平。科技查新检索结论指出:从机理上综合、系统地剖析降雨产流过程对各影响因素的相应关系,通过试验建立了点尺度、小尺度、中尺度的降雨产流相互关系,提出了定量识别变化环境下流域降水产流影响因素技术方法,除课题组发表的文献外,未见在研究内容、采用技术和取得成果均相同的公开文献报道。

技术持有单位介绍

中国水利水电科学研究院隶属中华人民共和国水利部,是从事水利水电科学研究的公益性研究机构。历经几十年的发展,中国水利水电科学研究院已建设成为人才优势明显、学科门类齐全的国家级综合性水利水电科学研究和技术开发中心。截至2017年年底,共有职工1396人,拥有中科院院士1人、工程院院士5人,具有正高级专业技术职务323人、副高级专业技术职务501人。主持承担了一大批国家级重大科技攻关项目和省部级重点科研项目,承担了国内几乎所有重大水利水电工程关键技术问题的研究任务,还在国内外开展了一系列的工程技术咨询、评估和技术服务等科研工作。取得了一大批原创性、突破性科研成果,共获得国家科技进步奖100项、省部级奖745项。

应用范围及前景

应用范围或解决的具体问题：①显著提升降水产流基本要素的监测水平；②为流域降水产流过程演变规律、驱动机制及对流域水循环研究提供科学依据；③为变化环境下流域水文水资源管理、水文水资源监测、防汛抗旱减灾、水资源评价、水资源规划调度、水资源配置、极值天气事件应对等提供科技支撑。

该技术实现了对变化环境下的流域降水产流过程基本要素监测、分析方法及其应用上的创新与改进，可节约大量科研成本和人力，具有广阔的应用前景。

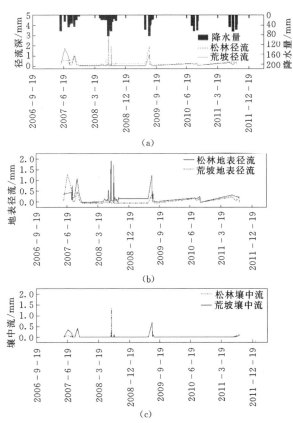

(a)

(b)

(c)

■5m×15m径流场汛期降雨量与地表径流、壤中流变化过程

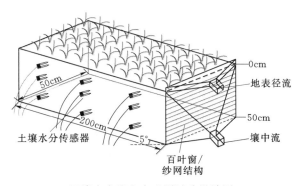

■降水产流室内观测试验设计图

■降水产流试验用土槽设计

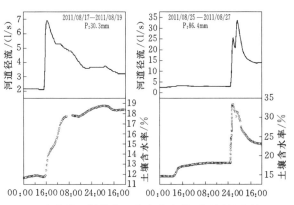

■小流域不同前期土壤水分条件下河川径流量
及0～50cm平均土壤含水率变化过程

■玉米、裸地人工模拟降雨过程

技术名称：变化环境下流域降水产流演变过程监测分析技术

持有单位：中国水利水电科学研究院

联 系 人：常清睿

地　　址：北京市海淀区玉渊潭南路1号

电　　话：010-68781072

手　　机：13331028332

传　　真：010-68786006

E-mail：changqr@iwhr.com

30 基于土壤-植被-大气连续体（SPAC）水分运动过程的干旱遥感监测模拟系统

持有单位

中国水利水电科学研究院

北京易测天地科技有限公司

山东易图信息技术有限公司

技术简介

1. 技术来源

相关技术源于国家自然科学青年基金"基于作物根区土壤水动态模拟的农业干旱遥感解析研究"（51609259）、中国水利水电科学研究院重点专项"基于土壤-植被-大气过程的灌溉用水效率遥感监测评价技术研究"，并拥有独立知识产权的软件著作权"遥感驱动的土壤、植被、大气连续体水分运动过程模拟系统（简称 RS - SPAC）"（2015SR009825）。

2. 技术原理

大范围干旱监测的核心问题在于对水循环过程和作物生长的科学监测与模拟，土壤-植被-大气连续体（SPAC）系统理论为干旱监测提供了重要理论依据。SPAC 水分运动过程主要包括植被截留对降水的再分配、土壤水运动、土壤蒸发和植被蒸腾等。

集成遥感数据处理、蒸散发模型、土壤水运动动力学模型等关键技术，研发了干旱遥感监测模拟系统。

3. 技术特点

基于 SPAC 系统理论，通过生态水文模型与遥感等空间数据耦合，实现了植被截留、蒸散发和土壤水运动垂向水文过程的联动与空间化模拟，为大范围干旱监测与过程模拟提供理论与技术支持。

技术指标

（1）输入输出数据。

气象参数：降水量、日均气温、日均水汽压、日照时数，采用反距离加权插值获取方法。

下垫面参数：地面高程，SRTM - DEM 数据获取方法；土壤覆被类型，遥感解译；叶面积指数、地表反照率，采用卫星影像；植被盖度、根系深度、微波土壤湿度，采用遥感反演；土壤类型，采用全球土壤数据库；田间持水量、饱和含水量、萎蔫含水量，采用 SPAW 模型。

其他参数：土壤水分特征曲线、非饱和导水率参数，采用概化参数；日出日落时间，经验公式获取。

（2）数据空间分辨率。输出结果的空间分辨率主要取决于各参数反演使用的卫星影像数据源。MODIS 数据可获得 1km 的多种遥感参数，在科学研究中得到大量使用，该系统支持 MODIS 数据的使用，输出结果空间分辨率为 1km；在数据融合与插值情况下，可支持 30m 空间分辨率的数据产出。

（3）数据生产时效性。如使用 MODIS 数据，可实现日尺度的数据生产。

（4）模型运算效率。该系统主要数据处理对象为遥感空间数据，采用图像处理语言 IDL 编程实现功能与界面化，同时采用了并行计算技术对计算机硬件充分利用，实现了模型运算效率的显著提高，保障了大数据下的模型计算速度。

技术持有单位介绍

中国水利水电科学研究院隶属中华人民共和国水利部，是从事水利水电科学研究的公益性研究机构。历经几十年的发展，中国水利水电科学

研究院已建设成为人才优势明显、学科门类齐全的国家级综合性水利水电科学研究和技术开发中心。截至 2017 年年底，共有职工 1396 人，拥有中科院院士 1 人、工程院院士 5 人，具有正高级专业技术职务 323 人、副高级专业技术职务 501 人。主持承担了一大批国家级重大科技攻关项目和省部级重点科研项目，承担了国内几乎所有重大水利水电工程关键技术问题的研究任务，还在国内外开展了一系列的工程技术咨询、评估和技术服务等科研工作。取得了一大批原创性、突破性科研成果，共获得国家科技进步奖 100 项、省部级奖 745 项。

北京易测天地科技有限公司是一家致力于测绘设备销售、解决方案服务、计算机视觉和航空摄影测量软件开发的高科技技术企业，公司研发的无人机航片智能处理软件，具有下垫面适用范围广、航片拼接处理速度快和智能应急处理等技术优势。

山东易图信息技术有限公司是山东省双软认定的高新技术企业，专业从事地理信息系统、卫星遥感、大数据和三维技术开发，完成了包括国土信息化政务平台、农业深松管理平台、农业大数据采集平台、农村土地确权建库系统等多个项目。

应用范围及前景

基于土壤-植被-大气连续体（SPAC）水分运动过程的干旱遥感监测模拟系统，充分利用卫星遥感技术对生态水文过程物质能量要素的大范围获取能力，通过生态水文过程模型与联动，可以获得大范围、日尺度的蒸散发与土壤墒情信息，掌握作物需耗水情况。因此该干旱监测模拟系统适用于对省、市及流域尺度较大范围旱情的动态监测，评估作物受旱情况，也可应用于对区域水文过程模拟，为水资源配置提供技术支持。

技术名称：基于土壤-植被-大气连续体（SPAC）水分运动过程的干旱遥感监测模拟系统
持有单位：中国水利水电科学研究院、北京易测天地科技有限公司、山东易图信息技术有限公司
联系人：常清睿
地　　址：北京市海淀区复兴路甲 1 号
电　　话：010－68781072
手　　机：13331028332
传　　真：010－68786006
E－mail：changqr@iwhr.com

31 大型双调节水轮机调速系统

持有单位

长江水利委员会长江科学院

技术简介

1. 技术来源

大型双调节水轮机调速系统是长江科学院专为轴流转桨和灯泡贯流式双调节水轮发电机组研制的新型电液调速器。其研制填补了我国大型双调节水轮机专用调速器的空白。

2. 技术原理

大型双调节水轮机调速系统主要由电气柜、机械柜、油压装置、过速限制器和分段关闭装置等部分构成,可广泛地应用于轴流转桨式和灯泡贯流式以及潮汐式水轮发电机组的控制。电气控制部分采用微机控制器,测频、调节器及电源双冗余容错结构,提高整机系统的可靠性。机械液压控制部分由两套比例集成式电液随动装置和油压装置共同构成,两套比例集成式电液随动装置在微机控制器输出的控制信号作用下,分别控制导叶和桨叶接力器动作。

3. 技术特点

(1)电气部分以可靠性极高的可编程序控制器为其硬件的主体,软件采用统一的时变参数控制策略,可适时辨识空载、并网和孤立运行等不同工况。

(2)具有残压和齿盘测频,频率跟踪等功能,能快速并网。

(3)能够按转速、水位或给定负荷进行自动调节,具有数字协联及波动控制的功能。

(4)触摸显示屏能显示调速系统的运行状态和主要参数,如机组频率、电网频率、导叶开度、桨叶开度、调节器输出、协联输出和调节器的诸参数,具有多种显示界面,能显示调速系统的动态过程数据。

(5)能以 PLC 专用通信协议方式方便地实现与上位机的通信。

(6)用电液比例阀直接控制主配压阀,结构简单,调整方便,可靠性高,耗油量小。

(7)电气故障时,可自动地保持机组故障前所带负荷,并切换为手动运行。

技术指标

(1)比例增益 K_p:0.5~10;积分增益 K_i:0.05~10;微分增益 K_d:0~5。

(2)静态特性曲线近似直线,转速死区不超过 0.02%,甩负荷液压缸不动时间不超过 0.2s。

(3)机组甩 100% 负荷时,偏离稳态转速 1.5Hz 以上的波动次数不超过 2 次;从甩负荷后液压缸首次向开启方向移动时起,到机组转速摆动相对值不超过 ±0.5% 为止,历时不大于 40s。

技术持有单位介绍

长江水利委员会长江科学院始建于 1951 年,是国家水利重点科研机构,隶属水利部长江水利委员会,主要从事基础理论、应用基础和技术开发研究。

应用范围及前景

可广泛地应用于轴流转桨式和灯泡贯流式以及潮汐式水轮发电机组的控制。

技术名称:大型双调节水轮机调速系统
持有单位:长江水利委员会长江科学院
联 系 人:周若
地　　址:湖北省武汉市江岸区黄浦大街 23 号
电　　话:027-82829732
手　　机:13886130317
传　　真:027-82829781
E-mail:13886130317@139.com

32 GYT系列高油压水轮机调速器

持有单位

长江水利委员会长江科学院

技术简介

1. 技术来源

自主研发。

2. 技术原理

由可编程调节器与电液随动装置两大部分组成。可编程调节器进行频率测量和 PID 运算，输出调节信号；电液随动装置则对该调节信号进行电液转换和液压放大，适时、准确地转换为液压缸的位移，推动水轮机的导水机构。电液随动装置由综合放大板、调节阀组、导叶液压缸及位移反馈装置组成。此外，还有提供压力油的高压油压装置。

3. 技术特点

（1）采用高可靠性的可编程控制器作为调节器。

（2）应用了电液比例随动装置等现代电液控制技术，减少了调速器的液压放大环节，结构简单，具有优良的速动性稳定性。

（3）具有强大的技术支持，质量可靠；标准化成度高，国内外产品资源丰富，采购方便。

（4）工作油压高，因而体积小，重量轻，用油量也少，电站布置方便、美观。

（5）采用高压囊式蓄能器，胶囊内所充氮气与液压油不直接触。

技术指标

（1）比例增益 K_p：0.5～10；积分增益 K_i：0.05～10；微分增益 K_d：0～5。

（2）静态特性曲线近似为直线，转速死区不超过 0.04%，甩负荷液压缸不动时间不超过 0.2s。

（3）机组甩 100% 负荷时，偏离稳态转速 1.5Hz 以上的波动次数不超过 2 次；从甩负荷后液压缸首次向开启方向移动时起，到机组转速摆动相对值不超过 ±0.5% 为止，历时不大于 40s。

技术持有单位介绍

长江水利委员会长江科学院始建于 1951 年，是国家水利重点科研机构，隶属水利部长江水利委员会，主要从事基础理论、应用基础和技术开发研究。

应用范围及前景

适用于农村中小型水电站机组自动化控制和调节，也可用于高水头冲击式机组，并逐步推广应用于大型水电站水轮机组控制和调节。

高油压水轮机调速器性能优良，环保无污染，工作可靠，低能耗，免维护，操作简单，工作可靠，技术先进，价格低廉，是传统调速器的替代产品，更是农村小水电提高自动化水平的首选产品，具有广阔的应用前景。

技术名称：GYT系列高油压水轮机调速器
持有单位：长江水利委员会长江科学院
联 系 人：周若
地　　址：湖北省武汉市江岸区黄浦大街 23 号
电　　话：027 - 82829732
手　　机：13886130317
传　　真：027 - 82829781
E - mail：13886130317@139.com

33 双核励磁调节装置

持有单位

长江水利委员会长江科学院

技术简介

1. 技术来源

集成研发。

2. 技术原理

双核励磁调节装置的首批成果"PBLX 型可编程计算机控制器励磁调节装置"采用奥地利贝加莱（B&R）公司 Power Panle 系列产品 PP41 作为主通道，采用单片机 80C196 作为备用通道，具有主通道对辅通道的读写控制功能，简化了硬件配置。利用 PP41 实现了本体测频和触发脉冲形成，提高了励磁装置的可靠性与实时性。

新近开发的双核励磁采用的单片双核芯片 F28M35 作为励磁调节器，双核心以独立的时序处理数据，互不相扰，最大发挥了 DSP 的数据处运算及 ARM 处理任务的实时性。该系统无数据总线或地址总线，抗干扰好。利用 DSP 核心实现多路中断测量、交流采样、故障判断、PID 运算等，利用 ARM 的核心实现脉冲输出、双串口、以太网通信等。

3. 技术特点

（1）双核励磁调节装置的首批成果"PBLX 型可编程计算机控制器励磁调节装置"励磁调节装置充分利用 PP41 和单片机的硬件特性和软件功能。

（2）采用 PP41 为主通道和 80C196 为辅通道的双机非对称冗余结构，具有主通道对辅通道的读写控制功能，简化了硬件配置，结构合理，性价比高。

（3）利用 PP41 实现了本体测频和触发脉冲

形成，提高了励磁装置的可靠性与实时性。

技术指标

（1）励磁电压和电流不超过其额定值的 1.1 倍时能连续运行，顶值电压倍数不低于 2.0，允许强励时间不小于 20s。

（2）励磁系统标称响应为 2 单位/s；励磁控制系统精度 0.5%。

（3）自动电压调节器能保证在空载额定电压的 10%～110%范围内进行稳定平滑地调节。

（4）自动电流调节器（手动）能保证发电机磁场电压在空载磁场电压的 10%到额定磁场电压的 110%范围内进行稳定平滑地调节。

（5）同步发电机在空载运行状态下，自动电压调节器和自动电流调节器（手动）的给定电压变化速度每秒不大于发电机额定电压的 1%，不小于额定电压的 0.3%。

（6）机端电压静态调差率范围为＋15%～−15%，可软件整定；机端电压静差率 1%。

（7）发电机空载运行状态下，频率变化 1% 时，端电压变化率小于 0.25%。

（8）空载额定电压情况下，当发电机给定阶跃为 10% 时，发电机电压超调量不大于阶跃量的 50%，摆动次数不超过 3 次，调节时间不超过 10s。

（9）发电机零起升压时，自动电压调节器保证机端电压超调量不超过额定值的 15%，电压摆动次数不超过 3 次，调节时间不超过 10s。

技术持有单位介绍

长江水利委员会长江科学院始建于 1951 年，是国家水利重点科研机构，隶属水利部长江水利委员会，主要从事基础理论、应用基础和技术开

发研究。立足长江流域，为国家水利事业，长江流域规划、流域保护、治水方略、水行政管理，以及开发治理提供科技支撑，并面向国民经济建设相关行业，以水利水电科学研究为主提供科技咨询服务等。

应用范围及前景

可广泛地应用于水电站、火电站、泵站同步发电机（电动机）的控制。适用于中小型自并励、自复励、他励同步机组的自动电压调节、无功调节，并具备 PSS 功能。适用于电力系统各种运行条件下工作。

双核励磁调节装置具有很高的适用性和稳定性，可以有效地降低电站励磁装置的年强迫停运率，为电站运行实现利益最大化。由于采用双核控制器作为调节器，大大减小了外围硬件设备尤其是自制的电路板，即减小了故障点，降低了调试、运行、维护、检修成本。该成果已成功应用于国内多个水电站与泵站，运行表明各项技术指标满足或优于国标要求，取得了明显的经济效益和社会效益。

技术名称：双核励磁调节装置
持有单位：长江水利委员会长江科学院
联 系 人：周若
地　　址：湖北省武汉市江岸区黄浦大街 23 号
电　　话：027 - 82829732
手　　机：13886130317
传　　真：027 - 82829781
E - mail：13886130317@139.com

34 珠江水质生物监测与评价技术

持有单位

珠江水资源保护科学研究所

技术简介

1. 技术来源

主要针对我国河流水质监测以物化监测为主、生物监测不足、缺乏相应的生物监测与评价技术体系等问题，在珠江流域开展了硅藻和底栖动物监测评价技术体系研究，建立了评价指数，划分了评价等级，并阐明了评价指数所代表的珠江水环境状况和生态意义，开发了鉴定辅助软件和数据管理系统。

获得 1 项专利技术（浮游生物浓缩装置）；2 项软件著作权：硅藻鉴定辅助软件及数据管理系统、无脊椎动物分类检索系统；2 本著作：《欧洲硅藻鉴定系统》《淡水无脊椎动物系统分类、生物及生态学》；获得大禹水利科学技术二等奖 1 项；水利部珠江水利委员会科技进步一等奖 1 项，二等奖 2 项。

2. 技术原理

该成果通过在珠江流域的桂江、郁江、北江和东江设置示范区，选择着生硅藻和底栖动物作为指示生物，对多年的水质和生物监测数据进行研究分析，分别建立了硅藻和底栖动物的评价指数，划分了评价等级，并阐明了评价指数所代表的珠江水环境状况和生态意义。

3. 技术特点

（1）构建了完整的珠江流域硅藻和底栖动物监测与评价技术体系。

（2）构建了珠江流域硅藻和底栖动物评价指数，划分了评价等级。

（3）筛选了不同水质参数所对应的硅藻和底栖动物指示种。

（4）开发了硅藻和底栖动物鉴定辅助及数据管理系统。

（5）编写了珠江流域硅藻和底栖动物名录、检索表及生物图谱。

技术指标

（1）构建了珠江流域硅藻和底栖动物 2 套监测与评价技术体系。

（2）构建了硅藻和底栖动物 2 种评价指数并划分了评价等级。

技术持有单位介绍

珠江水资源保护科学研究所是由水利部批准成立，具有独立法人资格的公益性事业单位。主要从事水资源监测、评价、治理、保护、规划、利用、水文水利计算及珠江流域河湖健康评估、省界水体水环境质量发布等业务；具有建设项目环境影响评价、建设项目水资源论证、水文水资源调查评价等多个行业的甲级资质。拥有 3500 m² 的水环境监测实验室和价值 5000 万元的国际先进仪器设备。近几年先后承担水利部公益性科研专项有 6 项；承担水利部"948"项目有 4 项；获得公安部科技进步一等奖 1 项，大禹水利科学技术一等奖 1 项、二等奖 2 项、三等奖 1 项。

应用范围及前景

该项成果先后被应用于珠江流域各个省的河流健康评估项目，同时同济大学、中山大学、华南师范大学、中山大学、暨南大学等高校也在科研工作中借鉴参考了本项成果，并派学生来珠江水资源保护科学研究所接受技术培训。

该成果的推广应用，率先在珠江流域各省开

展了水质生物监测与评价技术的普及、人才培养，将成熟的监测评价技术及先进的仪器推广到基层监测站，打造珠江流域水生态监测网络，为编制未来流域水质生物监测年报，反映年际间的生态状况和发展趋势，做好生态灾害的预报和预测打下扎实的基础；通过对该项技术的不断优化和完善，将该项技术推广应用至全国范围，可以加快起草适合我国流域特征的生物监测及评价标准和技术导则。

成果已在珠江流域的桂江、郁江、北江、东江流域开展了示范运用，并在流域省（自治区）水环境监测部门、同济大学等数十家单位得到推广应用，产生了显著的社会、经济和生态环境效益，具有广泛的推广应用前景。

■译著《欧洲硅藻鉴定系统》

■该技术获 2016 年度大禹水利科学技术奖

■译著《淡水无脊椎动物系统分类、
生物及生态学》

■该技术获 2 项软件著作权

技术名称：珠江水质生物监测与评价技术
持有单位：珠江水资源保护科学研究所
联 系 人：王旭涛
地　　址：广东省广州市天河区天寿路 80 号
电　　话：020 - 87117393
手　　机：15999972559
传　　真：020 - 87117647
E - mail：awuhu@126.com

35 附加质量法堆石体密度快速无损检测技术

持有单位

长江地球物理探测（武汉）有限公司

技术简介

1. 技术来源

自主研发。"附加质量法数字量板求取堆石体密度的方法"获国家发明专利；"附加质量法采集软件和附加质量法信息管理系统"获软件著作权。

2. 技术原理

附加质量法是以单自由度线弹性振动体系为物理模型，采取在堆石体上附加多级刚性质量块构建多个振动体系，测出各个振动体系的自振频率，求出振动体系的动刚度和参振质量，从而求取堆石体密度。

3. 技术特点

（1）该方法快速、无损、准确、实时，而且适用于不同粒径组成的堆石体，为大坝施工提供了一种十分重要的检测手段。

（2）具有可移植性，可将某一坝料的计算结果用于其他坝料的密度计算，极大减少坑测法的数量，节约工程经费。

技术指标

（1）实现了面对面的对应关系，提高了计算密度的精度。

（2）实现了用少量的坑测对比点即可计算所有堆石体密度。

技术持有单位介绍

长江地球物理探测（武汉）有限公司是长江勘测规划设计研究院下属全资国有企业，专业从事工程物探检测工作。现有职工 98 人，其中教高 4 人，高级职称 17 人，各种注册工程师 7 人；拥有 4 项专业甲级证书及 CMA 计量认证证书；拥有较为齐全的物探检测设备和手段方法，可以解决如坝址、桥址、厂址、港口、码头、线路等工程的多种地球物理问题的勘探或检测；公司先后主持完成了国家多项科技攻关项目，国家"863"计划课题，水利部"948"计划项目、国家大坝中心项目、国家科技创新基金项目，及其他多项省部科研项目；获省部级技术发明奖 3 项、省部级科技进步二等奖 7 项，湖北省第十届专利优秀奖 1 项，取得发明专利 12 项，实用新型专利 26 项。

应用范围及前景

适用于面板堆石坝和心墙堆石坝堆石体密度检测。也可以应用于公路、铁路、机场、堤渠等堆石路基、堆石围堤等各类堆石体建筑工程的密度检测。

成果成功应用于澜沧江糯扎渡水电站、澜沧江苗尾水电站、大渡河猴子岩水电站、雅砻江两河口水电站和溇水江坪河水电站等多个大型水利水电工程，在施工过程中对填筑质量进行实时跟踪检测和控制施工质量，加快了工程进度，直接经济效益为 2498.7 万元；为糯扎渡、苗尾和猴子岩三个水电工程提前一年发电提供了技术支撑，年增加发电量约 89.2 亿 kW·h，相应发电效益约 23.2 亿元。社会、经济和环境效益显著，应用前景广阔。

技术名称：附加质量法堆石体密度快速无损检测技术
持有单位：长江地球物理探测（武汉）有限公司
联 系 人：况碧波
地　　址：湖北省武汉市江岸区解放大道 1863 号
电　　话：027 - 82926243
手　　机：18502773320
传　　真：027 - 82926067
E - mail：106148027@qq.com

36   DW.YJS-1型声波遥测雨量计

持有单位

广东华南水电高新技术开发有限公司

珠江水利委员会珠江水利科学研究院

技术简介

1. 技术来源

自主研发，"声波雨量计装置"获实用新型专利。

2. 技术原理

声波雨量计基本原理是利用声波的反射特性，通过测得波的传播时间及速度计算雨量计中集水器的水位变幅，通过标定和换算得出雨量数据。声波雨量计主要由承雨器、集水器、进水控制阀、出水控制阀、导波管及声波发生器与接收器几部分构成。当集水器的水位达到一定高度时，由雨量计的控制单元控制进水控制阀关闭，停止往集水器进水，将雨水暂时存储在承雨器中。在测得该时刻的集水器水位，并换算为雨量后，打开出水控制阀放水至某一规定水位后关闭出水控制阀停止放水，然后打开进水控制阀进水，如此往复循环，可实现暴雨期间连续的降雨量监测。

3. 技术特点

采用声波技术研制新型声波式雨量计装置，解决了翻斗式雨量计的设计缺陷，将设计测量误差从±3%减少到±0.5%，设计降雨强度从4mm/min提高到13mm/min，以适应高雨强雨量监测的应用需求，并获得国家专利。

技术指标

（1）承水口径：$\phi(200+0.6)$mm，刃口：$40°\sim45°$。

（2）分辨率：0.1mm；测量精度：$\leqslant\pm1\%$。

（3）雨强范围：$0.01\sim16$mm/min；测量方式：非接触式。

（4）工作电压：直流$9\sim16$V。

（5）通信方式：RS485通信。

（6）工作环境温度：$-20\sim75℃$；工作环境湿度：不限。

（7）内嵌防雷模块，最大持续工作电流：2A、标称工作电压：12V、标称放电电流：40kA、最大放电电流：100kA，瞬间最大过电压：10kV，响应时间：$\leqslant$1ns。

（8）设备平均无故障工作时间：MTBF$>$25000h。

（9）防堵塞：传感器具有防堵、防虫、防尘措施。

技术持有单位介绍

广东华南水电高新技术开发有限公司成立于1993年4月26日。公司利用现代计算机等高新技术对水利行业进行全面技术升级和改造，是国内最早提出并倡导"数字水利"理念的IT研究开发机构。公司注册资金人民币3000万元，拥有信息系统集成企业（二级）、软件企业认定、高新技术企业认定等8项资质。

珠江水利委员会珠江水利科学研究院建于1979年，原名珠江水利委员会科学研究所，是经国务院批准随水利部珠江水利委员会一起成立的中央级科研机构。主要从事基础研究、应用基础研究，承担流域重大问题、难点问题及水利行业中关键应用技术问题的研究任务。

应用范围及前景

该声波式遥测雨量计已在广东、广西、四川、重庆、贵州、云南、湖南、湖北、河南、福

建、安徽、山东、江西、辽宁、青海等 15 个省（自治区）广泛使用 13000 多套。

声波式遥测雨量计与声波式遥测水位计、遥测终端机一起，以较低的成本实现了对水库水雨情实时、智能的监控，为防汛抗旱、水资源管理及水库管理等提供了有效的技术支持。

通过 13000 多套该产品的使用，证明该产品性能稳定可靠，维护简单方便，各级管理部门可及时掌握雨量信息，对防汛抗旱、水资源管理及水利工程管理等提供有效技术支持；同时该系统价格低廉，非常适合中小型水利工程，因此深受用户青睐。

■典型应用（2）

■安装

■典型应用（3）

■雨量计装置

■典型应用（1）

技 术 名 称：DW. YJS－1 型声波遥测雨量计
持 有 单 位：广东华南水电高新技术开发有限公司、
　　　　　　珠江水利委员会珠江水利科学研究院
联 系 人：刘晋
地 　　 址：广东省广州市天河区天寿路 105 号天寿
　　　　　　大厦 9－10 楼
电 　　 话：020－87117188
手 　　 机：13560030408
传 　　 真：020－87117512
E － mail：68300710@qq.com

37 大中型水库大坝安全巡检与智能诊断系统

持有单位

山西省河道与水库技术中心

南京水利科学研究院

山西省西山提黄灌溉工程建设管理中心

技术简介

1. 技术来源

集成研发。

2. 技术原理

大坝智能巡检子系统是采用全球卫星定位技术、基于公网/专网无线数据传输技术、GIS 地理信息系统和计算机网络通信与数据处理技术，在公网/专网无线通信平台上研发出适用于巡检人员跟踪管理及监控的系统。

3. 技术特点

（1）安全智能诊断：根据现场发现的安全隐患现象，可自动诊断出隐患所属类别及匹配相应的隐患处置对策和典型案例。

（2）485 条问题库可勾选（且可动态添加问题描述）：解决现场水库管理人员水平参差不齐，同时便于现场巡检人员录入。

（3）数据传输技术：利用缓存技术解决因深山地区手机信号不稳定等不能实时传输的问题，利用 WiFi＋离线＋3G/4G 综合方式实现巡检信息的低成本信息上传。

（4）支持巡检人员语言识别录入功能，方便现场巡检情况的描述。

技术指标

（1）巡检点定位精度：0.5m。

（2）最小定位频率：1s。

（3）数据传输：支持 WiFi 及其他常用通信

接口。

（4）智能诊断响应最小时间：1s。

（5）硬件要求：智能平板手机，16GB 内存，显示屏 4 英寸以上。

（6）操作系统：Android 4.0 以上。

（7）主要功能模块有：人员管理、智能巡检管理、查询统计分析、洪水淹没调查、日常巡检任务监督等模块。

技术持有单位介绍

山西省河道与水库技术中心建于 1998 年，原名山西省河道管护服务总站。主要负责省管河道、大中型水库的安全运行动态监测；指导全省河道、水库运行和建设管理的安全监测工作；负责大中型水库的安全鉴定技术审查及全省河道、水库工程建设与管理的技术审查、指导与咨询等工作。

南京水利科学研究院建于 1935 年，历经 80 年的发展，南京水科院已发展成为拥有 40 多个具有鲜明特色和优势的专业研究方向、在国内外具有重要影响的水利科研机构。

山西省西山提黄灌溉工程建设管理中心建于 2011 年，主要负责负责西山提黄灌溉工程的规划、工程初步设计的技术指导和初步审查、工程的建设和运营管理，并对西山提黄灌溉工程的管理和发展提出政策性建议。

应用范围及前景

该系统充分利用公共通信网络进行 GPS 人员定位和地理信息查询，系统设计为多重构架的监控系统，系统的 GPS 智能终端接收卫星（共 24 颗，分布在 6 个不同的地球轨道上）每秒钟发来的定位数据，并根据从 3 颗以上不同卫星发来的

数据计算出自身所处地理位置的坐标。经过处理后与系统地图客户端上的GIS地图匹配，并在地图上显示坐标的正确位置，就可清楚和直观的掌握人员的动态位置信息。同时通过3G网络将在现场拍摄的视频和照片附加上位置信息后实时上传到管理平台，存档分析。采用离线方式＋WiFi方式进行传输检查信息，一方面解决局部地区部位手机信号不稳定（无手机信号）；另一方面，可以大大减少因3G/4G传输大量巡检照片所产生的大流量所带来的运行费用。

大坝安全巡检与智能诊断系统已在浙江省、青海省、山西省等多个地区大中型水库大坝工程安全巡视检查中进行了示范应用，应用前景广阔。

■移动端单个检查点界面

■移动端登录界面

■病害隐患跟踪处理效果图

■移动端主界面

技术名称：	大中型水库大坝安全巡检与智能诊断系统
持有单位：	山西省河道与水库技术中心、南京水利科学研究院、山西省西山提黄灌溉工程建设管理中心
联系人：	芦绮玲
地　址：	山西省太原市迎泽区新建路45号
电　话：	0351－4666816
手　机：	13007015258
传　真：	0351－4666697
E－mail：	438181690@qq.com

38 拖车式移动泵

持有单位

天津水利电力机电研究所

技术简介

1. 技术来源

自主研发。

2. 技术原理

TCP－Z型拖车式移动泵是天津水利电力机电研究所新开发的特别适用于防洪抗旱的一种泵车，主要由柴油发动机、凸轮转子泵、智能控制系统、集成式拖车底盘、机底式油箱、实心轮胎等组成。

3. 技术特点

（1）超强的自吸能力：省去离心泵所需的抽真空系统，最大自吸高度可达到8m。

（2）机动灵活：采用拖车形式，普通皮卡车就能将其拖至工程现场。

（3）流量大、体积小、重量轻。

（4）抽排能力强：能顺利通过树叶，毛发，纤维，编织袋等固形物且不易堵塞。

（5）全智能控制：开机关机一键完成，现场操控简单。

（6）全免维护：不需专业人员维护及操作。

技术指标

进出口径：DN50～DN500；流量：100～1500m³/h；扬程：8～30m；吸入真空度：2～8m；拖车式底盘（油箱）。

技术持有单位介绍

天津水利电力机电研究所（简称天津机电所）隶属于中国水利水电科学研究院，企业注册资金2020万元。2009年5月，通过国家级高新技术企业资质认证，2010年12月被天津市认定为科技型中小企业。已完成和正在进行的国家和省部级科研项目60余项，获国家级奖项7项、省部级科技奖项22项；取得发明专利7项。

应用范围及前景

主要用于防汛抗旱、市政排污及排涝工程、农业引水灌溉、环境保护、工程施工等领域。免维护特点适合抢险救灾设备长期库存应急使用。产品自2005年开始研发并推广以来，已成功应用于北京市市政管理局、北京首都国际机场、天津市水务局、天津大港油田水务公司、沧州市水务局、佛山市顺德区环境运输和城市管理局等。

■TCP－Z型拖车式移动泵

技术名称：拖车式移动泵
持有单位：天津水利电力机电研究所
联 系 人：贾彦博
地　　址：天津市蓟州区兴华大街19号
电　　话：022－82852091
手　　机：13311015186
传　　真：022－82856612
E － mail：jiayanbo@zgsdjd.com

39 蛙式浮体清淤机组

持有单位

天津水利电力机电研究所
山西临龙泵业有限公司

技术简介

1. 技术来源

自主研发，获实用新型专利。

2. 技术原理

蛙式清淤机组主要组成部分为柴油发动机、搅拌系统、无堵塞泵输送系统、牵引移动系统、液压智能操控系统。

3. 技术特点

蛙式浮体清淤机组体积小，便于运输，安装简便，稳定性好，重量轻，清淤浓度大，效率高，液压系统操控简单，耐磨，耐腐，无堵塞，适用于恶劣环境，可靠性高。

技术指标

（1）浮体尺寸直径为 800mm×2000mm，4 组组合，总浮力达 2.5t。

（2）2 台液压牵引卷扬机。

（3）1 台液压吊车。

（4）1 套液压搅吸装置直径 600mm。

（5）1 台污泥输送无堵塞泵：进口口径 D50～D150，流量 50～300m³/h，扬程 5～45m，输送浓度 5%～60%。

（6）配有一整套液压操控系统。

技术持有单位介绍

天津水利电力机电研究所隶属于中国水利水电科学研究院，已完成和正在进行的国家和省部级科研项目 60 余项，获国家级奖项 7 项、省部级科技奖项 22 项；取得发明专利 7 项。

山西临龙泵业有限公司，其前身是临汾县水泵厂，始建于 1958 年，2001 年根据国家产业政策改制，企业改变性质，员工置换身份，并更名为山西临龙泵业有限公司。

应用范围及前景

蛙式浮体清淤机组可广泛应用于城市下水清理、河道清淤、抗洪救灾、填海造田、水利工程、煤炭、冶金、化工等行业，市场前景广阔。

蛙式浮体清淤机组体积小，便于运输，安装简便，稳定性好，重量轻，清淤浓度大，效率高，液压系统操控简单，耐磨，耐腐，无堵塞，适用于恶劣环境，可靠性高。蛙式浮体清淤机组的应用能够改善民生环境，减轻由于河道淤堵、自然灾害对环境和民生造成的损失，顺应国家政策，应用前景广阔。

■蛙式浮体清淤机组

技术名称：蛙式浮体清淤机组

持有单位：天津水利电力机电研究所、山西临龙泵业有限公司

联 系 人：贾彦博

地　　址：天津市蓟州区兴华大街 19 号

电　　话：022－82852091

手　　机：13311015186

传　　真：022－82856612

E － mail：jiayanbo@zgsdjd.com

40　大坝坝后过流面综合检测技术

上海邀拓深水装备技术开发有限公司
中国电建集团昆明勘测设计研究院有限公司
雅砻江流域水电开发有限公司

技术简介

1. 技术来源

水电站坝后过流面、引水洞室由于长期受高速水流冲刷，水下检测是水利工程日常管理、应急抢修、水库大坝安全评估不可或缺的重要技术手段。

2. 技术原理

采用多波束声呐对过流面进行全覆盖检测时，水下垂直面淘蚀较深的混凝土缺陷会顶部有数据盲区；侧扫声呐作业仅可获得水下地貌二维影像图；水下机器人作为检测平台，可搭载三维成像声呐，对导墙的淘蚀缺陷进行水下精细检测，利用定点扫描方式生成空间三维数据，并采用高清水下摄像设备对重点部位近距离"驻足"观测，该方法弥补了多波束扫测时在垂直水下结构部分区域出现的数据空白。几种方法联合检测，形成互补且互相印证的技术手段。

3. 技术特点

（1）采用水下声呐及水下无人潜器等新技术应用于大坝坝后过流面检测作业，不仅能对水下缺陷或淤积的三维空间形态精确量化，且能客观反映缺陷或淤积的表观影像，检测结果清晰准确。

（2）解决了深水、浑水及动水环境下水工建筑物水下检测技术难题，突破了传统人工下潜、机器人下潜等水下检测的技术瓶颈。

（3）水下三维数字化成果库，可实时动态展示并提取枢纽区异常区域（位置、尺寸及方量），有效指导水工建筑物水下缺陷修补及水库水沙运行调度。

技术指标

（1）适用水深：0～500m。

（2）多波束：量程分辨率不低于1.25cm，水平向波束宽度不大于0.5°，能分辨水平向边长不小于5cm的物体。

（3）侧扫声呐：水平波束宽度约0.2°，能分辨水平向边长不小于2cm的物体。

技术持有单位介绍

上海邀拓深水装备技术开发有限公司是国家高技术研究发展计划（863计划重点项目"作业型ROV产品化技术研发"）课题的承担者，拥有4500m级作业型ROV和1000m级检测型ROV的研发经验，并建有800m² 的研发基地和1500m² 的产业化示范厂房。公司在水下结构物检测、海洋及陆上水体管线检测、水下测绘及海洋工程作业等领域具有丰富经验。公司是高新技术企业，通过了美国船级社（ABS）ISO 9001：2015质量体系认证。

中国电建集团昆明勘测设计研究院有限公司（简称昆明院）成立于1957年，是持有国家发展和改革委员会颁发的甲级工程咨询证书和建设部颁发的水利水电工程甲级设计证书、工程勘察甲级证书及测绘甲级证书等资质的勘察、设计、科研、咨询、监理、工程总承包单位，并由外经贸部授权对外开展经济技术业务合作。昆明院为中国国际工程咨询协会（CAIEC）、中国工程咨询协会（CNAEC）和国际咨询工程师联合会

（FIDIC）会员单位。2008 年 12 月通过了"质量、职业健康安全、环境"三合一体系审核，质量、职业健康安全、环境体系符合 GB/T 19001—2008《质量管理体系　要求》、GB/T 28001—2001《职业健康安全管理体系　要求》和 GB/T 24001—2004《环境管理体系　要求及使用指南》标准要求。昆明院是中国勘察设计单位综合实力百强之一，是中国电力行业质量效益型先进企业在全国水利水电勘测设计单位中处于领先地位。至今已有 209 项勘察、设计、咨询等科技成果先后获得省、部级奖励，47 项成果获国家级奖励。

雅砻江流域水电开发有限公司（原二滩水电开发有限责任公司）始建于 1989 年，为国有特大型独立发电企业，由国家开发投资公司和四川省投资集团有限责任公司共同组建，注册资本金为 284 亿元人民币。目前，公司拥有 1300 多亿元的优质资产，年销售收入超 150 亿元，装机规模达到 1473 万 kW，是四川省内最大的发电企业。公司的主要业务是水力发电，根据国家发改委授权，负责实施雅砻江水能资源开发，全面负责雅砻江梯级水电站的建设和管理，是国内唯一一家由一个主体完整开发一个大型流域的水电企业。雅砻江干流规划开发 22 级电站，规划可开发装机容量 3000 万 kW，在全国规划的十三大水电基地中，装机规模排名第三。

应用范围及前景

适用于对水电工程水库大坝的消力池、水垫塘、导墙和海漫等过流面的水下冲刷缺陷进行检测。也可在引水隧洞衬砌表观缺陷检测中应用。

传统的泄洪建筑物检测，通常采用抽水、人工探摸录像或者单点声呐的方式来确定异常情况。人工下潜方法成本大、周期长（20～30d）、作业深度有限（多在 60m 水深内，部分在 100m 水深范围内），部分水工建筑物必须在停机情况检测，检测结果依赖于潜水员的业务素质，且存在一定的人身安全风险，局限性较大；单点声呐采用断面测量方式，实测断面的位置受到水流、GPS 定位精度和稳定情况等因素影响，工作船很难沿计划测线实施测量，且单点测深精度容易受到测深探头姿态和仪器自身精度等影响，较难全面掌握水下结构形态。采用水下三维声呐及水下无人潜器，可实现了消能建筑物、引水管道等重要水工建筑的水下检测。在费用上以及效率上，本项目的水下可视化视觉系统均比常规检测手段提高效率 50％左右，费用节约 30％以上。

■坝后检测

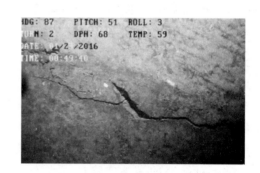

■水电站水下检测及缺陷定位案例

技术名称：大坝坝后过流面综合检测技术

持有单位：上海遨拓深水装备技术开发有限公司、中国电建集团昆明勘测设计研究院有限公司、雅砻江流域水电开发有限公司

联系人：徐玲

地　址：上海市浦东新区南汇新城镇海基六路 218 弄 8 号楼 3 层

电　话：021－20903012

手　机：18918572056

传　真：021－20903021

E - mail：lxu@autosubsea.com

41　北斗卫星实时监测水库群坝体变形技术

持有单位

深圳市水务规划设计院有限公司

武汉大学

深圳市西丽水库管理处

技术简介

1. 技术来源

该技术源自 2014 年度水利部公益性行业专项经费项目《北斗卫星实时监测水库群坝体变形技术研究》（项目编号 201401072）的研究成果。

2. 技术原理

北斗卫星实时监测水库群坝体变形技术，基于国产北斗卫星系统，实现土石坝表面变形的全天候、自动化监测，包含大坝监测专用北斗接收机、高精度北斗监测误差改正算法与模型、北斗实时变形监测与分析应用软件和自动化监测系统设计、建设与验证集成技术等方面。

3. 技术特点

基于国产北斗导航卫星系统，研制了适应土石坝变形监测的专用北斗接收机，接收机自带防浪涌模块，具备 WiFi 自组网通信功能；针对土石坝坝面特性和北斗星座特点，建立了基于载波相位观测值域的多路径误差改正模型；开发有北斗实时变形监测与分析应用软件系统，支持水库群毫米级精度北斗监测；总结形成了土石坝 GNSS 监测系统方案设计、施工建设、运行维护和精度验证的成套技术；提出了建立城市毫米级精度 GNSS 基准网的相关技术方法并进行了试验验证分析；依托深圳水务系统建设完成了 4 个水库坝体的大坝北斗变形监测应用示范平台，系统运行超过了 2 年，接收机硬件和软件平台的故障率小于 0.1%，GNSS 数据完整率达到 99.99%，水平监测精度优于 1mm，垂直监测精度优于 3mm，并取得了应用单位的一致好评。

技术指标

（1）大坝变形监测专用接收机：支持北斗、GPS、GLONASS 三个星座 6 个频点；数据输出格式：RTCM，RINEX；北斗卫星信号 B1/B2 载波相位精度：0.5mm；GPS 卫星信号 L1/L2 载波相位精度：0.5mm；数据更新率＞1Hz；外设接口具有 USB、RJ45、SNMP 管理端口；自带信号防雷模块；具备远距离 WiFi 自组网数据传输功能。

（2）高精度土石坝北斗变形解算算法：针对土石坝周边环境和北斗卫星不同类型星座（GEO、IGSO、MEO）特色进行多路径误差改正，解算 1～4h 观测时段的 1km 以内的短基线，精度达到水平方向 1～2mm，高程方向 2～3mm。

（3）北斗多模实时变形监测与分析应用软件系统：支持 300 个以上监测站数据的实时传输与实时解算，4h 水平变形监测成果精度优于 3mm；24h 时段变形监测成果，水平精度优于 3mm，垂直精度优于 3mm。

技术持有单位介绍

深圳市水务规划设计院有限公司是深圳市唯一一家水利行业综合甲级单位，持有水利行业工程设计、工程勘察、工程测绘等 7 项甲级资质证书，以及建筑工程设计、水电设计等 6 项乙级资质证书，业务涵盖水利、测绘、信息技术等 20 多个领域。设有博士后创新实践基地和研发中心，拥有多项专利，是"国家高新技术企业"和 AAA 信用等级企业。

武汉大学是教育部直属综合性大学，其中武汉大学卫星导航定位技术研究中心是科技部和教育部的导航与定位技术重点实验室，主要从事北

斗/GNSS 卫星导航定位芯片及软件开发，高精度工程应用等领域，两次获得国家科技进步奖。

深圳市西丽水库管理处是深圳市水务局直属事业单位，负责西丽水库、长岭皮水库等工程的管理维护工作。

应用范围及前景

技术成果适用于土石坝表面变形的自动化监测，可同时获取监测点平面和高程方向上的三维变形，具有实时、自动化、全天候监测的特点。特别适用于高坝大库、城市水库群坝体及边坡的表面变形监测。同时适用于高边坡、高层建筑、桥梁、海堤等重大工程设施的变形监测，应用前景广阔。

深圳市毫米级北斗监测基准站网案例：在深圳市布设 28 座基准站的组网布置方案。精度评估结果表明：在连续观测时长达到 2h 以上的情况下，各水库北方向、东方向上的监测精度可达到 3mm，在连续观测时长达到 24h 的情况下，高程监测精度可达到 3mm。基于基准站网的在线应急监测，能在数小时内快速部署形成实时、全天候监测系统。

截至 2018 年 1 月，项目成果已在深圳市茜坑水库、西丽水库、松子坑水库、炳坑水库进行了业务化应用，共计建设基准站 4 个，监测站 39 个，最长运行时间已超过 30 个月。

■大坝监测专用北斗接收机与模拟变形装置

■土石坝 GNSS 监测精度验证和评估装置

■深圳公明水库大坝土石坝表面变形监测

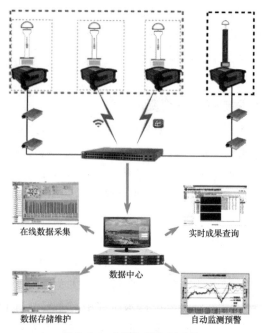

■北斗自动化变形监测系统

在线数据采集　实时成果查询　数据中心　数据存储维护　自动监测预警

技术名称：北斗卫星实时监测水库群坝体变形技术
持有单位：深圳市水务规划设计院有限公司、武汉大学、深圳市西丽水库管理处
联 系 人：龚春龙
地　　址：深圳市罗湖区宝安南路 3097 号洪涛大厦 12 楼
电　　话：0755 - 25574519
手　　机：13723472106
传　　真：0755 - 25890439
E - mail：gongcl88@163.com

42　集成稳流痕量灌溉滴箭组开发与研制

持有单位

天津市水利科学研究院

技术简介

1. 技术来源

自主研发。

2. 技术原理

系统由蓄水池、水泵、水位传感器、输送主管路、施肥管路、输送支管路、温度传感器、主控制器、启动控制器、取水压力表、电磁阀、进排气阀、施肥控制阀、过滤器和输水压力表组成。输送主管路的起始端处设置蓄水池，上设水泵，开关与启动控制器相连接，后者接收主控制器的指令开关水泵。取水压力表监测水源从蓄水池内取水，主控制器发出指令调整水泵运行和电磁阀开闭。进排气阀排除输送主管路中的空气，过滤器过滤残渣，输水压力表监测输水主管路的水压情况，主控制器经数据处理后，发出指令调整水泵运行。启动控制器接收主控制器的指令开关施肥控制阀，确定浇灌水源或施肥。输送主管路上安设若干条输送支管路，上设若干个滴箭组配置土壤水分传感器，监测种植植物所处土壤湿度，与主控制器连接，数据处理后，发指令给启动控制器，调整灌溉系统的运行。

3. 技术特点

（1）涉及一种灌溉系统，提供滴箭灌溉自动控制系统及滴箭灌溉的方法。

（2）该技术研发的表面迷宫式双流道滴箭，不失抗阻塞性，流量更小、更均匀。完成分水器内置带 16 个出水口稳流器集成设计，工作范围内流量偏差小于 5%，安装和使用方便。

（3）该技术采用自动控制系统，解决人工操作的差异性，减少工作量。

技术指标

设计工作压力 0.05～0.35MPa，滴箭额定流量为 0.5～1.5L/h；由国家农业灌排设备质量监督检验中心检测得出流量均匀度的变异系数（C_v 值）为 3.88%。

技术持有单位介绍

天津市水利科学研究院成立于 1975 年，为天津市水务局直属公益型事业单位。是科技实力雄厚、专业门类齐全、研究手段先进、综合实力较强的水利专业科研机构。其主要科研业务涉及水资源利用、水环境改善与修复、防洪减灾、农村水利、水利除险探测、水工结构、水利工程管理等技术领域。设有节水研究所、水工程研究所、防洪减灾研究所、水资源研究所、水环境研究所、信息化研究所，建成质量检测中心、科技推广中心、水景喷泉测试中心对外开展技术服务，成立水利部科技推广中心天津市推广工作站和水利部科技推广示范基地。

应用范围及前景

可广泛用于城市立体绿化、盆栽花卉生产、蔬菜立体种植等多方面领域。已推广到天津，北京等地区应用，已完成北京园博会立体花坛布置工程等多项绿化工程，立体种植是未来城市绿化的必然趋势，应用前景广阔。

技术名称：集成稳流痕量灌溉滴箭组开发与研制
持有单位：天津市水利科学研究院
联 系 人：焦丽娜
地　　址：天津市河西区友谊路 60 号
手　　机：13702191244
传　　真：022-83961180
E - mail：jiaolina813@126.com

43 一种可科学重现稀遇潮洪流动特性的水景观设计方法

持有单位

福建省水利水电勘测设计研究院

技术简介

1. 技术来源

该技术是水利部公益性行业科研专项经费项目《闽江下游河流运动规律变化与公共安全》的重要内容之一,项目编号:200901079。技术的核心是通过水力仿真模拟技术建造闽江水口水电站坝下至马尾白岩潭的天然河道,得到闽江天然河道的实体模型,然后根据城市景观设计的理念对闽江实体物理模型进行处理,从而既能进行水力学科学试验,又能满足旅游观光要求,实现水科学研究与城市景观相结合的系统设计目标。

2. 技术原理

该技术提供一种可科学重现稀遇潮洪流动特性的水景观设计方法。在大量采集天然河道实测地形、地质资料和水文资料的基础上;通过相似性准则确定模型范围、断面板的数量、所采用的材料;在实测地形图上选取放样断面,制作与天然河床形态相同模型断面板;确定模型的控制导线、划定模型边墙线、制定水平控制网、制定高程控制网、设立水准基点,根据河道地形图进行模型的安装;进行天然河流水文站枯季典型日和洪水典型日的实测径流流量过程线和河口实测潮流潮位过程线验证;天然河床相应断面的流速验证;造床流量发生前后天然河道实测地形图与模型的冲淤验证;建立水循环系统,这样设计出来的水景观,有极高的学术价值和经济附加值。

3. 技术特点

该方法可以缩制任意一条天然河流,并可复

演河流的运动规律制,模型与原型的误差非常小,可以通过缩制的天然河道水景观模型,测试各种可靠的技术数据,解决复杂水力条件下的各种重大涉水涉江技术难题,以服务于经济建设,从而使水景观不但具有观赏性,而且赋予水景观极高的学术价值和经济附加值。

技术指标

(1)模型小河与天然河道进行相似性设计。天然河道与模型小河是两个完全不同的物质体系,存在着不同的物理变化过程,为了让实体景观模型小河上物理体系的形态或其变化过程与天然河道体系同类相似,天然河流与人造小河中的相应点上同各物理量之间,必须符合相似性准则。

(2)模型小河与天然河道水流运动相似性验证,包括进行天然河流水文站枯季典型日和洪水典型日的实测径流流量过程线和河口实测潮流潮位过程线验证;进行天然河床相应断面的流速验证;进行造床流量发生前后天然河道实测地形图与景观实体模型的冲淤验证。

(3)非过水部分的景观实体模型布局,顺应河流蜿蜒曲折的天然状态,对不过水洲岛、模型工作桥、模型小河其他不过水的空闲地方进行景观处理或设置休闲处,植物分布高矮相间、错落有致,四季均有开花景观,并注意颜色搭配。

(4)建立水循环系统,包括上下蓄水池、抽水泵站、进水管道,回水管道,供水流量是通过水力学计算,其值取决于模型比尺和河流最大科研流量,并留一定富余。

技术持有单位介绍

福建省水利水电勘测设计研究院(简称福

建院），创建于 1958 年，于 2001 年通过 ISO 9001 质量管理体系，经营范围涉及水利、电力、市政、建筑、环保等多个领域的规划、勘测、设计、咨询、总承包等，拥有 19 个甲级、8 个乙级资质证书和多项国家专利，获国家及省部级科技进步奖、优秀勘察设计奖、优质工程奖等共 200 多项，多次被评为"全国水利水电系统先进集体""中国勘察设计综合实力百强单位""全国建筑企事业科技创新先进企业""福建省高新技术企业""全国工程建设管理先进单位""全国精神文明建设先进单位"及"全国文明单位"等。

应用范围及前景

目前的城市景观设计大多停留在对城市生活环境改善的层面上，该方法适用于提高城市水景观设计的科技含量，赋予城市景观自身更高的利用价值，让更多的人通过水景观了解水利工程师通过水力学物理模型进行科学治水的方法，使人们在观赏水景观的同时，对天然河流复杂运动规律、水流与涉水建筑物的相互关系、水生态环境有所了解，唤醒人们尊重自然、顺应自然、保护自然的意识。

目前，该技术已经通过在福州江滨路建造闽江大型河道物理模型与光明港整治进行了有机结合和成功实践，并推广应用于福建省水工程水动力研究中心闽江科研试验基地和九龙江科研试验基地建设。其模式可推广应用于福建省乃至全国其他江河科研试验研究，前景广阔。

■闽江水动力研究基地效果图

■闽江下游大型河道物理模型实景

■福建省九龙江水动力研究基地效果图

■福建省九龙江大型河口水动力物理模型

■福州市魁岐水利高科技园区

技术名称：一种可科学重现稀遇潮洪流动特性的水景观设计方法
持有单位：福建省水利水电勘测设计研究院
联 系 人：夏厚兴
地　　址：福建省福州市东大路 158 号
电　　话：0591 - 87661715
手　　机：15005059036
E - mail：1059844030@qq.com

44　人为引发河床演变对河流水位变化敏感性分析方法

持有单位

福建省水利水电勘测设计研究院

技术简介

1. 技术来源

该项目是水利部公益性行业科研专项经费项目《闽江下游河流运动规律变化与公共安全》的重要内容之一。"人为引发河床演变对河流水位变化敏感性分析方法",中国发明专利授权。

2. 技术原理

人为引发河床演变对河流水位变化敏感性分析方法,收集待评估河道区域有水文记录以来的径流资料,确定造床流量,潮型选择造床径流发生日河口实测潮位过程;采集造床径流发生日前后天然河床实测地形图;采集天然河床地质资料,确定各断面沙层埋深,沙层宽度;通过土工试验确定推移质与悬移质的特征参数;依据上述基础数据,建立水沙计算数学模型;通过水位验证、悬移质含沙量验证、地形冲淤验证,律定天然河床糙率。

3. 技术特点

(1)该方法基于天然河床河沙储量分布将河床区域划分为四区,可明确在哪些区域挖沙、挖多少,对天然河道水流流动特性影响小,从而制定出科学合理的河沙开采计划。

(2)可预报不同区域人为挖沙条件下,未来河道水位、流速、河流分叉口、汇合口的分流比、潮流界等水力要素的变化规律。

技术指标

基于天然河床河沙储量分布的河床区域划分为四区,设天然河道总长度为 L_t,实测河道断面数为 m,实测河道断面沙层宽度为 W_i, $i=1\sim$ m,实测河道断面积为 S_i, $i=1\sim m$,河床各实测断面总平均沙层储量面积 S_{av},河床总平均当量下切深度 H_{dt},则可求得 A 区、B 区、C 区和 D 区各区的河长、区域河沙平均储量面积、区域河沙最大储量面积、区域河沙最大储量面积、区域河沙平均当量埋深。

技术持有单位介绍

福建省水利水电勘测设计研究院,创建于 1958 年,于 2001 年通过 ISO 9001 质量管理体系,经营范围涉及水利、电力、市政、建筑、环保、岩土等多个领域的规划、勘测、设计、试验研究、咨询、总承包等,拥有 19 个甲级、8 个乙级资质证书和多项国家专利,获国家及省部级科技进步奖、优秀勘察设计奖、优质工程奖等共 200 多项。

应用范围及前景

该方法已应用于福州市轨道交通 2 号线隧洞穿江工程中,提高了人类活动干扰剧烈河段确定河床极限冲刷深度的准确性和可靠性,成功应用在穿越闽江和乌龙江的福州市轨道交通 2 号线的工程实践中,地铁站地下楼层可节约 1 层,按每层地下建筑面积 20000m² ,每平方米需要材料费 4000 元(钢、混凝土、设备、水电等),两江四岸四个车站共可节约投资 32000 万元。

技术名称:	人为引发河床演变对河流水位变化敏感性分析方法
持有单位:	福建省水利水电勘测设计研究院
联系人:	黄梅琼
地　址:	福建省福州市东大路 158 号
电　话:	0591 - 87661715
手　机:	15159640955
E - mail:	huangmq8585@163.com

45 明渠自动流量监测站

持有单位

湖南省水利水电勘测设计研究总院

技术简介

1. 技术来源

集成研发，软件自主开发。

2. 技术原理

该监测站是由 HNBY.YDJ－1 遥测终端机、流量显示仪、流速计、超声波液位计组成的流速面积法测流量的明渠测量流量系统。其工作原理以流速-水位运算法为基础，并采用了伺服水位跟踪测速系统和微处理器，从而确保测速和运算准确性的一种新型智能化流量系统，根据渠道的宽度和测量精度的要求，采用明渠测流的数学模型。流量显示仪中微处理器根据传感器实测的水位值、流速值和已置入的渠道几何尺寸、边坡系数、渠道精度、水力坡道等，并按照预定的数学模型计算出渠道的断面平均瞬时流量。采集的瞬时流量及累计流量等数据通过内置的 RTU 使用 GPRS 通信方式传输至信息中心，控制中心也可远程设置站点信息及参数，用户和维护人员皆可通过手机实时方便的召测流量站点数据。

3. 技术特点

（1）无人值守，通过现代化手段实现明渠24h数据监测。

（2）精细化管理，能较精确统计各支渠、干渠流量数据，并汇总到中心，形成决策支持。

（3）节水管理，实时监控用水情况，防止滥用、盗用水资源。

技术指标

（1）工作电压：＋12VDC；测量精度：流速±1.0％、水位±0.5％；测量范围：流速0.05～10m/s；温度：－10～55℃；相对湿度：小于95％（40℃时）；大气压：86～106kPa。

（2）通信：GSM/GPRS。

（3）数据保存：可在长期停电情况下保存设置参数和测值记录。

技术持有单位介绍

湖南省水利水电勘测设计研究总院始建于1949年，是中国水利水电勘测设计行业国家甲级勘测设计院所、AAA信用等级单位，位列全国工程勘测设计行业综合实力百强单位。专业涵盖地勘、测绘、规划、水工、机电、建筑、施工、造价、水库移民、水资源调查评价、水资源论证等30余个专业，拥有各类资质证书31项，其中国家工程综合勘察、测绘、水利行业、水力发电、建筑工程、建筑装修专项工程、水文水资源调查评价、水资源论证、工程总承包等10余项甲级资质。

应用范围及前景

该流量监测站技术为一整套明渠测流解决方案，包含数据采集、数据传输、分析模型及数据分析多种功能，集成一整套流量站点监测设备，适用于明渠自动流量监测等水利站点，为用户提供一站式服务。

技术名称：明渠自动流量监测站
持有单位：湖南省水利水电勘测设计研究总院
联系人：蒋报春
地　　址：湖南省长沙市雨花区劳动西路529号
手　　机：13786196226
传　　真：073185602988
E－mail：jbc1024@sina.com

46 钻孔雷达探测技术

持有单位

辽宁省水利水电科学研究院

技术简介

1. 技术来源

辽宁省水利水电科学研究院于 2012 年，通过水利部 "948" 项目资助引进瑞典 MALA 地球科学仪器公司钻孔雷达设备一套。

2. 技术原理

钻孔雷达技术原理是将雷达天线放入钻孔中对钻孔周围地层进行探测，依据电磁波在地层介质中波速不同形成图像。将发射天线和接收天线分别置于两个钻孔中，对两孔区间进行层析扫描成像，为跨孔层析成像。用于确定两钻孔中间高含水区域（如充水的断裂带或管涌）。发射天线和接受天线连接在一起，置于单个钻孔中对钻孔周围扫描成像为单孔反射成像。用于确定单孔周围的裂隙带的位置、深度和延伸等信息。

3. 技术特点

（1）钻孔雷达成像技术可提供钻孔周围 40m 范围内的岩层构造、水文地质信息。

（2）钻孔雷达依据钻孔深度进行探测，探测地下最深可达 2000m。

（3）钻孔雷达可以用单孔反射或跨孔层析成像方式进行地下成像，雷达提供钻孔周围基岩的连续图像或雷达提供钻孔间的平面图像。

（4）钻孔雷达采用高压窄脉冲技术，穿透能力强，形成图像分辨率高。

技术指标

（1）100MHz 孔中雷达天线：中心频率 100MHz，最大探测范围 40m，探测深度由钻孔深度确定，分辨率 20cm（最大探测深度）。

（2）RTA50 超强地面耦合雷达天线：中心频率 50MHz，分辨率 50cm（最大探测深度），在通常土质情况下，典型测深可达 40～50m。

（3）250MHz 屏蔽雷达天线：中心频率 250MHz，分辨率在 10cm（最大探测深度），在通常土质情况下，典型测深可达 4～5m。

技术持有单位介绍

辽宁省水利水电科学研究院始建于 1959 年，现已成为全省唯一的综合性水利水电科研中心。拥有石佛寺、五台子、阿尔乡三个试验基地。固定资产 7000 万元。主要围绕农村水利、水工结构、岩土与建筑材料、基础防渗、水资源与水环境、水利自动化与信息化等领域开展科学研究及科技服务。共获得国家级科研成果奖励 8 项，省部级奖励 78 项。

应用范围及前景

广泛应用于对复杂地质状况（如岩溶裂隙、断层带），及水利工程建筑物堤坝隐患（如坝体裂缝、管涌渗漏）进行探测。

已在辽宁省已掌握存在渗漏、裂缝隐患的中小型病险水库及堤防上进行了推广应用。此外，冬季冰下水深探测、坝基已有防渗体检测、辅助地质勘察等方面，钻孔雷达也将获得一定程度的实际应用，已完成应用案例为杨屯水库、侯家沟水库等。

技术名称：钻孔雷达探测技术
持有单位：辽宁省水利水电科学研究院
联系人：崔双利
地　　址：辽宁省沈阳市和平区十四纬路 1 号
电　　话：024 - 62181295
手　　机：13604033195
E - mail：SGP5 - 30@163.com

48　砌石重力坝加高关键技术

持有单位

广东省水利电力勘测设计研究院
水利部南京水利水文自动化研究所
梅州市清凉山供水有限公司

技术简介

1. 技术来源

针对我国水资源短缺和时空分布不均的实际问题，为优化水资源配置，降低新建工程各项投资，充分利用已有工程，提高工程的经济效益、环境效益和社会效益，针对浆砌石重力坝加高的实际问题，突破传统国内和国际大坝加高采用的台阶法和新旧坝间设置滑动缝法，提出一种新型的预留空腔＋加强键槽重力坝加高方法。取得 3 项国家发明专利，5 项实用新型专利。

2. 技术原理

（1）采用新型奇异单元、自适应仿真并结合试验研究，利用协同优化理论，充分考虑坝体应力分布、防渗安全和长期稳定性，在国际上首次提出一种新型加高键槽结构。

（2）根据坝体应力分区、功能分区和耐久性要求，优化了材料配合比和进度控制指标体系，使得坝体在整个加高过程中变形场、应力场、温度场和渗流场分布更加合理，提出了不影响大坝正常使用条件下的加高施工质量控制成套技术。

（3）综合自适应仿真算法结合敏感性和不确定分析进行坝体监测项目设计，通过对小波技术、支撑向量的研究，提出了大坝异常诊断快速在线递推算法并研制成功相应的硬软件系统，实现了大坝加高和运行过程大坝性态快速识别。

3. 技术特点

针对砌石重力坝加高所面临的一系列技术难题，提出了一系列创新理论、方法和工艺，研制了成套硬软件系统，突破传统国内和国际大坝加高采用的台阶法和新旧坝间设置滑动缝法，提出了新型的预留空腔＋加强键槽重力坝加高方法。

技术指标

综合采取材料优化、结构优化、和施工优化措施，结合数值仿真，提出了砌石重力坝带水加高成套技术，同时研制了成套监控设备有力检验了上述方法，实现了我国大坝加高和应用技术的创新。取得 3 项国家发明专利——"一种砌石坝加高方法""一种弦式渗压计封装方法""高精度免调节变形监测通用棱镜基座"，以及"静力水准仪"等 5 项实用新型专利。

技术持有单位介绍

广东省水利电力勘测设计研究院，成立于 1956 年 3 月，注册资本人民币 1.2 亿元，员工 1100 多人。是广东省高新技术企业、全国水利水电勘测设计行业信用 AAA＋级企业。先后组织编制了广东省流域综合规划、广东省水利发展"十二五"规划、"十三五"规划、广东省水土保持规划、广东省抗旱规划、广东电网 2020 年抽水蓄能电站选点规划、珠江三角洲水资源配置工程规划等一大批对全省经济发展具有重要影响的水电规划。

水利部南京水利水文自动化研究所是我国唯一从事水利信息化和水利自动化技术研究的专业研究所。创建 70 多年来始终坚持水利水文基础技术研究，始终坚持为水利防灾减灾、为国家公共安全服务。承担国家和水利部水利水文自动化领域具有基础性、公益性、关键性的重大课题研究。

梅州市清凉山供水有限公司成立于 1997 年 11 月，是梅州市清凉山水利枢纽工程的建设和运行管理单位，主营城市自来水供应、水电开发。清凉山水利枢纽工程是梅州市委、市政府的一项重要民心工程，枢纽由 1 座中型水库、2 座小型水库、1 条引水系统和 4 座小型水电站组成，电站总装机 4670kW。清凉山水库集雨面积 94.36km^2，扩建工程实施后，正常水位提高到 237.0m，增加库容 1153 万 m^3，总库容达 4864 万 m^3，西阳镇防洪标准达到 30 年一遇，改善下游 4540 亩农田灌溉，设计日供水量 17.9 万 m^3，最大日供水量 22 万 m^3，同时可改善供水水质，是白宫河流域综合治理的水利枢纽工程。

■砌石坝加高施工

■案例（1）

应用范围及前景

针对我国水资源短缺，浆砌石重力坝数量多且有加高空间的实际问题，结合梅州市清凉山水库加高工程，突破传统国内和国际大坝加高采用的台阶法和新旧坝间设置滑动缝法，提出一种新型的预留空腔＋加强键槽重力坝加高方法。我国有 2000 多座水库（同类坝型）迫切需要加固加高，本项目技术成果应用全面推广将为我国节约直接投资超过 200 亿元，可为我国增加库容超过 80 亿 m^3，每年可增加供水能力 120 亿 m^3，每年增加直接经济效益超过 20 亿元，应用前景广阔，经济效益显著，下一步我们将加大技术成果全面推广应用。

该技术已在梅州市清凉山大坝加高扩建中成功运用，至今已安全运行 7 年，具有良好的推广应用价值。

■案例（2）

■砌石坝加高过程

技术名称：砌石重力坝加高关键技术

持有单位：广东省水利电力勘测设计研究院、水利部南京水利水文自动化研究所、梅州市清凉山供水有限公司

联系人：董良山

地　　址：广东省广州市天河区天寿路 116 号

电　　话：020－38356829

手　　机：13318836739

传　　真：020－38356829

E－mail：dong.ls@gpdiwe.com

49 南瑞水利一体化管控平台软件

持有单位

南瑞集团有限公司

国电南瑞科技股份有限公司

技术简介

1. 技术来源

由于国内建设的大中型水利工程的日常运行管理基本采用多个功能单一的自动化子系统构成，这种模式造成用户的日常工作被分解到多个系统中执行，出现操作复杂、管理不便、重复投资、运维效率低下等突出问题，已不能很好地适应智慧水利发展的需求。南瑞水利一体化管控平台以面向水利业务一体化管控的设计思路，以一体化管控平台为基础、实现跨专业的组件化业务流程定制与组态，为闸/泵站监控、水情、水质监测、气象监测、视频监控、工程安全监测、水量调度、生产管理、综合办公等业务提供运行平台和技术支撑环境，为全面提高水利工程各项业务的处理能力、实现水利自动化和水安全提供基础保障。

2. 技术原理

南瑞水利一体化管控平台提出了面向业务的水利工程多源协同一体化管控应用体系，创建了一种支持多类水利工程监测监控硬件资源接入的分布式通信总线架构，建立了水利工程调度模型计算、业务流程管理、现地闭环控制三层水量调度功能协调机制，构建了水利工程自动化系统安全防护机制，提出了融合网络安全分区、纵向信息加密、控制安全防护等要素于一体的安全技术方案，有效提升了水利行业自动化系统安全水平。

3. 技术特点

南瑞水利一体化管控平台软件提出规范的信息集成标准，信息通信标准，应用开发规范，人机集成规范等技术标准，整合各类水利工程中应用中的资源与应用，合理地进行规划，将原有孤立的应用联系起来，实现水资源调配的智能化管理，服务于水利工程信息化的需求，提高了管理水平，提升了一体化、智能化的程度，实现了水利工程的统一管理、科学调度和安全运行，有助于充分发挥工程建设效益，节约信息化系统运营成本。

技术指标

该产品于2016年3月由江苏省软件产品检测中心（JSTC），根据GB/T 25000.51—2010《软件工程 软件产品质量要求和评价（SQuaRE） 商业现货（COTS）软件产品的质量要求和测试细则》，对"南瑞水利一体化管控平台软件V1.0"（以下简称软件）进行了软件产品检测。

作为水利一体化管控平台软件，运行基于RedHat操作系统，以Oracle为数据库。主要功能包括：基础平台（系统配置、建模工具、图形组态、报表、数据查询、数据处理、结构化文档、用户行为分析、自动升级工具）、业务平台（工程监测、水情测报、监控）等。

JSTC检测结论：在给定的测试环境下，软件运行稳定，功能可以实现，用户手册描述完整，达到软件产品检测要求。

检测结果：通过。

技术持有单位介绍

南瑞集团有限公司、国电南瑞科技股份有限公司是国家电网公司直属单位，实行一体化运行管理，是中国实力雄厚的电力系统自动化、水利

水电自动化、环保节能监测技术、轨道交通监控技术设备和服务供应商。水利信息化业务以现代水利业务需求为牵引，综合运用自动测控、数据处理、信息服务、调度仿真、遥测遥感、地理信息等技术手段，融合"大、云、物、移"等新技术，形成了从源水、调水、配水、用水各环节的产品与解决方案体系。产品广泛应用于长距离引供水、水利枢纽、城市水务、农田水利及灌区工程、山洪预警与防治、河长制、区域性水资源监控管理等水利信息化领域。为水利水务领域客户提供"可靠、实用、先进、高效"的产品、方案与工程技术服务。

应用范围及前景

　　南瑞水利一体化管控平台软件适用于水利、水电等领域。可广泛应用于水利枢纽、水库、灌区、引供水、区域性水资源调配等水利工程的自动化综合管控、集控管控、联合水量调度等业务中。

■现场监测

■闸门开度控制

■水库现场

■综合信息系统建设工程竣工验收会

■水库现场

技术名称：南瑞水利一体化管控平台软件
持有单位：南瑞集团有限公司、国电南瑞科技股份
　　　　　有限公司
联系人：刘磊
地　　址：江苏省南京市诚信大道19号
电　　话：025－81085239
手　　机：13814090983
传　　真：025－81085251
E－mail：liulei1@sgepri.sgcc.com.cn

50 南瑞水量调度管理系统软件

持有单位

南瑞集团有限公司
国电南瑞科技股份有限公司

技术简介

1. 技术来源
自主研发。

2. 技术原理
水量调度管理系统软件是根据引供水工程特点，综合运用计算机、地理信息系统、水力学模型、水利与水文计算模型、虚拟仿真、自动控制等技术手段，依托信息采集与监控系统等基础设施的建设，研制的"实用、先进、高效、可靠"水量调度系统软件，该软件实现了工程的输水调度的信息化、自动化，提高了输水调度效率和管理水平。该产品基于综合管控 B/S 平台开发，部署在管理区（Ⅲ区），同时也支持部署在Ⅱ区。运行在该平台上的业务模块，包括水量调度、应急调度、值班管理、综合展示、系统管理 5 大业务模块。

3. 技术特点
（1）用水客户可在线填报年度、月度、短期用水计划。

（2）管理处可借助数据资源管理平台实时监测的水库水位、根据特定频率下的历史来水、泄水等一键计算出给每个用户的拟分配水量，并在此基础上调整、审批供水计划。

（3）短期供水计划确定后，系统可以下发"水位-闸门开度"曲线给操作用户。

（4）操作用户将收到操作闸门的短信指令和操作提醒、调度人员在可随时调阅指令执行过程中闸门开度、水位曲线。

（5）调度结束后，系统可根据填报计划、审批水量、实际水量对调度方案进行总结评价，评价的结果包括年鉴数据的辅助生成与导出、渠道水量损失计算等。

技术指标

该产品于 2016 年 3 月由江苏省软件产品检测中心（JSTC），根据 GB/T 25000.51—2010《软件工程　软件产品质量要求和评价（SQuaRE）商业现货（COTS）软件产品的质量要求和测试细则》，对"南瑞水量调度管理系统软件"进行了软件产品检测。

作为水量调度管理系统软件，运行基于 Windows 操作系统，以 Oracle 为数据库，采用 B/S 架构。主要功能包括：基础平台（数据建模、权限系统）、业务平台（日常业务处理、水量分配方案编制、调度执行、水量统计与水费计算、值班管理、应急调度、数据整编）等。

软件适用于水利行业。

JSTC 检测结论：

在给定的测试环境下，软件运行稳定，功能可以实现，用户手册描述完整，达到软件产品检测要求。

检测结果：通过。

技术持有单位介绍

南瑞集团有限公司、国电南瑞科技股份有限公司是国家电网公司直属单位，实行一体化运行管理，是中国实力雄厚的电力系统自动化、水利水电自动化、环保节能监测技术、轨道交通监控技术设备和服务供应商。水利信息化业务以现代水利业务需求为牵引，综合运用自动测控、数据处理、信息服务、调度仿真、遥测遥感、地理信

息等技术手段，融合"大、云、物、移"等新技术，形成了从源水、调水、配水、用水各环节的产品与解决方案体系。产品广泛应用于长距离引供水、水利枢纽、城市水务、农田水利及灌区工程、山洪预警与防治、河长制、区域性水资源监控管理等水利信息化领域。为水利水务领域客户提供"可靠、实用、先进、高效"的产品、方案与工程技术服务。

应用范围及前景

南瑞水量调度管理系统软件主要适用于长距离引供水工程、灌区引供水工程运行管理等，产品在不同领域可采用不同的模块及模型组合来满足不同的应用要求。

南瑞水量调度管理系统软件满足引供水工程水量调度日常业务处理（含计划上报、计划审批、计划汇总、计划编制等）、实时调度（含调度指令生成、调度指令下发、调度执行反馈等）、应急调度、水量统计与水费计算、水量调度评价、值班管理等功能需求，该软件可实现引供水工程自动化调度，并为优化调度提供决策支持。

■水量调度管理系统软件应用（1）

■水量调度管理系统软件应用（2）

■水量调度管理系统软件应用（3）

■系统软件为水量调度提供决策

■水量调度现场

技术名称：南瑞水量调度管理系统软件
持有单位：南瑞集团有限公司、国电南瑞科技股份
　　　　　有限公司
联 系 人：刘磊
地　　址：江苏省南京市诚信大道 19 号
电　　话：025 - 81085239
手　　机：13814090983
传　　真：025 - 81085251
E - mail：liulei1@sgepri.sgcc.com.cn

51 中天海洋水下观测网水质在线监测系统

持有单位

中天海洋系统有限公司

技术简介

1. 技术来源

自主研发。

2. 技术原理

借鉴海底观测网系统思路、原理、技术以及设备，水下观测网络是综合采用光电通讯、电力电子、远程控制、原位监测、人机交互等技术手段，应用大中小型水下机电装备，集成多种声学、图像、物理、化学、生物等传感观测设备，布设在重要水源、河流、湖泊或海洋底部，进行长期连续、实时、原位监测的网络系统。水下观测网络主要由岸基中心站、水下传输网络、水下组网接驳设备及水下原位观测仪器组成。

3. 技术特点

水源地、河流和湖泊监测网络系统，能不间断、全天候、大范围、在线获取水文、水质、生化等现场数据信息，并能将原始数据和解算后的参数信息通过有线、无线通信网络，发送至政府、机构、企业和民众信息终端，对饮用水安全和水环境保护有重要的民生价值。

通过搭载不同类型的水质监测传感器、图像观测系统、声学探测系统等水下科学仪器设备，能够长期、连续、实时、原位获取水文水质状态、生物化学含量、地形地质、移动目标等重要信息，实现其在民生、科学、军事等不同领域、不同环境的多样化应用。

技术指标

应用水深：300m。

工作电压：直流 375V。

工作温度：−10～50℃。

额定电流：2A。

水质参数：实现温度、盐度、溶解度、叶绿素、浊度、pH 值等 24h 不间断测试。

传输容量：10Gbit/s。

使用寿命：20 年。

技术持有单位介绍

中天海洋系统有限公司系上市公司——江苏中天科技股份有限公司与浙江大学合资成立的全新子公司，注册资本 1 亿元。公司以"863"项目技术背景为依托，在国家建设海洋强国重大战略的需求牵引下，为海洋监测和水环境保护提供优质的系统级服务和产品。

应用范围及前景

水下观测网适用于不同的水文环境和应用领域，能够满足水源地、江河、湖泊、浅海及深海等水域的观测需求，以及水产养殖、水下安防、海洋牧场、海洋探测等多种领域的应用要求。

海底观测网络能长期、连续、实时、原位获取海洋水文水声、生物化学、地形地质、海洋目标等重要信息，并能将相关信息通过有线、无线通信网络或卫星发送至政府、企业、机构和军队指挥决策中心，对海洋环境保护、资源开发、防灾减灾和海洋安全有重要的应用价值。

■ 水下观测网

■ 水下观测网

■ 水下观测网

■ 成果展示与推介

■ 水下观测网

| 技术名称：中天海洋水下观测网水质在线监测系统 |
| 持有单位：中天海洋系统有限公司 |
| 联 系 人：陈洋 |
| 地　　址：江苏省南通市经济技术开发区新开南路 1 号 |
| 电　　话：0513 - 89191124 |
| 手　　机：15162828783 |
| 传　　真：0513 - 89191123 |
| E - mail：ztchenyang@chinaztt.com |

52　平板式测控一体化闸门

持有单位

北京航天福道高技术股份有限公司

技术简介

1. 技术来源

自主开发。

2. 技术原理

测控一体化闸门的技术核心为流量测量，系统采用超声波时差法测流原理，由于测水箱内流态分布较为复杂，建立适当的水流分布模型是实现准确测量流量的重要保证。超声波在流动的流体中传播时，就载上流体速度的信息，通过接收到的超声波就可以检测出流体的速度，从而换算成流量。超声波时差法测流是通过测量超声波脉冲顺流和逆流传播时速度之差来反映流体流速的。测控一体化闸门采用多声道超声波流量计进行分层测流，其实现方式是在斗口两侧分别安装超声波换能器阵列，两组换能器都可以实现接收和发射，形成多对收发组合。

3. 技术特点

鉴于测控一体化闸门工作条件限制，测水箱水流分布杂乱且处于非稳流状态，为提高测量精度，采用多层流速测量的方式，在测水箱内进行多点流速采样，并通过数值模拟、计算机仿真等方法，对测水箱内流速分布规律进行分析，构建一套测水箱数据处理方法，提高准确性。

技术指标

闸门开度分辨率：1024位；驱动选择：12V直流供电，也可手动曲柄人工操作；时间分辨率：90ps；流量测量精度：实验室不低于±2.5%；流速测量范围：0.025～2.5m/s；数据通信：移动、联通无线GPRS/3G/4G RJ45；运行温度：－10～＋50℃。

技术持有单位介绍

北京航天福道高技术股份有限公司成立于1993年6月，是中国航天科工集团下属企业，国家高新技术企业、中关村国家自主创新示范区核心百优企业。公司依托中国航天50多年的技术积累，在航天军用和民用信息化领域面向市场拓展业务，在电子传感、测量、测试、电源、计算机信息系统集成领域经过多年的发展形成了独特的优势，拥有与水利相关的专利技术20余项致力于开发和研究适用于当前形势下的灌区信息化监控设备和技术研究。

应用范围及前景

适用于我国农业节水灌溉的自动化管理，特别是用水管理单位的灌溉自动化管理，比较适宜在我国的大型灌区、中型灌区内进行大面积推广。可以解决灌区分水口门、斗口、农口等末级渠系进水流量的计量和闸门的远程控制问题；通过多闸门联动和用水调度计划实现闸门的实时调度，提高水的利用效率，确保农业用水的科学性和及时性。

目前已经在宁夏引黄灌区秦汉渠管理处进行了应用，通过测控一体化闸门的安装，实现了直开口和斗口闸门的远程操作以及用水量实时计量，为灌区管理单位及时调整用水计划，进行水权改革提供了较好技术和设备支撑。

技术名称：平板式测控一体化闸门
持有单位：北京航天福道高技术股份有限公司
联 系 人：辛康妹
地　　址：北京市海淀区永定路51号北
电　　话：010－88850887－6181
手　　机：15210312017
E－mail：xkangmei@126.com

53 华维区域性水资源管理智慧云平台

持有单位

上海华维节水灌溉股份有限公司

技术简介

1. 技术来源

自主研发。

2. 技术原理

该系统利用云计算技术和物联网技术建立"区域性水资源管理智慧云平台",可实现区域性（如县、乡镇、村等）多级水资源的实时监测与动态预测,进而实现对水资源的智能识别、跟踪定位、模拟预测、优化分配和监控管理,为水资源的优化调和高效利用,快速提升水资源效能提供了可能。核心技术涉及水文学、水动力学、气象学、信息学、3S信息技术、水资源管理、自动化控制和水文及河道、管道水流模拟技术等多个学科方向,是新一代水利信息化的集成发展方向。

3. 技术特点

（1）灌溉决策分析。

（2）优化配水方案。

（3）管网故障报警实时监测。

（4）跨学科领域与互联网、物联网的深度融合。

（5）多模块多功能联动,实现取供用的全过程监控与管理,及时获取水量、水质数据。

（6）平台自动预警,保障农业供水安全。

（7）采用先进的体系架构和技术产品,具备持续发展的潜力,可以高效地为各级人员服务。

（8）云平台具有强的容错能力、错误恢复能力、错误记录及预警能力并给用户以提示,可长期稳定可靠地运行。

（9）采用先进的低功耗 NB - IOT 物联网技术,具备低功耗、广覆盖、低成本、大容量等优势。

技术指标

（1）系统响应时间:系统具有快速响应的特性,用户打开界面和提交事务的平均响应时间低于1.5s。用户进行在线实时查询业务操作的数据处理时间低于5s。

（2）系统易用性:用户界面应操作简洁、易用、灵活,风格统一易学。所有交互系统提供中文图形界面,符合常规视窗系统的操作模式。

（3）实现实时监控所有设备的运行状态,出现故障时,能提供报警功能。

（4）系统可扩展性要求:系统采用模块化设计,可根据用户的需求不断周期性更新系统设计,可以扩展并预留接口,利于以后升级与扩展。

（5）技术成熟性与先进性:系统无论从整体结构的设计到关键技术的遵循先进且实用的原则。

技术持有单位介绍

上海华维节水灌溉股份有限公司是一家集高效节水灌溉及农业物联网系统研发、生产、销售、工程总承包于一体的综合型国家甲级灌溉上市企业、国家级高新技术企业,是上海节水灌溉工程技术研究中心依托单位,设计并建成了行业内首家灌溉博物馆。致力于现代设施农业集成技术整体方案输出,打造真正实效的"智慧灌溉、智慧温室、智慧种植、智慧溯源、智慧水利"等智慧农业装备一站式服务体系。公司已承担国家"863"计划、"十三五"国家重点研发计划、科

技部中小企业技术创新基金等省部级项目十余项，取得国家授权专利30件。荣获国家科技进步二等奖、"上海市著名商标""上海科技小巨人"等荣誉。

应用范围及前景

适用于区域性农业水价水权改革以及农田、灌区等用水计量监控、灌溉和排水等项目。主要功能实现：区域用水量统计、灌溉设备在线监测、设置年可开采量、水权分配、用户水权查询、泵房水权查询、配水优化管理。通过与农抬头智慧农业节水云深度融合，实现控制、灌溉、施肥一体化。

区域性水资源管理智慧云平台，采用更为合理的智能灌溉决策分析、优化配水方案、管网实时检测和故障报警、全程水质实时监测、环境数据自动采集、平台自动预警等，实现的传感器全程监测，有效解决人力无法实现的实时监控，可根据实际取供用水情况，自动优化方案解决，能够平均提高产量40%，水分有效利用率提高60%，省工80%、节水60%以上、节肥60%以上。

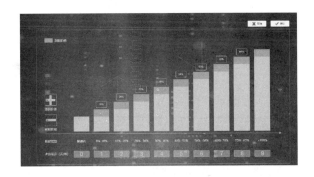

■超定额部分水价实行阶梯水价

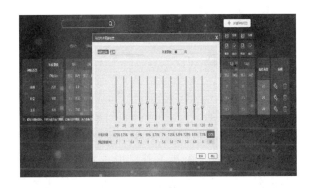

■年度用水限额设置

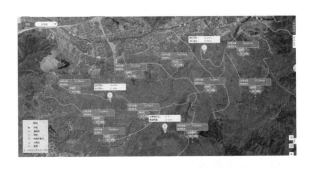

■区域性水资源管理智慧云平台

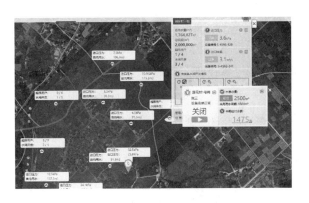

■基于各处管道进出口压力的水量控制

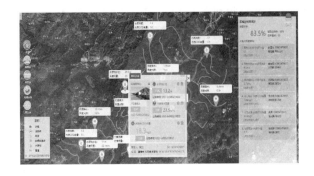

■水质水位等参数实时监测

技术名称：华维区域性水资源管理智慧云平台
持有单位：上海华维节水灌溉股份有限公司
联 系 人：张中华
地　　址：上海市金山区亭林镇南亭公路5859号
电　　话：021 - 50187018
手　　机：18818298283
传　　真：021 - 50187018
E - mail：huawei826@hwei.net

56　GZBW(S) 系列大型潜水贯流泵

持有单位

合肥恒大江海泵业股份有限公司

技术简介

1. 技术来源

自主研发。

2. 技术原理

GZBW(S) 带行星齿轮减速大型潜水贯流泵由轴流泵段、潜水电机、行星齿轮减速器、进水喇叭以及出水短管等组成的大型机电一体化整装式排水装备。

3. 技术特点

（1）机组结构紧凑，体积小（占地空间小），故泵站开挖深度低，可减少土建投资。

（2）进出水流道顺直，流道水力损失小，装置效率高（特别在低扬程情况）。

（3）电泵潜入水中运行，噪声低、无高温，属环境友好型产品。

（4）采用行星齿轮减速技术，采用了高速电机，使其灯泡比远小于传统贯流泵，不仅水泵效率高，还可减少金属耗费量。

（5）机组不需调头，可实现双向抽排水。

（6）机组设计为分段插装式结构，具有良好的可维护性。

（7）可实现遥控和自动控制、不停机换油等功能。

本产品主要解决：①低扬程工况，泵站装置效率低的问题；②普通贯流泵灯泡比过大的问题（轻量化、节省材料）；③普通泵只能单向排水，不能实现单机排涝和灌溉双向排水问题。

技术指标

GZBW(S) 型带行星齿轮减速大型潜水贯流泵流量范围为 $8\sim25\text{m}^3/\text{s}$，扬程一般不超过 5m，功率范围为 $315\sim1250\text{kW}$，电压等级为 6000V、10000V。潜水电机性能：①在输出、电压及频率为额定时，电动机效率和功率因数的保证值应符合《标准》的规定；②电动机的堵转转矩对额定转矩之比的保证值应不低于 0.8；③电动机起动过程中的最小转矩的保证值应不低于 0.4 倍额定转矩；④电动机最大转矩的保证值应不低于 1.8 倍额定转矩；⑤电动机堵转电流对额定电流之比的保证值应不大于 6.5。

技术持有单位介绍

合肥恒大江海泵业股份有限公司是原国家机械工业部定点生产潜水电泵的专业制造厂，是我国大型潜水电泵技术发源地和研发制造基地，代表了我国大中型潜水电机电泵的发展历史和技术水平，也是国内唯一一家专业制造潜水电泵成套产品、配套电控产品和泵站综合自动化系统成套设备的综合制造企业。注册资本 12000 万元，占地 150 亩。拥有亚洲最大的水工试验室，具有国家排灌及节水设备产品质量监督检验中心颁发的泵产品测试系统验证证书，可以为进口和国产大型潜水电泵提供性能测试和全功能试验服务能力的企业，是国内唯一的具有大型潜水电泵 100% 实泵真机试验能力的企业。产品在国内大型潜水电泵技术水平、制造能力、实验能力、市场行业排名第一。

应用范围及前景

GZBW(S) 型带行星齿轮减速大型潜水贯流泵适用于低扬程、大流量场合，可正反向送水。

主要用于城市防洪排涝、工农业用水、区域调水，尤其适用于设计扬程低、运行时间长、重视运行费用的场合，如排涝与灌溉综合的水利和防洪工程、生态环境治理工程、引调水工程等。是目前国内较为理想的排涝与灌溉综合使用的水利、防洪工程产品，在我国广大平原地区有着广泛的市场前景。

典型工程应用：江苏省淮安市里运河堂子巷控制工程。江苏省淮安市里运河堂子巷控制工程。该工程设东、西两个泵站，泵站总流量为70m³/s，为大（2）型工程。该工程主机采用了4台套 2100GZBW—1.45/13—400kW/10kV 大型单向潜水贯流泵机组，2 台套 2100GZBWS—1.45/11.45（0.65/12.8）—450kW/10kV 大型双向潜水贯流泵机组。GZBW（S）系列大型潜水贯流泵机组，单向机组效率为 78.53%；双向机组正向运行时泵效率为 63.55%，反向运行时泵效率为 61.29%。

■GZBW（S）系列大型潜水贯流泵
机组配套用潜水电机

■GZBW（S）系列大型潜水贯流泵
机组吊入试验工位

■江苏省淮安市里运河堂子巷
控制工程航拍图

■GZBW（S）系列大型潜水贯流泵机组在试验
工位安装就位进行真机目睹实验

■江苏省淮安市里运河堂子巷
控制工程实景

技术名称：GZBW（S）系列大型潜水贯流泵
持有单位：合肥恒大江海泵业股份有限公司
联系人：王宁
地　　址：安徽省合肥市长丰县双凤经济开发区金
　　　　　沪路 2 号
电　　话：0551－65205211－5203
手　　机：13003053980
传　　真：0551－65454610
E－mail：hdeee980@163.com

57 环保型多功能混凝土搅拌楼（站）关键技术

持有单位

杭州江河机电装备工程有限公司

技术简介

1. 技术来源

自主研发。

2. 技术原理

环保型多功能混凝土搅拌楼（站）关键技术研发及应用是对现有混凝土生产系统中的节能、除尘、废弃物利用、新型建材生产工艺等技术进行了技术升级，实现一种环境友好型的生产系统，项目属施工机械技术领域。解决了现有系统中扬尘排放问题、污水排放问题、噪声污染问题等环保问题，可实现混凝土生产过程的零排放，同时优化生产工艺可同时生产多种新型建材，实现"一机多用"。

3. 技术特点

（1）优化生产工艺和调整设备布局，减少混凝土生产的单位能耗。

（2）采用组合式高效除尘方式，变"堵"为"疏"，减少粉尘排放。

（3）采用砂石分离机及浆水回收系统，废水完全回收，实现零排放。

（4）通过搅拌机内视频系统实时监控混凝土的搅拌质量。

（5）通过自动喷淋装置对混凝土车辆进行清洗减少二次污染。

（6）设计了黏稠状添加剂的存储、输送计量装置、小掺量添加剂的预混合工艺，实现了多种新型建材生产。通过综合的节能环保措施和新的生产工艺装备，实现混凝土搅拌站的绿色、环保、多功能，达到可持续发展的要求。

技术指标

（1）机械设备布置合理，能有效减少混凝土生产单位能耗。

（2）运行可靠，计量精度高，符合 SL 242—2009《周期式混凝土搅拌楼（站）》要求。

（3）生产系统三废"零排放"。

（4）实现"一机多用"，即能生产普通混凝土，也能生产砂浆、乳化沥青-水泥稳定碎石基层材料等新型建材。

（5）控制系统功能完善，操作简单，可靠高效。

技术持有单位介绍

杭州江河机电装备工程有限公司为水利部产品质量标准研究所（水利部杭州机械设计研究所）的科技成果转化平台，紧紧围绕水利水电建设，承担和完成了许多国家重点工程和重大技术装备的攻关项目及研制任务，专业从事水利、电力、港口、造船、建筑、交通的起重运输机械和混凝土机械的研发、设计和制造，为三峡、葛洲坝、龙滩、白鹤滩等大型水利枢纽工程提供技术攻关和技术创新服务，研制了国内多项首台套水利技术装备，先后有 4 个项目获得国家科技大会奖，20 多个项目获得省部级科技奖，是相关行业标准的修制定单位。

应用范围及前景

项目成果可适用于现有或新建水利水电工程、城市建设工程用混凝土生产系统的绿色升级改造。从 2014 年 4 月至今，该技术先后在云南黄登水电站、西藏加查水电站、广西大藤峡水电站、黑龙江奋斗水库、陕西引汉济渭工程、四川白鹤滩水电站等多个国内水利水电工程中应用，

在杭州鹏程、杭州华杰、绍兴宝业等多个城市商混项目中应用，并在非洲、南美洲、中东、东南亚等多个国外"一带一路"项目中应用，如巴基斯坦卡洛特水电站、柬埔寨桑河水电站、哈萨克斯坦斯坦希江公路项目、东帝汶公路项目、老挝南欧江项目等，合计应用项目30多个。取得广泛的社会经济效益和生态效益。同时下一步将运用印尼雅万高铁、浙江天荒坪抽水蓄能电站、中老铁路等项目，应用前景十分广阔。

■船载混凝土搅拌系统

■混凝土搅拌楼站

■强制式搅拌机与自落式搅拌机

■电气控制系统与车辆识别调度系统

■城建商品混凝土搅拌系统

■除尘系统与洗石机

技术名称：环保型多功能混凝土搅拌楼（站）关键技术

持有单位：杭州江河机电装备工程有限公司

联 系 人：冯新红

地　　址：浙江省杭州市学院路102号

电　　话：0571 - 88052365

手　　机：13515817112

传　　真：0571 - 88841248

E - mail：jhgsdq@126.com

58 混凝土仓面水气二相流智能喷雾控温系统

持有单位

中国水利水电科学研究院

技术简介

1. 技术来源

中国水科院科研专项、重大工程科研项目。

2. 技术原理

该系统基于水气二相流原理（空气和液体），通过高压空气流和高压液体流相互影响而产生细雾。硬件设备（雾化喷嘴）内部结构设计能使液体和气体均匀混合，产生微细液滴尺寸的喷雾，雾化颗粒小于 $30\mu m$，混凝土仓面无积水。主要包括软件系统、喷雾控制模型及架设在模板上的喷雾硬件设备。本技术基于水气二相流原理，通过实时采集到的仓面气候信息，包括湿度、风速、太阳辐射，根据仓面目标温度，计算喷雾参数（喷雾水压、喷雾气压），通过水气掺和实现仓面的小气候控制。解决高温季节混凝土施工过程温度倒灌问题。

3. 技术特点

（1）雾化颗粒小。雾化颗粒小于 $30\mu m$，仓面无积水。

（2）喷雾均匀，覆盖范围大。可实现混凝土仓面喷雾的全覆盖。

（3）与模板结合，不影响施工。在备仓同时即形成，可根据浇筑仓面现场随意调节管道长度，钢模板插件使拆卸更加便捷。

技术指标

雾化喷嘴指标：水流量：121L/h；空气流量：225L/min；尺寸：2分；雾化颗粒：$10\mu m$。

钢模板插件指标。实现模板和喷雾管道的衔接支撑：规格尺寸 $30cm \times 33cm \times 10cm$。

技术持有单位介绍

中国水利水电科学研究院隶属中华人民共和国水利部，是从事水利水电科学研究的公益性研究机构。主持承担了一大批国家级重大科技攻关项目和省部级重点科研项目。取得了一大批原创性、突破性科研成果，共获得国家科技进步奖100项、省部级奖745项。

应用范围及前景

可广泛应用于水利水电、土木工程（桥梁、铁路、隧道等）、石油化工、电力、航空航天、核工业等行业内的大体积混凝土的温度控制。

该技术凝土浇筑仓面环境的智能测控，形成仓面雾滴全覆盖，解决仓面积水与传统设备普遍影响施工作业等实际问题。相比于传统喷雾方式，该技术水雾更加细小，喷雾更加均匀，仓面无积水，不影响混凝土水灰比；本系统与模板结构结合，备仓时系统自动生成，不干扰施工。工程实践表明，该技术应用后可有效控制仓面小环境，避免高温季节混凝土施工温度倒灌，减小拌和楼控温压力。推广应用前景广阔。

技术名称：混凝土仓面水气二相流智能喷雾控温系统
持有单位：中国水利水电科学研究院
联 系 人：常清睿
地 址：北京市海淀区玉渊潭南路1号
电 话：010-68781072
手 机：13331028332
传 真：010-68786006
E-mail：changqr@iwhr.com

59 联合室内和现场试验确定土体本构模型参数的方法

持有单位

中国水利水电科学研究院

技术简介

1. 技术来源

自主研发。

2. 技术原理

由于覆盖层中的砂土或砂砾石地质年代长，应力应变历史复杂，原位结构性性强，目前室内试验不能反映这种结构性效应。对于坝料，采用天然的砂砾石料或爆破开采的堆石料，最大粒径达800mm以上。室内缩尺模拟试验确定的本构模型参数难以反映实际级配的坝体材料特性。本研究提出了联合室内和现场试验，采用数值方法和智能优化理论，综合反演确定覆盖层土体和原级配筑坝堆石料本构模型参数的方法。包括依据现场旁压试验曲线反演确定覆盖层土体本构模型参数的方法，以及依据现场碾压层大型载荷试验曲线反演确定原级配筑坝堆石料本构模型参数的方法，为考虑覆盖层原位结构效应和筑坝堆石料的尺寸效应确定相应的工程力学特性参数和本构模型参数开辟了新的途径，可为土石坝工程设计提供更可靠的依据。

3. 技术特点

（1）准确性：综合了室内和现场试验的优势，能考虑覆盖层原位结构效应和筑坝原级配料的尺寸效应。

（2）时效性：克服了依靠土石坝原型观测资料反分析确定覆盖层地基和筑坝堆本构模型参数滞后于当前工程设计的缺点，所确定参数可及时用于指导工程设计。

（3）经济性：可以结合现场勘测或筑坝堆石料现场碾压试验进行，基本不增加勘测工作量。

技术指标

（1）旁压试验曲线，试验深度达90m。

（2）载荷试验曲线，承载板 ϕ130cm。

（3）变形模量。

（4）极限承载力。

（5）本构模型参数，如邓肯-张 E-B 模型参数，包括弹性模量系数和弹性模量指数，以及体积模量系数和体积模量指数等。

技术持有单位介绍

中国水利水电科学研究院隶属中华人民共和国水利部，是从事水利水电科学研究的公益性研究机构。历经几十年的发展，中国水利水电科学研究院已建设成为人才优势明显、学科门类齐全的国家级综合性水利水电科学研究和技术开发中心。截至2017年年底，共有职工1396人，拥有中科院院士1人、工程院院士5人，具有正高级专业技术职务323人、副高级专业技术职务501人。主持承担了一大批国家级重大科技攻关项目和省部级重点科研项目，承担了国内几乎所有重大水利水电工程关键技术问题的研究任务，还在国内外开展了一系列的工程技术咨询、评估和技术服务等科研工作。取得了一大批原创性、突破性科研成果，共获得国家科技进步奖100项、省部级奖745项。

应用范围及前景

该项技术可推广应用于深厚覆盖层上土石坝、闸坝、水闸等水利水电工程建设项目，以及深厚覆盖层上水运工程建设项目。

截至2017年12月，采用本项技术联合室内

试验和现场钻孔旁压试验确定了新疆察汗乌苏、甘肃九甸峡、四川乌东德和苏洼龙、西藏 ML 等大型工程建设项目的坝基覆盖层土体的本构模型参数；采用本项技术依据室内试验和公伯峡面板堆石坝筑坝堆石料碾压层大型载荷试验，在设计阶段确定了青海公伯峡面板堆石坝筑坝堆石料的邓肯-张 E-B 模型参数。

相关成果已提供设计参考使用或为工程预可研或可研论证提供了科学依据，产生了很好的社会和经济效益。

■察汗乌苏水电站坝基覆盖层现场旁压试验

■公伯峡水电站面板堆石坝筑坝堆石料
现场大型载荷试验

技术名称：联合室内和现场试验确定土体本构模型
　　　　　参数的方法
持有单位：中国水利水电科学研究院
联 系 人：常清睿
地　　址：北京市海淀区玉渊潭南路1号
电　　话：010-68781072
手　　机：13331028332
传　　真：010-68786006
E-mail：changqr@iwhr.com

60 冲击映像无损检测方法及系统

持有单位

中国水利水电科学研究院
江苏筑升土木工程科技有限公司

技术简介

1. 技术来源

自主研发。

2. 技术原理

当敲击结构表面时，结构内部会产生弹性波，当给介质表面施加一个冲击力时，就会在介质内产生弹性波，介质表面的弹性波场分布与介质内部的构造以及介质的物理性质密切相关。在介质表面激发弹性波，在离开激发点距离为 D 的地方用检波器（传感器）接收弹性波，并用记录仪器记录下来，然后保持距离 D（称为偏移距）和激发力度不变，把激发-接收系统移动到下一个检测点重新激发和接收，基于弹性波场理论，弹性波遭遇介质内部界面时，因波阻抗差异巨大而发生强反射、透射和转换现象，造成能量衰减、波形特性与频谱特性等的改变。通过对反射波（纵波）进行后处理，进而推断结构内部分布情况。

3. 技术特点

（1）冲击映像法检测系统原理简单设备小巧轻便，检测速度快，精度高。

（2）冲击映像法检测系统中横波冲击映像法的开发，极大地降低了信号频率，提高了对裂缝和空洞等缺陷的敏感度，提高了深度方向的分辨率。

（3）冲击映像法检测系统在分析算法上，不仅对频域算法进行了改进和扩充，还增加了时域分析（波形分析）和时频分析，不仅能够定性的确定缺陷位置，还能从波形特征上分析缺陷类型和程度。

技术指标

冲击映像法智能检测系统，由采集单元和控制单元构成。采集单元包括：电磁激振器、传感器阵列和电源，控制单元包括：激振开关、地震仪和 PC 机。主要技术指标如下：

记录通道：24 道；最高截频：20kHz；最低截频：1.75Hz。

通道数：1～24 可变；模数转换：24bit。

动态范围：>120dB；自噪声（1K 采样率）：<5μV，S/N＞123dB；分辨率（1K 采样率）：22bit（123dB）。

最大输入信号：±10V；输入阻抗：1Mohm，0.02f；记录长度（个数）：0～2147483648 samples；延时触发（个数）：0～512；去假频率波：-3dB。

操作系统：Windows 7 或更高；母线格式：高速 USB2.0；DAQ 缓存：192KB；USB FIFO：1KB；数据记录格式：PSD（Portable Seismic Data）。

技术持有单位介绍

中国水利水电科学研究院隶属中华人民共和国水利部，是从事水利水电科学研究的公益性研究机构。历经几十年的发展，中国水利水电科学研究院已建设成为人才优势明显、学科门类齐全的国家级综合性水利水电科学研究和技术开发中心。截至 2017 年年底，共有职工 1396 人，拥有中科院院士 1 人、工程院院士 5 人，具有正高级专业技术职务 323 人、副高级专业技术职务 501 人。主持承担了一大批国家级重大科技攻关项目

和省部级重点科研项目，承担了国内几乎所有重大水利水电工程关键技术问题的研究任务，还在国内外开展了一系列的工程技术咨询、评估和技术服务等科研工作。取得了一大批原创性、突破性科研成果，共获得国家科技进步奖 100 项、省部级奖 745 项。

江苏筑升土木工程科技有限公司是由中国工程院葛修润院士牵头成立的高科技土木工程咨询公司。公司拥有高密度面波法、全波场无损检测方法等核心技术，具备较强的硬件研发能力，以及软件开发能力。目前，公司已为南昌红谷滩隧道工程、南水北调渡槽等重大工程提供了高质量、高精度的检测咨询服务，积累了相当规模的工程实践经验和数据资料。同时，公司拥有一批多年从事房建、市政、交通、水利等工程设计、施工、检测的专家和技术骨干，具备较强的工程咨询能力。

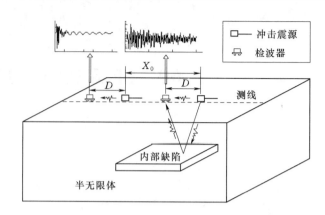

■冲击映像法检测系统原理与方法示意图

■智能检测系统（采集单元＋控制单元）

应用范围及前景

应用于混凝土建（构）筑物施工质量检测。包括渡槽、隧洞、地下厂房、桥梁、大坝等大型混凝土结构物的无损检测；混凝土建（构）筑物的内部缺陷及耐久性检测；隧洞开挖超前地质预报；沉管隧道注浆实时监测及质量评价；大型输水管道基础稳定性及管道外周土体脱空检测。

冲击映像法设备轻便，集成化高，只需按照测线，将激发、接收单元布置好，并进行数据的批量采集，操作方法简便，检测作业效率高。同时，后处理软件具备强大的数据分析能力，包括波形、时间域和频率域的处理，具备较强的流程化处理功能，分析结果准确度高。该方法已具备集成化的硬软件系统，高效的操的流程，以及精准的分析方法，在隧道、桥梁、大坝、管道等工程具备巨大的市场潜力和应用前景。

技术名称：冲击映像无损检测方法及系统
持有单位：中国水利水电科学研究院、江苏筑升土木工程科技有限公司
联系人：常清睿
地　　址：北京市海淀区玉渊潭南路 1 号
电　　话：010 - 68781072
手　　机：13331028332
传　　真：010 - 68786006
E - mail：changqr@iwhr.com

61 自愈型混凝土防水抗渗外加剂

持有单位

中国水利水电科学研究院

潍坊百汇特新型建材有限公司

技术简介

1. 技术来源

自主技术，共同研发。

2. 技术原理

渗立康是一种灰色粉末状无机材料，主要由天然火山灰经过特殊工艺粉磨加工风选而成，多为球形微纳米活性粉末，其主要矿物成分为 SiO_2 和 Al_2O_3。作为矿物外加剂掺入水泥混凝土中，与水泥加水混合搅拌时，活性的 SiO_2 和 Al_2O_3 水解成溶胶，这些溶胶分子可渗透到水泥浆体内部的毛细孔内，阻塞和切断毛细孔隙；同时超细的火山灰与水泥水化产物产生的氢氧化钙发生反应，生成硅酸钙与水泥石形成整体，部分未水解的惰性粉末填充混凝土孔隙，增加水泥石的密实性。一些未水解的具有潜在活性的 SiO_2 和 Al_2O_3 在混凝土内部碱性环境作用下，随着水分的侵入，不断水解生成新的水化产物，实现混凝土自愈合。

3. 技术特点

（1）优异的防水抗渗效果，加入渗立康防水抗渗剂能使抗渗等级提高 1~2 个数量级。

（2）良好的裂缝自愈性，具有混凝土裂缝自行修补功能，和自愈重复性。

（3）环保无机防水材料，防水功能持久，期限与建筑体同寿命。

（4）节省成本、经济实惠，施工简便。

（5）降低水化热，有效实现大体积混凝土体积稳定性。

（6）具有微膨胀、减水、抗裂和补偿收缩特性。

技术指标

安定性：合格；泌水率比：54％；抗压强度比：3d、128％，7d、124％，28d、108％；凝结时间差：＋15min；渗透高度比：34％；48h 吸水量比：73％；收缩率比（28d）：110％；氯离子含量：0.0029％。

技术持有单位介绍

中国水利水电科学研究院隶属中华人民共和国水利部，是从事水利水电科学研究的公益性研究机构。主持承担了一大批国家级重大科技攻关项目和省部级重点科研项目，承担了国内几乎所有重大水利水电工程关键技术问题的研究任务。

潍坊百汇特新型建材有限公司是一家集科学研究、施工设计，技术开发、生产销售和工程施工为一体的重合同守信用的混凝土外加剂企业。

应用范围及前景

作为掺合料直接掺入大体积混凝土中，如大坝、隧道、地铁等；作为防水渗漏修补剂，2~3mm 的裂缝可直接修补，大于 3mm 的裂缝可进行灌浆修补；对地下室、地下车库墙面、管道及顶板、底板漏水进行防水处理；对屋面、厨房、卫生间、阳台漏水进行防水处理；对电梯井漏水严重问题进行防水处理。

技术名称：自愈型混凝土防水抗渗外加剂

持有单位：中国水利水电科学研究院、潍坊百汇特新型建材有限公司

联 系 人：常清睿

地　　址：北京市海淀区玉渊潭南路1号

电　　话：010-68781072

手　　机：13331028332

E-mail：changqr@iwhr.com

2018 年 水 利 先 进 实 用 技 术 重 点 推 广 指 导 目 录

2018 NIAN SHUILI XIANJIN SHIYONG JISHU ZHONGDIAN TUIGUANG ZHIDAO MULU

62　大型低摩阻叠环式双向静动剪切试验系统

持有单位

长江水利委员会长江科学院

技术简介

1. 技术来源

自主研制。

2. 技术原理

研制的试验系统，大幅降低机构间的机械摩阻力，同时可实现垂向和水平向的双向动力加载，使该试验系统适用于精确测试各类土样静、动力强度和变形参数，以及研究散体材料在静、动力作用下大变形失效过程机理。

3. 技术特点

（1）采用多个可活动薄层刚性叠环替代常规直剪仪的上剪切盒。

（2）下剪切盒与侧向导向壁整体锻造，上剪切盒的多个刚性叠环限定在该凹字形整体结构内，叠环仅有沿剪切方向这一个自由度，移动方向可严格保证与下剪切盒一致，剪切盒系统整体刚度显著提高。

（3）剪切盒为外方内方形态，使得试样为立方体形状而非圆柱体，在剪切变形过程中，试样受力均匀，避免圆柱形试样受力时两头弧顶附近应力集中的现象。

技术指标

（1）试样尺寸：600（长）mm×600（宽）mm×600（高）mm；法向与切向静荷载：量程1000kN，分辨率为0.1kN，精度为0.25%FS；法向动荷载：量程0～500kN，频率0～5Hz，精度为0.5%。

（2）切向动荷载：量程-500～500kN，频率0～5Hz，精度为0.5%FS。

（3）振动频率：$f \geqslant 0.1$Hz（满负荷±150kN，动位移幅值±75mm），$f \geqslant 5$Hz（满负荷±500kN，动位移幅值±1mm）。

（4）动荷载形式：正弦波三角波方波和随机波。

（5）控制系统：加载模式可采用位移控制、应力控制、应变控制及过程中的相互切换；法向与切向加载可同步和相位控制。

（6）应变控制：速度在0.01～4.0mm/min任意设定；法向位移传感器：量程0～50mm，量测精度为0.1%，分辨率0.001mm。

（7）切向位移传感器：量程0～100mm，量测精度为0.1%，分辨率0.001mm。

（8）液压源：400L/min伺服油源。

（9）微机控制：全自动控制试验全过程，荷载与位移速率可按试验要求设定，实时数据显示。

技术持有单位介绍

长江水利委员会长江科学院始建于1951年，是国家水利重点科研机构，隶属水利部长江水利委员会，立足长江流域，主要从事基础理论、应用基础和技术开发研究。

应用范围及前景

该试验系统适用于精确测试各类土样静、动力强度和变形参数，以及研究散体材料在静、动力作用下大变形失效过程机理。

技术名称：大型低摩阻叠环式双向静动剪切试验系统

持有单位：长江水利委员会长江科学院

联 系 人：周若

地　　址：湖北省武汉市江岸区黄浦大街23号

电　　话：027-82829732

手　　机：13886130317

E - mail：13886130317@139.com

63 悬臂浇筑辊轴行走式轻型三角挂篮

持有单位

山东黄河工程集团有限公司

技术简介

1. 技术来源

自主研发。

2. 技术原理

该挂篮为轻型三角式挂篮，由主桁系统、悬吊行走系统、底模平台及后锚系统四部分组成。该技术利用了三角式受力简明、结构稳定的特点，确保挂篮混凝土浇筑过程安全可靠；采用无轨设计的辊轴行走系统，在挂篮行走过程的，不仅实现了边行走边自锚固，同时避免了轨道铺设，提高了施工功效，节约施工材料，减轻挂篮重量，减低施工成本。

3. 技术特点

（1）挂篮行走方式为辊轴行走式，无需铺设行走轨道，反扣的后行走辊轴可实现挂篮边行走边自锚。

（2）自重轻，优化设计后的挂篮每套自重只有21.7t（除模板系统外）。

（3）利用箱梁已浇节段上抗拉强度高的竖向精轧螺纹钢对挂篮进行锚固，去除了平衡配重，减少了施工附加荷载。

（4）采用精轧螺纹钢代替穿孔钢板带，使用穿心千斤顶调整挂篮底模高程。

（5）挂篮外围设计制作的操作平台和护栏为悬臂施工提供了足够的施工空间。

技术指标

（1）最大跨径：≤130m、悬浇箱梁节段最大重量135t，通过构件的改进，可适用于更大跨径的连续梁或连续刚构桥悬臂施工。

（2）挂篮重量/最大梁段重量：＜2.0。

（3）箱梁节段最大长度：4～4.5m。

（4）抗倾覆安全系数：＞2、自锚固安全系数：＞2。

（5）箱梁顶宽：13.5m；箱梁底宽：7m。

技术持有单位介绍

山东黄河工程集团有限公司隶属水利部黄河水利委员会山东黄河河务局，国有大二型企业，具有住建部颁发的水利水电工程施工总承包一级、公路工程施工总承包一级、公路路基工程、公路路面工程、桥梁工程专业承包一级、市政公用工程施工总承包二级和房屋建筑工程施工总承包二级等多项资质，并具有对外承包国际工程与派遣劳务等项经营权。集团公司组建于1992年12月，现辖4个直属工程处，10个子公司，拥有雄厚的技术力量和先进的施工设备。现有员工3032人，有职称的工程技术、经济管理人员1071人，其中高级职称146人，中级职称431人，一级建造师202人，各类大中型机械设备及仪器2200台套，总功率15万kW，企业注册资本5.77亿元，年生产能力达50亿元以上。

应用范围及前景

该技术适用于悬浇桥面宽度不大于15m，最大节段长度4m，最大节段重量135t的连续梁、连续刚构箱梁等桥梁施工。该新型挂篮主要采用辊轴行走方式，与常规挂篮相比，实现了挂篮无轨道行走，节约了轨道材料，解决了挂篮移动抗倾覆安全性和缓慢的问题，达到了移动方便、快捷，大大节约成本的目标。

该新型轻质挂篮已在多座大跨径桥梁悬臂施

工中成功实施,典型工程如湖北武荆高速汉江特大桥、内蒙古准兴重载高速 A1 标准兴黄河特大桥、山西柳林黄河公路大桥、广西三江至柳州高速公路八标浮石融江大桥等。目前国内高速公路建设速度加快,刚构悬臂平衡浇筑形式的桥梁越来越广泛,断面形式的设计也趋于一致,该技术较国内最先进的型式仍有较大优越性,因此具有广阔的应用前景。

■内蒙古准兴黄河特大桥三角挂篮悬臂施工

■广西三柳高速浮石融江大桥三角挂篮悬臂施工

■建成后的内蒙古准兴黄河特大桥

■建成后的广西三柳高速浮石融江大桥

■山西柳林黄河公路大桥三角挂篮悬臂施工

■武荆高速汉江特大桥三角挂篮悬臂施工

技术名称:悬臂浇筑辊轴行走式轻型三角挂篮
持有单位:山东黄河工程集团有限公司
联 系 人:王孝军
地　　址:山东省济南市历下区青后小区 4 区 1 号
电　　话:0531－86987535
手　　机:15966660398
传　　真:0531－86987289
E － mail:1780815938@qq.com

64　HJXK－1型超长边坡渠道削坡开槽机

持有单位

黄河建工集团有限公司

技术简介

1. 技术来源

南水北调中线一期工程潮河段六标，在施工中基于渠道开挖削坡、开槽的实际需要，设计制作。

2. 技术原理

水泥改性土长边坡渠道精细化削坡开槽技术关键在于超长边坡削坡开槽机的设计、加工以及现场实际操作。HJXK－1型超长边坡渠道削坡开槽机利用密齿型高效铣刨组合式刀具高速旋转完成对高强度的水泥改性土换填后的坡面进行削坡开槽。利用削坡开槽机的桁架、行走系统、主机架升降系统、削坡刀架系统，牵引系统和控制系统完成整个边坡的削坡。削坡完成后，清理完坡面，旋转切削刀头，使刀头铅垂于坡面，然后利用削坡开槽机的大车行走装置、桁架、小车行走装置、切削装置完成坡面上沟槽的开挖。

3. 技术特点

（1）研制了削坡开槽的自适应控制系统，可根据工况自动调整，实现了匀速切削和削坡开槽一体化，提高了作业效率，降低了施工成本。

（2）运用上拱变形控制技术，采用法兰片厚度控制方法，提出了桁架快速组装调整工法，提高了削坡开槽精度，保证了施工质量。

（3）研制了密齿型高效铣刨组合式刀具，优化了刀具结构与参数，提高了切削加工效率。

（4）具有可调节性，可适应不同坡长、不同坡比的施工要求。

技术指标

（1）适应坡长：22.87～33.34m；适应坡比

为1∶2.5、1∶3、1∶3.25、1∶3.5。

（2）升降方式：可整机联动、可单侧升降；支腿调节：电动丝杆升降机（有自锁功能）；行走方式：沿轨道；行走速度：0.25～2.5m/min；转弯半径：≥80m。

（3）削坡方式：沿渠道方向连续切削；削坡厚度：≤50cm；削坡效率：普通土200～300 m²/h，水泥改性土100～150m²/h；切削行走方式：钢丝绳牵引；切削行走速度：0.25～2.5m/min、1.5～15m/min；刀头转速：13～130r/min。

（4）开槽尺寸：40cm×40cm；开槽效率：15～60m/h；操作方式：操作台＋遥控；整机功率：50kW；整机重量：25～30t。

技术持有单位介绍

黄河建工集团有限公司成立于1958年，是经国家工商总局核准的综合性大型施工企业。具有国家水利水电工程施工总承包一级、房屋建筑一级、公路工程、市政公用工程施工总承包资质和地基与基础工程、土石方工程、桥梁工程、公路路基和路面工程专业承包资质。

应用范围及前景

适用于渠道开挖工程、边坡开挖处理工程、斜坡开槽作业等类似工程。解决了削坡开槽施工进度缓慢、施工精度差、质量无法保证、施工成本高等诸多问题。

技术名称：HJXK－1型超长边坡渠道削坡开槽机
持有单位：黄河建工集团有限公司
联 系 人：白凤兰
地　　址：河南省郑州市金水区花园北路62号
电　　话：0371－69557136
手　　机：13803832561
E－mail：365753463@qq.com

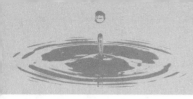
65 变水位深水斜坡基底护筒埋设及固定技术

持有单位

黄河建工集团有限公司

技术简介

1. 技术来源

自主研发。

2. 技术原理

对于深水斜坡基底护筒埋设及固定的成套技术，实现了护筒底部有效固定：研制的自由伸缩护筒，能够适应无级升降及水位变化，有效解决了浮船上的施工平台高程变化问题；以万向轮连接自由伸缩护筒与施工平台方法，保证了护筒位置不随浮船上的施工平台晃动而移动；采用三维有限元数值仿真计算，确定了护筒壁厚度和混凝土厚度，保证了护筒群的整体性和稳定性。

3. 技术特点

该技术成果相比以往的施工技术施工，加快了进度、确保了施工质量、极大地节约了施工成本。

技术指标

（1）伸缩护筒制作用专业卷板机将10mm厚的252t钢板卷制成筒状，接缝处采用焊接制成钢护筒。每根桩的钢护筒总长度为27～35m，直径1.9～2.2m，重量达15～20t，分4～6节卷制，伸缩范围内的焊缝全部用砂轮机将焊缝磨平，便于伸缩滑动。

（2）在伸缩范围内，内护筒上端2.5m范围内共设4道ϕ15mm的O形橡胶止水密封圈，在每道密封环的上下均以20mm×10mm的钢带焊接在内护筒上，用来固定橡胶止水密封圈，确保内外护筒伸缩时橡胶止水密封圈不易损坏，起到密封作用。

（3）外护筒下端沿护筒钢板厚度方向制作成45°喇叭口，便于内外护筒的套装，外护筒内径与内护筒外径公差在28～30mm。

技术持有单位介绍

黄河建工集团有限公司成立于1958年，是经国家工商总局核准的综合性大型施工企业。具有国家水利水电工程施工总承包一级、房屋建筑一级，公路工程、市政公用工程施工总承包资质和地基与基础工程、土石方工程、桥梁工程、公路路基和路面工程专业承包资质；并具有相应的对外承包工程资格证书。

应用范围及前景

该技术方法适用于深水斜坡基底护筒埋设、固定和采用浮船作施工平台、水位起伏频繁的复杂环境的桩基施工，推广应用前景广阔。已经完成的典型应用案例有：南水北调丹江口水库小三峡大桥工程、武西高速公路桃花峪黄河大桥TJ-04基础桩工程和哈密—郑州±800kV特高压直流输电线路工程黄河大跨越工程。该技术成果的应用，受到了业主、监理等单位的一致好评。

技术名称：	变水位深水斜坡基底护筒埋设及固定技术
持有单位：	黄河建工集团有限公司
联 系 人：	白凤兰
地 址：	河南省郑州市金水区花园北路62号
电 话：	0371-69557136
手 机：	13803832561
传 真：	0371-65692093
E-mail：	365753463@qq.com

66 应用于泵站反向发电的高压四象变频器

持有单位

江苏省淮沭新河管理处

技术简介

1. 技术来源

泵站机组改造科研项目。

2. 技术原理

泵站反向发电目前主要有同转速、机械变频、变极运行方式。采用高压四象限变频器运用于泵站反向发电，可以根据实际工况自动调节水泵机组发电频率，实现最大发电功率。变频器能根据机组运行时上下游水位的不同自动调节水泵的转速，保证机组处于最佳发电状态，提高发电效率。

3. 技术特点

（1）变频器具有较高的调节精度和相应速度，运行后采用同步全控整流技术，将同步电动机发电能量回馈到电网，并网运行简便。

（2）高压四象限变频器采用同步机磁链矢量控制方式，能够实现对单位功率因数的控制。

（3）变频器占地面积小，免去了机械机组的维护量和占地空间。

（4）变频器具有较高的信息化水平，提供保护、监视及控制功能，通过标准通讯接口接入到泵站自动化系统中，实现远程监控。

技术指标

（1）高压四象限变频器采用功率单元串联多电平结构，配置有 15 个功率单元模块，分属三相，每相 5 个功率单元串联。

（2）高压四象限变频器装有一套主控制器，主控采用 DSP＋ARM＋FPGA 控制架构，DSP 完成电机控制算法，输入输出侧保护等，ARM 完成各种输入输出接口的逻辑、通信接口及与功率单元之间的信息传输、故障诊断等，FPGA 完成双端口 RAM 分配、单元自检、与功率单元之间的通讯等功能。

技术持有单位介绍

江苏省淮沭新河管理处下辖 11 个基层站所：省淮沭新河管理处水文站、省二河闸管理所、省杨庄闸管理所、省淮阴闸管理所、省沭阳闸管理所、省沭新闸管理所等。主要职能：防洪、排涝、挡潮、降渍、灌溉、提供航运水位、输送城乡工业及居民生活用水等。管理范围全长 200 多 km，受益范围为淮安市、宿迁市、连云港市、盐城市的 18 个县、区。

应用范围及前景

适用于大中型泵站反向发电运行。高压四象限变频器已成功应用于淮阴第二抽水站等泵站反向发电。该变频器提高了机组在抽水与发电工况下的运行效率，有效减少了机组振动幅值。同时，也增加了机组在低水位情况下的启动成功率，充分保证了机组运行稳定性。

■高压变频器

技术名称：应用于泵站反向发电的高压四象变频器
持有单位：江苏省淮沭新河管理处
联 系 人：罗震
地　　址：江苏省淮安市深圳路 8 号
手　　机：13003549986
E－mail：980077010@qq.com

95

67　水闸闸孔内自浮式发电装置

持有单位

江苏省淮沭新河管理处

技术简介

1. 技术来源

自主研发，实用新型专利。

2. 技术原理

装设于水闸闸孔内的自浮式发电装置包括：闸孔、闸墩、发电浮体。发电浮体通过多个连接杆件组与闸墩连接，发电浮体包括：进水口、出水口、进水流道段、出水流道段、水轮机段，进水口与进水流道段连通，出水口与出水流道段连通，水轮机段设于进水流道段与出水流道段之间，进水流道段内设有发电机组，水轮机段内设有水轮机，发电机组与水轮机传递连接，闸墩上连接设有挡水闸门，挡水闸门上开设有一与进水口连通的流道孔，挡水闸门与进水口之间通过无缝止水装置密封连接，并装配有减震装置。

装设于水闸闸孔内的自浮式发电装置的工作原理为发电浮体内安装水轮机，水流从进水口流入进水流道段，再从橄榄状舱体两侧进水，经座环变为向四周进水，然后经水轮机内部结构，最后经过出水流道段排至下游。水的能量通过水轮机的内部结构变为机械能，推动水轮机主轴转动，并传递给发电机组，由发电机组将机械能变为电能输入电网。

3. 技术特点

（1）提高了发电效率，能够更加合理的开发利用平原地区低水头的水资源。

（2）具有自浮性能，安装与检修简单。

（3）拆装方便，不影响水闸原有的挡水与泄洪功能。

（4）具有较强的减振性能。

技术指标

以经济指标为例：装机容量200kW一台机组计算，年发电量达到150万kW·h，收入60万元，运行费用每年约2.5万元，具有较好的经济效益。

技术持有单位介绍

江苏省淮沭新河管理处下辖11个基层站所：省淮沭新河管理处水文站、省二河闸管理所、省杨庄闸管理所、省淮阴闸管理所、省沭阳闸管理所、省沭新闸管理所、省蔷薇河地涵管理所、省盐河北闸管理所、省善后闸管理所、省新沂河海口控制工程管理所、省淮阴第二抽水站管理所。主要职能：防洪、排涝、挡潮、降渍、灌溉、提供航运水位、输送城乡工业及居民生活用水等。管理范围全长200多km，受益范围为淮安市、宿迁市、连云港市、盐城市的18个县、区。

应用范围及前景

应用于水闸工程闸孔内发电。

技术名称：水闸闸孔内自浮式发电装置
持有单位：江苏省淮沭新河管理处
联 系 人：罗震
地　　址：江苏省淮安市深圳路8号
手　　机：13003549986
E - mail：980077010@qq.com

68   一种新型的水利工程扬压力测压管

持有单位

江苏省骆运水利工程管理处

技术简介

1. 技术来源

自主研发。

2. 技术原理

扬压力是分析、判断水工建筑物安全状况的一个重要参数，传统的用于观测水工程建筑物扬压力的测压管为一根底部封死的渗水管，在使用过程中容易淤堵，难以清理和修复，导致观测数据不准确。"一种新型的水利工程扬压力测压管"专利发明人将测压管设计为 U 形结构，一侧用于装设电测传感器进行电测，另一侧用于校核或备用，提高了测量的可靠性和数据的准确性，同时利用聚四氟乙烯空气过滤膜透气不透水的特点，对 U 形连接管底部进行充气，有效避免了淤积物的固化。同时，该型测压管便于维护，当透水段堵塞时，从其中一个管口中注入压力水便可冲淤，恢复正常使用，从而延长使用寿命。

3. 技术特点

测压管结构独特新颖。U 形管体包括两个垂直安装的透水管、两个连接在透水管上端并延伸至地面以上的导管和将两个透水管下端连接起来的 U 形连接管，U 形管体外侧套设有 U 形套管，U 形套管孔径大于 U 形管体孔径，U 形管体紧贴于 U 形套管内侧的管壁，且 U 形管体与 U 形套管外侧的管壁之间存有空腔，透水管上设有多个透水孔，透水孔设在 U 形管体的内侧，U 形套管上设有与透水孔相匹配的通孔，U 形连接管底端设有透气孔，透气孔外侧包覆有聚四氟乙烯空气过滤膜，U 形管体设有电测传感器，

电测传感器上连接有电缆引线，并从 U 形管体的管口引出。

技术指标

该专利技术是在传统测压管技术上的改进，所有相关技术数据与标准传统测压管相同，因此完全符合水利工程观测的技术要求。

技术持有单位介绍

江苏省骆运水利工程管理处是 1985 年 8 月由江苏省骆马湖控制工程管理处与江苏省第三抗旱排涝队合并组建而成，隶属江苏省水利厅。处机关坐落于宿迁市区古黄河畔，主要管理泗阳站、泗阳二站、刘老涧站、皂河站、沙集站等五座大型泵站和泗阳闸、黄墩湖滞洪闸、皂河闸、刘老涧节制闸、刘老涧新闸、沙集闸、六塘河闸、洋河滩闸、房亭河地涵、新邳洪河闸等十座大、中型涵闸；承担 2.1km 邳洪河大堤的管理维护。共有大型抽水机组 19 台（套），是南水北调第四、第五、第六梯级站，淮水北调第一、第二、第三梯级站，总装机容量 54400kW，抽水流量 666m³/s；所属十座涵闸与嶂山闸、宿迁闸等共同构成骆马湖、中运河防洪体系。拥有一支国家级防汛机动抢险队，配备 485 台（套）流动抗排机组及一大批防汛抢险设备。

应用范围及前景

适用于新建或改造的各种大中型水利工程中的底板、堤防、大坝等需要设置测压管的地方，采用该项技术将大大提高测压管的精度和使用寿命。目前在江苏省沙集闸站和江苏省泗阳抽水站个大型泵站工程的翼墙部位得到了应用，使用效果良好。

■现场扬压力测压管安装

■扬压力测压管

■扬压力测压管安装

■现场扬压力测压管安装

■扬压力测压管安装

技术名称：一种新型的水利工程扬压力测压管
持有单位：江苏省骆运水利工程管理处
联系人：吉庆伟
地　址：江苏省宿迁市八一中路2号
电　话：0527－81001062
手　机：13515298401
传　真：0527－81001011
E－mail：44474591@qq.com

69 抗裂型混凝土薄壳窖低成本快建装置及工艺

持有单位

连云港市临洪水利工程管理处

技术简介

1. 技术来源

自主研发，国内外首创该建窖技术，相关专利："小型水窖快速构建装置及方法"（发明专利），"一种用于建造混凝土窖体的气囊模具及其施工方法"（发明专利），"一种用于建造混凝土窖体的气囊模具"（实用新型专利）。国内很多地区仍面临严重的缺水问题，修建水窖集蓄雨洪，可转化雨季涝水为旱季有效供水，就地解决地区供水不足问题，又可减轻大型水利工程防汛与抗旱压力。

2. 技术原理

技术以充气气模、原状土基坑为内、外模板，在二者缝隙内整浇混凝土构建壳状窖体，达到抗裂、快建、低成本等多项核心目标。原状土强更高，依托原状土建窖，窖体抗裂性高于传统混凝土窖；以气模取代传统钢模板，成本更低、操作性好、循环使用的次数更多。

3. 技术特点

（1）新技术建窖速度更快，主体部分可在 1d 内完成，为传统混凝土窖施工工期的 1/15～1/20。

（2）窖体抗裂性能高，新技术依托原状土基坑建窖，可为窖体抗裂提供更大的被动土压力支持，因此可建设大型水窖。

（3）造价低，以单个气模取代传统内外双层钢模，造价更低，对气模充气即形成模板，抽尽气模内气体即完成拆模，施工更方便，土方开挖量与回填量也相对较少。

（4）技术门槛低，技术易于学习，实施过程中需要的设备投入极少。

技术指标

（1）基坑机械粗挖 2h，基坑修整 2h，窖底混凝土铺筑 0.5h，气模板充气及安装 1h，边壁、窖顶、窖口混凝土浇筑 4h。

（2）3d 后抽尽气模内空气从窖口取出气模 0.5h，窖内壁防水处理 2～3h。

（3）7d 后窖顶压土回填 0.5～1h。

（4）30m³ 体量 10cm 壁厚薄壳窖成本核算合计 4000 元。

技术持有单位介绍

连云港市临洪水利工程管理处下辖七闸四站及部分新沭河堤防，是连云港市最大的水利枢纽工程，所辖泵站系统也是亚洲装机容量最大的泵站系统，担负着新沭河流域及市区城市供水、挡潮、蓄淡、排涝、泄洪、调水、排污、拦淤、沟通航运等重要任务。近年来，连云港市临洪水利工程管理处在雨洪资源低成本开发方面取得了一系列原创性成果。

应用范围及前景

适用于交通不便的偏远地区与山区的水窖施工、干旱地区部分生活生产用水、平原丘陵地区建窖以解决灌溉用水不足问题，也可在山区建设森林防火水窖。该技术单位供水成本约为 2 元/m³，适用范围极为广泛。

技术名称：抗裂型混凝土薄壳窖低成本快建装置及工艺
持有单位：连云港市临洪水利工程管理处
联 系 人：庄文贤
地　　址：江苏省连云港市海州区北郊路 65 号
电　　话：0518 - 85152460
手　　机：15861299006
E - mail：zhuangwenxian@yeah.net

70　超深水位变幅水力自升降拦漂工程关键技术

持有单位

四川东方水利装备工程股份有限公司

技术简介

1. 技术来源

自主研发，该关键技术已获 6 项实用新型专利，分别是"一种用于连接浮箱组件与预埋固定件的连接装置""十字铰浮箱组件""滑动式拦漂装置""一拦漂装置用浮箱""一种拦漂装置用挂栅""一种水利工程防沉没浮体""一种漂浮物拦截装置的浮箱"，此外"一种倾斜式拦漂系统及拦漂方法"为中国发明专利申请中。

2. 技术原理

（1）拦漂排斜坡固定导槽锚索、锚杆与地基梁联合受力稳定技术。首次采用了锚索、锚杆与地基梁联合受力模型，满足了拦漂排运行牵引力、地基梁自重滑动力产生的 91m 超高斜坡式导槽梁抗滑稳定和抗倾覆稳定要求；形成了 80m 超深水位变幅拦漂工程分期（4 期）建设分段（4 段）投运模式，解决了拦漂工程建设与电站蓄水发电的矛盾。

（2）拦漂排斜坡固定连接装置水力自升降技术。研发了一种用于连接浮箱组件与预埋固定件的连接装置，提高了连接装置与浮箱组件、预埋固定件连接处以及整个拦漂装置的抗剪能力和使用寿命；研发了十字铰浮箱组件，克服了传统连接方式中水流冲击力直接作用于连接件的径向受力问题，提高了其抗剪性能，使浮箱之间的连接更为牢固；研发了滑动式拦漂装置，有利于分解水平冲击应力、平衡浮箱，适应水位升降变化调节拦漂装置的高低位置，保证了拦漂装置的拦污效果和工作性能；研发的拦漂排端部固定升降小

车、水力浮箱和十字铰链拉杆等组件组成的斜坡式水力自升降连接装置，克服了拦漂排端部连接装置自身重力和牵引荷载产生的摩擦力，攻克了斜坡固定连接装置水力自升降技术。

（3）拦漂排浮箱防翻转破坏沉没技术。研发了一种拦漂装置用浮箱，浮箱可拆卸，具有水上整体稳定性和安全性高的特点；研发了一种拦漂装置用挂栅，拦漂装置用挂栅有效拦截了水面上下的大小漂浮物，保护了拦漂排的有效性和安全性；研发了一种水利工程防沉没浮体，避免了浮体长期使用密封性破坏后发生沉没，提高了浮体的可靠性和使用寿命，降低了浮箱的制造、维护和使用成本。

（4）研发的防翻转破坏沉没高效拦污浮箱，采用浮箱带拦污挂栅、平衡块和填充低吸水率高分子材料，有效拦截了表面水体漂浮物，避免了拦漂排受大风翻转破坏和长期运行局部受损破坏进水沉没。

3. 技术特点

该技术攻克了拦漂排斜坡固定导槽锚索、锚杆与地基梁联合受力稳定技术、拦漂排斜坡固定连接装置水力自升降技术、拦漂排浮箱防翻转破坏沉没技术等关键技术，确保了导槽稳定，实现了拦漂排左右岸移动小车在浮箱浮力的带动下随水位的变化在左右岸导槽内自由上下移动，具有全天候自动调整、高效拦漂、运行维护成本低、布置灵活、适应复杂的地形环境、防翻转抗破坏能力强等特点。

技术指标

研发的超深水位变幅水力自升降拦漂工程整套关键技术，运行水位变幅大大超过国际其他使用项目，斜坡固定连接装置水力自升降技术、防

翻转破坏沉没高效拦污浮箱、斜坡固定导槽锚索、锚杆与地基梁联合受力稳定技术以及分期建设分段投运模式等技术的应用，均属国际首创。

技术持有单位介绍

四川东方水利装备工程股份有限公司创建于2004年，由原国家大型企业东方电工机械厂改制而来。公司注册资本人民币5490万元，占地面积120亩，拥有各类生产仪器设备460余台（套），员工240余人。公司主营水利水电专用设备的设计、制造、销售及工程施工服务。主要产品包括水利工程启闭、起重设备、水工金属结构设备、水利工程计算机监控系统、水利环保装备、及其他专用设备，拥有齐备的相关产品设计、制造、安装、维修、改造许可资质。公司目前已形成年产固定卷扬式和移动式启闭机100台（套），拦漂系统、清污机、清污机器人等水利环保装备100台（套），平面及弧形闸门、拦污栅、压力钢管等水工金属结构产品2万t的生产能力。

应用范围及前景

水电站、水库、排涝站、江河、湖泊、近海水体遭受树木枝叶、庄稼杂草、塑料泡沫、生活垃圾等漂浮污物的污染，严重影响水环境质量和工程的效益。该技术可安全可靠地拦截水利水电工程各类漂浮污物。

东方水利利用该技术已承担了雅砻江锦屏、官地、桐子林、金沙江观音岩、大渡河黄金坪、上海金泽水库等10余个电站、库区拦漂系统的设计、制造、安装工程，为客户提供了完整的拦漂解决方案。

典型应用案例：

2013年3月1日，锦屏一级水电站工程超深水位变幅水力自升降拦漂工程开工建设；2013年9月30日，拦漂排安装完成开始分期分段投入运行；2014年7月28日拦漂工程全部施工完成，目前拦漂工程已运行多个主汛期和旱季大风期，系统运行性能稳定，为客户消除了因漂浮垃圾造成停机故障的重大安全隐患，创造了可观的经济效益，同时取得了良好的社会效益，满足了工程建设和运行需要。

我国有水库9.8万个，电站9万多座，目前这些水库电站主要靠人工或者简单的清污船进行清理，成本高、风险大。超深水位变幅水力自升降拦漂工程布置灵活，能够适应复杂的地形环境，运行维护成本低，长期经济效益显著，在水电、水利行业具有广泛的推广应用前景。

■拦污系统

■拦污工程案例

技术名称：超深水位变幅水力自升降拦漂工程关键技术

持有单位：四川东方水利装备工程股份有限公司

联 系 人：钟焰

地　　址：四川省德阳市经济技术开发区燕山路398号

电　　话：0838-2826602

手　　机：13689632989

传　　真：0838-2827366

E - mail：984868644@qq.com

71 超高闸滑模施工技术

持有单位

河南省中原水利水电工程集团有限公司

技术简介

1. 技术来源

自主研发。

2. 技术原理

滑模施工技术虽然也有在闸井施工中应用，但在施工闸井高度为 80m 超高闸井施工尚属首次，其关键技术难题为滑升平台变形的控制和模板滑升时间、速度、位移的控制。经自主研发，通过设置的限位调平装置，实现了闸井内外模板同步滑升；增设联系圈，加强了平台的刚度和稳定性；设置的三脚架，以控制平台自重和施工荷载等措施。进一步解决了超高闸井高闸井施工的滑升平台变形的控制和模板滑升时间、速度、位移的控制的问题。控制了滑升平台的变形，加强了平台刚度和稳定性，有效地控制质量，提高了工作效率，降低了劳动强度。

3. 技术特点

（1）在高闸井施工中引进滑模施工技术，并通过增加限位调平器、联系圈，等技术措施，较好地解决了施工中的技术难题。

（2）通过设置的限位调平装置，配合千斤顶的操作，实现了闸井内外模板同步滑升。

（3）通过在提升架上增设联系圈，加强了平台的刚度和稳定性，防止了滑升平台的变形。

（4）设置的三脚架，以控制平台自重和施工荷载。

技术指标

工作闸井是导流兼放空冲沙洞工程的核心建筑物，闸井处于山体岩石竖洞内，布置在导流洞无压段与有压段间桩号 0 - 019.5～0 - 00.0 部位，闸井总高度为 85.12m，闸体顺水流方向长 19.1m，垂直水流方向宽 7.5m。闸井一期混凝土 6500m³，二期混凝土 120m³，钢筋 480t。

检修闸井位于导流洞进口桩号 0 - 241.68～0 - 255.68 部位，属于山脚处，闸井部分顺水流方向总长 14m，垂直水流向宽 8.5m，闸井底板高程为 876.00m，顶部高程为 952.70m。闸井一期混凝土约 4350m³，闸井钢筋制安 253t。

技术持有单位介绍

河南省中原水利水电工程集团有限公司系水利部部属施工企业，拥有水利水电和公路工程施工总承包双一级资质，还有公路路面专业二级、市政三级和房建三级共 5 项资质，专业从事水利水电工程和公路工程施工。

应用范围及前景

通过采用滑模施工技术，对超高闸井施工的模板安拆问题进行了探讨，解决了高闸井施工的滑升平台变形的控制和模板滑升时间、速度、位移的控制的问题。通过采用滑模施工技术建造超高闸井，编制完善超高闸井施工操作技术规程，进行施工成本费用测算，为制定施工工法积累资料，为滑模施工在超高闸井施工中的推广应用，提供参考经验。

技术名称：超高闸滑模施工技术
持有单位：河南省中原水利水电工程集团有限公司
联 系 人：孔维龙
地　　址：河南省濮阳市金堤路 504 号
电　　话：0393 - 4652899
手　　机：13639680958
传　　真：0393 - 4652888
E - mail：462261324@qq.com

72   机泵设备健康监测评估系统（PHMS）

持有单位

郑州恩普特科技股份有限公司

技术简介

1. 技术来源

以郑州大学为技术依托，针对机泵设备进行的研发，相关发明授权专利 7 个。

2. 技术原理

温度是反映设备健康状况的重要指标之一，但实际工业应用中，环境温度及机组转速都会对机组有不同程度的影响。为剔除环境温度及转速对其所产生的影响，研究温度归一化技术。该系统通过在上海城投原水有限公司 3 台机组的试运行，统计和分析了 10～12 号泵 2011 年中不同时间、不同季节的数据变化规律，在此基础上，计算出不随转速/环境温度变化的温度评价阈值计算公式：归一化温度＝实测温度×环境温度系数×转速系数×最高转速/当前转速。

3. 技术特点

（1）为设备定修提供检修标注与依据，实现从设备报警开始到处置结束的全过程监控与跟踪管理。

（2）提前预知设备故障。及时预警、及时预防或消除故障、及时给运行和维护给以指导，保障设备运行的可靠性、安全性和有效性。

（3）实现设备运行状态趋势预测。通过对振动、温度等重要参数的趋势预测，实现安全管理。

（4）保障水务行业设备安全运行。实现"零事故"，实现预知维修及综合智能维修，提高水务设备效能。

技术指标

（1）数据采集器指标：输入路数支持 24/48

路；转速范围 60～100000r/min。

（2）健康监测评估系统指标：支持实时数据库、关系数据库；数据源，DCS 点检 SCADA 在线采集系统；振动采样频率 200kHz。

（3）健康监测评估子系统指标：适用于所有常规泵类的健康评估；灵敏度高；模型响应速度 10s。

（4）故障诊断专家系统指标。涵盖立式、卧式机组；故障种类 6 类 18 种故障；诊断准确性不低于 85%；知识库规则数量不低于 1000；诊断实时性不大于 30s。

（5）其他专用技术指标：PARK 矢量法电气诊断正确率不低于 80%；滚动轴承诊断方法正确率不低于 85%；全矢谱分析技术；远程监测诊断性能指标；诊断报告数量：1 份/8min；数据通信速率不大于 50Mbit/s。

技术持有单位介绍

郑州恩普特科技股份有限公司先后荣获"高新技术企业""软件企业""软件产品""国际工业博览会优秀展品奖"等多项荣誉，承担过"八五"重大科技攻关项目、国家高新技术研究发展计划"863"计划。公司为郑州大学研究生创新实践基地。

应用范围及前景

可应用于水务系统原水处理、污水处理、城市用水等领域，对机泵设备健康监测评估。

技术名称：机泵设备健康监测评估系统（PHMS）
持有单位：郑州恩普特科技股份有限公司
联 系 人：孙婷
地　　址：河南省郑州市高新区西三环路 149 号 5 幢 A 座
电　　话：0371－67990802－607
手　　机：18300689131
E－mail：expert_qg@163.com

73 欣生牌 JX 抗裂硅质防水剂（掺合料）

持有单位

金华市欣生沸石开发有限公司

技术简介

1. 技术来源

自主研发。产品以结构自防水为主，刚柔结合，标本兼治的防水理念为指导，应用科技手段，利用优质天然丝光沸石的理化性能，经一系列改性、改型、表面活化等特殊工艺处理精制而成，产品主要由沸石成分 SiO_2、Al_2O_3 和适量的树脂粉末等构成，掺水泥用量的 5% 用于砂浆、混凝土中即可达到永久性防渗抗裂的要求。

2. 技术原理

欣生牌 JX 抗裂硅质防水剂是以高品级天然沸石为主要原料，利用其特有的离子交换性、吸附性、催化性等通过焙烧等一系列特殊工艺处理而成，其综合性能达到永久性防水防潮提高耐久性的作用。

3. 技术特点

（1）具有限制膨胀率和补偿收缩性能，提高了防水性能。

（2）抗渗性：集密实性、减水性、引气性、憎水性、补偿收缩性等防水抗渗机理于一体，填充和堵塞水泥毛细孔通道。

（3）抗裂性：可使水泥砂浆获一定的韧性和优良的保水性，提高界面粘结力。

（4）强度：混凝土配合比相同的前提下，可减少用水量，提高密实性，提高早期强度 20% 以上。

（5）耐久性：对钢筋无腐蚀、无锈蚀，产品与工程同寿命。

（6）环保性：符合国家绿色环保建材和健康建材标志的要求。

（7）施工性：粉状袋装产品计量方便，掺量为水泥或胶凝材料用量的 5%。

（8）成本低廉：可缩短工期、减少工序。

技术指标

检 验 项 目		标准指标 JX-ⅢW	检验结果
凝结时间差	初凝	≥−90min	+20min
抗压强度比	3d	≥100%	124%
	7d	≥110%	111%
	28d	≥100%	106%
泌水率比		≤50%	36%
渗透高度比		≤30%	29%
48h 吸水量比		≤65%	58%
28d 收缩率比		≤125%	114%
胶砂限制膨胀率	水中 7d	≥0.025%	0.026%
	空气中 21d	≥−0.02%	−0.016%
含水率		≤4.5%	3.3%
细度（0.315mm 筛）		≤5.0%	3.4%
总碱量		≤4.5%	0.99%
氯离子含量		≤0.15%	0.016%
释放氨的量		≤0.10%	0.07%
放射性建筑主体材料	内照射指数 I_{Ra}	≤1.0	0.2
	外照射指数 I_γ	≤1.0	0.3

技术持有单位介绍

金华市欣生沸石开发有限公司是一家专注于天然沸石资源开发应用的高新技术企业，拥有长期开采权的高品级天然沸石矿区一座，与浙江大学、成都理工大学、浙江省矿研所、中国建筑科学研究院、中国建筑材料科学研究总院等知名高等学府和科研院所有着不同程度的科研项目合作关系。生产基地置有整套处于行业领先水平的生

产设备设施和质控检测设备，生产欣生牌JX抗裂硅质防水剂系列产品，获数10项产品和技术发明专利。目前已参编了10多个省市的欣生JX抗裂硅质防水剂的专项设计图集，获得了国家级、省部级的多项相关认证。

应用范围及前景

　　JX防水剂适用于除建筑外墙外所有的防水砂浆工程，如地下工程内外墙砂浆防水、各种水池、坑、电梯井、屋面、坡屋面砂浆或细石混凝土防水工程。JX抗裂硅质防水剂自2004年投放市场以来，在地铁、隧道、污水处理、水利、交通、港口等大量工程中得到了有效的应用，年销售额超亿元。截至2016年年底，累计应用面积达数亿 m²。该产品经大量的工程应用证明：能从根本上解决混凝土渗漏开裂问题，施工简便、缩短工期、节约综合造价，从而获得了用户和业内专家们的充分肯定和良好口碑。目前已经和朗诗、万科、中冶等30多家国内知名开发商和建筑企业实现了战略合作或项目合作，提升了公司产品的竞争能力。

■福州地铁葫芦阵站地下2层

■北海污水处理厂

■山东潍坊泰华城项目

■南宁江南污水处理厂项目

■南宁邕宁水利枢纽

技术名称：欣生牌JX抗裂硅质防水剂（掺合料）
持有单位：金华市欣生沸石开发有限公司
联 系 人：韩飞
地　　址：浙江省金华市八一南街458号8楼
电　　话：0579 – 82131870
手　　机：15177198963
传　　真：0579 – 82131870
E – mail：xinsheng66633@163.com

74 中苏科技一体化智能泵站

持有单位

中苏科技股份有限公司

技术简介

1. 技术来源

一体化智能泵站是中苏科技股份有限公司自主研发产品，共转化专利 13 件，计算机软件著作权 12 件，商标 11 件。产品已通过水利部新产品鉴定，主持撰写并获批江苏省地方标准、中国灌区协会技术规范，2017 年 12 月一体化泵站为核心技术的高效节水灌溉智能信息化系统及装备代表江苏水利出展现代农业技术大会。

2. 技术原理

本项目所研一体化智能泵站是基本物联网技术研发出来的智能一体化灌排设备，它改变了传统意义上的灌排泵站的理念，将现代电气控制、过程自动化测控、超声波计量、智能电气保护、红外安防监控、视频过程监视、水利物联网等技术与泵机组进行一体化系统集成，使之成为具有可移动、可组合的全智能灌排设备。

3. 技术特点

（1）采用集成式结构，结构紧凑，体积小，一般与地面积不超过 6m²，让泵站从传统建筑物变成了设备，让泵站变成可移动、可组合的智能设备。同时也缩短了建设周期，可以 4～8h 完成。

（2）让泵站变成了具有智能生命的设备，一体化智能泵站由于各项先进技术与应用，特别是物联网技术的应用，可以实现全天候无人值守，全过程参数检测。通过远程移动终端操控泵站启停，监视泵站运行各项参数（水量、电量、水位、压力、主机电流、电压、功率因素、泵站内温度等参数）。

（3）一体化智能泵站可以远程视频监视现场设备运行情况和泵站周边状况，红外周界安全系统与视频系统组合让泵站安全防范变为可视，回放、抓拍一切进入泵站周界范围内的移动物体，并伴有现场语音警示，如在一定时间内不能确认进入者合法身份，向进入者又没有及时离开，一体化智能泵站将发出声光报警，并将非正常进入信息及抓拍图片发送至用户端或"110"报警中心。

（4）一体化智能泵站集成度、操控简单，支持现场刷卡启停泵站（便于收取电费、水费）。远程移动终端（手机等）和监控调度中心遥控启停泵站。

（5）物联网技术的应用使得一体化智能泵站实现远程故障诊断和在连线运行安全监控成为现实，一体化智能泵站在每个环节都设置有监控检测原件，确保泵站运行在线透明化，任何非正常信息都全通过网络发送至移动用户终端或监控中心，甚至发送至一体化智能泵站在线服务平台。一体化智能泵站在线服务可以启动故障诊断程序查找原因，在线维修。也可以定期在线远程对每台一体化智能泵站进行在线维保。

（6）易于构建水利大数据平台，一体化智能泵站作为水利物联网基层数据平台可以为农田灌排、水源水情测报、防汛指挥、农情测报等领域提供全面可靠的数据信息。

（7）一体化智能泵站采用模块组合结构集成了多种新技术和新设备，特别是多项专利技术的应用，确保了智能泵站先进、可靠、实用的特性。一体化智能泵站作为标准化生产的泵站设备，做到三统一。

技术指标

（1）泵房采用集成式 WPC 材料，重量小于

1.5t，占地小于 8m²，高度低于 4m。

（2）管道系统，由管道、止回阀、电动蝶阀、真空电磁阀、真空传感器、水汽分离器、法兰等部件组成。

（3）计量系统，实现用电及用水的计量。电费计量精度：0.5S 级；水计量精度由于 1.5% 精度。以上设备均经过 MC 认证。

（4）红外安防系统视频监视系统。红外探测距离大于 5m，探测角度大于 110°，分辨率高；配置 3～4 台防备摄像机，支持远程遥控球机。

（5）智能电气系统、自动化系统，实时测量水泵主机回路的电量参数和泵站内多种非电量参数；保护泵站的所有设备，控制泵站实时运行。

■一体化智能泵站

技术持有单位介绍

中苏科技股份有限公司及其控股公司北京润华科工科技有限公司是水利部灌排中心所属唯一专业从事水利智能化灌排设备、水利电气自动化和信息化设备生产和服务的综合性高新技术企业，在农田灌溉、农业高效节水灌溉、大中型灌区灌溉、防汛抗旱、水文水情测报、水资源管理、流域调水、水处理和供水等领域提供高科技产品和技术支持，以及水利工程总包、水利工程规划设计及水利工程设施运行维护管理等服务。

■一体化智能泵站

应用范围及前景

以 MPIS 一体化智能泵站为代表的 SINOSO 系列水利智能化灌排设备、输水设备、水利电气自动化、信息化及智能化设备在水利、农业开发及国土资源等行业得到了广泛应用，并已成为行业最为专业的品牌。

泵站模块化结构工艺，在有限的环境中，综合电气控制、信息采集等将强电和弱电结合，实现功能部件的小型化和模块化，解决强弱电之间的电磁干扰问题。泵站电气控制、安全防盗以及水电计量的等具有人工智能控制的策略和控制算法。在空旷的农业生产地区实现无线远程数据传输及远程控制的核心技术。一体化智能泵站应用前景广阔。

■现场智能体验

技术名称：中苏科技一体化智能泵站
持有单位：中苏科技股份有限公司
联 系 人：马恩禄
地　　址：江苏省南京市天元东路 2229 号
电　　话：025－87150988
手　　机：13951888668
传　　真：025－87150988
E － mail：544688640@qq.com

75　蓝深一体化预制泵站

持有单位

蓝深集团股份有限公司

技术简介

1. 技术来源

智能型自清洁一体化预制泵站是蓝深集团根据企业自身技术优势，自主研制和具有完全自主知识的一种新型地埋式雨污水智能自动化收集与提升系统、一种高度集成的泵站设备和新型环保产品。具有整体集成、一体化交付（交钥匙工程）、安装方便、工期短、节约成本、维护方便、高效节能、自清洁、智能化及远程控制、可定制等特点。

2. 技术原理

智能型自清洁一体化预制泵站主要由预制高强度玻璃钢 GRP 筒体、高效的排水设备—潜水排污泵、自耦装置、提升链、管路、阀门、液位传感器、拦污装置、排渣装置、通风系统、控制系统包括综合监测与故障诊断系统 RotorView 等部件组成，所有部件预组装和集成设置、结构紧凑、占地小、工期短、标配或完全按照客户需求定制，一站式采购，快速安装。

3. 技术特点

智能型自清洁一体化预制泵站已获得授权发明专利 1 项，实用新型专利 2 项，获得软件著作权 1 项。该产品拥有多项关键核心技术、主要突破和创新点。

2016 年被认定为江苏省高新技术产品，2017年被评定为工程建设推荐产品。

技术指标

处理量：50～100000m³/d。

筒体直径：1200～3800mm（也可以特殊定制）。

筒体高度：15m 以内，主要根据客户要求。

水泵功率：0.75～110kW（水泵口径不大于DN400）。

水泵台数：1～4 台。

产品经国家玻璃纤维产品质量监督检验中心、江苏省泵阀产品质量监督检验中心检测，泵站筒体强度符合要求，泵站技术性能达到设计要求，运行状态稳定。产品技术性能指标符合或超过标准规定，达到国际同类产品的先进水平，在国内处于领先地位。

技术持有单位介绍

蓝深集团股份有限公司是一家专业从事各类水泵、污水处理机械成套（环保）设备及电气控制设备制造的股份制企业集团，是由创建于 1958年原国有大型企业南京深井泵厂为核心，组建成立于 1994 年 6 月。主要生产经营泵类、污水处理机械成套（环保）设备类及电气控制设备产品，具有年产 4.5 万台（套）泵类产品、3500 台套污水处理机械成套（环保）设备产品的生产能力，主导产品国内市场占有率达 25％以上，并出口亚洲、欧洲、非洲、南北美洲的许多国家和地区。公司是中国通用机械泵行业协会、中国环境保护产业协会的首批会员之一，是中国环境保护产业协会水污染治理委员会常务委员单位，中国通用机械泵行业重点骨干企业、中国环境保护产业骨干企业，国家高新技术企业，在国际、国内行业具有较高的声誉。

应用范围及前景

主要用途是住宅小区、饭店、学校、工厂

或者农村地区、部队营房、城镇污水处理厂以及其他公共场所的雨水、污水、废水等的收集和排放，主要安装于室外地下，也可用于室内场合。

该设备是污水处理和给排水领域的关键设备，其主要功能和用途是适用于雨水、污水或污物的混合液的排放或输送，也适用于含固体颗粒的清水介质中。主要用于市政工程、工厂、商业、医院、宾馆、住宅区的污水排放以及给水。

随着中国经济的快速发展，政府越来越重视水资源和水环境的治理及保护，并投入了大量的资金用于污水处理及水资源的合理开发和综合利用。泵站在污水处理中发挥着极其重要的作用。

目前产品已在全国多个省市得到广泛应用，年销售近 3000 万元左右，产品应用情况良好，质量可靠，得到广大用户的一致好评。

■现场安装

■一体化预制泵站运行

■智能型自清洁一体化预制泵站出厂前

■运输途中

技术名称：蓝深一体化预制泵站
持有单位：蓝深集团股份有限公司
联 系 人：许荣军
地　　址：江苏省南京市六合区雄州东路 305 号
电　　话：025 - 57502000
手　　机：13655189462
传　　真：025 - 57507860
E - mail：xurongjun@21cn.com

76　水坦克装配式蓄水池

持有单位

广西芸耕科技有限公司

技术简介

1. 技术来源

产学研，联合开发研制。

2. 技术原理

所有部件由工厂预制，由优质镀锌钢板或不锈钢冷弯加工成波纹钢板通过螺栓装配，配合耐候性极强的EPDM橡胶膜或者符合饮用水安全的TPO、PVC等高分子膜作为内胆组合而成，设计寿命在正常施工、使用和定期维护情况下达到50年以上的寿命。是一种绿色环保，快速安装，安全实用，滴水不漏，灵活移动的中大型蓄水池。

3. 技术特点

（1）大量有效减少现场劳动力输出。

（2）缩减施工周期。

（3）装配简单，安装技术门槛低。

（4）无因地基下沉或温差等影响导致的开裂渗漏等问题。

（5）有效避免用水的二次污染。

（6）安装时不会对环境造成污染。

（7）方便拆卸，所占用的土地资源复耕容易，有效避免土地资源浪费。

（8）可回收重复利用。

（9）气候条件对施工制约小。

（10）构件在工厂进行标准化生产，有效保证产品质量。

技术指标

结构为装配式钢结构体系，下部为厚度不小于100mm的混凝土垫层，地基需可承受80kN的荷载。

建筑结构的安全等级为二级，正常使用年限为50年。

基本风压：0.35kN/m²（重现期50年）；地面粗糙程度为A类；风载体型系数取0.5。

抗震设防烈度为7度；地震基本加速度值为0.15g；设计地震分组为第一组。

产品设计遵从的主要规范、标准、规程：GB 50068—2001《建筑结构可靠度设计统一标准》；GB 50884—2013《钢筒仓技术规范》；GB/T 5750—2006《生活饮用水标准检验方法》；内衬防渗膜规范　符合《生活用水输配水设备及防护材料卫生安全评价规范》（2001）。

技术持有单位介绍

广西芸耕科技有限公司（简称芸耕科技），总部位于东盟自由贸易区之广西壮族自治区首府南宁市高新区，是一家以高新技术开发为主要支点的多元化经营公司。芸耕科技联合广西大学多位教授、博导联合开发"水坦克"装配式蓄水池，"芸耕"水池智能控制系统。积极响应《国务院办公厅关于大力发展装配式建筑的指导意见》（国办发〔2016〕7号），在工农业蓄水、农村饮水、应急用水、消防蓄水、体育休闲用水等领域有着独特领先的优势。并通过创新的商业模式和合作模式协同合作伙伴的优势，通过多种渠道成功拓展到了国内外市场。

应用范围及前景

应用于农村人饮工程蓄水、农业灌溉蓄水、消防工程蓄水、体育休闲工程蓄水、灾后应急用水等。

　　经工程实践证明，采用水坦克装配式蓄水池大大提高了工作的效率，节约了人力、物力和技术资源，产生的社会效益是多方面的。

■山地安装

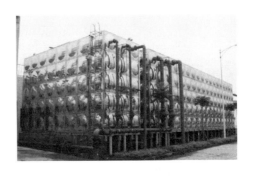

■福建人饮工程用水水箱

■福建农业用水水罐

■水坦克装配式蓄水池应用

■雨水收集水池

技术名称：水坦克装配式蓄水池
持有单位：广西芸耕科技有限公司
联 系 人：陈庚文
地　　址：广西壮族自治区南宁市高新七路 2 号高
　　　　　层厂房 6A08 号
电　　话：0771 - 3336966
手　　机：17777103088
传　　真：0771 - 3336966
E - mail：watertank@aliyun.com

77　大口径双向拉伸自增强硬聚氯乙烯（PVC－O）管

持有单位

河北建投宝塑管业有限公司

技术简介

1. 技术来源

自主研发生产。

2. 技术原理

双向拉伸自增强技术就是将待成型材料在同一平面内沿两个垂直方向拉伸。在管材挤出生产线上，把已经挤出成型的PVC－U管材（厚料胚）连续地通过径向的扩张和轴向的拉伸实现双轴取向，然后冷却定型成为PVC－O管材。

3. 技术特点

（1）优越的抗冲击性。PVC－O分子双轴取向而形成的网状结构，为管材带来无与伦比的抗冲击性能。

（2）更高的输水能力。PVC－O的材料强度与PVC－U和PE管材相比更高，输水能力提高20%～30%。

（3）更高的刚度。特殊的取向成型工艺，赋予太极蓝®管更高的刚度（弹性模量）。

（4）更长的使用寿命。特殊的取向结构（片状分层结构）避免了传统PVC、PE管材快速开裂和慢速裂纹增长的风险。

（5）更高的抗水锤冲击能力。

（6）优异的耐低温性能。在－20℃的抗冲性能仍优于PVC－U管材常温下抗冲性能。

（7）环保性最佳。就输送饮用水的PVC－U和HDPE管材相比，PVC－O管材更节能。

技术指标

（1）公称外径：110～630mm，共16种规格，每种规格对应不同的公称壁厚。

（2）K值：≥64；维卡软化温度：≥80℃；二氯甲烷浸渍：试样表面任何部分无腐蚀；轴向拉伸强度：≥48MPa；环刚度：≥4kN/m²；落锤冲击（0℃）：TIR≤10%。

（3）静液压强度：20℃ 10h、20℃ 1000h、60℃ 1000h，均无破裂无渗漏；短期压力试验、短期负压试验、长期压力试验、弯曲和内压试验等，均无破裂、无渗漏。

技术持有单位介绍

河北建投宝塑管业有限公司由河北建设投资集团有限责任公司以及从事塑料管道生产与研发多年的专家团队共同投资创建。拥有河北建投宝塑管业有限公司、江苏建投宝塑科技有限公司、新疆建投宝塑管业有限公司三大塑料管材管件研发和生产基地。获得国家专利30多项，主持或参与制、修订了20多项国家及行业标准，在国内率先开发出革命性转型升级换代产品给水用抗冲抗压双轴取向聚氯乙烯PVC－O管材——太极蓝®PVC－O管。

应用范围及前景

太极蓝®PVC－O管道生产直径110～630mm，公称压力1.0～2.5MPa，可被广泛应用于长距离输水工程、城镇输配水管网、农村饮水安全工程、农业灌溉工程、工业矿山输水、园林绿化、综合管廊、海绵城市、压力排水等领域。

技术名称：大口径双向拉伸自增强硬聚氯乙烯（PVC－O）管

持有单位：河北建投宝塑管业有限公司

联系人：王建辉

地　　址：河北省保定市高新区北二环路5699号

电　　话：0312－5918301

手　　机：13930808259

传　　真：0312－5918326

E－mail：taijiblue@pvc－opipes.com

78　给水用高性能硬聚氯乙烯管材及连接件

持有单位

河北泉恩高科技管业有限公司

技术简介

1. 技术来源

我国是世界上 PVC 原料生产第一大国，产量约 1500 万 t，推广应用优质聚氯乙烯（PVC）管材符合国情。但我国聚氯乙烯（PVC－U）管材的国家标准要求低于国际标准，静液压试验条件降低了 10％以上，连接密封性试验条件降低到只有国际标准的约 60％。该产品标准主要参照 ISO 1452－2：2009，并借鉴美国标准 ASTMD2241、AWWAC900 及 AEEAC905，提高了产品的技术要求和试验要求，有利于从根本上改善聚氯乙烯（PVC）管材的品质。

2. 技术原理

给水用高性能硬聚氯乙烯管材及连接件是以聚氯乙烯（PVC）树脂为主要原料，采用经定级的混配料经挤出机挤出成型，直管通过一体成型的钢骨架密封圈扩口设备完成扩口，密封圈在承口扩口同时预制安装，与管材成型为一体；大口径 PVC－UH 管材连接件以高密度聚乙烯（HDPE）为主要原料，连接承插接头经挤塑压注机注塑并经机加工成型，再与 HDPE 管件热熔焊接形成各种类型的连接件。

3. 技术特点

（1）PVC－UH 管材规定了混配料的定级要求，即 MRS≥25MPa。

（2）PVC－UH 管材规格尺寸增加至 DN1600mm。

（3）PVC－UH 管材参照美国标准规定了整管水压检测试验、压扁试验和更加严格的物理力学性能要求。

（4）PVC－UH 管材采用一体成型的钢骨架密封圈承口结构。

（5）大口径 PVC－UH 管材连接件具有独特的密封圈承口结构和承口外增强防蠕变措施。

（6）PVC－UH 管材及连接件产品安装快捷方便，密封性好。

技术指标

（1）密度：1350～1460kg/m³；维卡软化温度：≥80℃；纵向回缩率：≤5％；落锤冲击（0℃）：TIR≤5％（DN≤315mm）。

（2）二氯甲烷浸渍试验（15℃，30min）或丙酮浸渍试验（23℃，20min）：表面变化不劣于 4N；内外表面无凸起，无剥离。

（3）静液压试验：试验温度 20℃、环应力 42MPa、试验时间 1h，以及试验温度、60℃、环应力 12.5MPa、试验时间，1000h，均无破裂、无渗漏。

（4）整管水压性能：每根管材（含整个承口部分）以 2 倍的公称压力进行水压检测，维持至少 5s，管材及承口应无破裂、无渗漏。

（5）PVC－UH 管材连接件均符合物理力学性能要求。

技术持有单位介绍

河北泉恩高科技管业有限公司位于河北省廊坊市安次区，总占地 997 亩，总投资 4.4 亿美元。公司技术实力雄厚，已获自主产权专利 12 件，公司现有 PE 与 PVC 生产线共计 29 条生产线，产能可达到 22 万 t。泉恩高科技管业 PE 管材可做 1.6m 口径，PVC－UH 管材可做 1.2m 口径，拥有大中小口径的管材熔接机，具备丰富的

施工经验。产品主要应用于地下管廊输水、市政给排水工程、自来水厂（污水处理厂）改造、燃气采暖、水利工程等领域，并成功应用到国家南水北调工程、金门海底管道输水重点工程、美丽乡村建设、气代煤工程等领域。2012年董事长王文祥针对中国水资源的现状，提出了中国水资源问题的解决方案——"永泉计划"，泉恩集团作为"永泉计划"的实施主体应运而生。

应用范围及前景

PVC-UH管材及连接件产品可以广泛应用于管道输水输水领域，采用一体成型的钢骨架密封圈承口结构，使施工安装快捷方便，并且避免了后置胶圈在安装中扭曲、变形、错位等问题，保证了安装质量和连接的密封性。PV-UH管材具有安全可靠、节能环保、施工便捷、综合造价低、使用寿命长等优点，在水利工程的应用中具有非常好的前景。

PVC-UH管材及连接件产品目前已在多个项目中应用，如衡水市南水北调配套工程水厂以上输水管道工程PVC管道及HDPE管道制造，滨州市供水安装工程，二连浩特市城区供水管线、配水工程，银川通用机场和通航产业园供水工程等。

■内蒙古二连浩特管材连接件四通的现场安装

■管材连接

■衡水市南水北调PVC-UH管材连接件现场应用

■PVC-UH管材堆放现场

■PVC-UH管材连接件现场应用排气三通

■PVC-UH大口径管材堆放现场

技术名称：给水用高性能硬聚氯乙烯管材及连接件
持有单位：河北泉恩高科技管业有限公司
联 系 人：蔡耀东
地　　址：河北省廊坊市新兴产业示范区龙湖大道以北龙台路以东
电　　话：0136-5211234-8218
手　　机：13116045150
E－mail：yaodongcai@jmquanen.com

79 给水用钢丝网骨架塑料（聚乙烯）复合管

持有单位

湖南前元新材料有限公司

技术简介

1. 技术来源

自主研发。

2. 技术原理

给水用钢丝网骨架塑料（聚乙烯）复合管的结构是在内层管壁和外层管壁中间设置有两层或多层缠绕形成的钢丝网格状增强层，在芯管上缠绕后，经过加热、中间结合层挤出包覆、外层PE挤出包覆，保证高强度钢丝与内外层PE之间热熔粘接为一体。

3. 技术特点

（1）采用双层缠绕工艺，双层钢丝增强，管材强度提高2倍以上。

（2）管材耐温性能好。

（3）刚柔相济，耐冲击性和尺寸稳定性好。

（4）热膨胀系数小。

（5）不会发生快速开裂。

（6）钢、塑两种材料复合均匀可靠。

（7）双面防腐。

（8）自示踪性好。

（9）产品结构性能调整方便灵活。

（10）专用电熔接头，品种多样，安装十分快捷可靠。

技术指标

（1）主要技术性能。介质温度：$-20℃ \leqslant t \leqslant 65℃$；弹性模量：$2.8 \sim 3.0$GPa；耐腐蚀性：良好；导热系数：$0.16 \sim 0.2$W/(m · K)；线膨胀系数：$(12 \sim 15) \times 10^{-5}$m/(mm · K)。

（2）物理机械性能：短期液压力及爆破压力以及热稳定性，均符合性能要求。

技术持有单位介绍

湖南前元新材料有限公司是湖南前元智慧管业股份有限公司下设的全资子公司，是一家集工程新型复合管材的研发、生产、销售、安装及服务于一体的现代化股份制民营企业。公司主导产品有："前元"牌钢丝网骨架聚乙烯塑料复合管材、克拉管、钢带管、缠绕管、双壁波纹管等200多种不同规格型号产品，广泛用于给水、排水、燃气、采矿、石油等领域。

应用范围及前景

可广泛应用于市政给水、房建给水、消防给水、工业给水等领域，广泛应用于学校、企业、矿山、工业园区、电厂、自来水公司、房地产开发等行业。并已成功运行于中国铝业、黄花机场改造、广汽菲亚特、江西四特酒业、南昌奥克斯盛世经典、南昌国际体育中心、陕西省煤矿集团、广西天利恒木业、湖北三宁化工、南昌江铃汽车、深圳市坪山/金龟社区消防整治、厦门集美中学、厦门海伦保税港区、福建平潭潭西大道福平互通工程、委内瑞拉新中心电厂等上百例国内外重点工程建设中。

技术名称：给水用钢丝网骨架塑料（聚乙烯）复合管

持有单位：湖南前元新材料有限公司

联 系 人：蒋文亮

地　　址：湖南省岳阳市平江工业园伍市工业区兴业路北侧

电　　话：0731-88133937

手　　机：13508473923

传　　真：0731-88133938

E - mail：46298734@qq.com

80　快速装配式护壁桩护岸

持有单位

建华建材（江苏）有限公司
南京水利科学研究院

技术简介

1. 技术来源

自主研发。

2. 技术原理

快速装配式护壁桩护岸是一种新型的预应力混凝土护岸结构型式，是一种绿色、节能、环保、耐久的产品。其构件截面为外方内圆的空心截面，可有效降低构件重量，节约混凝土用量，且提供较大的抗弯刚度，利于控制变形；桩身受力侧采用预应力筋与非预应力筋混合配筋，增大构件的延性，且可以提供较大的抗弯能力；桩身由高强混凝土离心而成，采用先张法工艺制作生产，并在混凝土内添加自主研发的高性能复合材料，优化混凝土配方及养护工艺，使得桩身耐久性能大大提升；桩身相邻侧壁留有两个半圆弧形凹槽，在成墙后形成两个封闭腔体，可通过注浆达到挡土止水的效果。

3. 技术特点

（1）结构合理，强度高。护壁桩为方形非均匀配筋截面桩，用于支护结构，受力更加合理，桩身强度大于C60。

（2）耐久性能好。采用C60高性能混凝土，离心成型，可以满足不同工程结构的耐久性要求。

（3）施工简单。可以采用中掘法、静压法、引孔植桩法、TRD工法等进行施工，施工效率高，成桩质量好。

（4）节约空间。护壁桩采用垂直式施打，能有效的节约施工空间的占用量。

（5）止水效果好。护壁桩间设有密封槽，注浆后止水效果较好。

（6）经济高效，绿色环保。充分利用高强混凝土、空心截面、高强钢筋的特性，用最小的资源消耗得到较大的截面刚度和强度；且后期的维护非常方便和简单。相比传统护岸结构，减少土方开挖和部分软弱地基处理费用，节约工程成本，经济高效。

技术指标

有多种规格型号：

边长 B：400～800mm；

内径 D：240～580mm；

混凝土强度等级：C60；

极限弯矩：212～1994kN·m；

抗弯设计值：161～1528kN·m；

抗裂弯矩：94～775kN·m；

抗剪设计值：198～614kN。

技术持有单位介绍

建华建材于1993年在广东省中山市成立，公司经过20多年的持续发展，逐步形成规模化。自1997年起，已连续18年稳居全国同行业前列，目前市场占有率约为30%，年销售额逾百亿元。截至2016年年底，公司已在17个省、2个直辖市和1个自治区建立了53个预制构件生产基地。与此同时，公司还积极探索国外市场，在越南建立了生产基地。公司已在全国建立了53个生产基地，所有基地都拥有国家的环评验收合格证书、蒸汽供给站、原材料供应和物流配套服务、后期发展储备用地等资源优势。

应用范围及前景

　　适用于承受较大水平力的基坑支护、河岸护堤、边坡加固及护理等工程；适用于抗震烈度小于等于7度的一般工业与民用建筑低承台桩基础；适用于软土区域的建筑工程；铁路、公路、港口、市政构建筑等工程可参考使用。

■设计推荐图册

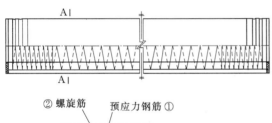

② 螺旋筋　　预应力钢筋①

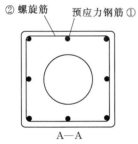

A—A

■结构示意图

■实物图

■天津港圣瀚石化物流罐区

■黑龙江省佳木斯市佳大尚都项目

■山东省滨州华纺科技产业园

■沈阳同联项目

技术名称：快速装配式护壁桩护岸
持有单位：建华建材（江苏）有限公司、南京水利
　　　　　科学研究院
联系人：陶永明
地　　址：江苏省镇江市润州区工人大厦12楼
电　　话：0511－85098575
手　　机：13906105005
传　　真：0511－85098575
E－mail：13906105005@126.com

81 快速装配式波浪桩生态护岸

持有单位

建华建材（江苏）有限公司
南京水利科学研究院

技术简介

1. 技术来源

自主研发。

2. 技术原理

快速装配式波浪桩生态护岸是一种新型的预应力混凝土护岸结构，单个构件截面呈半圆环形，具有较大的刚度，可有效控制护岸的变形；由高强混凝土及高强钢棒制作而成，采用先张法工艺制作生产，可延缓混凝土的开裂，并可提供较高的抗弯承载力；在混凝土内添加自主研发的高性能复合材料，优化混凝土配方及养护工艺，使得桩身耐久性能大大提升，是一种绿色、节能、环保、耐久的产品。通过构件两侧企口拼接成墙。根据不同的拼装形式，立面成型后为 M 形或 S 形，即可挡土止水又具有一定的景观效果。桩身开设孔洞，即可减小墙背剩余水压力，又为绿植提供了生长的空间，具有绿色环保的效果。

3. 技术特点

（1）造型美观。桩截面拼接在一起错落有致而不单调，工程完成后视觉效果好，形成波浪状，具有很好的美观性。

（2）止水效果好。波浪桩边缘设有企口，可以通过在企口处贴止水胶条或待沉桩结束后在接缝处灌水泥浆液，保证企口结合处的止水功能和成型效果。

（3）经济高效，节约成本。采用工厂预制，机械垂直沉桩，减少土方开挖工程，施工效率高，桩截面为拱形设计，极大增加挡土面积，相比传统护壁桩型经济效益好。

（4）耐久性能好。采用 C60 以上高性能混凝土，可以满足不同工程结构的耐久性要求。

（5）根据实际工程情况，灵活调整桩长或与其他桩型结合使用，确保桩端进入稳定土层，稳定性强，同时可减少传统施工中软基处理工程费用。

技术指标

有多种规格型号：

高度 H：$300\sim600$mm；

壁厚 t：$110\sim150$mm；

混凝土强度等级：C60；

极限弯矩：$137\sim1257$kN·m；

抗弯设计值：$113\sim1055$kN·m；

抗裂弯矩：$39\sim363$kN·m；

抗剪设计值：$142\sim471$kN。

技术持有单位介绍

建华建材于 1993 年在广东省中山市成立，公司经过 20 多年的持续发展，逐步形成规模化。自 1997 年起，已连续 18 年稳居全国同行业前列，目前市场占有率约为 30%，年销售额逾百亿元。截至 2016 年年底，公司已在 17 个省、2 个直辖市和 1 个自治区建立了 53 个预制构件生产基地。与此同时，公司还积极探索国外市场，在越南建立了生产基地。公司已在全国建立了 53 个生产基地，所有基地都拥有国家的环评验收合格证书、蒸汽供给站、原材料供应和物流配套服务、后期发展储备用地等资源优势。

应用范围及前景

波浪桩是一种新型的预制护岸结构，主要适

用于水利、市政、工业与民用建筑、港口、铁路、公路、桥梁等领域的边坡或护岸等支护挡土。

波浪桩采用工厂化预制，采用离心成型、高温养护成桩。混凝土采用防腐混凝土，耐久性能好，其抗氯离子、抗硫酸盐、抗冻、抗渗等性能达到相关国家标准中、强腐蚀环境下 100 年的要求。

■某护岸工程

建华建材集团企业图集

预应力混凝土波浪桩

Q/321183-JH009-2015

■相关规范

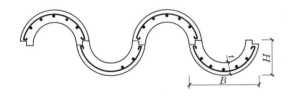

■S形截面拼装方式

■M形截面拼装方式

■M形成桩方式

■某城防堤岸工程

■S形成桩方式

技术名称：快速装配式波浪桩生态护岸
持有单位：建华建材（江苏）有限公司、南京水利
　　　　　科学研究院
联 系 人：陶永明
地　　址：江苏省镇江市润州区工人大厦 12 楼
电　　话：0511 - 85098575
手　　机：13906105005
传　　真：0511 - 85098575
E - mail：13906105005@126.com

82 超大口径数字化水轮机进水蝶阀

持有单位

湖北洪城通用机械有限公司

技术简介

1. 技术来源

自主研发。

2. 技术原理

活门采用桁架非对称式结构，改善了阀门内部流态，有效地降低流阻、减轻了卡门漩涡的影响，避免阀门有害振动和空化，提高了过流能力。主密封首次采用了杠杆式结构，紧固操作参数化；阀体分瓣面首次采用了多阶段过渡式不同密封比压的密封结构；轴端密封结构首次采用了 IO 和 Y 形组合密封圈相结合的密封结构；可有效保证阀门无内外泄漏，且能长期稳定运行，同时在检修和维护时提供数值依据。

3. 技术特点

（1）液压控制采用了的压力、液位、电磁阀位等数字化单元，实现了压力和油路数字闭环控制。

（2）研发了超大型数字阀门测试中心，实测研究了阀体和活门关键部位的应力和位移，保证了产品性能和质量。

（3）解决了超大口径阀门对加工精度、检测手段、装配精度及运行可靠性要求的问题；解决了阀门分体后内漏和外漏的问题；解决了超大口径阀门在各种工况下的阀门结构的应力和位移的检测问题。

（4）解决了远方上位机须及时了解现场状态信息的问题，解决了大功率油泵电机启动对电网冲击的问题；适应了现代化电站自动化、信息化、智能化、网络化的要求。

技术指标

阀门公称直径：6000mm；最大静水头：71.2m；公称压力：1.2MPa；阀门全开时流阻系数：0.12；操作方式：液压开启、重锤关闭；操作压力：16MPa；开阀时间：90～150s；关阀时间：60～120s；阀体强度试验压力：1.8MPa；密封试验压力：0.7MPa；主密封泄漏量：5L/min。

技术持有单位介绍

湖北洪城通用机械有限公司前身始建于1956年，是国家定点生产阀门、水工机械、环保设备的重点骨干企业，国家级高新技术企业，中国机械500强，并拥有自营进出口权。

应用范围及前景

主要应用于水利工程建设，超大口径蝶阀不仅可用作水轮机进水阀，可以应用于调压井后取代闸门作为钢管保护阀，还可以应用在许多大型引水工程。水轮机进水蝶阀是水电站的主要装备之一，是系统运行和保护机组的重要设备，它安装在蜗壳进口渐变段前，控制水轮机进水的通断。

技术名称：超大口径数字化水轮机进水蝶阀
持有单位：湖北洪城通用机械有限公司
联 系 人：张云海
地　　址：湖北省荆州市红门路3号
电　　话：0716-8246821
手　　机：13872287908
传　　真：0716 8211623
E - mail：eng@hbhcgroup.com

83 多级消能调节阀

持有单位

湖北洪城通用机械有限公司

技术简介

1. 技术来源

自主研发。

2. 技术原理

控制器发出开阀指令，电动执行器启动，通过传动机构，带动套筒闸前后移动，达到启闭或调节管道介质的目的。调节阀开启后，上游的高压水流进入阀体内，流过导流片和导流锥体，形成环形喷射流，阀门出口设置直径扩大2～2.5倍的导流体，导流体兼作消能池，在阀门的导流体上设有三级依次扩大的网孔锥管消能体，将不同开度喷射而出的水流进行分层引导、发射碰撞、网孔打散及对冲的多方位复合式消能。同时，有些工况阀后出现负压，为避免产生汽蚀、振动等不利现象，三个高速进排气阀自动补气。

3. 技术特点

（1）阀门出口设置直径由DN1600直接扩大到DN3500的导流体，导流体兼作消能池，导流体设置三级依次扩大的网孔锥管消能体，将最高水头工况下水流速度由最大57m/s，降低至平均不超过3m/s。

（2）在导流罩四周均匀布置三个高速进排气阀自动补气，避免了因负压工况而导致阀门出现汽蚀、振动等不利现象。

（3）多级消能调节阀阀体内腔设有导流片与导流锥体，通过套筒闸与导流锥体间相对过流面积的改变达到调节流量的目的，导流片起连接及消除环量的作用。

（4）主密封采用金属硬密封并定位加可调橡

胶软密封的双密封结构，综合金属密封圈的耐磨、耐冲击性能和橡胶密封圈的高密封性能，密封结构坚固耐用，且可以进行调整。中间密封采用Yx型密封圈或D形密封圈，密封效果好，寿命长。

（5）滑动导轨面采用不锈钢对铝青铜，操作力矩小，有效地提高了套筒闸移动时的稳定性。

技术指标

公称压力：2.2MPa；公称通径：1600mm；适应介质：水；适应温度：≤65℃；密封试验压力：2.42MPa；壳体试验压力：3.3MPa；单程开启、关闭时间：约392s。

技术持有单位介绍

湖北洪城通用机械有限公司前身始建于1956年，是国家定点生产阀门、水工机械、环保设备的重点骨干企业，国家级高新技术企业，中国机械500强，并拥有自营进出口权。

应用范围及前景

适用于各类水利枢纽工程、调水引水工程，在这类水库枢纽工程及输配水工程中都需一种布置在管道末端的放空型阀门，为下游河道排放生产、生活、生态用水。

技术名称：多级消能调节阀
持有单位：湖北洪城通用机械有限公司
联 系 人：张云海
地　　址：湖北省荆州市红门路3号
电　　话：0716-8246821
手　　机：13872287908
传　　真：0716-8211623
E - mail：eng@hbhcgroup.com

84　500型黄河顶推轮

持有单位

山东黄河顺通集团有限公司

技术简介

1. 技术来源

自主研发。黄河中下游河段有60多座浮桥，浮桥机轮作为浮桥的重要配套设施其性能的优劣决定浮桥能否安全运营，多数机轮存在着马力小、推力小、功能单一、利用率较低的缺点。"500型黄河顶推轮"为黄河重点攻关课题，解决了上述问题。

2. 技术原理

500型黄河顶推轮主要用于黄河下游托运承压舟，拆装浮桥和凌汛期间疏导冰凌等工作。该船为单甲板双机推轮，在主尺度和船型设计时较多地考虑浮桥工作时的实际需要。如选较大型深和稍有外倾的舷部是为适应绑拖承压舟的需要；首部为便于顶推和破凌，水线以上采用方头，水线以下采用具有倾斜角的首柱和外飘的V形肋骨；艉部采用闭式双隧道线型，适应大直径导管螺旋桨的安装使本船具有良好的工作性能。

3. 技术特点

（1）船体线型设计首部水线以上采用方头，水线以下采用具有倾斜角的首柱和外飘的V形肋骨，在首部加装钢板，增加了强度，使该船能在凌汛期进行破凌作业，延长了浮桥运行时间。

（2）制订导流管制作新工艺及制作新工装，保证导流管的制作精度，提高了机轮推进效率，保证该船具备良好的工作性能。

（3）主机冷却系统采用双循环闭式冷却方式，用海淡水热交换器作为调温器，改善了制冷效果，延长机器工作寿命，保证柴油机在稳定温度下工作。

（4）操舵方式采用液压助力舵机操纵，使操舵更加灵活，增加了该顶推轮水上作业的灵活性。

（5）中间轴中部增加了推力轴承，保护齿轮箱免受损害，同时有效避免因轴过长引起的径向跳动，减少了轴系出现问题的机率，提高机轮工作的稳定性和安全系数。

技术指标

该船已通过山东省交通厅船舶检验局的检验并获得船检证书。

总长 LZ：18.12m；

设计水线长 LWL：17.20m；

垂线间长 LOA：16.512m；

型宽 B：6.28m；

型深 D：2.00m；

设计吃水 d：1.00m；

设计排水量：54.21t。

技术持有单位介绍

山东黄河顺通集团有限公司下辖顺通路桥、济北浮桥、东郊浮桥、东城浮桥、船舶工程处等分公司。现有职工322人，其中高级职称16人，中级及初级职称100余人。经过多年创业和打拼，集团现年创收6000余万元，形成以跨河交通为核心、涉足浮桥经营、大桥托管、仓储物流、媒体广告五大业态的综合性企业集团。公司自成立以来一直致力于科技方面的研发与创新，先后有20余项成果获黄河水利委员会及山东河务局颁发的科技进步奖、创新成果奖等奖项。作为黄河中下游浮桥行业的龙头企业不仅具有良好的口碑及信誉，还主持制定了10余项标准文件

在浮桥行业颁布实施，为浮桥规范化、标准化做出贡献，公司被中国水利企业协会授予"全国优秀水利企业"荣誉称号。

应用范围及前景

500型黄河顶推轮为公路浮桥的专用工作推轮，用途为拖运承压舟、拆装浮桥和凌汛期破冰等工作。一是增加了破冰性能，能够在凌汛期间用于破凌作业，延长了浮桥运行时间；二是保证了导流管的制作精度提高了推进效率；三是采用双循环闭式冷却，改善了制冷效果，解决了黄河水泥沙过多对主机造成的伤害。

由于该船马力大、推进效率高、回转半径小、能够在流量5000m³/s以下作业，既能确保浮桥的正常运行、延长运营时间，创造更多经济效益，还可防汛抢险、根石探摸等作业起到运输船的作用，社会效益巨大，有广泛的推广应用前景。

■500型黄河顶推轮作业（1）

■500型黄河顶推轮作业（2）

■500型黄河顶推轮主动力

■500型黄河顶推轮作业（3）

■500型黄河顶推轮驾驶室

技术名称：500型黄河顶推轮
持有单位：山东黄河顺通集团有限公司
联 系 人：孙志伟
地   址：山东省济南市天桥区建邦大桥收费站办
          公楼
电   话：0531-55586504
手   机：13964177026
传   真：0531-55586507
E - mail：sunzw1973@sina.com

85 螺旋伞齿螺杆式启闭机

持有单位

江苏武东机械有限公司

技术简介

1. 技术来源

自主研发。该螺旋伞齿摇摆式螺杆机，是在螺旋伞齿螺杆式启闭机（专利号：ZL201320448911.1）的基础上的升级产品。

2. 技术原理

暗杆式螺旋伞齿螺杆式启闭机的工作原理是：螺杆上部顶端与螺杆式启闭机螺旋伞齿轮内孔采用固定连接，使其成为整体，而原装在螺杆启闭机螺旋伞齿轮内孔的螺母移除与闸门连为一体，当螺杆与螺母旋合连接后，螺杆启闭机螺旋伞齿轮转动后带动螺杆旋转，此时螺母（闸门）便沿螺杆轴线方向移动，当螺杆启闭机螺旋伞齿轮正、反方向旋转时，螺母（闸门）便随之上升或下降，从而实现闸门开启、关闭的功能。

3. 技术特点

螺旋伞齿摇摆式螺杆机可以替代液压启闭机启闭弧形闸门。螺旋伞齿摇摆式螺杆机不但具有液压启闭机的所有功能，开度显示，超负荷荷载限制器，而且当双吊点运行时，采用刚性同步轴连接，保证左右二台启闭机绝对同步，更加安全可靠。同时，还具备停电工况下通过手摇操作开启关闭弧形闸门。

技术指标

（1）螺旋伞齿螺杆式启闭机选用的螺旋伞齿副、摆线针轮减速器均为通用件，通用性强，传动效率高，可达到95％以上。

（2）工作平稳性强、使用寿命长。螺旋伞齿螺杆式启闭机，其动力经过摆线针轮减速器和螺

旋伞齿副的变速，最后传动到螺纹副上，温升较低，通常情况下不超过50℃。

（3）载荷显示及超载保护装置。该装置具有载荷显示、声光报警、超载和欠载控制等功能，其系统综合误差≤5％FS，动作误差≤3％FS。传感器防护等级 IP65。

技术持有单位介绍

江苏武东机械有限公司成立于 1999 年 6 月，是中国水利水电金属结构行业协会、中国重型机械工业协会、上海起重机械行业协会成员单位。公司注册资金 1.008 亿元，取得了国家有关部门颁发的生产许可证：水利水电大型固定卷扬式启闭机、大型移动式启闭机、大型螺杆式启闭机、中型水利钢闸门生产许可证。已获实用新型专利 30 个，发明专利 10 个。

应用范围及前景

适用于水利水电工程、给排水工程、城市防洪排涝工程所广泛使用的螺旋伞齿螺杆式启闭机。由于目前国内均为明杆式，当螺杆启闭机安装在启闭机房时，其机房高度必须满足螺杆的伸出长度，当闸门上升高度较高及螺杆的伸出长度较长时，目前广泛采用的方法，在螺杆上方的屋顶必须开孔以利螺杆的上下移动。该暗杆式螺旋伞齿螺杆式启闭机专利技术较好地弥补了上述不足。

技术名称：螺旋伞齿螺杆式启闭机
持有单位：江苏武东机械有限公司
联 系 人：王亚君
地 址：江苏省常州市武进区潘家工业集中区建设路 17 号
电 话：0519－86169005
手 机：13407573315
传 真：0519－86205936
E － mail：804885579@qq.com

86 直 联 式 启 闭 机

持有单位

江苏武东机械有限公司

技术简介

1. 技术来源

自主研发。

2. 技术原理

一种直联式启闭机，其减速机为行星齿轮减速机，包括固定法兰、活动法兰和输入轴；减速机的固定法兰固定在机架上，活动法兰与钢丝绳卷筒的筒体端部固定连接，减速机的活动法兰一侧的结构部分位于钢丝绳卷筒内部。电动机通过联轴器与减速机的输入轴相连，减速机的减速机构减速后扭矩由活动法兰输出，活动法兰带动与其固定连接的钢丝绳卷筒转动。因此减速机与钢丝绳卷筒之间不再需要开式齿轮传动，而是直接相连，从而实现了直联式启闭机，使得启闭机的宽度可以减小 50%，重量可以减轻 50%，整体结构紧凑、占地面积小，减少了土建工程量，而且维修方便、外形美观。

3. 技术特点

（1）固定式新型启闭机采用制动电动机、梅花块制动轮联轴器、封闭式硬齿面行星齿轮专用减速机，减速机装在卷筒内部，与传统的固定卷扬启闭机相比较，简化了大小开式齿轮、齿轮轴和轴承座，用封闭式硬齿面行星齿轮减速机替代了普通的齿轮减速机，结构紧凑、体积小，承载能力、抗冲击能力强，输出扭矩大，工作平稳，传动比大，噪音低，传动效率高，使用寿命长。

（2）固定式新型启闭机采用新型的结构和新颖的传动方式，结构紧凑、启闭速度快、可靠性好、防破坏性强、安装占地面积小、易操作、维护方便。

技术指标

（1）固定式新型系列启闭机动滑轮吊轴上平面与启闭机机架底平面的尺寸可几乎持平，仅需设有 100mm 的安全缓冲距离，以 400kN 启闭机为例，传统启闭机上极限尺寸标准为 1400mm。

（2）固定式新型启闭机采用优质的合金钢及行星齿轮减速机，重量比原来的启闭机轻 30%，且机型越大优势越明显，节省土建成本 30% 以上。

（3）外形尺寸比原来的启闭机小 30% 以上。

技术持有单位介绍

江苏武东机械有限公司成立于 1999 年，是中国水利水电金属结构行业协会、中国重型机械工业协会、上海起重机械行业协会成员单位。取得了国家有关部门颁发的生产许可证：水利水电大型固定卷扬式启闭机、大型移动式启闭机、大型螺杆式启闭机、中型水利钢闸门生产许可证。已获实用新型专利 30 个，发明专利 10 个。

应用范围及前景

广泛应用于各类大型给排水、水利水电工程，通过控制各类闸门的升降来达到开启与关闭闸门的场合。

技术名称：直联式启闭机
持有单位：江苏武东机械有限公司
联 系 人：陶勇
地　　址：江苏省常州市武进区潘家工业集中区建
　　　　　设路 17 号
电　　话：0519 - 86169888
手　　机：15061932509
传　　真：0519 - 86205936
E - mail：407489025@qq.com

87 可拆卸式组合防汛系统

持有单位

杭州中车车辆有限公司

技术简介

1. 技术来源

自主研发。

2. 技术原理

可拆卸式组合防汛系统是目前最新的一种防洪系统，其最为主要的部件为预埋件、立柱、防汛板，并辅以螺栓、下压扣件等部件。将条形挡板插入到两个立柱之间，即能够形成防洪墙的效果。

3. 技术特点

（1）预埋件需要提前浇筑在混凝土中，混凝土开挖面积较窄，与钢筋及混凝土形成地梁，预埋件施工完成后与地面、路面齐平。

（2）立柱通过螺栓固定在预埋件上，起到承重梁的作用。

（3）防汛板插入每两个立柱之间，即能够形成一道铝合金防洪墙。

（4）立柱上部安装下压扣件，则能够起到将板材向下压紧，排出挡板间空气的作用。

技术指标

（1）可拆卸式组合防汛系统的防水性能由浙江省水利河口研究院进行试验检测，检测结果为：渗漏系数 $q \leqslant 0.05 \mathrm{L/(s \cdot m)}$。

（2）可拆卸式组合防汛系统的挡板、立柱及密封条由水利部水利机械质量检验测试中心检测，检测结果各指标符合相应的标准规范。

技术持有单位介绍

杭州中车车辆有限公司由中国中车股份有限公司及浙江省交通投资集团有限公司共同组建。公司作为中国中车与浙江交投在杭州新设立的产业创新平台，经营范围包括轨道交通车辆总装、维修、相关服务，承接各类型轨道交通工程建设项目；承接市政基础建设工程，轨道交通技术开发、咨询服务；以及自产产品的出口及自用产品的进口等业务。

应用范围及前景

可拆卸式组合防汛系统适用于城市主城区沿河地段，尤其是沿江（河）公园、临江（河）步道、休闲区等区域，在雨季（汛期）或者预计台风到达之前进行安装，雨季（汛期）结束及台风过境后拆除，能够避免对城市居民亲水环境造成影响。同时，也适用于已建成堤岸的开口处，如船厂、码头、南方地区的埠头等区域。

■组合式防汛挡板应用

技术名称：可拆卸式组合防汛系统
持有单位：杭州中车车辆有限公司
联 系 人：毕秀霞
地　　址：浙江省杭州市萧山区靖江街道宏业路
　　　　　299号
电　　话：0571-28258956
手　　机：15869101478
传　　真：0571-28258961
E - mail：bixx@hzcrrc.com

88 WX - 防汛抗洪折叠式速凝型防洪墙（防洪挡水墙）

持有单位

河北五星电力设备有限公司

技术简介

1. 技术来源

自主研发。

2. 技术原理

WX - 防汛抗洪折叠式速凝型防洪墙（防洪挡水墙）采用优质低碳钢丝无缝隙焊接，精湛镀锌工艺防锈，内衬重型优质聚丙烯防水土工布，储备时采用折叠方式，应急使用时可以快速扩展组装，以迅捷无限的方式连接，可以在极短时间在汛期堤坝快速筑起一道有效的"防洪坝"，抵御洪水侵袭。

3. 技术特点

WX - 防汛抗洪折叠式速凝型防洪墙（防洪挡水墙）采用特殊的镀锌钢丝网材组成网格化结构，内部承重可以结合使用河北五星防汛抢险吸水膨胀袋作为承重装填物，还可就地取材，使用土袋、冰块、石块、混凝土、鹅卵石、石渣、水泥、建筑废弃物、垃圾等固形物作为承重装填物形成快速装填式防洪沙墙进行现场防汛抗洪抢险。

技术指标

（1）防洪墙网笼的技术参数。网丝表面处理：热镀锌，高尔凡；满足镀锌层均匀、附着力强、耐腐蚀力持久，韧性和弹性极好等物理性能要求；网丝直径：4mm；焊接强度：≥3500N；抗拉强度：≥500MPa；伸长率：10%；网格尺寸：75mm×75mm；网板尺寸：1.37m×1.06m，还可以根据客户要求定制。

（2）防洪墙内衬重型优质聚丙烯防水土工布

技术参数。单位面积质量偏差：－5%；厚度：≥2.5mm；宽度偏差：－0.5%；断裂强力（纵横向）：≥17.5kN/m；断裂伸长率（纵横向）：40%～80%；CBR顶破强力：≥3.0kN；垂直渗透系数 cm/s：$(K-1.0 \sim 9.9)K \times (10^{-1} \sim 10^{-3})$；撕破强力：≥0.49kN；抗顶破、抗刺穿强度≥2200N；耐温差范围：－30～200℃。

技术持有单位介绍

河北五星电力设备有限公司是我国防汛抗旱、抢险救灾、应急减灾救援和电力设备及安全工器具、市政设施、地下管网行业中，集科研、开发、生产、销售及服务于一体的现代化技术装备龙头企业。多种产品被列入"全国抢险救灾储备物资及产品目录"中。

应用范围及前景

防洪墙单元可多个灵活组合，以应用于不同的防汛、抗洪、抢险、救灾现场或应急用途。

■防洪挡水墙

技术名称：WX - 防汛抗洪折叠式速凝型防洪墙
　　　　　（防洪挡水墙）
持有单位：河北五星电力设备有限公司
联 系 人：王颖
地　　址：河北省石家庄市中山东路508号东胜广
　　　　　场B座十楼
电　　话：0311 - 89189786
手　　机：13931158431
E - mail：wuxing0311@163.com

89 "瓦尔特"水陆两栖全地形车

持有单位

河北五星电力设备有限公司

技术简介

1. 技术来源

集成研发。

2. 技术原理

"瓦尔特"水陆两栖车具备 8 轮（6 轮）驱动，高速操控性能和最佳极端地形适应能力，在所有路况和水面现场都能够提供完美的平衡。采用美国进口科勒水陆两用专用发动机，及与之匹配的两栖专用变速箱，二者线性完美匹配。同时采用航空高强铝材质，有效降低整机自重。

3. 技术特点

"瓦尔特"水陆两栖全地形车兼具车与船的双重性能，既可像汽车一样在陆地上行驶穿梭，又可像船一样在水上泛水浮渡。水陆两栖全地形车在陆地上开时，可以承载 4～6 人，时速能开到 40～55km/h。水中最高时速可以达到 5～15km/h。

技术指标

（1）发动机：美国科勒（Kohler）4 冲程空冷型电子燃油喷射，电子点火；离合器：采用 Belt 传动，SSC 无极变速器（CVT），最大限度的提高发动机的传输功率。

（2）变速箱/驱动系统：使用 PANETARY 微分变速系统，具备结构紧凑，效率高，齿间负荷小，结构刚度大，便于动力换挡等特点。

（3）马力/排放/运行时间：23/747cc/8～10h。

（4）车架：成型槽钢结构，高强和耐久焊接。

（5）燃料容量：27L，可视聚乙烯燃料箱。

（6）负载能力-陆地：454kg；负载能力-水上：408kg；牵引能力：635kg；速度-陆地：19mp（30km/h）；速度-水上：3mp（5km/h），加装外弦发动 10～15km/h。

（7）操作条件全天候，全路面，－40～40℃；轮胎：ARGO AT189 24×10.00－8NHS；地面压力；1.7psi（13.5kPa 轮胎）；运输重量：476kg。

技术持有单位介绍

河北五星电力设备有限公司是我国防汛抗旱、抢险救灾、应急减灾救援和电力设备及安全工器具、市政设施、地下管网行业中，集科研、开发、生产、销售及服务于一体的现代化技术装备龙头企业，多种产品被列入"全国抢险救灾储备物资及产品目录"中。

应用范围及前景

汛期暴雨导致交通阻断时，"瓦尔特"水陆两栖全地形车可在大街小巷中行走穿梭，起到抗灾救援和物资运送的作用。独特的两栖能力和越野能力，让它具备了洪涝、旱灾、火灾、城市内涝、泥石流、地质滑坡等灾害等地势环境救援的基本条件。

■ "瓦尔特"水陆两栖全地形车

技术名称："瓦尔特"水陆两栖全地形车
持有单位：河北五星电力设备有限公司
联 系 人：王颖
地　　址：河北省石家庄市中山东路 508 号东胜广
　　　　　场 B 座十楼
电　　话：0311－89189786
手　　机：13931158431
E－mail：wuxing0311@163.com

90　手提便携式快速捆枕器

持有单位

山东黄河河务局济南黄河河务局

技术简介

1. 技术来源

自主研发。

2. 技术原理

主要由棘轮滚筒、棘轮扳手、机架、钢丝绳快速锁紧装置及钢丝绳底绳等构成。先布放底绳、捆枕铅丝，铺放柳石，底绳与装有棘轮滚筒钢丝绳挂钩和机架连接，然后用两把棘轮手动扳手前后交替推动，在钢丝绳缠在滚筒的同时，把柳石枕快速束紧。

3. 技术特点

（1）该捆枕器使用美国生产的棘轮扳手，具有轻巧耐用的特点，多曲线棘轮，使棘轮高速返回时不会卡阻，提高了效率、安全性、可靠性。

（2）结构焊接件工装及激光加工，提高了组装精度和外观质量，延长了设备的整体寿命。

（3）拉紧无间歇，采用双棘轮扳手与滚筒棘轮配合转动，实现滚筒旋转拉紧无间歇。

技术指标

（1）可捆扎 700～1200mm 直径内的任意尺寸柳石枕。捆枕器与钢丝绳连接，一头为挂钩方式，一头为凸轮自动锁紧结构，锁紧力随钢丝绳拉力增大而增大，受力均匀，自动锁紧。拉紧绳上有刻度，捆枕时可以很好地控制枕的粗细。

（2）滚筒优化设计，使捆扎时间缩减了30%，捆扎力增加12%，且延长了钢丝绳的使用寿命。

（3）整机结构简单。在板式机架上焊接棘轮、滚筒等部件，整体强度好，重量仅为 5kg。

技术持有单位介绍

山东黄河河务局济南黄河河务局为厅局级事业单位，共有职工 1043 人，其中专业技术人员 324 人。辖区内黄河河道长 183km，各类堤防长度 188.78km，险工 23 处；控导工程 49 处；各类水闸 18 座。该局紧密结合治黄工作实际，积极开展科技与创新活动，确立以科技成果推广应用为重点，努力提高科技治黄水平，取得各类科技奖项 153 项。

应用范围及前景

该设备具有结构合理简单，便于携带，省时省力效率高，解决了传统的捆枕问题，适用于江河防汛抢险时，因时间紧、任务重、施工条件恶劣的场面。

已在在山东黄河系统内部推广 132 台（套）。其中：济南黄河河务局黄河专业机动抢险队推广 22 台（套），滨州黄河河务局、淄博黄河河务局、德州黄河河务局等其他 7 支黄河专业机动抢险队共推广 110 台（套）。使用良好，深受抢险队员欢迎。截至 2017 年 5 月，已经推广 150 余台（套）。

技术名称：手提便携式快速捆枕器
持有单位：山东黄河河务局济南黄河河务局
联系人：寇春祥
地　　址：山东省济南市天桥区济泺路 67 号
手　　机：13853184469
传　　真：0531－55586134
E－mail：jnhhfb@163.com

91　一种用于防汛的专用土工布袋

持有单位

江苏省水利防汛物资储备中心

技术简介

1. 技术来源

自主研发，申请中国发明 1 件。

2. 技术原理

防汛专用土工布袋是为防汛抢险专门制作的，高强力、低延伸、耐酸碱、抗滑移、防老化性能好的土工布袋。其材质为防老化型长丝机织土工布，全新涤纶长丝原料制作，具有方形防滑块，两侧有缝边、袋口有扎带。

3. 技术特点

（1）在生产工艺方面采用特殊织造工艺，使得产品表面摩擦系数大幅提升，较之同类产品优势明显，材质自身抗紫外线老化优良，有效地保证最终使用的可靠性。

（2）具有良好的耐穿刺、顶破的性能，能有效防止泥土中树根、石块对袋体的影响，能适应复杂条件下的使用而袋体不被割破，确保使用的可靠性。

技术指标

（1）每条袋质量：≥120g。

（2）尺寸：85cm×50cm。

（3）经纬密度：66×32 根/10cm。

（4）断丝：同处经纬断缺之和少于 3 根，长度小于 5cm。

（5）蛛网：小于 50mm²。

（6）杂物、软质、粗：≤5mm。

（7）缝合：不出现脱针、断线、卷折处未缝住现象。

（8）扎口绳长：≥60cm。

（9）经向断裂强力：≥30kN/m。

（10）纬向断裂强力：≥26kN/m。

（11）CBR 顶破强力：≥2.0kN。

（12）摩擦系数：≥0.6。

（13）纵横向撕破强力：≥0.5kN。

（14）等效孔径 O95：0.07～0.5mm。

（15）垂直渗透系数：10^{-2}～10^{-5}cm/s。

（16）抗紫外线防老化：≥80(96h)％。

技术持有单位介绍

江苏省水利防汛物资储备中心共有职工 103 人，隶属于江苏省水利厅，下辖 5 个分中心。主要职能为防汛防旱、水利建设提供保障，承担中央和省级防汛防旱物资的储备、管理、调运，防汛防旱物资新技术、新方法的研究开发和推广应用，水利多种经营等。

应用范围及前景

适用于防洪防汛、堤坝加固、河道治理、挡土墙等。

技术名称：一种用于防汛的专用土工布袋
持有单位：江苏省水利防汛物资储备中心
联 系 人：陈擎宇
地　　址：江苏省南京市上海路 5 号
电　　话：025 - 86338439
手　　机：13952002555
传　　真：025　86553305
E - mail：458088881@qq.com

92　一 种 防 汛 用 编 织 袋

持有单位

岳阳市鼎荣创新科技有限公司

技术简介

1. 技术来源

自主研发。"一种防汛用编织袋"，获实用新型专利。

2. 技术原理

防汛用编织袋由聚丙烯材质本体袋、扎紧绳（又称锁口带）和连接机构组成。其编织袋主体的端部设置有放置槽，放置槽沿编织袋主体未封口一端部位环周长设置，其扎紧绳须匹配于锁口处，设置于放置槽的内部，组成第一、第二和第三连接机构。

3. 技术特点

（1）防汛用编织袋，整体结构稳固、坚实，筑堤挡洪时不受浸水积水等外部环境影响而影响使用效果，不易冲散、冲垮。

（2）不同型号规格、防汛用编织袋，适合不同长短、粗细规格的扎口绳设置，防汛用编织袋方便扎紧，张合便捷，锁口与扎捆时须无缝对接，搬运和存储实用性强。

（3）方便装卸和堆码，实用性强。

技术指标

经水利部基本建设工程质量检测中心检测（或分析测试）报告：20171019—水 F01；对岳阳市鼎荣创新科技有限公司委托检测的产品/样品名称：编织袋；产品型号规格检测结果：94.5cm×55cm；检测结论：检测结果符合 SL 297—2004 性能指标要求（袋质量、尺寸、经纬密度、断裂强度、断裂伸长率、缝效孔径 O95、摩擦系数、

顶破强力、垂直渗透系数）。

技术持有单位介绍

岳阳市鼎荣创新科技有限公司创建于 2017 年 6 月，注册资金 500 万元，是由 30 名在 1979 年 2 月 17 日参加中越边境自卫还击，保卫边疆作战中负伤致残的革命伤残军人（4～8 级）共同投资入股的股份制企业。公司下设编织袋、彩条布加工厂、棉被、被褥加工厂；公司在防汛编织袋制造技术革新与产品质量控制等环节始终走在行业技术研发、加工的最前沿。目前，编织袋按照正常产出比例计算：月生产能力可达 800 万条左右，年生产销售能力可稳定在 9000 万条以上。

应用范围及前景

适用于防洪防汛、堤坝加固、河道治理、挡土墙等。将砂卵石、泥土应急抢运、转移、筑堤、固坝、堵漏、镇船等需要广泛动员防汛队员、武装力量时，防汛用编织袋适用性极强。

技术名称：一种防汛用编织袋
持有单位：岳阳市鼎荣创新科技有限公司
联 系 人：徐跃初
地　　址：湖南省岳阳市云梦路 372 号
电　　话：0730 - 8708093
手　　机：13907306916
E - mail：yueyanghengsheng@163.com

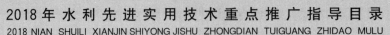

93 一种高强抢险网兜

持有单位

马克菲尔（长沙）新型支档科技开发有限公司

技术简介

1. 技术来源

自主研发。

2. 技术原理

该高强抢险网兜是一种兼具抗冲性、高稳定性、柔性、整体性及生态性的结构。可用于水下河床护底、护脚，丁坝的边坡护脚，临水挡墙的水下部分基础等，代替传统的抛石方案。高强抢险网兜一方面可以解决堤坝溃口、管涌封堵的问题，另一方面提高了抢险工程的施工质量、改善了抢险效果。

3. 技术特点

（1）整体性：结合紧密，网兜之间紧密贴合，具有较好结构整体性。同时由于多孔隙结构网面的存在，相邻的高强抢险网兜间的摩擦系数相对高，能够很好地维持结构整体稳定。

（2）环保性：结构主材料石材为自然界中寻找，附加的限制性材料钢丝网对于自然也没有任何污染。

（3）工程计量准确：由于单个高强抢险网兜装填的方量基本是固定的，因此统计高强抢险网兜的使用量即可统计出实际的工程量，工程量统计更为准确。

技术指标

底座网孔型号 10×12，网孔尺寸 $D = 10\text{mm}$，公差 -4m，网面钢丝直径为 2.4mm，网面抗拉强度为 24kN/m，翻边强度 23kN/m。

技术持有单位介绍

马克菲尔（长沙）新型支档科技开发有限公司成立于 2006 年 3 月，是意大利百年企业马克菲尔集团在华投资的第一家外商独资企业。公司将欧洲最先进的土木工程技术带入中国，大力推广新型防护理念，提倡工程与环境的完美结合，短短六年时间，培养了一支具备工程咨询、设计能力的技术队伍，构建了覆盖全国的销售服务网络，在涉及水利、航道、公路、铁路、建筑、矿业及环境等土木工程领域内完成项目过千。

应用范围及前景

适用于抗洪抢险工程，同时也应用于河道整修，丁坝、潜坝以及各种防护工程。

技术名称：一种高强抢险网兜
持有单位：马克菲尔（长沙）新型支档科技开发有限公司
联 系 人：张勇强
地　　址：湖南省长沙市宁乡经济开发区谐园北路205 号
电　　话：0731 - 87744577
手　　机：13467698646
E - mail：market@maccafe rri - china.com

94 一种抗洪专用囊

持有单位

江苏凸创科技开发有限公司

技术简介

1. 技术来源

自主研发。"抗洪专用囊",获中国发明专利。

2. 技术原理

在堤坝上把多个抗洪专用囊头尾相接,中间部分填充满沙土料即成为整体密封性良好的防洪子堤,决口时,把已填充满沙土的抗洪专用囊其左右两侧气囊充满气体,吊置入江中,利用上下游洪水的浮力作用,随波漂流加人工牵引至决口处固定,放去左右两侧气囊内的气体,使之逐个的下沉填堵决口。根据水位的需要,选择抗洪专用囊的规格,填充部分泥沙在水流急弯处吊起,尾部落底,起到护坡和崩岸抢险。把其用活扣压缩成棍状插入管涌漏洞,松开活扣从内部利用充气管高压注水,使之膨胀,从里到外堵塞住不同直径的管涌漏洞。将其左右两侧气囊充满气体即成救生艇、水上运载救灾物资物资和快速铺设的过江浮桥、应急人行桥面。

3. 技术特点

集作为防洪子堤、快速填堵堤坝决口、堵塞堤坝管涌漏洞、水流急弯处护坡、崩岸抢险、快速铺设过江浮桥、应急人行桥面、充当救生艇和水上运输工具为一体的多功能防汛抢险救灾物资。秉承以环保、就地取材、以水治水、一物多用,做到以少数的专业抢险人员、最少的物资、最快的时间、最有效的技术方法排除各项险情。

技术指标

(1)以高质量高强度的柔性防水材料制成的不同长度规格的囊体,规格有 2m、4m、6m、8m、10m、12m。

(2)作为防洪子堤,可挡水高度 75cm,可堵 25～60cm 的管涌漏洞。

(3)10m 长度规格可载重 5～7t 的泥沙。

(4)救生或转移受困群众可乘载 30 人左右。

(5)12m 长度规格 10min 内可铺设一条 12m 长的过江浮桥或 6m 长跨度的断桥桥面。

技术持有单位介绍

江苏凸创科技开发有限公司是一家致力于研发、生产、销售各领域防灾、救灾、抢险救援的先进技术和物资装备为目标的高科技企业,中国应急产业技术创新联盟成员企业。现有的核心技术产品有"能快速实施高楼救人的消防车""多用途的抗洪专用囊""高空平台人体姿势转换座椅及带该座椅的快速救生系统""快速铺设过江的浮桥装置""漂浮式堤坝抢护沉排"等。

应用范围及前景

适用于作为防洪子堤、快速填堵堤坝决口、堵塞堤坝管涌漏洞、水流急弯处护坡、崩岸抢险、快速铺设过江浮桥、应急人行桥面、充当救生艇和水上运输工具为一体的多功能防汛抢险救灾物资。

该产品操作简便安全、抢险救灾效率高,而且救灾用途广泛,将其应用于抗洪抢险过程中,可节省大量的人力、物力、财力,特别是能争取到最宝贵的时间,从而为抗洪救灾做出显著贡献。

2014 年 9 月 12 日该产品在中国蓝天救援组织作为新型救援抢险物资技术在安徽省阜阳市组织了全国性的救援队伍水上实战演练,演练科目

为救生艇的水上救援、快速铺设过江浮桥和人行桥面。

  2016年7月21日由岳阳市岳阳楼区防指、湖南日报岳阳分社主办，江苏凸创科技开发有限公司、洞庭街道办事处、岳阳市江豚保护协会承办的多功能抗洪专用囊演练，在洞庭湖大堤东风湖堤段举行，演练的科目有快速筑成防洪子堤、水上救援、受困人员转移、快速铺设过江浮桥和人行桥面。

■充当救生艇和运送物资船

■应用专用囊在洪水急弯处护坡

■应用专用囊堵缺口

■堵塞管涌漏洞

■抗洪专用囊头尾相接筑成防洪子堤

■抗洪专用囊

技术名称：一种抗洪专用囊
持有单位：江苏凸创科技开发有限公司
联系人：游丽鹏
地 址：江苏省苏州市工业园区仁爱路99号D栋209室
电 话：0512 - 62726252
手 机：13860999900
E - mail：ayou9900@163.com

95 新型防汛专用塑编袋

持有单位

商丘市大鹏塑料编织有限公司

技术简介

1. 技术来源

自主研发。

2. 技术原理

针对防汛袋需求特性，再利用聚丙烯等塑料粒子的特性，在塑料粒子的基础上添加研发的最新抗氧化剂与防紫外线试剂、抗摩擦试剂等化学试剂，再将PP、PE等原材料经过恒定温度融化成丝，针对防汛袋需求渗水快的特点，在圆织工艺中，对圆织机械做特定技术改造，确保渗水快速。由于防汛袋需要高摩擦系数，在加入高摩擦试剂的同时，对圆织机械的技术改造也使得袋布表面摩擦系数增高，最终确保新型防汛塑编袋的高摩擦系数，使之在使用过程中码垛简单扎实美观。

3. 技术特点

（1）有效使用期长、使用方便。

（2）抗顶破力强、摩擦系数高、渗水率高、成本优势明显。

（3）收藏方便、施工轻巧快速不占用空间，同时采用对环境无害的材料，不对环境造成污染。

技术指标

（1）经纬密度（40×40～48×48）根/10cm，偏离值－2。

（2）经向断裂强度≥21kN·m，纬向断裂强度≥19kN·m，经纬向断裂伸长率≥15%，缝向断裂强度≥7kN·m。

（3）抗顶破力强，顶破强力≥1.5kN。

（4）抗氧化性、渗水率高，垂直渗透系数 $10^{-3}\sim10^{-2}$ cm/s。

技术持有单位介绍

商丘市大鹏塑料编织有限公司成立于1994年。公司现拥有圆织机、大型拉丝机、彩印机、卷印机、复合机等设备，全部配套成熟的生产线，日均产编织袋70余万条，年产各类规格塑料编织袋2亿余条，其中2015年研发推出的新型防汛专用塑编袋针对防汛物资特性，具有使用时间久、抗氧化、抗顶破力强、渗水性快等优势。

应用范围及前景

适用于城市内涝及江、河、湖泊、鱼塘，水漫堤坝等抢险型作业。该公司先进设备和工艺确保了汛期对防汛袋产品的及时供应，塑编袋牢固、轻巧、搬运简单，可快速完成防水部署。产品有效使用时间长，防汛袋性能稳定长久，可重复使用。

技术名称：新型防汛专用塑编袋
持有单位：商丘市大鹏塑料编织有限公司
联 系 人：王智伟
地　　址：河南省商丘市经济技术开发区工业园区
电　　话：0370 - 3186666
手　　机：13703706721
传　　真：0371 - 3187333
E - mail：312900728@qq.com

96 京穗喷水式船外机

持有单位

重庆京穗船舶制造有限公司

技术简介

1. 技术来源

自主研发。"一种新型舷外喷水推进泵"，申请中国发明。

2. 技术原理

利用水泵喷射水流的反作用力推进船艇航行。整套系统由原动机、传动装置、推进泵、倒舵组合等组成。系统工作时由原动机通过传动轴带动推进泵工作。

3. 技术特点

（1）喷水式船外机使船舶机动性更高，回转半径较螺旋桨船更小。

（2）喷水式船外机噪声和振动较小。

（3）喷水式船外机吃水浅，浅水效应小，能应对更复杂的水情。

（4）喷水式船外机传动机构简单，日常保养、维护较容易。

（5）喷水式船外机螺旋桨置于泵体内，对落水人员安全性能更好。

（6）水式船外机螺旋桨被异物损坏几率更小。

技术指标

主机功率：44.1kW（60hp）；泵功率：≥29.8kW（40hp）；WOT（最大油门）转速范围：5000～5500r/min；排量：849cc；怠速：（725±25）r/min；燃油：无铅汽油；机油：船外机专用机油；艉板高度：571mm；起动方式：手起动。

技术持有单位介绍

重庆京穗船舶制造有限公司成立于2002年，注册资金1008万元，是一家专业从事玻璃钢船艇和发动机设计、研发、生产、销售及售后服务的企业。公司现有员工135余人，技术力量雄厚。公司拥有ISO 9001质量体系认证、挪威船级社（DNV）D模式的工厂认证、英国HPI的CE认证；获授权专利22个（含2个发明）。

应用范围及前景

喷水式船外机主要应用于各类抢险救灾用小型船舶，如：冲锋舟、指挥艇。该喷水式船外机具备的吃水浅、航速快，在水情复杂和水上漂浮物水域中不易受到缠绕、碰撞等破坏，运行时不会对落水人员造成伤害等特点，将为各地的抢险救援工作带来更大的方便，在更多的抢险救援任务中发挥更大的作用。

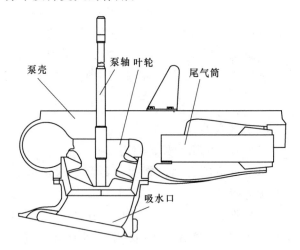

■喷水式船外机示意图

技术名称：京穗喷水式船外机
持有单位：重庆京穗船舶制造有限公司
联系人：林毅良
地　址：重庆市万州区高梁镇高梁路2号
手　机：13389688608
传　真：023-58330809
E-mail：1342547449@qq.com

97　YBRG 翻斗式雨量计

持有单位

宇星科技发展（深圳）有限公司

技术简介

1. 技术来源

自主研发。"翻斗式雨量计"，实用新型专利。

2. 技术原理

雨水由最上端的承雨口进入承雨器，经引水漏斗流入计量翻斗，当雨水量容积达到预定值时，翻斗由于重力作用翻到，使干簧开关接通电路输送一个脉冲信号，向上机位发送数据输出。

3. 技术特点

（1）产品具有测量精度高、结构接单、安装维护方便、故障率低、抗雷击、抗电磁、抗干扰能力强的特点。

（2）核心部件计量翻斗采用三维流线型设计，有下垂式弧面导流尖，其造型美观、翻水流畅、性能稳定。

技术指标

承雨口径：$\phi(200\pm0.6)$ mm；刃口角度：$40°\sim45°$；分辨力：0.2mm；雨量测量范围：$0\sim4$mm/min（允许通过最大雨强 8mm/min）；测量精度：$\leqslant\pm3\%$FS；MTBF：$\geqslant16000$h；发讯方式：双触点通断信号输出；环境温度：$0\sim50℃$；相对湿度：$<95\%$（40℃）。

技术持有单位介绍

宇星科技发展（深圳）有限公司成立于 2002 年 3 月，注册资本 5.33 亿元。公司是国家高新技术企业、国家火炬计划重点高新技术企业、国家规划布局内重点软件企业、广东省环境监测和治理工程技术研究开发中心技术依托单位、广东省环境监测和治理产学研研发示范基地、广东省自主创新企业 100 强，已获发明授权专利 46 件。公司获得"广东省名牌产品""广东省著名商标"和"深圳市知名品牌"称号，连续 9 年被评为"广东省守合同重信用企业"；被鹏元资信评估有限公司连续 9 年评估为"AAA"资信等级。公司主营业务领域为环境在线监测设备制造、环境治理工程设计施工和环保设备运营服务。公司设立了 31 个分公司、111 个运营中心，具有完善的市场开拓、技术开发、质量管理和售后服务体系。近 3 年实现销售收入近 30 亿元。

应用范围及前景

广泛应用于气象、水利、水文、海洋、机场、农业、林业、军事、国防、航空、科学研究等领域。

■翻斗式雨量计

技术名称：	YBRG 翻斗式雨量计
持有单位：	宇星科技发展（深圳）有限公司
联 系 人：	黄贤文
地　　址：	广东省深圳市南山区清华信息港研发楼 B 座 3 楼
手　　机：	13145820774
传　　真：	0755 - 26030926
E - mail：	huangxw@infore.com

98　山东黄河应急抢险多途径信息采集与传输系统

持有单位

山东黄河河务局山东黄河信息中心

技术简介

1. 技术来源

山东黄河防汛应急抢险系统在高标准、高可靠性建设标准和实战的要求下，在卫星通信的基础上，多次进行技术改进，新增了无人机视频采集、公网 4G 传输、多路视频会商等功能，将几种关键技术相互结合，融为一体，成为了具有黄河抢险特点、符合实践实战、功能完备的指挥系统。

2. 技术原理

山东黄河应急抢险多途径信息采集与传输系统包括图像采集与信息传输两大部分。信息采集系统采用了主流采集技术，将无人机、单兵、手机等图像采集系统融为一体。信息传输系统将公网、专网结合在一起，将卫星通信作为补充，大幅度提高了信息采集与传输的保障率，方便、快捷地沟通防汛抢险现场与指挥中心的视讯联络。

3. 技术特点

（1）无人机图像采集系统与传输方式的融合。

（2）卫星通信系统与专网传输系统的兼容。

（3）多方式图像采集与多路径信息传输无缝连接。

技术指标

（1）传输的图像连续（达到 25 帧/s 以上），卫星通信下质量达到 4CIF 的分辨率，专网通信下质量达到 1080P，声音流畅。

（2）符合 ITU—T 标准，信息通信误码率小于 10^{-6}。

（3）载车系统达到整车在降雨强度为 7mm/min、风速为 18m/s 的环境条件下能够正常工作。

技术持有单位介绍

山东黄河信息中心是山东黄河河务局局属事业单位，现有职工 148 人，其中在职 88 人，具有研究生学历 10 人，大学本科学历 55 人。各类专业技术人员 64 人，其中高级职称 22 人、中级 26 人、高级技师 4 人。山东黄河信息中心下设 8 各科室，主要职责是：负责黄河防汛及日常治黄工作信息通信保障工作，负责信息通信工程的建设规划及山东黄河行业管理，负责各类信息化系统的研发及运行维护工作。

近年来，信息中心紧紧围绕防汛、水调等中心任务，与治黄主业融合发展，加快信息化基础设施及业务应用系统研发，在科技创新方面积极作为，业绩较为突出。近年来，获得黄委科技进步奖及"新技术、新材料、新方法"成果认定 27 项，获得山东局科技进步及创新奖 65 项，在国家级、省部级等技术论坛及刊物上发表论文 100 余篇，连年被山东黄河河务局评为科技创新组织先进单位。

应用范围及前景

该技术适用于防汛抢险、水政执法、坝体巡查等治黄应急工作，可根据需要采用无人机、单兵等手段进行前端图像采集。

该项目构建了稳定的山东黄河防汛抢险应急通信体系，填补了山东局范围内卫星通信与无人机信息采集系统建设的空白，实现了抢险现场图像信息采集与传输技术的重大突破，为现场指挥决策提供了基础技术保障，经济和社会效益突出，具有较好的推广应用前景。

山东黄河应急抢险多途径信息采集与传输系统于 2015 年 12 月建设完成，并投入使用。至今为止，该系统先后在北京车辆改装厂、泺口通信站、济南沿黄大堤等地参加了黄委信息中心组织的互联互通演练，内容包括视频会议、网络电话、收发电子邮件、网页浏览等，实现了包括无人机、单兵无线图像、无线话筒、车内图像等各类音视频信息的传输功能，声音清晰、图像稳定流畅；在省局组织的汛前演练和济南黄河河务局组织的迁安救护演习等实地演练中，系统开设快速，及时将现场图像传送到防汛指挥中心，圆满完成了上级赋予的各项演习、演练任务。

■应急抢险多途径信息采集与传输系统（3）

■应急抢险多途径信息采集与传输系统（1）

■应急抢险多途径信息采集与传输系统（4）

■应急抢险多途径信息采集与传输系统（2）

■应急抢险多途径信息采集与传输系统（5）

技术名称：山东黄河应急抢险多途径信息采集与传输系统
持有单位：山东黄河河务局山东黄河信息中心
联 系 人：袁春阳
地　　址：山东省济南市历下区东关大街 111 号
电　　话：0531－86987519
手　　机：13953179721
传　　真：0531－86987000
E－mail：24523347@qq.com

139

99　四创乡镇防灾一体机

持有单位

福建四创软件有限公司

技术简介

1. 技术来源

集成研发。乡镇防灾一体机是针对基层防灾减灾行业用户推出的预警信息综合性发布解决方案及其装置。一体机可应用于山洪灾害监测预警项目，是山洪灾害监测预警体系向乡镇、村延伸的理想选择；同时也能广泛应用于水利行业、地质灾害防御等方面。

2. 技术原理

系统以集中部署的云端服务器为中心，通过LAN、WiFi、4G等网络通道，帮助用户把丰富多样的预警产品信息推送给目标群体，并对信息发布效率与发布效果进行深度分析、对设备远程监控管理，真正帮助用户实现信息的增值，满足行业用户的预警信息发布职能。

3. 技术特点

（1）直接启动、联网灵活。连上电源直接启动，零安装、零操作；自动网络功能，有线、4G切换灵活，适应性强。

（2）存储保障、统一管理。数据云空间存储，异地备份有保障；中心统一配置管理，前端设备物物相连。

（3）切换迅速、遥控操作。有预警信息时，自动从电视信号切换到预警平台；遥控操作，简便传授，上手容易。

（4）安全可靠、稳定性强。专机专用，实时升级，自动恢复；采用工控机理念，防磁、防尘、防冲击，长时运行。

技术指标

（1）通过企业产品标准信息公共服务平台备案产品企业标准，监测数据显示产品条件均符合水文仪器及企业标准技术要求。

（2）终端配置3类物理接口（上下行网络接口、音视频接口和红外遥控接口）。

（3）显示功能支持HDMI高清输出；红外遥控交互操作；支持根据数据中心站实时预警数据获取并展示；支持视频输入直播源播放；支持管理平台或终端参数配置。

（4）支持管理平台对终端软件远程升级；支持以太网、WiFi网络连接，及接入网络状态查询；支持错误图标及编号显示；支持终端预警信息查看；支持管理平台对终端远程管理；并且还具有报表统计功能：支持对终端明细、终端错误日志、下载日志、播放日志查询；终端支持防雷电及抗电磁干扰。

技术持有单位介绍

福建四创软件有限公司成立于2001年，注册资金5100万元，现有员工500余人。四创软件自成立起始终致力于中国防灾减灾事业，为政府提供防灾减灾信息化全面解决方案；为产业提供防灾减灾信息与应用租赁服务；为社会公众提供防灾减灾信息预警服务。涉足的领域包括国内水灾害、海洋灾害、气象灾害、地质灾害、环境保护、电力系统等，是国内同行业研发实力最强、服务范围最广的双软认定企业。

应用范围及前景

适用于防汛值班室、楼宇电梯口、水库下游、山洪危险区、地质灾害高发区、旅游景区、学校、市区广场集市等场景。

该产品是为防汛、应急管理、基层政府等行政机构在应对自然灾害事件（如台风、暴雨、洪水、泥石流等）的事前预防、事发应对、事中处置和善后管理过程中提供应急指挥需要的信息管理与上传下达服务应用平台。通该本产品在村、镇两级机构的部署，能及时、有效地调集各种资源，实施灾情控制和医疗救治工作，减轻突发事件对居民健康和生命安全造成威胁，用最有效的控制手段和小的资源投入，将损失控制在最小范围内。该产品的推广，有效帮助各地政府在防汛防台工作中取得了良好的社会效益和经济效益，目前在福建、广西、四川等地有多个示范点。

■四创乡镇防灾一体机应用（3）

■四创乡镇防灾一体机应用（4）

■四创乡镇防灾一体机

■四创乡镇防灾一体机应用（5）

■四创乡镇防灾一体机应用（1）

■四创乡镇防灾一体机应用（2）

技术名称：四创乡镇防灾一体机
持有单位：福建四创软件有限公司
联 系 人：林铸
地　　址：福建省福州市闽侯县乌龙江中大道海西高新产业园创业大厦9、10楼
电　　话：13960777235
手　　机：18105018029
传　　真：0591－22850299
E － mail：lz@strongsoft.net

100 基康 G 云通用展示与预警平台

持有单位

基康仪器股份有限公司

技术简介

1. 技术来源

自主研发。

2. 技术原理

G 云通用展示与预警平台可以用来对野外监测的各种监测值，如位移，降雨量、地下水水位等环境量和滑坡体表面裂缝（表面位移）、深部变形等变形参数，以及现场图像视频等进行现场动态信息采集，并通过快速有效的通信方式将现场数据传回 G 云通用展示与预警平台，监控中心可通过由平台提供的现场数据进行统计、分析比对等业务指导工作，以此可以对灾害发生做出预警，并按预报等级发出相应警报，协助指挥调度交通航运、人员财产安全避险。

3. 技术特点

（1）各测量参数的监测站设备采用一体化设计，占地面积小，现场装配简便，最大程度简化野外监测设备安装的难度；监测站设备配置设计充分考虑到库区边坡和野外监测的特点，满足其特殊应用要求，如降雨量、表面位移（裂缝）、泥石流次声监测；采用实时触发机制，异常情况反应快速，并具有超阈值报警功能；设备采用低功耗、节电设计，多方式供电，以适应地灾监测点应用需要，可实现现场长期无人值守，提高效率。

（2）支持 GPRS/CDMA、SMS、北斗卫星等多种通信方式；另可支持本地无线网络通讯实现本地近距离传感器组网。

（3）G 云通用展示与预警平台支持海量设备接入，设备即接即用；可建立多层次的信息共享，及时获取和反馈相应信息，并可根据定制需要实现云数据备份；平台采用目前最流行的 SaaS 模式云计算服务，突显了零建设成本（时间与资金），零维护费用，即时升级等优势，并提供专享的定制和增值服务；支持多种智能终端访问，包括 PC、智能手机、平板电脑等。

（4）"专业、简捷、灵活"的特点，用户仅需简单的操作便可以将各类行业的设备接入平台并实现安全监控与预警、数据分析和数据报表输出，与此同时，用户也可通过平台的数据服务自建系统进行分析与监控。

（5）平台采用了完备的安全保障，涉及多个层面，需要从技术保障和非技术手段约束监管两方面进行。

（6）平台面向设备厂商、应用开发商、业务用户以及社会公众提供多元化一站式的数据服务。

（7）平台可以面向第三方应用软件开发商、高校、科研机构等提供开放的 SDK，为其提供平台二次开发能力。

技术指标

该系统主要由硬件及软件两部分组成，由于此系统对实时度、准确度要求比较高，因此针对该系统的软件单点部署性能要求以下：

（1）平均响应时间（Response time）：无线通信数据接收 <1ms，前台用户操作响应时间 <5s，报表下载 <15s。

（2）吞吐量（Throughput）：单点业务处理量达到 10 万次/d。

（3）资源使用率（Resource utilization）：CPU 占用率 60%、内存使用率 80%。

（4）点击数（Hits per second）：5万次/d。

（5）并发用户数（Concurrent users）：3000user/s。

技术持有单位介绍

基康仪器股份有限公司创立于1998年，是国内目前最具实力、规模最大的野外安全监测仪器供应商和系统解决方案服务商之一。公司在成都设有分公司，在上海、广州、沈阳、武汉、西安等地设有办事处。基康以精密传感器和智能仪器为基础，以移动互联网为载体，以通用展示与预警云平台为核心，构建安全监测预警系统，为客户提供更便捷、更可靠、更专业的数字化服务。基康公司拥有一支70余人的高素质研发队伍，主要专注于监测技术的创新和发展，并为客户提供多种定制化的服务。10多年来，公司依靠强大的科技研发能力，研发成功了一系列新产品，获得国家实用新型和发明专利20多项。公司通过了ISO质量管理体系认证，具有全国工业产品生产许可证、AAA企业信用等级证书、高新技术企业证书、中关村高新技术企业证书，多个软件产品获得了软件著作权等级证书，并连续被国家税务局评为纳税信用A级企业。

应用范围及前景

可应用于野外监测预警，例如防汛抗旱监测与预警、水库水电站安全监测、城市防洪监测预警、山洪灾害监测预警、公路、铁路高边坡地质灾害监测以及矿山、尾矿地质灾害监测预警等项目。

产品在水利、水电、地质灾害、轨道交通、建筑、石油化工、港口码头、核电、矿山等领域的500余个大中型工程中得到广泛应用，其中包括三峡水利枢纽、小浪底水利枢纽、二滩水电站、水布垭水电站、浙江桐柏抽水蓄能电站、江苏宜兴抽水蓄能电站、南水北调中线工程、舟曲灾后重建泥石流监测项目、三峡库区滑坡监测项目、北京市极端天气条件下交通保障物联网示范项目、西气东输石油管线沿线滑坡监测系统、西藏林芝冰川泥石流监测预警工程、沈阳共和斜拉桥、江苏苏通大桥、长江二桥、珠海淇澳大桥、北京地铁、上海地铁、黄山高速公路、海南铜矿等成功应用。

技术名称：基康G云通用展示与预警平台

持有单位：基康仪器股份有限公司

联 系 人：邓云阳

地　　址：北京市海淀区彩和坊路8号天创科技大厦1111室

电　　话：010-62698899

手　　机：15110140318

传　　真：010-62698866

E - mail：yunyang@geokon.com.cn

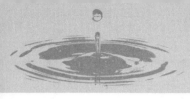

101　雨洪集蓄保塬生态梯级人工湖系统

持有单位

中国水利水电科学研究院

技术简介

1. 技术来源

该技术根据湿陷性黄土地区土质和其他水土流失严重地区的特点，提出了一种在该类地区用于雨洪集蓄的梯级人工湖体结构系统。

2. 技术原理

雨洪集蓄保塬生态梯级人工湖系统是研究一种具有水质分流控制功能的雨洪集蓄型梯级人工湖系统和设计方法。通过构造一种在湿陷性黄土地区或其他水土流失严重地区用于雨洪集蓄的梯级人工湖体结构系统，充分利用雨水集蓄缓解水资源短缺和暴雨对地表冲刷，有助于防汛抗旱、提升生态环境。

3. 技术特点

（1）对初期集蓄雨洪水进行分流调控，辅以生物慢滤填料法，实现对水系水质的初步控制。

（2）采用阶梯人工湖的方式，使湿陷性黄土可承载更大的储水量。

（3）蓄水防洪、保水保土，并形成人工滩地、湿地和梯级水流景观。

（4）水体循环系统构建梯级水体循环，退水系统保证超标准洪水下泄。

技术指标

经谱尼测试（PONY）对典型工况检测：

（1）分流调控时间≤30min；消减率COD≥60%、BOD≥50%、TSS≥80%。

（2）根据GBT 50596—2010采用面积加权平均法确定集流效率。

（3）采用$P=50\%$平水年和$P=75\%$偏枯水年推求集雨径流量、$P=75\%$偏枯水年进行年兴利调节。

（4）逐级流量迭代法推求最优梯级数量及库容指标。

（5）水体循环系统20～30d循环1次、每年循环8～10次。

（6）湿陷性处理深度≥50cm；防渗选用≥700g/m²复合土工膜。

技术持有单位介绍

中国水利水电科学研究院隶属中华人民共和国水利部，历经几十年的发展，中国水利水电科学研究院已建设成为人才优势明显、学科门类齐全的国家级综合性水利水电科学研究和技术开发中心。取得了一大批原创性、突破性科研成果，共获得国家科技进步奖100项、省部级奖745项。

应用范围及前景

该技术可应用于湿陷性黄土地区和其他水土流失严重地区。已应用于甘肃省庆阳市新城南区雨洪集蓄保塬生态工程设计、内蒙古乌海市海勃湾区北部绕城水系工程设计、河北省文安鲁能生态旅游项目人工水系工程咨询与设计、庆阳市新城南区雨洪集蓄保塬生态项目续建工程（水质控制工程）设计。以上人工湖水系工程全部建设完成并投入运行。

技术名称：雨洪集蓄保塬生态梯级人工湖系统
持有单位：中国水利水电科学研究院
联 系 人：常清睿
地　　址：北京市海淀区玉渊潭南路1号
电　　话：010-68781072
手　　机：13931020992
E-mail：changqr@iwhr.com

102 水沙实体模型试验自动测控系统

持有单位

中国水利水电科学研究院

技术简介

1. 技术来源

泥沙实体模型试验是基于相似概念和理论，被广泛应用于水利工程建设的规划、设计和论证阶段中。为更好地解决泥沙实体模型试验过程中的质量和精度控制问题，中国水利水电科学研究院组建专门的研发团队自主开发了水沙实体模型试验自动测控系统，并在工程建设中成功应用。

2. 技术原理

水沙实体模型试验自动测控系统主要包括自动控制系统、自动测量采集系统、集成控制模块和一体化集成安装箱及附属安装设备。自动控制系统以中控机为集成平台，进口流量将通过水泵、电磁流量计及变频器实现流量过程的自动控制，进口含沙量将通过泥浆泵、泥浆浓度计及电动阀门实现含沙量过程的自动控制，出口水位将通过差动式尾门和水位仪等来实现自动控制。自动测量采集系统通过电磁流量计、水位仪、电磁流速仪、超声波管道式泥浆浓度计等仪器设备完成流量、水位、流速、含沙量等参数的自动测量和数据传输采集。自动测控系统各类仪器设备通过 ADAM 系列控制模块与中控集成平台对应串口进行有序连接；工作人员可以在中控平台上发布指令，通过控制模块传输到对应的仪器设备实现自动调节控制。该系统技术集成性强、测量精度高、数据安全性好、传输速率高、系统容量大、适用范围广，能更好地模拟试验工况条件，便于实际工程应用。

技术指标

（1）精度指标。经检测，流量测量精度为 $\pm 0.01 \text{L/s}$，含沙量测量精度 $\pm 0.05 \text{kg/m}^3$，水位测量精度 $\pm 0.01 \text{cm}$，满足实体模型试验水沙条件控制的需求。

（2）频率指标。流量、水位、含沙量、流速等原始数据采集频率为统一为 5 次/s，满足自动测控和分析的要求。

（3）实时性指标。试验监控数据取数 5s/次，满足试验监控的需要；流量、水位、含沙量、流速监控原始数据为实时传输，无滞后。

技术持有单位介绍

中国水利水电科学研究院隶属中华人民共和国水利部。历经几十年的发展，中国水利水电科学研究院已建设成为人才优势明显、学科门类齐全的国家级综合性水利水电科学研究和技术开发中心。取得了一大批原创性、突破性科研成果，共获得国家科技进步奖 100 项、省部级奖 745 项。

应用范围及前景

该系统可广泛应用于水利工程建设的规划、设计和论证阶段泥沙实体模型试验中的全过程自动测控。已在位山灌区续建配套与节水改造工程、黄河河口河道清淤整治工程等工程建设中成功应用。

技术名称：水沙实体模型试验自动测控系统
持有单位：中国水利水电科学研究院
联 系 人：常清睿
地　　址：北京市海淀区玉渊潭南路 1 号
电　　话：010 - 68781072
手　　机：13331028332
E - mail：changqr@iwhr.com

103　冰水情一体化雷达监测装备

持有单位

中国水利水电科学研究院

大连中睿科技发展有限公司

技术简介

1. 技术来源

产学研合作开发。

2. 技术原理

冰水情一体化雷达监测装备基于现代探地雷达技术研发，其基本原理是：地面上的发射天线将高频带短脉冲形式的高频电磁波定向送入地下，高频电磁波遇到存在电性差异的地下地层或目标体反射后返回地面，由接收天线接收。水、冰、砂石（泥沙）的介电性质差异明显，为雷达的准确探测提供了基础。高频电磁波在传播时，电磁场强度与波形将随着介质的介电特性及几何形态变化，通过接收天线接收的雷达波进行振幅、波形和频率分析，获得雷达图像，通过图像后处理即可确定冰厚和水深。

3. 技术特点

冰水情一体化雷达监测装备和飞航式冰塞冰坝快速测量装备用于冰厚和水深的同时测量及冰塞冰坝等险情的快速远程非接触式测量，该装备以双频超宽带雷达为核心，同时耦合了高精度的实时动态差分 GPS 定位系统（RTK）用于实时采集测点的经纬度坐标，能够准确、全面地取得结冰河流、湖泊或水库的冰层厚度空间分布情况和对应的水深、水下地形，为冰情观测和防凌防灾提供高质量的数据信息。

技术指标

冰水情一体化雷达监测装备冰厚测量范围：

0～6m；测量精度：厘米级；水深测量范围 0～16m，测量精度：厘米级；工作温度：－40～60℃；GPS 定位精度：厘米级。

技术持有单位介绍

中国水利水电科学研究院隶属中华人民共和国水利部，是从事水利水电科学研究的公益性研究机构。历经几十年的发展，中国水利水电科学研究院已建设成为人才优势明显、学科门类齐全的国家级综合性水利水电科学研究和技术开发中心。截至 2017 年年底，共有职工 1396 人，拥有中科院院士 1 人、工程院院士 5 人，具有正高级专业技术职务 323 人、副高级专业技术职务 501 人。主持承担了一大批国家级重大科技攻关项目和省部级重点科研项目，承担了国内几乎所有重大水利水电工程关键技术问题的研究任务，还在国内外开展了一系列的工程技术咨询、评估和技术服务等科研工作。取得了一大批原创性、突破性科研成果，共获得国家科技进步奖 100 项、省部级奖 745 项。

大连中睿科技发展有限公司从事探地雷达高技术特种探测、检测设备的研制与工程服务，目前已形成了完整的企业知识产权体系，同时公司建立和完善了企业产品技术标准体系、质量管控体系和产品国家 CMA 检测认证体系。

应用范围及前景

冰水情一体化雷达监测装备可广泛应用于高纬度和高寒高海拔地区的河流、湖泊、水库、渠道的冰情、水情原型观测和数据测量，为防冰减灾工作提供高精度数据支撑。

该装备已经成功应用于黑龙江漠河段、松花江铁路桥和群力段、黄河托克托段、万家寨水库

等江河渠库的冰水情测量。多方实际应用表明：相比于国内外河流冰情原型观测装备，新研发的冰水情一体化雷达监测装备首次实现了冰水情的联合测量，且具有设备先进、可靠性好、效率高和测量数据准确的特点，可以高效地获取冰灾易发河段冰水情参数的连续数据，更清楚地认识冰塞、冰坝发生的原因和本质，为冰凌洪水的预防和消减提供了准确、可靠的数据，具有广泛的实际应用前景和巨大的经济社会效益。

典型案例：2015 年 12 月，中国水利水电科学研究院与大连中睿科技发展有限公司合作，采用中睿科技创新研发的 IGPR－10 型冰厚水深综合探测雷达，在我国最北方的河流黑龙江漠河北极村段，首次成功进行了冰封河流冰厚水深连续综合探测，开创性地获取了我国第一幅高精度河流连续冰厚水深雷达图像。通过沿河流中宏线、河流中宏到河岸横断线进行的 10km 测线的探测作业，IGPR－10 型冰厚水深综合探测雷达性能表现优异，冰厚水深探测结果准确，作业快捷，并能够同步精确坐标定位，可在－30℃环境下稳定可靠工作。这一创新高新技术成果为我国河流冰情基本观测、河流凌汛预防预警和凌汛爆破排险提供了先进的设备和手段。

■横断测线 RTK 定位轨迹

■产学研合作团队在黑龙江冰水探测现场

■冰厚水深综合探测雷达在黑龙江
漠河北极村段现场作业

技术名称：	冰水情一体化雷达监测装备
持有单位：	中国水利水电科学研究院、大连中睿科技发展有限公司
联 系 人：	常清睿
地　　址：	北京市海淀区玉渊潭南路 1 号
电　　话：	010－68781072
手　　机：	13331028332
传　　真：	010－68786006
E－mail：	changqr@iwhr.com

104　中科水润水土保持监测与管理信息系统

持有单位

中科水润科技发展（北京）有限公司

技术简介

1. 技术来源

技术转让。

2. 技术原理

水土保持监测与管理信息系统解决方案围绕水土保持核心业务，推进水土保持行业的监督管理、综合治理、监测评价等业务的深度信息化应用，实现国家规定的部管、省管在建生产建设项目"天地一体化"动态监管以及水土保持重点工程"图斑精细化"的全面管理。

水土保持监测与管理信息系统在省级统一部署、省市县三级应用，并通过水利专网与国家、流域交换信息。总体框架由六个层面、保障体系、四类服务对象等共同构成，包括信息采集、计算机网络传输、数据库资源、应用支撑、业务应用和应用交互六个层面；以信息安全体系保障体系为水行政主管部门、科研规划设计中介机构、社会公众、管理对象和政府相关职能部门等四类用户提供服务。

3. 技术特点

（1）一个平台，一个数据库，一张图。

（2）共性需求建立通用模块，业务功能扩展模块。

（3）内业、外业工作同步更新。

（4）提供标准的展示、共享、分发等服务。

（5）二维、三维浏览显示。

技术指标

信息采集系统性能。可靠性要求、环境及防护要求、数据通信稳定可靠、兼容性、经济性。

信息传输系统性能。可靠性要求、数据通信稳定可靠、经济性。

应用系统性能。同时在线人数下限为200人；（系统对用户操作的）反应时间特性要求为报表统计反应不超过3s、涉及空间数据分析的反应不超过10s；可靠性与可恢复性、灵活性；具有一定的容错能力、界面友好、高稳定性、可扩充性、海量数据处理、管理与连续分析能力。

现阶段，主频大于2GHz、内存大于8GB、硬盘大于200GB的主流机架式服务器能够满足本系统的计算、服务性能需求。

技术持有单位介绍

中科水润科技发展（北京）有限公司位于北京市高新技术公司汇聚的海淀区中关村，注册资金1000万元。公司以信息采集、信息处理、信息安全、运维服务作支撑，以水利行业标准规范体系、指标评价体系为保障，运用最新的相关水利行业研究成果和网络信息科学技术，已经完成了智慧灌溉、智能感知、智能传输、自组网及基于GIS的信息化平台的硬件和软件的开发与商用，可以为水资源优化管理、防灾减灾、水文监测、水利工程监控与调度管理、移动互联网应用等水利水务业务提供智慧化监测、控制与信息化管理平台。

应用范围及前景

适用于国家规定的部管、省管在建生产建设项目"天地一体化"动态监管以及水土保持重点工程的全面管理。随着经济社会的发展和人民生活水平的提高，水土资源日益成为一个地区经济社会可持续发展的制约因素之一。本项目的实施是为了了解区域水土流失动态变化以及水土资源

开发利用情况，从而掌握水土资源状况及其变化特征，预防不合理的人为扰动造成的水土流失，治理不利天气及地形为水土资源的合理开发、有效保护、抗旱减灾提供科学依据，为减轻和控制水土流失引发的生态环境问题和地质灾害，保证经济社会全面、协调、可持续发展提供基础支撑。

技术名称：中科水润水土保持监测与管理信息系统
持有单位：中科水润科技发展（北京）有限公司
联 系 人：许昊翔
地　　址：北京市海淀区天秀路 10 号中国农大国际创业园 3 号楼 2 层 2009
电　　话：010 - 65181289
手　　机：13581924445
传　　真：010 - 65181289
E - mail：xuhxmail@126.com

105 水利工程建设管理信息系统 V1.0

持有单位

长江水利委员会长江科学院

技术简介

1. 技术来源

作为重大基础设施建设项目，水利部已经颁布了一系列技术规程，以切实加强水利工程建设过程规范化监管。在现代信息技术的支持下，研发构建了一个公开、透明、交互式的水利工程建设管理监控网络系统，确保水利工程建设严格依照相关技术规范执行，成为解决上述问题的最有效途径之一。

2. 技术原理

水利工程建设管理信息系统充分利用遥感、计算机网络、物联网等现代信息技术，以水利工程建设管理相关规程规范为基础，将水利工程建设全过程资料进行分类型、分阶段、数字化处理，依照相关技术规范设立标准化业务办理流程，构建基于 Web 的水利工程建设过程管理标准信息库，并总结水利工程建设管理领域六大关键环节，开发风险点智能化诊断模型，实现水利工程建设全生命周期信息全过程痕迹化运行和风险点预警纠错。

3. 技术特点

（1）变规范为程序，实现痕迹运行，提高工程建设管理透明度。以我国水利工程建设管理相关标准为依据，实现项目建设全过程管理，自动记录建设管理过程的处理人员和处理时间，事件留有痕迹。

（2）达到事前控制、事中监督、事后追踪的效果。使得每一项业务从申请到办结全过程置于网络监督之下，制度弹性降至最低，人为操作空间压至最小。

（3）违规信息主动预警，及时追溯。系统自动地对业务数据与管理信息进行合理性判断与提醒，

实现远程自动上报，并提供可追溯的原始信息。

技术指标

（1）严格遵守 SL 288—2003《水利工程建设项目施工监理规程》、SL 223—2012《水利水电建设工程验收规程》、SL 176—2014《水利水电工程施工质量检验与评定表》等多个相关技术规范。

（2）涉及水利工程建设管理领域 6 大类项目 502 个数据表单。

（3）满足 1 万个用户同时在线处理。

（4）施工现场实现固定桌面系统与移动终端配套。

（5）利用云服务平台实现分布式数据存储与服务，系统网络带宽大于 2M。

（6）反应时间小于 10s，数据库容量达 10TB。

技术持有单位介绍

长江水利委员会长江科学院始建于 1951 年，隶属水利部长江水利委员会。长科院下设 16 个研究所（中心），1 个分院，9 个科技企业，3 个综合保障单位，为国家水利事业，长江流域治理、开发与保护提供科技支撑。

应用范围及前景

适用于水利工程建设项目管理与重大基础设施建设项目管理。

技术名称：水利工程建设管理信息系统 V1.0
持有单位：长江水利委员会长江科学院
联 系 人：李喆
地　　址：湖北省武汉市黄浦大街 23 号
电　　话：027 - 82926469
手　　机：15972137532
传　　真：027 - 82820070
E - mail：lizhe@mail.crsri.cn

106　CK–DSM 大坝安全监测数据管理及分析云服务系统

持有单位

长江水利委员会长江科学院

技术简介

1. 技术来源

自主研发。

2. 技术原理

该系统基于云计算平台开发和部署，采用了 B/S 模式和 SOA 体系结构，以 Spring MVC 作为开发框架，包含电脑端 Web 应用和手机端 APP 应用，涵盖了数据采集、仪器管理、数据管理、数据整编、资料分析、报表报告、巡视检查、项目管理、系统管理等功能模块，可为各类水利水电工程提供施工期和运行期全生命周期全方位的安全监测服务。

3. 技术特点

（1）支持用户定制，用户可以根据实际工程情况，对系统中的监测断面、仪器类型、仪器计算公式、统计报表、分析报告和统计分析模型等进行自定义。

（2）具有专业分析功能，包括监测数据误差处理分析、监测资料整编分析、监测统计报表报告、针对不同水工建筑物建立监控模型和监控指标以及安全监控预警等功能。

（3）兼容各类监测自动化系统，可将其采集的监测数据直接导入到本系统中，用户可以在本系统中开展系统定制、数据管理和资料分析工作。

（4）支持施工期项目管理，实现了从安全监测仪器采购、检验率定、安装埋设、单元质量评定到结算支付的全过程管理功能。

（5）部署使用灵活，系统可以在公有云、私有云、混合云以及普通服务器等多种场景下部署，用户只需要通过浏览器即可访问使用系统。

（6）支持大规模应用场景，采用分布式框架，可根据系统接入的工程数量及规模，动态调整软硬件及网络资源，保证系统的稳定流畅运行。

技术指标

（1）数据采集：包括采集设备管理、采集策略设置、实时采集和任务采集。

（2）仪器管理：包括仪器考证信息管理、二次仪表管理和仪器统计信息。

（3）数据管理：包括监测数据管理和环境量数据管理。

（4）数据整编：包括误差处理、数据成册、过程线成册和统计报表。

（5）资料分析：包括简相关分析、误差综合处理、分布图分析、统计模型、监控指标、监控预警、应变计组计算分析和浸润线分析等，并针对不同工程类型，提供不同的资料分析方法。

（6）报表报告：包括模板管理、报表生成和报告生成。

（7）巡视检查：包括巡检规程、巡检任务、巡检报告和巡检考核。

（8）项目管理：包括工程量清单、设备采购、检验率定、安装埋设考证、单元质量评定、报销管理和考勤管理。

（9）系统管理：包括监测断面管理、仪器类型管理、用户管理、角色管理、权限管理和日志管理。

（10）移动端应用：安全监测 APP，包括数据采集、数据管理、统计报表和巡视检查。

技术持有单位介绍

长江水利委员会长江科学院（简称长科院）创建于 1951 年，是国家非营利科研机构，隶属水利部长江水利委员会。长科院为国家水利事业、长江流域治理、开发与保护提供科技支撑，同时面向国民经济建设相关行业，以水利水电科学研究为主，提供技术服务，开展科技产品研发。长科院下设 16 个研究所（中心），1 个分院，9 个科技企业，3 个综合保障单位，并设有博士后科研工作站和研究生部。国家大坝安全工程技术研究中心、水利部江湖治理与防洪重点实验室、水利部岩土力学与工程重点实验室、水利部水工程安全与病害防治工程技术研究中心、水利部山洪地质灾害防治工程技术研究中心、水利部科技推广中心长江科技推广示范基地、流域水资源与生态环境科学湖北省重点实验室、三峡地区地质灾害与生态环境湖北省协调创新中心、武汉市智慧流域工程技术研究中心依托长科院等单位建设。主要专业研究领域有防洪抗旱与减灾、河流泥沙与江湖治理、水资源与生态环境保护、土壤侵蚀与水土保持、工程安全与灾害防治、空间信息技术应用、流域水环境、农业水利研究、国际河流研究、野外科学观测、生态修复研究，工程水力学、土工与渗流、岩石力学与工程、水工结构与建筑材料、基础处理、爆破与抗震，工程质量检测、机电控制设备、水工仪器与自动化，以及计算机网络与信息化技术应用等。

应用范围及前景

CK-DSM 大坝安全监测数据管理及分析云服务系统是服务于水利水电工程安全监测项目的信息管理系统和专业分析软件，适用于各类水库大坝、调水工程、水闸、堤防、边坡等水工建筑物或岩土工程的安全监测数据管理和资料分析工作。

CK-DSM 大坝安全监测数据管理及分析云服务系统为水利水电工程安全监测项目提供了从数据采集、数据存储、数据整编、资料分析到生成报表报告全方位全过程的解决方案，解决了传统安全监测系统仅提供数据采集和数据管理功能的难题；并且系统基于 SaaS（软件即服务）模式开发，支持用户对系统的按需定制，解决了传统安全监测系统必须针对单个工程进行定制开发的难题；另外，系统集成了安全监测监控模型、监控指标和监控预警功能，解决了传统安全监测软件无法为工程安全提供有效决策支持的难题。

技术名称：	CK-DSM 大坝安全监测数据管理及分析云服务系统
持有单位：	长江水利委员会长江科学院
联 系 人：	周若
地　　址：	湖北省武汉市江岸区黄浦大街 23 号
电　　话：	027-82829732
手　　机：	13886130317
E-mail：	13886130317@139.com

107　IAC2000系列一体化测控装置

持有单位

南瑞集团有限公司、国电南瑞科技股份有限公司

技术简介

1. 技术来源

自主研发。

2. 技术原理

IAC2000系列一体化测控装置是一套硬件平台装置，该装置功能丰富适合系统集成使用，实现了自动控制、工程安全监测、雨水情监测专业领域的功能需求，在针对具有多专业复合应用需求的水利工程项目中，用一套产品即可完成以往必须由MB20系列、NDA系列及ACS系列测控装置组合起来完成的功能，对于客户来说，既能节约系统建设成本，降低系统的复杂程度，也方便运行人员对设备管理和维护。

IAC2000系列一体化测控装置不但具有一般PLC所具备的控制功能，还针对水利行业扩展了SDI112、RS485、振弦等多种传感器接口，方便各种水利专用传感器的接入。

3. 技术特点

IAC2000系列一体化测控装置主要特点是宽工作温度范围、极低的静态功耗、强大的扩展功能、方便的传感器接入、丰富的可本地/远程设置的参数与运行模式、多种通信方式兼容等。

IAC2000系列一体化测控装置具有完善的自检功能、简捷的机械结构和简便的操作维护等特点。

技术指标

（1）电源输入：9～28.8VDC。

（2）工作功耗：<40mA@12V。

（3）休眠功耗：<2mA。

（4）CPU主频：72MHz。

（5）存储：RAM片外1MB，片内96KB，Flash ROM 64MB标配。

（6）接口：外部RS485 1路，内部RS485 1路，SDI-12 1路。

（7）通信接口：RS232 3路，LAN 10base-T 1路。

（8）工作温度：-40～+70℃，0～95％相对湿度、无冷凝。

（9）存储温度：-40～+85℃。

（10）实时时钟：有。

（11）编程语言：梯形图、流程图。

（12）扩展模块及接口：16路24VDC开关量输入模块IAC2011；8路继电器开关量输出模块IAC2021；16路弦式传感器模块接入模块IAC2051。

技术持有单位介绍

南瑞集团有限公司、国电南瑞科技股份有限公司是国家电网公司直属单位，实行一体化运行管理，是电力系统自动化、水利水电自动化、环保节能监测技术、轨道交通监控技术、设备和服务供应商。水利信息化业务以现代水利业务需求为牵引，综合运用自动测控、数据处理、信息服务、调度仿真、遥测遥感、地理信息等技术手段，融合"大、云、物、移"等新技术，形成了从源水、调水、配水、用水各环节的产品与解决方案体系。产品广泛应用于长距离引供水、水利枢纽、城市水务、农田水利及灌区工程、山洪预警与防治、河长制、区域性水资源监控管理等水利信息化领域。为水利水务领域客户提供"可靠、实用、先进、高效"的产品、方案与工程技术服务。

应用范围及前景

该产品主要用于环保部门、水利部门、市政

部门等多个行业的在线监测、控制系统，进行数据采集、控制、显示、通信等多种用途。IAC2000 系列一体化测控装置内置嵌入式模块，集成了大容量数据存储、时钟芯片、多串口扩展、网络接口、数字输入、模拟输入、开入、开出等丰富的功能。

IAC2000 系列一体化测控装置应用于新疆维吾尔自治区巴音郭楞蒙古自治州焉耆水源地供水工程。

■控制系统柜内

■南瑞产品

■控制箱

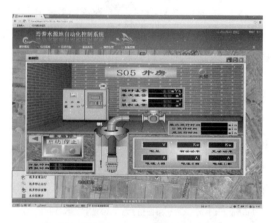

■焉耆水源地自动化控制系统软件主界面

■焉耆水源地自动化控制系统机井运行状态显示

技术名称：IAC2000 系列一体化测控装置

持有单位：南瑞集团有限公司/国电南瑞科技股份有限公司

联 系 人：刘磊

地　　址：江苏省南京市诚信大道 19 号

电　　话：025 - 81085239

手　　机：13814090983

传　　真：025　81085251

E - mail：liulei1@sgepri.sgcc.com.cn

108　生产信息管理系统（PIMS）

持有单位

湖南江河机电自动化设备股份有限公司

技术简介

1. 技术来源

PIMS V1.0 是按照集团化管理战略要求设计的信息化管理系统，通过利用互联网的技术成果，将下属各电厂生产、管理数据上传到发电企业所属区域公司或者集团总部的实时数据库进行存储、处理、深度挖掘及应用，从而加强集团公司、分公司对下属各电厂生产运营状况的监管力度，提高公司信息化水平。

2. 技术原理

PIMS V1.0 系统在总体技术体系结构和功能设计上，既要保证技术先进性和成熟性，又要保证足够的扩展性、开放性和集成性；在建成适应公司生产信息管理系统需求的业务应用功能的同时，还能够做到系统整体范围内的数据与应用集成，并能实现与各种外部系统的数据交换，促进规范有效的信息化保障体系的建立和健全，保障系统进一步扩展的需要。

3. 技术特点

（1）PIMS V1.0 系统基于 B/S（浏览器/服务器）架构，采用高可靠的云储存和分布式部署技术、面向资源的管理方式、提升整体存储能力和资源利用率。

（2）基于云储存平台及大数据技术而开发的云计算功能，数据智能统计、分析、决策功能及数据深度挖掘、应用功能。

（3）与网络的深度融合，采用基于公共广域网的 VPN 技术，在保证系统安全性的前提下，高效、简洁、可靠的进行信息交互传输，简化整体架构，提高系统可靠性。

技术指标

（1）基于 J2EE 框架的浏览器模式（B/S），支持同时登录人数 50 人以上。

（2）采用先进时序数据存储技术，数据压缩率（单点小于 2kB/24h）。

（3）基于互联网的 VPN 通道数据传输技术，数据传输延时在 100ms 以内。

（4）采集设备数据频率高，单点采集频率达到平均 2s 以内。

（5）统一的业务架构和基础应用平台，方便功能扩展。

（6）采用移动端跨平台技术框架，支持 IOS\ANDROID 移动端操作系统。

（7）客户端平均操作响应时间在 3s 以内。

（8）页面展示基于 HTML5 技术，使用户获得更好的功能应用体验。

技术持有单位介绍

湖南江河机电自动化设备股份有限公司成立于 2006 年 5 月，注册资金 1550 万元，隶属于中国核工业集团新华水力发电有限公司，由江河机电装备工程有限公司绝对控股。公司专注于水利电力行业的自动化与信息化建设，自主研发的软、硬件产品广泛应用于水力发电站、风电发电场、光伏发电站、变电站、泵站、自来水厂、污水处理厂等清洁环保型企业。"水利电力智能化管理服务云平台"是国内首家将"互联网＋"理念引入水利电力行业的信息化产品，实现了水利电力数据从采集、传输、存储到应用的全面贯通。公司始终坚持"创新驱动"的发展战略，拥有一批由博士、硕士组成的年轻研发团队和多名

国内资深专家组成的顾问组，成功研发了多项具有核心自主产权及富有行业竞争力的产品，广泛应用于水利电力行业。

应用范围及前景

发电集团通过 PIMS V1.0 系统能及时处理生产运行信息，进行数据分析和决策支持。实现集团对下属发电企业的运行、管理和经营数据的一体化管理，提升企业生产运行和管理水平，及时准确掌握各下属电厂的生产运行状况，为企业生产经营决策提供强大的技术支持。

目前我国大部分电厂的集团公司没有对下属电厂与集团的电厂运行实时数据通信做统一规划，致使电厂与集团之间无法共享电厂生产运行数据，使集团对下属电厂的管理缺少了数据基础，而 PIMS V1.0 系统能完成多个电站的管理方面工作，方便领导部门进行决策和管理，满足了发电企业的实际需求，具有较好的市场前景。

技术名称：生产信息管理系统（PIMS）
持有单位：湖南江河机电自动化设备股份有限公司
联 系 人：张龙
地　　址：湖南省长沙市高新区岳麓西大道 588 号
　　　　　长沙芯城科技园 5 号栋
电　　话：0731－82740080
手　　机：15274938919
传　　真：0731－82742303
E－mail：zlong0451@163.com

109　水利电力智能管理服务云平台（WEIC)

持有单位

湖南江河机电自动化设备股份有限公司

技术简介

1. 技术来源

自主研发。

2. 技术原理

通过将互联网＋的设计思想和物联网、云计算、大数据等信息技术引入到研究对象的信息化建设中，以满足研究对象在信息化建设方面投资成本低、建设周期短、成效明显、易于维护、可扩展性强等需求。

3. 技术特点

（1）采用基于 Spring Cloud 微服务技术分布式系统，具有服务发现、负载均衡、动态代理、服务网关、跨平台等功能特点，各功能模块分开部署，减少相互依赖，单个服务的停止或崩溃不会影响整个服务的使用。

（2）基于 Hadoop 平台相关大数据技术开发，具备大数据数据存储、分析及数据深度挖掘、应用功能。

（3）移动端采用 Hybrid APP 方式，实现对市场主流手机硬件及系统 API（iOS、Android、Windows phone）的无缝连接。通过使用现有基础组件及定制化组件实现 APP 的快速开发及跨平台发布功能。

技术指标

（1）实时数据库的平台及性能参数。

1）每秒可完成 1 百万点数据的采集和存储；

2）支持动态扩展，增加硬件实现近似线性扩展。

3）实时数据库平台的可用性大于 99.9%。

4）读单点数据时延小于 100ms。

（2）历史数据库的平台及性能参数。

1）分布式系统，可动态增加硬件实现存储和性能近似线性增加。

2）支持多种数据类型，包括开关量、数字量、模拟量、电能量、二进制等。

3）高压缩比，且任意点 1h 数据查询秒级返回。

4）历史数据库平台的可用性大于 99.9%。

（3）Web 框架平台及参数。

1）基于 J2EE 框架，使用微服务技术实现动态扩展。

2）单机部署场景每秒并发访问用户可达到 2500 且平均 1s 返回。

（4）智能采集装置。

1）基于 Linux 系统研发。

2）支持 Modbus、IEC104、IEC101 等常用电力标准协议。

3）支持主流的 IP 摄像头接入。

技术持有单位介绍

湖南江河机电自动化设备股份有限公司成立于 2006 年 5 月，注册资金 1550 万元，隶属于中国核工业集团新华水力发电有限公司，由江河机电装备工程有限公司绝对控股。公司专注于水利电力行业的自动化与信息化建设，自主研发的软、硬件产品广泛应用于水力发电站、风电发电场、光伏发电站、变电站、泵站、自来水厂、污水处理厂等清洁环保型企业。"水利电力智能化管理服务云平台"是国内首家将"互联网＋"理念引入水利电力行业的信息化产品，实现了水利电力数据从采集、传输、存储到应用的全面贯通。公司始终坚持"创新驱动"的发展战略，拥

有一批由博士、硕士组成的年轻研发团队和多名国内资深专家组成的顾问组，成功研发了多项具有核心自主产权及富有行业竞争力的产品，广泛应用于水利电力行业。

应用范围及前景

云平台采用云技术，将广域网或局域网内的所有硬件、软件、网络等系列资源统一起来，为中小型水电站提供信息化服务，包括：

（1）在线实时监测：通过云服务平台获取实时水电站计算机监控系统、工业视频监控系统、在线监测系统、自动消防系统、上网关口电表采集系统等数据，提供对设备运行状态实时监测和查询服务、远程视频实时监控服务，电站运行状况经济性评价服务，实现电站的远程托管。

（2）水电站业务管理 SaaS 平台：使用 SaaS 来部署设备管理、运行管理、缺陷管理、两票管理、检修管理等，缩短电站信息化的部署时间，极大降低公司的成本。

（3）增值服务：通过云平台积累的电站数据，利用大数据和云计算等技术，提供电站的优化运行服务，使电站运行经济效益最大化等。

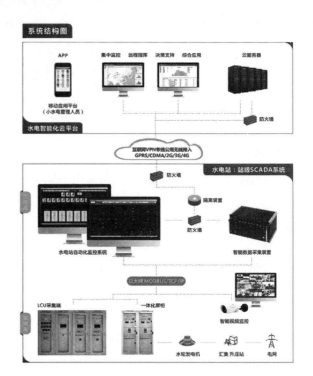

■ 系统结构图

技术名称：水利电力智能管理服务云平台（WEIC）
持有单位：湖南江河机电自动化设备股份有限公司
联 系 人：张龙
地　　址：湖南省长沙市高新区岳麓西大道 588 号
　　　　　长沙芯城科技园 5 号栋
电　　话：0731－82740080
手　　机：15274938919
传　　真：0731－82742503
E－mail：zlong0451@163.com

110　GE730智能视频监控装置

持有单位

南京开悦科技有限公司

技术简介

1. 技术来源

自主研发。

2. 技术原理

水库大坝等水利监控点分布在较广阔的范围内，与监控中心的距离较远，利用传统的有线连接方式，线路铺设成本高昂，且施工周期长，有时因为河流山脉等障碍难以架设线缆，这些问题均可采用无线方式进行解决。GE730智能视频监控装置利用计算机视觉和图像处理的方法对图像序列进行目标检测、目标分类、目标跟踪、目标的行为分析与理解、语义检索和多摄像机信息融合。该装置基于运营商的无线网络传输技术，除了对车辆和人员进行移动视频监控，实现可视化的调度和指挥外，具有观察和分析监控场景内容的能力，能够在没有或少量人为干预的情况下，自动对多摄像机记录的视频序列进行分析，从而代替人完成视觉监控任务。

3. 技术特点

（1）24h无人值守实时监控——真正体现现代化管理，智能化操作。

（2）提供高清巡视图片（1080像素），能对水域污染物的分布和发展趋势等进行有效的远程观测。

（3）前端系统给智能管理平台提供实时视频数据，以及巡视图片数据。

（4）前端系统录制实时视频并存储于前端工业级SD卡中，可供智能管理平台下载或在线查看。

（5）远端控制中心与水库现场的语音通信，遇到情况时能够做到远距离的指挥工作。

（6）前端系统自带图像智能识别算法模块，可快速、准确捕捉危险源（大型机械设备）入侵，及时发送报警数据给智能管理平台，并触发前端扬声器报警。

（7）通过前端作业区视频监控，可以实时观测水域的各种变化、机房内设备以及涵闸的运行情况，为领导决策提供了直观的图像信息，同时可以改善观测、测量工作人员的工作环境，减少工作人员，做到无人值守、少人值班，真正体现现代化管理。

技术指标

（1）GE730智能视频监控装置优势。装置性价比高，使用方便，运维成本低，管理简单，能够系统智能的对上下游河流的水文情况、水库蓄水变化、水环境污染情况、水利工程运行状态以及水利设施安全监测、水库及坝区周边环境信息数据图片或视频的采集，并对异常情况进行分析预警，足不出户即可掌握现场状况，降低了人工管理工作强度，减少了人力投入，节省了费用，极大提高了水利资源调查人员户外调查办事的效率，提升了管理水平。

（2）典型规模下的单价、运行费用、投资效益。一个水电管理部门安装3～5套GE730智能视频监控装置，规模单价6万～12万元左右，整个装置的年运维费用大约占固定投资的8%，运维成本较低；投资效益主要体现在大大提高了调查监测的时效性，减少了人力投入，节省了费用，极大提高了水利部门办事的效率，提高了管理效益。

技术持有单位介绍

　　南京开悦科技有限公司成立于 2010 年，致力于工业级无人机系统及核心模组、机器视觉及智能视频监控、物联网智能单元及自动化信息管理系统等技术领域，是一家集产品研发、系统集成、生产销售、技术服务于一体的高科技企业。公司拥有雄厚的产品研发、生产能力，积极致力于核心知识产权技术的开发和运用，现已拥有 15 项发明专利、实用新型专利等自主知识产权。公司已研发生产了电力输电线路防外力破坏智能视频预警装置、智能图片/视频监控装置、电力系统快速巡查无人机系统、接地线智能管理系统、输电线路智能巡检管理系统等系列产品，可广泛应用于电力、交通、煤炭、水利、冶金、石化、安防等诸多领域。

应用范围及前景

　　适用于水库水量、水利工程设施运行动态、上下游河流水文情况、水利设施安全等监测，也可应用于输电线路防外力破坏智能预警、输电线路巡视、交通、煤炭、冶金、石化等诸多领域。

　　该技术主要配合传统方式人工或仪表方式对上下游河流的水文情况、水库蓄水变化、水环境污染情况、水利工程运行状态以及水利设施安全监测、水库及坝区周边环境信息数据的采集，对存在监测点有限，难以大面积、大流域准确监测以及监测调查缓慢，时效性差，不能满足决策要求的状况进行辅助决策，为水资源管理部门提供及时、实用的科学决策依据，充分发挥已建水利工程设施的效能。

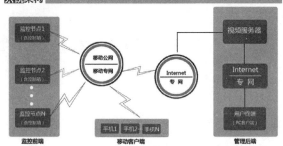

注：根据用户技术条件及电力企业网络安全管控要求，可以为用户定制实施监控前端接入电力局域网方案。

■ 采用无线方式传输视频

■ 适用于 GE730 设备的 APP

技术名称：GE730 智能视频监控装置
持有单位：南京开悦科技有限公司
联 系 人：陈银
地　　址：江苏省南京市浦口经济开发区凤凰路
　　　　　7 号
电　　话：025 - 58180851
手　　机：13809029883
传　　真：025 - 58180852
E - mail：market@carvedge.com

111　支持视频及 4G 传输的低功耗遥测终端机 WJ－6000

持有单位

成都万江港利科技股份有限公司

技术简介

1. 技术来源

自主研发。

2. 技术原理

支持视频及 4G 传输的低功耗遥测终端机
WJ－6000 是在实现传统 RTU 功能的基础上，集
成视频采集、4G 视频传输，可以实现远程实时
视频/图像的采集与传输，管理人员在远端对安
装现场进行监控、现场取证、现场分析，摄像头
具备移动侦测、人形分析的功能，捕捉人员闯入
的图像/视频，并提供报警信号，供管理人员分
析、处理。设备可休眠应用，休眠状态下降低整
机功耗，适宜野外太阳能供电的应用。

3. 技术特点

管理人员在远端可进行设备配置、设备升
级、设备维护、设备智能管理、故障智能分析，
方便设备维护管理。

技术指标

（1）4GRTU 电源。供电电压 9～24VDC，
工作电流 280mA＠12VDC，睡眠电流：15mA
＠12VDC。

（2）软硬件平台。硬件平台：MTK 平台，4
核心，4×1.5GHz，Cortex－A53；操作系统：
Aandroid 5.1；运行内存：1GB，LPDDR－3，
667Mhz；数据存储空间：8GB，eMMC，可支持
外扩 TF 卡，支持 64GB；时钟：内置实时时钟；
看门狗：采用 CPU 内部看门狗。

（3）摄像头电源。10.8～14.8VDC，平均电

流≤200mA。

（4）4GRTU 设备接口。1 路百兆网口（接
网络摄像头），2 路 USB2.0，2 路 RS485，1 路
RS232，4 路模拟量输入（4～20mA 或 0～5V），
2 路数字量输入，2 路数字量输出，1 路音频输
入/输出，1 路 HDMI 接口，板载音频输入。

（5）设备网络。全网通双卡双待，4G、
3G、2G。

（6）工作环境。工作温度：－20～70℃，存
储温度：－40～80℃，工作湿度：≤95%（40℃），
大气压：86～106kPa，MTBF：＞30000h。

技术持有单位介绍

成都万江港利科技股份有限公司以四川大学
智能控制研究所、四川大学水利水电学院为技术
支撑，依托四川大学雄厚的技术和人才资源优
势，充分发挥信息科学与水利科学、环境科学、
生态科学等多学科交叉的特殊优势，继承九一三
厂在水情自动测报、节水高效管理领域的优良资
产和技术成果，利用其在产品化、产品可靠的优
势的一家高新技术企业。公司一直致力于水资源
综合利用，专注于与水利、水电信息化相关的
软、硬件开发，业务领域涵盖：信息采集终端
（RTU）、山洪防治及防汛监测预警系统、水情测
报与计量用水智能系统、闸群智能控制系统、灌
区水资源调度与管理信息系统、水库安全监测与
水资源调度自动化系统、田间滴灌自动化与智能
化系统等，业务区域已扩展至四川、新疆、云
南、重庆、黑龙江、河南等地区。

应用范围及前景

支持视频及 4G 传输的低功耗遥测终端机
WJ－6000 具有强大的数据处理能力和较高的数

据采集精度,是一种高可靠性和高智能化的微功耗数据采集终端设备,产品集数据采集、存储、通信和远程管理于一体。除满足一般水文水资源系统应用需求外,还提供山洪、气象、环保、农业灌溉、供水等领域对现场数据处理的需求。

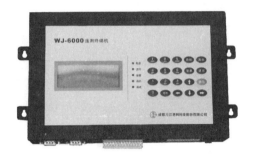

■WJ‐6000 遥测终端机正面

■WJ‐6000 遥测终端机背面

■现场应用

■现场应用

■现场应用

技术名称:	支持视频及 4G 传输的低功耗遥测终端机 WJ‐6000
持有单位:	成都万江港利科技股份有限公司
联系人:	鲁燕
地址:	四川省成都市高新区天府大道 1700 号环球中心 W5‐1305
电话:	028‐66526998
手机:	13668296381
传真:	028‐85410002
E‐mail:	luyan@cdwanjiang.com

112 弘泰水库现代化综合管理平台

持有单位

宁波弘泰水利信息科技有限公司

技术简介

1. 技术来源

自主研发。

2. 技术原理

水库现代化综合管理平台采用无线传输、远程测控、3S、WebOS、移动终端等多种高新技术，基于Web的浏览器/服务器（B/S）体系结构，采用J2EE体系架构。平台实现对水库实时水雨情、闸门电站运行及大坝安全监测等信息的采集、传输和存储；提供工程科学调度决策支持，为防洪、发电、供水等工程调度提供科学依据；结合水库设施设备管理，实现水库的安全生产和规范管理，方便管理人员随时掌握工程运行状况，提高管理效率和水平，促进水库综合效益的发挥，有效提高水库现代化管理水平。

3. 技术特点

（1）实现水库多层次、多目标与全要素规范化管理。

（2）在线监测与预警。

（3）高效预报调度。

（4）洪水跟踪校正。

（5）专业建模。

（6）模块按需定制。

技术指标

系统可选用主流先进的GIS平台，建成后系统GIS地图响应速度＜5s，复杂报表响应速度＜5s，一般查询响应速度＜3s；系统可连续24h不间断工作，平均无故障时间＞8760h，恢复时间＜1h。CPU使用率最高不超过35％，内存占用率最高不超过35％，并发用户数100用户，在线用户数300人。

技术持有单位介绍

宁波弘泰水利信息科技有限公司成立于2006年9月，是宁波地区第一家以水利行业为背景的信息科技公司。公司成立以来，致力于中国水利科技事业，积极开展专题研究，不断加大底层数学模型、信息化产品及自动化控制方面的研发力度，以不断完善的应用产品和技术，为政府及各级管理单位提供信息化全面解决方案以及相应产品应用。公司坚持以水利市场为导向，积极拓展目标区域市场，稳定和扩大市场占有率，形成水利模型、水利自动化、水利信息化的体系化经营格局，在水利行业内树立良好的口碑和品牌价值，现为国家级高新技术企业，2014年荣获国家高新区创新示范企业荣誉称号。

应用范围及前景

平台建立了上下级联动机制，分为上级监管平台与综合信息管理通用平台，推动上下级共享联动。建设水管部门网络化水库监管统一平台，实现水库安全运行、工情工况信息的统一汇聚和共享服务，为主管部门全面掌握水库运行状况提供信息支撑，为指挥决策提供有效支撑，全面提升水库安全运行现代化管理水平。水库现代化综合管理平台的成果应用可实现水库管理单位和上级水行政主管部门的精细化管理，有效提升水库管理水平与管理能力。

目前平台已在浙江杭州市青山水库、闲林水库、温州市泽雅水库、宁波市八座大中型水库

（周公宅水库、白溪水库、亭下水库、横山水库、皎口水库、四明湖水库、溪下水库、三溪浦水库）及宁波市水利局、金华市四座中型水库（安地水库、金兰水库、沙畈水库、九峰水库）、山西省汾河水库、汾河二库、新疆地区头屯河水库、阿克达拉水库、河南省前坪水库等单位展开推广应用。该技术产品具有很大的社会和经济价值，推广应用前景十分广阔。

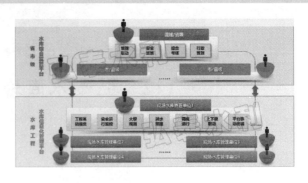

■市级水库网络监管平台

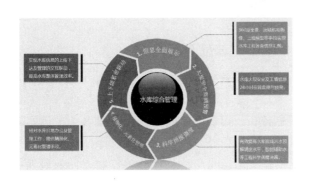

■水库现代化综合管理平台

■大坝安全监测

技术名称：弘泰水库现代化综合管理平台

持有单位：宁波弘泰水利信息科技有限公司

联系人：王璠

地　　址：浙江省宁波市江北区同济路 227 号盛悦大厦 19 楼

电　　话：0574 - 87876503

手　　机：15925805263

E - mail：495210289@qq.com

113 子规水利工程标准化管理系统

持有单位

宁波子规信息科技有限公司

技术简介

1. 技术来源

自主研发,运用的元素化管理技术获得国家发明专利(专利号:ZL201010300697.6)。

2. 技术原理

以水利工程运行管理规程及工作手册为依据,以绩效考核为抓手,运用元素化管理技术,达到"摸清家底、规范管理、掌控动态、排除隐患"的目标,推动水利工程管理标准化。同时,解决水利工程管理单位与上级主管部门标准化管理信息的实时联动,切实提高工作效率和工作成效,使传统管理模式向精准化、系统化、规范化方向迈进,使各级管理人员随时掌握工作动态,及时发现和解决存在的问题,为创建和持续推进标准化管理提供技术支撑。系统平台设计依据:《中华人民共和国安全生产法》(主席令第十三号);《水利标准化工作管理办法》(水国科〔2003〕546号);《浙江省水利工程标准化运行管理平台建设导则和技术要求(试行)》;《关于全面推行水利工程标准化管理的意见》(浙江省人民政府办公厅);《农村水电安全生产监督检查导则》(水电〔2015〕242号);《全面推进水利工程标准化管理2017年度工作方案》(浙江省水利厅)。

3. 技术特点

(1)运用元素化管理技术,把水管单位标准化管理对象细化为管理元素,每个元素配置编码,便于数据收集和大数据应用。

(2)按照"事项—岗位—人员—元素"的工作思路,把水利工程管理单位日常管理事项和管理对象,逐一分解到每个岗位,定期推送给责任人,建立操作流程和绩效评价体系。

(3)建立二维码公共报警功能。运用手机二维码扫描功能,查询元素信息,并把发现的问题直接上报到系统中。

(4)建立管理元素与工程自动化监测数据对接机制,实时判断管理元素状态,及时启动隐患处理流程。

(5)研发标准化管理考核模块。并与其他业务模块建立信息数据交互共享体系,为单位自评和专家评审提供信息化工具。

技术指标

(1)通过运用首创的元素化管理技术,按照"事项—岗位—人员—元素"的思路,创新性地提出了以元素化管理为基础的水利工程标准化管理模式。

(2)研发建立了管理元素库、事项管理模块、巡查管理模块、二维码公共报警模块、自动化监测模块与标准化管理考核模块等内容的水利工程标准化管理系统。

(3)实现了与上级监管平台的数据对接。

技术持有单位介绍

宁波子规信息科技有限公司(宁波市原水研究院元素化管理研究所)是专业从事信息化服务的国有企业,主要从事计算机软硬件、网络技术、系统集成及技术转让服务。公司专注于元素化管理理论研究、系统开发与应用。拥有"安全生产元素化管理系统""水环境保护元素化管理系统""森林消防实时预警系统"等多项国家专利,其中安全生产元素化管理系统列入浙江省水

利科技重点推广目录和水利部先进实用技术重点推广目录，通过了国家安监总局重大事故防治关键技术科技项目验收，目前已在国内 40 余家大中型水利工程管理单位推广应用。

应用范围及前景

适用于水库、水闸、泵站、灌区、山塘、海塘、堤防、电站、农村供水工程等单位。

运用元素化管理技术，把水利工程标准化管理的对象分解、细化为元素，每个元素落实责任人。利用物联网、移动网络、标准化管理等手段，把每个元素运行状况、检查情况、隐患处理过程及时反映在网络上，使各级管理人员随时掌握单位运行状况，及时解决"责任落实不彻底""隐患排查不全面""管理过程不规范""长效机制难建立"等突出问题，从而实现"工程管理责任具体化""工程防汛和安全运行管理目标化""工程管理单位人员定岗化""工程运行管理经费预算化""工程管理设施设备完整化""工程日常监测检查规范化""工程维修养护常态化""运行管理人员岗位培训制度化""工程管理范围界定化""工程生态环境绿化美化""工程管理信息化"等目标。

在宁波市奉化区亭下水库管理局建立了应用示范基地，目前已在浙江省、辽宁省、河南省等地大中型水利工程管理单位推广应用，其中宁波市三江河道管理局姚江大闸工程获浙江省标准化验收最高分，有较好的应用推广价值。

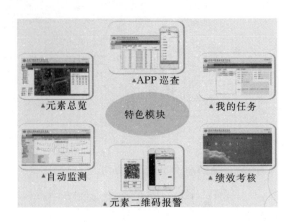

■管理平台特色模块

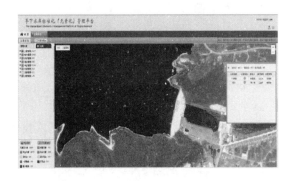

■亭下水库标准化（元素化）管理平台

技术名称：子规水利工程标准化管理系统

持有单位：宁波子规信息科技有限公司

联 系 人：江益平

地　　址：浙江省宁波市奉化区中山东路 888 号
　　　　　301 室

电　　话：0574－88900698

手　　机：13336609872

传　　真：0574－88900758

E － mail：ziguitech@126.com

114　正呈-基于北斗高精度定位的大坝安全监测系统

持有单位

浙大正呈科技有限公司

技术简介

1. 技术来源

自主研发。

2. 技术原理

位于坝体和附近基岩的北斗卫星信号接收机和天线，实时接收卫星和地面站的原始数据，通过双绞线、光纤或无线方式，传输到位于公网的平台服务器，经过服务器解算，获得各个测量点的空间坐标。在图形化界面上，直观展示大坝位移沉降状况，并及时预警异常数据。

3. 技术特点

（1）自动采集：部署成功后，数据采集过程无需人工干预，采集频率高、实时性佳。

（2）数据丰富：全天候全天时自动采集，数据量大，连续性好，大幅提高分析、预测、预警准确性。

（3）云端平台：所有前端监测点的数据直接传输到云端安全监测管理平台，统一记录、分析、评估，为后期监测系统集成、模型计算、大数据分析、专家远程支持等高级功能提供基础保障。

技术指标

监测精度：水平：$\pm(2+1)\times10^{-6}$ mm；垂直：$\pm(4+1)\times10^{-6}$ mm；

信号频率：不少于 BDS 双频/GPS 双频信号；

设备及天线防水防尘等级：IP67；

数据采集频率：支持 1～10 Hz 可选；

数据分析准确率：95％及以上；

平台稳定可用率：95％及以上；

平台总容量：支持管理 1 万座以上大坝；

平台并发访问量：支持 500 用户。

技术持有单位介绍

浙大正呈科技有限公司成立于 2013 年，是军、政、企、产、学、研、用融合的高科技企业，专注于北斗卫星高精度定位导航（北斗高精度）及高分辨率对地观测系统（高分）技术研究、产品研发、系统建设及服务运营。公司契合北斗和高分产业的国家发展规划，基于中国兵器工业集团的产业布局、千寻位置网络的战略合作、浙江大学的科研资源、原总参郑州创新站（解放军信息工程大学）的技术与人才优势、浙江铭仕集团勇于开拓的浙商精神和经营理念，凭借企业引领，专业承载，立足浙江，面向全国，走向世界。公司是原总参测绘局和浙江省经信委"深化浙江北斗产业战略合作协议"的落地单位，浙江省北斗产业联盟牵头单位，并建有杭州市院士专家研究工作站。公司致力成为国内北斗高精度领域最具影响力的卫星导航与高分应用整体解决方案供应商和北斗高精度应用平台运营服务商。

应用范围及前景

适用于水库大坝的位移沉降状况监测。

浙大正呈大坝安全监测管理平台以北斗高精度定位技术为基础，结合倾斜仪、渗漏计、应力应变计等多种智能传感器，通过 GPRS 或以太网的形式将位移、沉降、浸润等监测数据实时发送至平台主站，由平台对大坝安全监测数据进行接收，并对数据进行剔除、滤波分析、数据计算

等，得到即时的监测结果。管理平台通过图像、文字的形式，对监测数据进行实时展示，并对异常数据进行及时的预警。大坝安全监测管理平台具有很强的可扩展性，除常用的监测参数外，还预留了 100 多个监测参数接口，方便功能扩展。

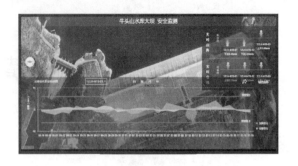

■界面展示

■北斗卫星接收机

■监测结果用于大坝安全监测与评价

■高精度测量天线

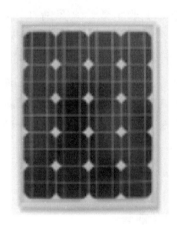

■太阳能电源

技术名称：正呈-基于北斗高精度定位的大坝安全
　　　　　监测系统
持有单位：浙大正呈科技有限公司
联 系 人：文潇
地　　址：浙江省杭州市西湖区西园四路 2 号
电　　话：0571 - 81109090
手　　机：18072732713
传　　真：0571 - 81109062
E - mail：wenxiao@zenchn.com

115   西德云-泵站智能控制和信息管理系统

持有单位

深圳西德电气有限公司

技术简介

1. 技术来源

自主研发。2017 年 6 月，国家智能电网输配电设备质量监督检验中心对西德云智能泵站一体化装置进行了布线、操作性能和功能、成套设备的防护等级、电气间隙和爬电距离、介电性能、电磁兼容性、机械操作等指标进行检验，测试结果符合相关国家标准，指标全部合格，并出具相关检测报告。西德云-泵站智能控制和信息管理系统于 2017 年 9 月 26 日在水利部完成新产品鉴定。

2. 技术原理

西德云-泵站智能控制和信息管理系统，通过对大量离散分布单体泵站进行信息化和智能化改造，实现泵站的无人值守、综合监控、信息处理、现场生产智能调度管理等功能，实现排灌泵站的自动化管理，降低单位能耗水平、提高管理效率。系统分为 3 层：现场控制层、通信层、应用层。

3. 技术特点

（1）通信层为数据提供管道，采用有线网络或无线公网进行组网，主要由各类网络设备组成。

（2）应用层为数据应用提供支撑平台和应用服务，实现信息协同、云计算、大数据分析和智能调度等。

（3）现场控制层由智能管理终端和水泵控制单元组成，实现智能水泵驱动控制和站内相关信息采集和监控。

（4）该系统在泵站应用后，可实现对泵站的遥测、遥信和遥控；基于大数据分析的统筹管理；通过大数据技术和人工智能技术进行相关预测，实现

主动避灾或减灾；实现流域内或区域内相关水文水利信息的统计记录；对关键设备的检测和故障预警，降低事故发生概率和影响，帮助设备维护。

技术指标

（1）智能控制和管理系统利用以太网/4G 等组网，用户通过参数配置，实现系统数据的网络透明传输。

（2）远程获取智能仪表和云智能泵站一体化装置的相关数据，进行存储和处理，并针对某具体设备进行遥控。

（3）智能泵站一体化装置 24h 实时在线；采用加装散热风扇和独立风道设计，提高产品使用寿命，系统具备极高的系统安全保障和稳定性，能够全年不间断运行。

（4）智能终端采用模块化架构，内置于各类装置内部，实现对传感器采集和设备控制，并支持多种通信接口和协议；支持多种频率设定方式和控制方式；支持自动电压调整；保护功能齐全。

技术持有单位介绍

深圳西德电气有限公司成立于 2013 年，注册资本 5000 万元，专注西德云-泵站智能控制和信息管理系统、西德云-水电站智能管理系统、西德云-智能配电管理系统、高低压成套设备、新能源汽车充电设备等产品的研发、生产和销售。公司相关技术在泵站、水电站大规模应用后，对于流域内和区域内水资源合理调配利用、防汛、水环境保护等都能产生积极作用。

应用范围及前景

深圳西德电气有限公司自主研发的西德云-泵站智能控制和信息管理系统，该技术产品在排

涝灌溉泵站有广泛应用空间，适合老旧泵站改造以及新建泵站。解决了水位偏高和偏低导致的无法排水难题，提高了泵站运行效率。减少设备启动过程对电网和设备的冲击，减小停机过程拍门撞击对泵站安全的危害，同时系统具有强劲的扬程调节作用，安装调试方便，不涉及原机组整体结构，实施工期短。该系统投入运行以来，泵站工作人员反应：产品运行稳定，解决了汛期水位上涨无法排水难题，出水量大，开停机无冲击，运行噪声小，节电效果非常明显。

典型应用案例：

案例 1：广东顺德杏坛镇高赞电排站。

2017 年 5 月投入运营，使用 XDSL－GP－200 西德云智能泵站一体化装置，并配置西德云-泵站智能控制和信息管理系统。使用西德云智能泵站一体化装置以后，除了机组能满足扬程变化大，克服启动电流大的问题；开机平稳，停机无撞击，保证机组始终在高效区稳定运行；通过计量显示，大大节约用电量，全面提高机组运行效率，同时解决高水头振动强烈的弊病。

案例 2：广东顺德勒流锦丰电排站。

2017 年 11 月投入运营，使用 2 套 XDSL－GP－630I 西德云智能泵站一体化装置，并配置西德云-泵站智能控制和信息管理系统，对泵站高低压开关柜、变压器、西德云智能泵站一体化装置等电气设备实现远程监测，结合各种传感器（如水位计、流量计、压力变送器、闸门开度仪等），有效掌握泵站现场水位、流量、水压、闸门开度等变化情况，当泵站现场设备出现异常或故障时，能实时推送相关消息通知管理员，同时，专家系统给出相应的解决方案，有效提高泵站运行的安全性。

■广东顺德勒流锦丰电排站验收

■装置在广东顺德杏坛镇高赞
电排站现场运行

■广东梅州客户在西德电气对该装置进行厂验

技术名称：西德云-泵站智能控制和信息管理系统
持有单位：深圳西德电气有限公司
联 系 人：沈强
地　　址：广东省深圳市龙岗区坪地街道吉利路10号金桥工业区
电　　话：0755－84060036
手　　机：18129815813
传　　真：0755－89260989
E－mail：sq@xdei.net

116　基于 LoRaWAN 的云终端测量系统

持有单位

北京基康科技有限公司

技术简介

1. 技术来源

基于 LoRaWAN 技术的基康仪器测量。

2. 技术原理

低功耗广域物联网（LPWAN，Low-Power Wide-Area Network）技术是近年国际上一种革命性的物联网接入技术，具有远距离、低功耗、低运维成本等特点，与 WiFi 蓝牙、ZigBee 等现有技术相比，LPWAN 真正实现了大区域物联网低成本全覆盖。

3. 技术特点

（1）LoRa 通信的优点是长距离传输，采用扩频增益，它的传输距离约 FSK 的 3 倍；其次是低功耗，尽管通信距离空旷能达到 5km，仍保持良好的节能特性；再次，工作在免费 ISM 频段，极大降低网络铺设成本。

（2）LoRaWAN 采用星型无线拓扑，有效延长电池寿命、降低网络复杂度和后续轻易扩展容量。它将网络实体分成 4 类：End Nodes（终端节点）、Gateway（网关）、LoRaWAN Server（LoRaWAN 服务器）和 Applicaton Server（用户服务器）。

技术指标

整个系统的费用应根据实际所采用的云终端类型和数量而定，典型系统的建设费用在 20 万～30 万元左右，其中测量系统的数据汇聚平台 3 年内免费使用（不含通信费）。运行费用：1 万元/年。

技术持有单位介绍

北京基康科技有限公司创立于 1998 年，是国内实力雄厚的野外安全监测仪器供应商和系统解决方案服务商。公司在成都设有分公司，在上海、广州、沈阳、武汉、西安、乌鲁木齐等地设有办事处。公司成立 10 多年来，为用户提供了大量专业、精密的野外安全监测设备。目前，公司产品已在水利、水电、水文水资源、地质灾害、路桥隧、轨道交通、建筑、石油化工、港口码头、核电、矿山等不同应用领域的各类大中型工程中得到广泛应用。高品质的产品和完善的服务获得了客户的高度认可，同时也积累了大量的仪器制造、技术服务等方面的宝贵经验。基康仪器高度重视对产品技术研发的投入和产品制造工艺的提升，在振弦式、光纤光栅式、CCD 式、MEMS 式、数字式等传感监测领域处于领先地位，具有极高的知名度和市场影响力。公司秉承美国基康的技术、工艺和严格的测试过程，依据 ISO 9001 质量管理体系和全国工业产品生产许可证实施细则的要求进行质量管理，确保产品的高可靠性。

应用范围及前景

适用于野外安全监测设备的传感监测、数据采集、信号传输，广泛用于水利、水电、水文水资源等领域。

典型应用案例：

案例 1：水电站安全监测。

为确保水电站运行安全、充分发挥效益，掌控大坝建筑物的安全状态、运行工况时非常必要的。基康公司为水电站安全监测提供了一套可靠、专业的解决方案。安装 G 云终端设备后，安全监测人员可以在 G 云平台上的坝体监测点图，

详细查看各个监测点的位移数据变化，如果发现有监测点的数据有异常情况，立即打开监测点安设的视频设备，观察坝体实景情况。监测人员无论身在何处，都可以通过手机 APP 实时监测数据，开启视频，同时结合数据预警服务，当数据超过预警值，系统自动通知相关人员，及时发现水库坝体异常情况。

案例 2：城市防汛监测。

随着极端天气的频繁出现，给城市防汛工作带来越来越严峻的挑战。尤其是人口聚集的超大城市，突发大雨暴风等会在短时间内引发重大灾害性事件。城市防汛办人员利用 G 云移动端在汛期 24h 监测降雨量的变化，雨量，水位相结合进行数据分析。降雨量，水位如果接近警戒线，立即开启重点易积水地段的视频设备进行实景监测，观察水位情况。一旦发生有险情，及时联系相关安全消防部门奔赴现场，采取防汛应急措施，全面提升了城市整体防灾预警水平。

案例 3：地灾监测。

地质灾害监测中心在泥石流易发地区安装了基康公司的监测传感设备，使用 G 云平台实时长期在线监测地质变化情况。每天监控人员登陆 G 云，查看实时采集的雨量、位移、沉降等监控数据。平台的雨量数据等值线图，直观反映了监控地区降雨综合情况，结合使用多参数关联分析功能与其他监测数据相结合，提前发现险情趋势，当收到 G 云的危险告警信息，将立即通知该地区负责人采取紧急预案措施，有效减少了地质灾害的发生。

■大坝安全监测

■防汛信息采集和基于云服务平台的数据上传

技术名称：基于 LoRaWAN 的云终端测量系统

持有单位：北京基康科技有限公司

联 系 人：江修

地　　址：北京市海淀区彩和坊路 8 号天创科技大厦 1111 室

电　　话：010－62698899

手　　机：13811527053

传　　真：010　62690066

E－mail：jiangxiu@geokon.com.cn

117　TP.YDJ－1型遥测终端机

持有单位

重庆多邦科技股份有限公司

技术简介

1. 技术来源

自主研发。

2. 技术原理

TP.YDJ－1型遥测终端机以高性能的32位嵌入式处理器为核心，模块化设计，采用最新的传感技术、嵌入式集成技术、数字图像压缩技术、M2M物联网技术等先进技术，实现水雨情、水质、气象、环保、土壤墒情、山洪灾害预警监测，为水利行业提供了一套全面的解决方案。该产品设备外部接口丰富，可接入各种流量计、流速仪、液位计、雨量计、水质分析仪、气象、土壤分析等多种传感器。

3. 技术特点

（1）保护等级可达IP67，适合于工控现场的应用。

（2）采用冗余和智能设计，可接入RS485、RS232数字信号、脉冲量、频率量、开关量和4～20MA（1～5V）或0～5V（0～20MA）模拟量的各类传感器、分析仪或监测设备。

（3）通信协议采用SL 206—2016《水资源监控管理系统数据传输规约》和SL 651—2014《水文监测数据通讯规约》。

（4）可接入2路串口摄像头，分辨率最高可达500W。

技术指标

（1）基本功能：通过GPRS进行数据传输，具有遥测、遥控、遥信、遥调四遥功能。串口传输速率300～115200bit/s。

（2）工作环境：温度－10～45℃，相对湿度95％RH（40℃时）。

（3）电压：宽电压9～16V；功耗：静态值守电流<10mA，工作电流<100mA（不包通信模块）。

（4）信号输入形式：数字量、开关量、脉冲量、模拟量。

（5）误码率 $Pe \leqslant 10^{-5}$；可靠性 MTBF $\geqslant$ 12000h；能承受 GB 9359.5 中规定冲击及自由跌落。

技术持有单位介绍

重庆多邦科技股份有限公司成立于2001年，是一家集研制、销售、生产和技术服务于一体的高新技术企业和软件企业。经过十多年跨越式的发展取得了骄人的业绩，公司的成长性、创新性和盈利能力获得了多家风险投资基金的关注和认可。

应用范围及前景

适用于数据采集与监控，如水雨情测报、闸门监控、水质在线监测、土壤墒情监测、地下水监测、水库防汛安全管理、国控水资源监控、环保水污染监测、气象监测、大坝安全监测、灌区综合管理自动化、山洪灾害监测预警等领域。

技术名称：TP.YDJ－1型遥测终端机
持有单位：重庆多邦科技股份有限公司
联系人：杨盛
地　　址：重庆市沙坪坝区西园二路98号附3号标准厂房一期三号楼4层
手　机：13500365041
传　真：023－65350899
E－mail：180301450@qq.com

118 智慧流域物联网多源信息获取与分析关键技术

持有单位

长江水利委员会长江科学院

中国水利水电科学研究院

技术简介

1. 技术来源

自主研发。

2. 技术原理

该技术围绕智慧流域建设中水利信息采集、传输、存储、管理和分析应用等方面问题，利用物联网、遥感、地理信息系统等现代信息技术，深入研究了时空连续多元信息获取途径分析、时空连续多元信息传输体系、数据组织索引模型、数据分析应用与软件平台研发等内容，初步形成"立体感知、智能传输、高效组织"多源信息获取模式和"智能诊断、优化调度、趋势预测、规律发现"分析应用模式。

3. 技术特点

（1）综合卫星遥感、航空遥感、陆地、水下等不同来源信息数据，以及固定式、移动式等不同方式构建"空天地网"立体感知体系。

（2）利用物联网动态组网技术形成物联网时空连续多元信息传输网络，并结合物联网传感器研制了移动式水质多参数传感器监测传输原型系统。

（3）提出了改进型空间信息多级网格，研制基于 Hilbert 剖分格网的空间信息多级网格索引模型，实现多源异构数据 LOD 存储和高效索引。

（4）提出目标驱动下的流域多元信息获取优化布局技术框架和基于最小二乘原理构建监测站网优化布局算法。

（5）研制智慧流域三维信息展示及决策支持系统平台，实现流域三维展示、信息监控、数据融合和分析，为流域管理的研究和决策提供重要的参考和依据。

技术指标

（1）武汉市科学技术情报研究所查新检索中心对本技术的查新报告结论为："国内外未见与委托项目研究的基于物联网的智慧流域多源信息获取与分析技术及其水利应用技术特征完全相同的成果、专利及非专利文献报道。"

（2）出版专著 2 本，包括《大型灌区信息化建设与实践》《长江流域遥感干旱监测技术与体系》，发表学术论文 24 篇（SCI/EI 检索 14 篇），获得中国地理信息科技进步奖一等奖，长江水利委员会科学技术奖青年科学技术奖一等奖。

（3）获得发明专利 2 项，"面向海量 DEM 数据的高精度河道洪水淹没区生成方法""一种基于水位监测数据的河道洪水淹没模拟方法"，实用新型专利 1 项"一种 Zigbee 变频无线传输设备"，软件著作权 7 项。

技术持有单位介绍

长江水利委员会长江科学院（简称长科院）是以水利水电科学研究为主的国家非营利科研机构，隶属水利部长江水利委员会。多年来，长科院承担了三峡、南水北调以及长江堤防等 200 多项大中型水利水电工程建设中的科研工作，以及长江流域干支流的河道治理、综合及专项规划、水资源综合利用、生态环境保护等领域的科研工作，主持完成了大量的国家科技攻关、国家自然科学基金以及数十项国家科技计划和省部级重大科研项目，荣获国家和省部级科技成果奖励 431 项，其中国家级奖励 32 项，获得国家发明和实用新型专利 165 项。

中国水利水电科学研究院是从事水利水电科学研究的公益性研究机构。具有工程咨询甲级（水利工程、水电）、乙级（新能源、生态建设和环境工程）资格证书、水文与水资源调查评价甲级资质证书、建设项目环境影响评价甲级资质证书、建设项目水资源论证甲级资质证书、水土保持监测甲级资格证书、水土保持方案编制甲级资格证书、水利工程质量检测甲级资质（岩土类、混凝土工程类、量测类）、文物保护工程勘察设计甲级资质等证书。多年来，该院主持承担了一大批国家级重大科技攻关项目和省部级重点科研项目，还在国内外开展了一系列的工程技术咨询、评估和技术服务等科研工作。

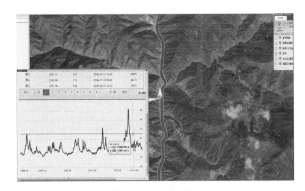

■水文站信息提取

■2 件相关发明专利

应用范围及前景

该技术是互联网环境下的智慧流域多源信息获取与分析技术研究及应用，技术经济效益主要体现在研究所产生的社会和生态环境效益方面。技术研究成果已成功应用于《江西省水利信息化顶层设计》《澧水公司水利信息化十三五规划》等重要规划编制，在流域信息监控、数据采集、决策规划等方面得到了深入应用，其社会和生态环境效益巨大，间接产生巨大的经济效益。

■雅砻江流域信息获取应用示范平台

■出版专著 2 本

■影像分析

技术名称：智慧流域物联网多源信息获取与分析关键技术

持有单位：长江水利委员会长江科学院、中国水利水电科学研究院

联 系 人：叶松

地　　址：湖北省武汉市江岸区黄浦大街 289 号

电　　话：027－82828995

手　　机：13035108259

传　　真：027－82926550

E － mail：cjwyesong@qq.com

119　灌区信息化管理系统 V1.0

持有单位

珠江水利委员会珠江水利科学研究院

技术简介

1. 技术来源

自主研发。

2. 技术原理

灌区信息化管理系统综合运用传感器技术、无线网络通讯技术、智能控制技术和先进信息技术，实现灌区水量计量自动化、供水远程控制、渠道水情实时测报、水质动态监测等一系列功能，可及时准确调配灌溉用水，提高灌区管理效率，实现灌区内水资源的优化调度。

3. 技术特点

感知层：全方位利用数字感知技术，综合集成水位计、雨量计、流量计、自动化控制终端、视觉感知终端于系统，实现对全灌区水量计量、水质监测、闸泵管理、工程观测等信息的精确感知和实时采集。

网络层：综合运用微波技术、GPRS 技术、3G/4G 技术、有线传输技术等通信技术构建系统通信网络，组网方式灵活便捷，满足灌区高效、实时、安全、可靠、低成本的数据传输需求。

应用层：管理系统采用 B/S 模式，以灌区GIS 地图为基础，将灌区综合调度模型与实时采集的数据相结合，综合利用用水调度、运行管理、流量监测、视频监控等水利信息化数据，实现灌区水资源的智能管理

能源管理：野外遥测站点采用风光互补方式供电，具有安全可靠、节能环保、便于施工和造价低廉的特点。

技术指标

（1）利用低功耗嵌入式技术和多模式无线数据传输方法，工作功耗：＜0.096W（低功耗模式）、＜0.36W（GPRS 实时在线）。

（2）研发电磁式＋超声波双模测量方式进行水位流量测量，流速测量精度为±0.5%、水位测量精度为±1mm、综合系统测量精度为±1.5%。

（3）构建自适应的现场传感网络，兼容不同来源的仪器设备，提高数据传输效率和系统兼容性。

（4）开发基于 GIS 技术的灌区信息化管理系统，系统响应时间＜0.1s，系统最大并发用户数为 1000 户。

技术持有单位介绍

珠江水利委员会珠江水利科学研究院是国家非营利科研机构，主要从事基础研究、应用基础研究，承担珠江流域重大水利科技问题、难点问题及水利行业中关键应用技术问题的研究任务，为国家水利事业、珠江流域治理、开发与保护提供科学技术支撑。

应用范围及前景

该系统适用于用灌区的信息化建设、灌区水资源管理和灌区工程运行管理等工程，使用单位主要为灌区管理处（所）。已在广州市流溪河灌区总管理处、琼海市合水水库灌区管理处、乳源瑶族自治县引杨灌区管理所、南雄市瀑布灌区管理所和平远县富石水库灌区管理所等单位成功应用。具有显著的经济效益和社会效益以及广阔的推广应用前景。

技术名称：灌区信息化管理系统 V1.0
持有单位：珠江水利委员会珠江水利科学研究院
联 系 人：江显群
地　　址：广东省广州市天河区天寿路 80 号
电　　话：020-87117494
手　　机：13632373761
E - mail：scut_jiang@163.com

120　中科水润智能节水灌溉、综合水价改革一体化平台及设备

持有单位

中科水润科技发展（北京）有限公司

技术简介

1. 技术来源
自主研发。

2. 技术原理

系统致力于服务农业智能节水灌溉及水价综合管理信息化能力的提升，将管理能力服务系统集中化布放，提供基于 SAAS 的多租户省级平台集控保障，实现不同区域内农灌业务、数据的独立自主维护。即在省内部署一套平台，基于硬件、软件、网络、维护等资源共享的前提下，确保不同区域农灌服务的个性化区域自治管理。系统整体采取云部署方式，在硬件、网络、维护、安全确保方面提供高效、高并发、高扩展性体验，基于国家相关标准以及先进技术进行架构设计，提供可确保的基础硬件、网络和业务扩展能力。

3. 技术特点

（1）支持水权分配：在实现水电双控功能基础上，集成农业水价综合改革水权分配和灌溉用水定额动态管理。

（2）金融支撑能力：系统可与用水户银行卡互通，支持银行卡刷卡取水计费，精准补贴和节水奖励直达用水户银行卡。

（3）多级平台支持：农业水价综合改革云服务平台多级用户管理模式，满足省、市、县、乡、村、用水户多级业务管理需求。

（4）移动端 APP：功能类：实现水泵远程操作、IC 卡充值；查询类：用水、电量实时查询，奖励补贴查询，余额查询。

技术指标

余水回购管理：当分配给用户的水量在水权分配周期内有结余时，政府会在下一个水权分配周期前对用户节余的水量进行回购，回购的金额将委托金融机构根据用户结余水量情况直接划拨至农户指定银行账户内。

节水奖励管理：节约奖励将根据农户初始水权分配状况、实际灌溉用水量、作物类型等因素进行节约用水核算。具体奖励办法，依据各县（区）制定节水奖励办法。节水奖励将委托金融机构直接划拨至农户 IC 卡。节水奖励依据奖补经费计算表进行。

用水补贴管理：用水补贴根据农户初始水权分配状况、实际灌溉用水量、作物类型等因素进行用水补贴核算。具体补贴办法，依据各县（区）制定节水奖励办法。用水补贴将委托金融机构直接划拨至农户 IC 卡。用水补贴依据奖补经费计算表进行。

技术持有单位介绍

中科水润科技发展（北京）有限公司位于北京市高新技术公司汇聚的海淀区中关村，注册资金 1000 万元。公司以信息采集、信息处理、信息安全、运维服务作支撑，以水利行业标准规范体系、指标评价体系为保障，运用最新的相关水利行业研究成果和网络信息科学技术，已经完成了智慧灌溉、智能感知、智能传输、自组网及基于 GIS 的信息化平台的硬件和软件的开发与商用，可以为水资源优化管理、防灾减灾、水文监测、水利工程监控与调度管理、移动互联网应用

等水利水务业务提供智慧化监测、控制与信息化管理平台。

应用范围及前景

　　根据对墒情及种植农作物种类的信息采集，指导农民进行高效节水灌溉，减少和杜绝过度灌溉的情况；同时针对水价改革中存在的痛点进行研发，实现了使用培训的简易化、使用过程的便捷化，同时拥有完善的节水补贴、余水回购和节水奖励等支持功能，在调动农民节水积极性的同时，杜绝了在补贴和奖励发放的过程中可能出现的乱收费和克扣问题。

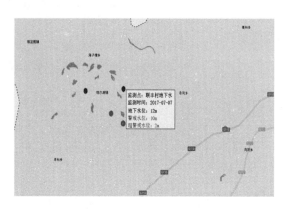

■GIS 测点综合展示　　　　　　　　　　　　■地下水水位预警

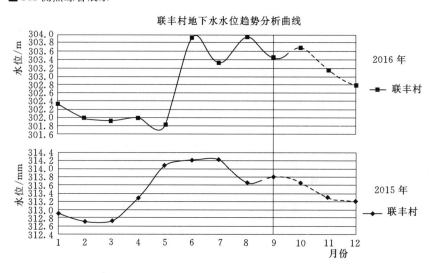

■地下水趋势分析

技术名称：中科水润智能节水灌溉、综合水价改革
一体化平台及设备
持有单位：中科水润科技发展（北京）有限公司
联 系 人：许昊翔
地　　　址：北京市海淀区天秀路 10 号中国农大国际创业园 3 号楼 2 层 2009
电　　话：010－65181289
手　　机：13581924445
传　　真：010－65181289
E－mail：xuhxmail@126.com

121   力创农业水价综合改革管理云平台

持有单位

山东力创科技股份有限公司

技术简介

1. 技术来源

自主研发。

2. 技术原理

该平台采用三级控制结构，借助 GPRS 通信技术实现和现场水井灌溉控制设备 RTU 进行无线数据交互，实时采集用户刷卡灌溉的数据，把数据远传到数据中心进行平台的汇总处理，及时实时掌控现场灌溉用水、用电情况，根据现场需要下发平台系统控制指令，控制灌溉用水总量，从而最大可能节约有效用水，为农业节水灌溉控制系统提供软件支撑。

3. 技术特点

具备井位、用户数据、水井数据、行政数据的远程控制管理功能。

技术指标

（1）GIS 地图功能。包括了井位图显示以及井位图的定位编辑功能。

（2）用户数据管理。包括了用户信息数据查询、用户灌溉记录查询、用户能耗分析、用户卡能耗分析、开卡记录查询、销卡记录查询、充值记录查询、补卡数据操作。

（3）水井数据管理。包括水井信息查询、水井能耗分析、水井开采量分析、水井灌溉记录查询、水井报警数据分析、水井基站信息查询；通过这几项子功能，详细的掌握水井基本信息、能耗、开采量、报警以及灌溉方面的数据信息。

（4）行政数据管理。功能描述：针对不同级别权限的用户，进行市、县、镇、村级别管理。

（5）远程控制管理。主要包括水井远程控制功能；通过不同级别层次展示出各自管辖的井，针对每口井进行实时控制管理（用户剩余水量报警值、水位基位及上下限、水压上下限值、年度可开采水量、继电器状态控制、自报时间间隔配置、计费参数信息配置）。

技术持有单位介绍

山东力创科技股份有限公司是国家重点高新技术企业、热计量与电测控技术研究领军企业、电测行业开创性企业之一。力创成立于 2001 年 8 月，分别在北京、济南、莱芜建有三大核心研发基地，专注于能源计量与智慧管理等相关产品研发、生产与销售，主营集成电路、热计量、流量计、电测控、智能电工五大系列产品。拥有国家、省级科研平台，拥有多项自主知识产权，3 款产品取得欧盟 CE 认证，超声波热量表获得欧盟 MID B＋D 认证，顺利通过 QEO（质量、环境、职业健康安全）三体系审核、测量管理体系审核。产品成功应用于北京奥运鸟巢、首都国际机场三号航站楼、国家会议中心、动车机车、某导弹地勤等国家重大工程项目中。

应用范围及前景

该平台适用于灌溉用水管理，根据现场需要下发平台系统控制指令，控制灌溉用水总量，从而最大可能节约有效用水，平台推广应用前景广阔。

技术名称：力创农业水价综合改革管理云平台
持有单位：山东力创科技股份有限公司
联 系 人：吴明花
地　　址：山东省莱芜高新区凤凰路 9 号
手　　机：18806340815
E - mail：lcsl@sdlckj.com

179

122 海森农业水价综合改革管理平台

持有单位

唐山海森电子股份有限公司

技术简介

1. 技术来源

自主研发。

2. 技术原理

农业水价综合改革管理平台主要实现项目县区基础数据管理，水权数据核算、水权调整、农业灌溉用水实时数据监控，农户用水、水位、墒情等历史数据的统计分析农户剩余水权量交易、农户灌溉节水奖补数据计算等以及图形化的展示。主要包括前端部分、数据库部分；软件系统建设、后台运行数据运算处理系统等。各展示中心部分包括计算机网络建设，县级中心和乡、村级分中心建设。为使项目县区水务部门摆脱对专业人员的依赖，将系统架构到了海森云计算中心，公司配备专业人员进行网络及数据的维护、从而确保系统的长效安全运行，保证数据的完整可靠。

3. 技术特点

农业水价综合管理平台采用云端部署模式，云计算中心即远端存储、计算中心，包含通信服务器、数据库服务器、GIS服务器等，是当前水管理巩固走信息化、智能化过程中最重要的后台系统。

技术指标

（1）基础数据管理，包括行政区划基础数据和现场设备基础数据。

（2）现场设备状态实时查看，现场实时用水信息召测。

（3）用水信息查询，查询用户的用水信息明细。

（4）用水信息统计，可统计某一段时间内某些乡镇、村庄、机井或用户的用水信息。

（5）报警信息查询，查询现场设备异常情况上报。

（6）水位信息查询，监测地下水位动态变化。

（7）墒情信息查询，监测用户地块墒情变化情况，进行智能灌溉提醒。

（8）GIS地理信息展示，基于百度地图，免费且在中国精确度很高。

技术持有单位介绍

唐山海森电子股份有限公司（股票代码：835691）成立于2005年8月，注册资金5713.5万元。近年公司坚持技术创新引领，专注于农田水利计量控制设备和农业用水信息管理平台的研发、生产、销售、管护，是一站式农业水价综合改革整体解决方案提供商，是中国水交所8个创始会员之一，合同节水联盟副理事长单位，水利部华北6省农业水价综合改革定点观摩培训示范基地。结合河北省近3年农业水价改革的丰富经验，公司提出"定额管理、计量收费、累进加价、节水奖励、协会运作"的基本模式，获得水利部门的高度认可，并向全国迅速推广。未来公司将结合物联网技术、云计算等高端科技，解决农业水资源过度开采及有效管理的问题，为节水型社会建设贡献一份力量。

应用范围及前景

农业水价综合改革管理平台适用于水权水价改革项目、高效节水项目、小型农田水利重点县

项目、现代农业开发县项目等农田节水灌溉的水源机井智能化测控管理。

解决问题：扩展信息采集点；通过采用电信3G、4G及无线电技术构建信息传输通道，实现数据的传输和存储安全；增强信息化意识，解决重硬件，轻软件问题；统一规划，此平台将各县区的服务平台统一管理，使其各数据互不干扰。

该平台在技术方面利用云计算技术结合多传感器移动物联网技术，实现强大的运算能力和节点承载能力；对水情、墒情、气象等信息进行实时监测和综合统计分析；一站式远程集中费控技术，进行远程运算和扣费，实现总量控制、定额管理、节奖超罚的最严格的水资源管理系统。自上而下的决策节水，是现在发展的趋势，应用前景广阔。

■农业水价综合改革设备之一

■水价改革综合管理平台主页

■应用项目验收

技术名称：海森农业水价综合改革管理平台
持有单位：唐山海森电子股份有限公司
联 系 人：毕爱霞
地　　址：河北省唐山市丰南区临港经济开发区兴业街8号
手　　机：18931586320
传　　真：0315 - 8280111
E - mail：tshaisenyf@126.com

123　禹贡灌区智能监控与标准化管理软件

持有单位

浙江禹贡信息科技有限公司

技术简介

1. 技术来源

自主研发。

2. 技术原理

灌区智能监控与标准化管理软件是一款针对灌区日常实施管理与突发性事件进行监测监控的信息化管理软件，该软件集灌区人员管理、水雨情监测监控、日常工程巡查维修养护、应急管理等多项功能进行综合管理，解决灌区常见运行、管理、安全方面存在的问题。

3. 技术特点

通过移动互联网、云计算、大数据、物联网等最新科技打造灌区标准化运行管理云平台，项目适合用于县级灌区工程的统一集中式标准化管理，项目可以为区县一级的灌区工程开展标准化管理提供技术支撑，从而避免安全生产事故的发生。

技术指标

数据响应：最大响应时间低于 5s。

水位量程：距离水面最小 5m，最大 30m。

流量监控：0～30m³/s。

水位监测误差：静态液面最大误差约为 2mm，微波液面最大误差约为 5mm。

数据采集可靠性：每 1000 次数据采集需求成功率为 996 次。

球形红外无线摄像头：成像可靠，可 360°旋转。

移动互联网视频响应：最慢响应时间 3s；最快响应时间约 0.3s。

超标警报的触发：最快响应时间 0.5s 最慢响应时间 4s。

云平台并发量指标：最大并发访问量约为 1000。

巡检仪离线存储数量：可以离线存储约 1000 条巡检数据。

技术持有单位介绍

浙江禹贡信息科技有限公司于 2014 年注册成立，注册资本 1100 万元。公司是一家国家级高新科技技术企业，员工总数 60 余人，博士 3 人，硕士 12 人，90% 以上员工拥有本科以上学历，公司被评为浙江省软件企业、产品质量信得过企业，获得杭州市江干区百人计划创新企业、杭州市青蓝计划企业、江干区创新型高新企业、江干区锦程奖企业、江干区招财引智贡献企业等。

公司拥有专利 10 余项、国家软件著作权 20 多项、大禹水利科学技术奖 2 项。水利部水利科技先进适用产品推广证书 4 项，浙江省水利科技先进适用产品推广证书 2 项，深度融合了"互联网+行业"的理念，先后研发了智慧水利（省市县三级水库协同管理平台、市县区水利工程标准化管理云平台、水库工程标准化管理云平台等）、智慧防汛（智慧物资管理、智慧抢险队伍管理等）、智慧水电（水电站标准化管理云平台、水电站智慧远程移动监控平台）、智慧农村农业（智慧节水灌溉云监控平台、灌区标准化运行管理云平台）等，公司现为世界联合国工发委组织国际小水电联合会会员单位。

应用范围及前景

适用于大中型灌区开展自动化控制与标准化

管理。

典型应用案例：

案例 1：蒋堂农场九峰果蔬基地智慧节水灌溉项目。

该项目实施基地位于浙江省金华市婺城区蒋堂镇，属于浙江东兴实业有限责任公司的蒋堂农场九峰果蔬基地，种植面积 120 亩；该基地配套了管理房、水电，道路、节水农业（喷滴灌），设施大棚（单体大棚 12 亩，连栋大棚 10.8 亩）。

案例 2：东阳市农业综合开发横锦水库中型灌溉节水配套改造工程信息化项目。

为提高灌区信息化水平和管理水平，确保水利工程运行安全并长久充分发挥效益，根据灌区管理的实际需要，建设灌区信息化内容，不断提高灌区管理水平，实现灌区现代化管理的目标。项目于 2016 年 8 月开工，2017 年 6 月建设完成。

案例 3：杭州之江园林绿化艺术有限公司萧山园林花卉基地灌溉条田项目。

在灌溉条田合适位置安装专用的传感器，传感器实时探测土壤信息，并通过无线系统发送给中央处理系统，中央处理器利用专家系统分析，当需要补水或施肥时，中央处理器通过无线电系统发送控制指令给田间各电磁阀门，将相应阀门打开后，启动水泵，给农作物补水施肥。灌溉控制和执行系统包括电磁阀、水表、水泵、过滤器、施肥器及水管、灌水器等。

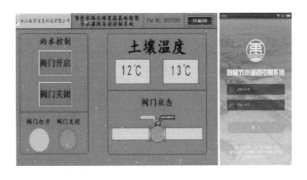

■浙江蒋堂农场九峰果蔬基地智慧节水灌溉

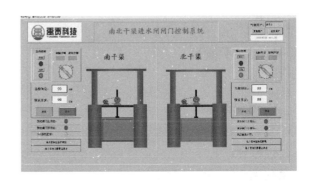

■横锦水库中型灌溉节水配套改造工程信息化项目

■萧山园林花卉基地灌溉条田

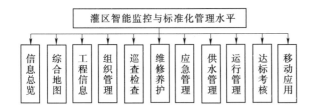

■系统功能结构图

技术名称：禹贡灌区智能监控与标准化管理软件
持有单位：浙江禹贡信息科技有限公司
联 系 人：张仁贡
地 址：浙江省杭州市滨江区长河路 475 号和瑞科技园 T2 幢 3A 楼
电 话：0571 - 85120201
手 机：13777570125
传 真：0571 - 85120201
E - mail：zrgmail2002@163.com

124 富金智能手机远程无线控制（灌溉）系统

持有单位

宁波市富金园艺灌溉设备有限公司

技术简介

1. 技术来源

自主研发。

2. 技术原理

富金智能手机远程无线控制系统是公司自主研发的一套农业控制系统，该系统不仅可以实现自动化灌溉，还可以对接各种传感器，实现温室大棚、大田的自动化灌溉，自动施肥。该公司拥有四大 APP 软件，针对不同的应用场景，因地制宜采用不同的系统。

3. 技术特点

（1）"富金智能"具有温湿度传感数据，二氧化碳传感数据，光照强度传感数据，卷帘、补光、通风、灌溉等智能化功能。

（2）"富金易控"只要满足电源和因特网的前提下，安装简便、无须布线、操作简单，配合摄像头还可以随时随地实现远程可视化操作，让用户实时在异地看作物的灌溉和生长情况。（主要用于家庭庭院、小型农田）。

（3）"富金云联"不需要 WiFi 网络，不需要布任何电线或数据线。借助与移动、联通或电信基站，只要手机能接受到网络信号的地方都可以进行操作。太阳能板＋锂电池直接给云联控制器供电，有阳光时太阳能板给锂电池充电，锂电池再给控制器提供电源。主要用于高速公路、桥梁、草原、山区等没有 WiFi 网络信号和供电困难的地方。

（4）"富金云"具有云引擎、云报警、云访问、云安全、跨平台组网功能，通过富金云的网

站和 APP，可以实现远程监控和操作画面，控制大田、大棚、施肥、温湿度、二氧化碳、pH 值、肥力等各种传感器接入手机系统当中，实现真正的智能化农业控制。

技术指标

电压：DC3～24V；

工作温度：2～60℃；

工作压力：0.05～1MPa；

系统功耗：＜1W；

防水等级：IP66。

技术持有单位介绍

宁波市富金园艺灌溉设备有限公司是一家专业生产自动化水肥一体灌溉设备的创新型企业，研发出填补国内空白的 3V 电磁阀控制器，结合"富金智能""富金易控""富金云联""富金云"四大软件，无需布线，根据不同地区条件不同需求因地制宜实现远程智能控制灌溉、自动浇灌、施肥、洒药，温室大棚自动化智能控制，真正做到省时、省力、省心；在农业灌溉上设计用末端控制首部的自动化布局，实现精准灌溉，降低主管道的成本，做出经济型的智能化系统。公司还研发特殊流道喷头、滴头，是国内最大最具创意微喷制造专家和自助灌溉集成商。

应用范围及前景

技术适用于农田温室灌溉、园林绿地灌溉、植物绿墙灌溉。

典型应用案例：

浙江余姚梦之艇农场按照之前的手动喷灌，轮灌下来要一天，而且需要两个人去完成，现在只需要农场主自己在手机上点一点即可完成，按

每年浇灌100次，仅劳动力可节省约200工，一年节本效益约38000元。另外，还可以实现深夜地面冷却以后的自动浇灌，更利于作物的生长，以高温干旱季节为例，使用自动化灌溉系统比普通灌溉，果树要增产30%以上，果大味美，直接增加经济效益12万元。其次，节水、省肥、省电50%～80%，余姚梦之艇农场在2015年之前采用水泵直接抽水，大水漫灌（沟灌）的方式进行灌溉，平均一亩地需要用50m³；之后采用喷灌，一亩地安装4个喷头，一个喷头的出水量约10m³，浇灌一次不到30min，用水约20m³，节水约60%；2015年8月，富金公司为其专业设计使用微喷灌溉，一亩地用45个喷头，单个喷头出水量0.15m³，一亩地灌溉用水约7m³，相比喷灌节水65%，漫灌（沟灌）节水86%。根据作物生长特性，科学设定水肥供给，定时、定点、定量、可控的精准灌溉施肥，可节省50%以上的肥料，国内首创的由末端控制首部的轮灌式灌溉技术，省电可达30%以上。

■广东花都1000亩自动化灌溉工程

■安吉大田智能化灌溉示范工程

■西昌天禧农业智能化灌

■可视化手机远程灌溉

■余姚梦之艇农场灌溉工程

技术名称：富金智能手机远程无线控制（灌溉）系统
持有单位：宁波市富金园艺灌溉设备有限公司
联 系 人：李惠钧
地　　址：浙江省余姚市经济开发区横一路3号
电　　话：0574－62592198
手　　机：13705840776
传　　真：0574－62592197
E － mail：1023189165@qq.com

125 水质在线监测系统 V3.1.1

持有单位

深圳市水净科技有限公司

技术简介

1. 技术来源

自主研发。

2. 技术原理

水质在线监测系统，是一款专门针对地表而研发设计的模块化在线监测系统。该系统同一控制器可连接多种传感器，可实现现场无人值守，自动运行；传感器可直接投放于水体进行浸没式原位测量；即插即用，可灵活配置参数；传感器易于维护，具有防腐、防水特性，可在户外进行使用。根据不同的水体环境可配置特殊的辅助系统。

3. 技术特点

（1）采用国际最先进的传感器，性能稳定。

（2）模块化设计，集成程度高，易于安装维护。

（3）具有断电保护和来电自动恢复功能，断电后设定参数不丢失。

（4）模块化结构设计，多参数自由组合，可扩展性强，空间节省度高。

（5）全天候24h实时在线监测、自动报警。

（6）智能化软件平台，大数据分析能力，可远程管理和简易维护。

（7）使用寿命和维护周期长，低耗品、低维护量。

（8）根据不同的水体环境可配置特殊的辅助系统。

（9）监测过程中不会对环境造成二次污染。

（10）降低日使用成本，节约企业和政府相关部门的费用支出。

（11）延长设备维护周期和使用寿命，降低设备后续更换和维护费用。

（12）提高空间节省度，增强系统可拓展性，便于系统后期更新。

技术指标

系统主要监测项目有水温、浊度、电导率、pH值、溶解氧、COD和氨氮这7项关键的水质因素。系统传感器安装方便，即插即用，网络式分布，除基础的7项关键水质因素外，用户可定制增加其他监测参数。

技术持有单位介绍

深圳市水净科技有限公司成立于2015年，专业提供基于大数据分析的水资源安全应用解决方案，目前主要产品有水资源管理系统、饮水安全管理系统等。水资源管理系统主要针对地表水、地下水、城市供水等水体提供水质报告和应用解决方案，饮水安全管理系统则为客户提供专业的健康饮水产品和服务。公司自主研发的系列产品已获得多项专利技术和软件著作权。水净科技以"保护水资源、保障水安全"为企业使命，水净团队坚信靠科技创新来保护环境，服务民生。截至2016年年底，公司已投资800万元用于研发基地和团队的建设，搭建起完整的技术和产品研发体系，组建了专业实验室，拥有一支优秀的研发队伍，以市场为导向，以客户需求为创新动力，旨在为客户提供最好的解决方案。同时，水净科技十分重视技术合作，积极同环境产业研究院、高校展开紧密合作，与国内外知名厂家建立合作关系，在德国法兰克福建立了分部，为研发团队突破更多的核心技术提供保障。

应用范围及前景

水质在线监测系统适用于：水源地监测、环保

监测站，市政水处理过程，市政管网水质监督，农村自来水监控；循环冷却水、泳池水运行管理、工业水源循环利用、工厂化水产养殖等领域。为水环境管理及决策部门提供各种参数的实时监测数据，并可进行远程现场数据查询、报表生成和数据分析。

河流监测一。监测设备：水质在线自动监测系统；监测参数：氨氮、COD、电导率、温度、pH 值、浊度、溶解氧、色度；安装时间：2016 年 11 月 15 日；运营时间：2016 年 11 月 30 日；监测位置：广东省深圳市观澜。通过实时监测水质情况；评估水生植物对水体修复和河道治理的实际效果。

河流监测二。监测设备：水质在线自动监测系统，监测参数：氨氮、COD、电导率、温度、pH 值、浊度、溶解氧、叶绿素、色度；安装时间：2016 年 12 月 24 日；运营时间：2016 年 12 月 31 日；监测位置：浙江省嘉兴市海盐县。项目在安装运行后实现了水质的在线监测，各项检测参数都达到建设预期要求。

水厂监测一。监测设备：水质在线自动监测系统；监测参数：温度、pH 值、浊度、余氯；安装时间：2017 年 3 月 25 日；运营时间：2017 年 4 月 15 日；监测位置：出厂水管路。该项目系统经用户检验，产品外观完整无缺陷，配件资料齐全，硬件结构密封性良好，符合技术要求，软件系统实现了实时监测，数据采集传输正常，检测参数达到项目预期要求，整体设备运行稳定，达到实时监测出厂水质的目标。

水厂监测二。监测设备：水质在线自动监测系统；监测参数：温度、pH 值、浊度、余氯；安装时间：2017 年 4 月 17 日；运营时间：2017 年 4 月 23 日；监测位置：出水厂泵房。项目在安装运行后实现了水质的在线监测，各项检测参数都达到建设预期要求。

■河流监测二：浙江省嘉兴市海盐县
河流水质在线监测

■水厂监测一：水厂出厂水管路水质在线监测

■水厂监测二：出水厂泵房水质在线监测

■河流监测一：广东省深圳市观澜河流水质监测

技术名称：水质在线监测系统 V3.1.1
持有单位：深圳市水净科技有限公司
联系人：李华玮
地　　址：广东省深圳市龙华新区观澜街道环观中
　　　　　路 370 号 A17 栋
电　　话：0755 - 27994448
传　　真：0755 - 27992463
E - mail：richard@e - envitech.com

126　五维水环境物联网监测系统

持有单位

江苏南大五维电子科技有限公司

技术简介

1. 技术来源

自主研发。

2. 技术原理

该技术基于自主研发的水环境物联网传感器，以高密度流域部署为基础，结合物联网、云计算和大数据技术，动态获取高时空河道水质大数据；基于水质大数据，围绕城市河道整治和生态恢复业务，构建城市河道生命周期管理系统，可用于河道治理工作前的污染源调查、过程中的方案设计与全程跟踪评价、整治过程后的长效管理。

3. 技术特点

（1）自主研发水环境物联网传感器，支持高密度流域部署，监测指标包括氨氮、溶解氧、氧化还原电位、化学需氧量、浊度、总磷、高锰酸盐等水体指标。

（2）传感器基于物联网技术通信，支持 NB - IoT 和 LoRa 等主流窄带物联通信方式，支持包括大屏、PC、手机、Web 等多种展示方式，直观高效。

（3）平台端汇集多台水环境物联网传感器后，形成河道流域水环境高时空分辨率动态大数据，并通过大数据、云计算等技术，实现河道流域水质模型评价和治理成效分析。

（4）针对河长和水务，打造河长制工作管理的信息化；针对环保，形成河道水质可视化展现。针对住建，实现污染源排查管理信息化。

技术指标

（1）供电方式：太阳能与蓄电池双向供电。

（2）数据传输方式：NB - IoT、LoRa 或 GPRS（可选）。

（3）传感器配置可测：氧化还原电位、溶解氧、氨氮、化学需氧量、浊度、pH 值、水质电导率、流量流速、水位。

技术持有单位介绍

江苏南大五维电子科技有限公司成立于 2011 年 11 月，是一家致力于物联网传感与成像技术研发及产业化的国家高新技术企业，也是南京大学重要的科技成果转化平台。公司在物联网先进传感和高端成像技术领域拥有核心知识产权，在物联网先进传感方面，公司自主研发的物联网环境监测系统（水质、气体、土壤等）和河长制信息化平台已在国内全面推广应用，获得广泛认可。

应用范围及前景

该技术及其系统适用于河道长效管理。河道长效管理是治理工作持久而重要的一环，是解决河道反复治理、溯源模糊的重要步骤。传统的人工取样或在线式的环保型监测方案并不能满足河道长期有效监控的需要。河道长效管理需以获取高时间分辨率和空间分辨率的流域水质大数据为前提，因此物联网式的水环境传感监控方式显得尤为重要。该技术是目前物联网应用领域的前沿热点技术。基于自主研发的水环境物联网传感器，以高密度流域部署为基础，结合物联网、云计算和大数据技术，形成水环境综合整治和长效管理，并联动区水务、环保和住建等部门，打通并形成河道监测、整治和生态恢复的业务链条，

应用前景广阔。

典型应用案例：

承担了"智慧南京"物联网感知层设备供应商，在南京部署约 100 台物联网监测设备；参加了 2017 年乌镇世界物联网大会，并进行了水环境物联网监测系统展示。

■现场产品

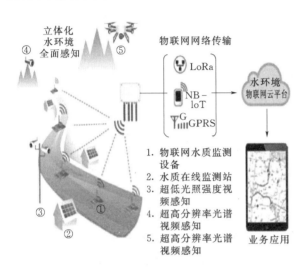

■水环境物联网监测系统解决方案

1. 物联网水质监测设备
2. 水质在线监测站
3. 超低光照强度视频感知
4. 超高分辨率光谱视频感知
5. 超高分辨率光谱视频感知

■ "智慧南京"综合感知云平台建设

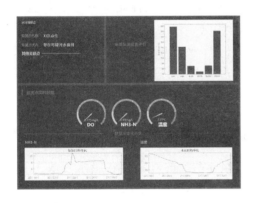

■产品 PC 端界面图

■乌镇世界互联网大会物联网应用示范

■设备融入自然生态中

技术名称：五维水环境物联网监测系统
持有单位：江苏南大五维电子科技有限公司
联系人：朱曦
地　　址：江苏省南京市建邺区嘉陵江东街 18 号
　　　　　国家广告产业园 4 幢 6 楼
电　　话：025 - 86750109
手　　机：15380958344
传　　真：025 - 86750209
E - mail：zhuxi@tech - 5d.com

127 东深水资源取水许可台账系统

持有单位

深圳市东深电子股份有限公司

技术简介

1. 技术来源

自主研发。

2. 技术原理

取水许可台账系统是通过分析取水许可登记业务流程，利用 JAVA＋JS＋数据库＋微服务等技术，将取水许可新发、换发、延续、注销、吊销等业务逻辑进行封转，通过 Web 技术呈现给用户，完成取水许可登记的信息化管理。

3. 技术特点

基于微服务架构设计思想，对系统进行模块化拆分开发。摒弃传统的单体式架构进行系统的开发，即所有的功能业务模块融合在一个 War 工程，导致代码的膨胀，提高了代码重复率高，代码维护成本及扩展性。

技术指标

（1）系统故障处理能力。硬盘故障：用备份数据恢复；数据库故障：重装数据库并用备份数据库恢复。系统崩溃：重启系统并用备份数据恢复。

（2）服务器运行环境要求。操作系统：Windows Server 2008；数据库：Oracle11g 及以上，SQL Server 2008 及以上；运行平台：JDK1.6 或以上；硬件要求：Intel Xeon （R） CPU E7 - 4820 v3 1.90GHZ （3 处理器）及以上或同性能 CPU，内存 32GB，硬盘 500GB；显示器分辨率：1440×900 以上。

（3）客户端要求。操作系统：Windows 7 及以上；运行平台：IE11 及以上，Chrome，Firefox，360 极速浏览器；硬件要求：Intel Core （TM） i3 - 4170 3.7GHz 及以上或同性能 CPU，内存 4GB，硬盘 500GB；显示器分辨率：1440×900 以上。

技术持有单位介绍

深圳市东深电子股份有限公司成立于 1998 年，公司发展至今已成为华南地区龙头、全国一流的水行业自动化、信息化全套解决方案与技术服务提供商、产品开发供应商。公司拥有国家信息产业部颁发的系统集成二级资质、国家高新技术企业资质、国家水利部水文水资源乙级资质、深圳市软件企业资质、信息系统工程设计资质、信息系统运维技术服务一级资质，是同行业内唯一一家同时获得国家鲁班奖、大禹奖及省科技进步特等奖的国家高新技术企业。

应用范围及前景

该服务系统的对象为各级水行政主管部门，主要用于各部门对权限内的取水许可证信息进行管理，包括新发、变更、延续、注销、吊销许可证等业务，并可查看取水许可证详情。

技术名称：	东深水资源取水许可台账系统
持有单位：	深圳市东深电子股份有限公司
联系人：	邓娟
地　址：	广东省深圳市南山区科技中二路软件园5栋6楼
电　话：	0755 - 26611488
手　机：	13476083878
E - mail：	dengj@dse.cn

128　弘泰智慧水利云平台

持有单位

宁波弘泰水利信息科技有限公司

技术简介

1. 技术来源

自主研发。

2. 技术原理

该技术基于水利大数据汇集、清洗、建模以及服务基础数据服务。具体解决数据库不规范，总线里的服务在项目中利用率低，不能提供服务直接读库新建，且不能移植到其他项目，新建的服务写在特定项目应用中不能分离、不能统一共享等各类问题。

3. 技术特点

（1）水利数据汇集：采用数据同步中间件，针对水利信息化行业标准数据中心和分布式数据仓库，将分散异构的水利行业数据进行汇集。

（2）水文数据清洗：利用 ETL 技术，将汇集进来的水文数据进行专业分析、处理，最终剔除干扰数据、错误数据，将清洗过后的水文数据存储至数据中心和数据仓库。

（3）ESB 企业级数据服务总线：平台利用 ESB 改变了传统的软件架构，可以消除不同应用之间的技术差异，让不同的应用服务器协调运作，实现了不同服务之间的通信与整合，提供了分布式的运行管理机制，支持基于内容的路由和过滤，具备了复杂数据的传输能力，并可以提供一系列的标准接口。

（4）专业的水利数据模型与计算能力：基于标准数据库，结合公司在水利行业多年行业经验，开发的一整套水文水工数据整理及计算、洪水预报调度及跟踪等服务。

技术指标

（1）在网络稳定（带宽 128K）的环境下操作性单一界面操作的系统响应时间小于 5s。

（2）支持不少于 100 个并发连接。

（3）支持年数据量为 500 万记录数、200GB 的数据量。（并将历史数据转换成国标迁移到数据库中）。

（4）系统应提供 $7\times24\times365d$ 的连续运行，平均年故障时间：<5d，平均故障修复时间：<2h。

（5）对软件系统的各类人机交互操作、信息查询、图形操作等应实时响应，系统响应时间小于 3s。

（6）系统至少支持同时在线用户数为 5000，在不少于 500 人进行同时操作时，WebGIS 响应速度：<3s，复杂报表响应速度：<3s，一般查询响应速度：<3s。

技术持有单位介绍

宁波弘泰水利信息科技有限公司成立于 2006 年 9 月，是宁波地区第一家以水利行业为背景的信息科技公司。公司积极开展专题研究，不断加大底层数学模型、信息化产品及自动化控制方面的研发力度，为政府及各级管理单位提供信息化全面解决方案以及相应产品应用。公司已形成水利模型、水利自动化、水利信息化的体系化经营格局，拥有自主研发技术的专利著作权 70 余项，并在水利行业内树立良好的口碑和品牌价值。

应用范围及前景

该项技术适用于智慧城市建设中智慧水利建设。产品可在全国水利行业进行推广应用，准确及时的防汛抗旱指挥决策和科学合理的水资源调

度配置对保障区域社会经济发展和人民生命财产安全具有至关重要的意义。智慧水利的开展利用水利专业模型和最新信息化技术，构建科学高效的指挥决策体系，为上层管理者提供及时、科学的决策依据，提升全局指挥调度能力，实现区域水利智慧化决策指挥。

典型应用案例：

宁波市防汛综合信息平台、宁波市智慧水利大平台、宁波市河道调水管理系统、鄞东南防洪决策支持系统、丹阳市防汛综合信息平台、"数字三江"（宁波市奉化江、余姚江、甬江及甬新河），北仑小流域监测预警平台以及宁波市水政监察综合管理系统等。

■涉河项目监管状态

■宁波市智慧水利大平台

■库容与实时水位查询

技术名称：弘泰智慧水利云平台
持有单位：宁波弘泰水利信息科技有限公司
联 系 人：王璠
地　　址：浙江省宁波市江北区同济路 227 号盛悦大厦 19
电　　话：0574 - 87876503
手　　机：15925805263
E - mail：495210289@qq.com

129　水权管理物联网控制管理系统 V3.0

持有单位

山东金田水利科技有限公司

技术简介

1. 技术来源

自主研发。

2. 技术原理

水权管理物联网控制管理系统由物联网云平台、水权管理系统、水权管理系统客户端、智能卡控制器、智能卡、水权交易平台等组成,完成水权交易。

3. 技术特点

(1) 基于云平台架构,采用 Web 技术,兼容性、扩展性好,水权交易平台、水权管理系统、客户端、物联网云平台模块化组合为一个大系统——水权管理物联网控制管理系统。

(2) 该技术可以实现农业水价综合改革要求水电双计、双控、节水回购、水权交易操作的信息化数据统一采集,与水电双计量智能水价处理器终端一起实现用水户从灌溉用水计量控制和阶梯水价到节水回购、水权交易全过程,数据存储可靠,使用便捷。

技术指标

(1) 实现灌溉智能卡用水户信息的管理和查询,包括发卡、充值/减值、设置、查卡、挂失、补卡、用水户信息、计量、统计等。

(2) 实现对各类用水的水费征收,支持水电双控、以电定水,先交费后用水,并进行水费统计。

(3) 系统各类数据的统计报表功能。

(4) 根据农业水价综合改革管理要求,实现水权分配管理、水权证书管理、水权交易操作、水权回购管理、水权交易、统计查询等。

(5) 实现对项目区水资源的配额管理,根据不同耕地类型、水源类型进行水权分配,并提供相关信息查询。

(6) 可实现用水量阶梯定价、超额加价。

(7) 根据农业水价综合改革管理要求,对水价进行分类设置、管理。

(8) 实现对基础信息的录入、分类、管理等。

(9) 对设备进行运行维护管理,包括设备运行管理、设备维修管理。

(10) 对项目区地理信息、设备现场情况进行管理。

技术持有单位介绍

山东金田水利科技有限公司位于山东省莱芜高新区"节水灌溉装备产业园内",注册资本 3000 万元,具有 6000 m² 标准化厂房及实验用智能温室,是具有自主知识产权的国家高新技术企业、山东省节水灌溉产业技术创新战略联盟理事单位。公司先后获得实用新型专利 14 项,外观专利 15 项,发明专利 2 项,软件著作权 6 部,参与起草山东省地方标准 DB37/T 2733—2015《射频卡灌溉智能控制系统通用技术条件》,担任主要起草单位。

公司致力于云计算、物联网技术在节水灌溉、水肥一体化、精准农业、智慧水务等领域的应用开发,先后获得水利部科技推广中心颁发的水肥一体化物联网智能管控云平台、隐蔽式智能井房、无机房射频卡灌溉控制器等水利先进实用技术推广证书。国内首创将高频智能卡推广应用于农业节水灌溉领域,是国内第一家研制生产"无机房射频卡灌溉控制器"管理系统的企业,

为山东省井灌区"射频卡控制器无井房灌溉模式"这一国内先进的灌溉管理模式做出了贡献。公司第六代最新产品"手机远程智能灌溉控制管理系统"技术方法获得国家发明专利,填补了国内空白,在节水灌溉领域应用中,居国内领先水平。

应用范围及前景

系统适用于农业水价改革、农业灌溉、节水管理、水资源配置、水权管理。

```
物联网云平台  ←→  水权管理系统
     ↑              ↓↑
              水权管理系统
              客户端        ←→  水权交易平台
     ↓              ↓↑
智能卡控制器  ←→  智能卡
```

■水权管理物联网控制管理系统组成

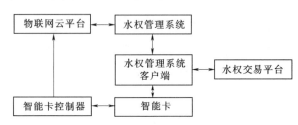

■灌溉机井及设备基础信息管理

■水权配额管理

■水权证书管理

■对用水户进行用水配额设置管理

技术名称:水权管理物联网控制管理系统 V3.0
持有单位:山东金田水利科技有限公司
联 系 人:朱桐君
地   址:山东省莱芜市高新区节水灌溉产业园
电   话:0634 - 8867978
手   机:15163477787
传   真:0634 - 6127767
E - mail:sdjtsl@126.com

131　主副流道微喷头

持有单位

水利部农田灌溉研究所

技术简介

1. 技术来源

自主研发。

2. 技术原理

主流道、副流道旋转体包括：旋转体，进水口、主流道、主流道导水槽、副流道、副流道导水槽和上端转动轴。主副流道旋转体与支架的连接方式与普通微喷头相同。旋转体设置主流道和主流道导水槽和设置副流道和副流道导水槽；考虑到与现有的微喷头支架的通用性、互换性，主副流道微喷头旋转体的整体高度与现有微喷头相同。主流道、副流道在下端的连接处垂悬于喷水嘴上方 2mm 处，连接点垂悬端距主流道喷水嘴直径 D 的 70%，连接点垂悬端距副流道喷水嘴直径 D 的 30%。副流道的垂直高度是主流道的一半；主流道、副流道的上端采用偏流道，偏流道向相同方向偏转。喷水嘴可设计为不同的直径大小，以满足不同的流量需求。

3. 技术特点

微喷头喷洒时，进入导流槽内的水流经旋转体中导水槽导流、折射向外喷洒，主副流道的最外端的偏流道使得在喷洒中水流经过时产生反作用力，从而推动旋转体旋转，形成 2 个环状的、互相搭接的喷洒区。

与目前常见的单流道旋转微喷头相比，由于设计了控制不同范围 2 个流道，不仅保证了喷洒区域内水量的均匀性，还可以在满足喷洒均匀性的前提下，使喷洒的距离更远。

产品具有价格低、喷洒效果好、使用可靠性强、使用方式多样化和可扩展性强等特点。

技术指标

主副流道旋转式微喷头水力性能得到了进一步的提高，喷洒均匀度高，微喷头产品制造偏差控制在 5% 以内，满足 SL/T 67.3—1994《微灌灌水器 微喷头》。

流量偏差系数 C_v 为 3.3%～3.6%，小于 7% 的技术指标要求；平均流量相对于额定流量的偏差为 1.7%～5.6%，小于 7% 的技术指标要求。额定工作压力下运行 1500h 无故障并无可见缺陷，其流量偏差符合标准要求。

技术持有单位介绍

水利部农田灌溉研究所是国内最早的以农田灌溉为主要研究方向的单位，多年来，取得科研成果 180 余项，其中 10 项获得国家级科技奖励、81 项获省部级奖励，获国家专利、软件著作权 150 余项。获国家科技进步二等奖 2 项、河南省省级科技进步奖 5 项、水利部大禹奖 2 项、水利部农业节水科技一等奖 2 项。

应用范围及前景

广泛适用于果树、花卉、蔬菜、苗圃、草坪等多种场合，调节田间小气候，抗堵塞能力强、对水处理的要求较低。

```
技术名称：主副流道微喷头
持有单位：水利部农田灌溉研究所
联 系 人：聂宪江
地　　址：河南省新乡市宏力大道（东）380 号
电　　话：0373 - 3393335
手　　机：13839050785
传　　真：0373 - 3393308
E - mail：nxj001@126.com
```

133　海森农田灌溉智能控制系统

持有单位

唐山海森电子股份有限公司

技术简介

1. 技术来源

自主研发。

2. 技术原理

产品依据气候、土壤等因素在传感器技术的采集、分析下，实施远程控制、精准灌溉；结合现代物联网技术，使用智慧三农移动互联系统和农民手机终端软件，为农户提供实时农业信息；建立农业种养技术专家系统，为农业生产提供专业技术服务。计算机平台采用大型存储设备和云计算，储备农户和农业生产信息，解析基础数据，为各级政府及行政主管部门提供土壤、水利和农业生产真实信息。

3. 技术特点

（1）系统通过用水计量远程自动监测，建设取用水管理系统，实时掌握示范区用水状况，实现公众参与的用水总量控制。

（2）建设农村地下水远程自动监测预警系统，掌握地下水资源的承载能力，严防地下水水资源超采，实现地下水水资源的可持续利用。

（3）布设土壤墒情、作物长势和农业气象无线自动监测点，建设灌溉预报系统，实时发布项目区内作物耗水和需水量信息，指导科学灌溉。

技术指标

（1）负载电流：＜5A。

（2）最大接触电流：≤3.5mA。

（3）数据传输误码率：≤10^{-4}。

（4）相对湿度：49％～56％，温度：25～27℃。

（5）通信功率：≤8W。

（6）输入电压：三相 380V±（1＋15）％。

（7）一组 RS485 通信接口。

（8）电源输出：1 路输出 DC12V。

技术持有单位介绍

唐山海森电子股份有限公司（股票代码：835691）成立于 2005 年 8 月，注册资金 5713.5 万元。近年公司坚持技术创新引领，专注于农田水利计量控制设备和农业用水信息管理平台的研发、生产、销售、管护，是一站式农业水价综合改革整体解决方案提供商，是中国水交所 8 个创始会员之一，合同节水联盟副理事长单位，水利部华北 6 省农业水价综合改革定点观摩培训示范基地。结合河北省近 3 年农业水价改革的丰富经验，公司提出"定额管理、计量收费、累进加价、节水奖励、协会运作"的基本模式，获得水利部门的高度认可，并向全国迅速推广。未来公司将结合物联网技术、云计算等高端科技，解决农业水资源过度开采及有效管理的问题，为节水型社会建设贡献一份力量。

应用范围及前景

适用于小型农田水利重点县项目、现代农业县项目、农业开发县项目、国土资源耕地保护土地整理项目等农田灌溉机井智能化测控管理。

农田灌溉智能控制系统：一体化泵首结构设计，占地面积少、建设周期短、使用寿命长、可重复利用，系统采用中心计费及管控的模式，实现智能化的保护，远程开关农田灌溉机井，系统含有多路数字量、模拟量的输入接口，利用云端和云计算技术，利用移动物联网技术，应用前景广阔。

　　示范项目：邱县农业水价综合改革计量设施采购及安装项目、临西县地下水综合治理试点体制机制创新项目、尚义县农业水价改革示范建设项目、成安县地下水超采综合治理项目试点体制机制创新计量设施安装项目、安平农业水价综合改革试点项目等。

■农田灌溉智能控制系统

■节水灌溉智能控制柜

■农田智能遥控灌溉测控仪

技术名称：	海森农田灌溉智能控制系统
持有单位：	唐山海森电子股份有限公司
联系人：	毕爱霞
地　址：	河北省唐山市丰南区临港经济开发区兴业街 8 号
手　机：	18931586320
传　真：	0315－8280111
E－mail：	tshaisenyf@126.com

134　海森智能联控精准水肥一体化系统

持有单位

唐山海森电子股份有限公司

技术简介

1. 技术来源

自主研发。

2. 技术原理

由中心控制系统、人机对话界面、传感器水肥检测装置、混肥罐、肥料原液罐、主管路、过滤系统及分区系统组成。水肥一体化是借助压力灌溉系统，加入 EC、pH 传感器检测灌溉溶液离子浓度及酸碱度，并通过控制系统的 PID 运算进行精确释放，GPRS 通信传输数据，手机 APP 或者计算机控制设备能够自动执行用户设定程序，当前区域灌溉结束后自动切换下一个灌溉区域，能够根据不同区域不同作物分别设定不同的肥料配方，灌溉时无需人工职守，安全高效。

3. 技术特点

（1）系统通过灌溉平台，对上报数据进行采集、运算、存储、统计、查询等，实现智能化水肥灌溉，指导农户科学种植。

（2）系统通过精准灌溉仪进行土壤自动监测，通过滴管喷灌等灌溉设施实现用水定量投送，形成精准灌溉网，实现用水总量控制。

（3）传感器通过 GPRS 实时监测雨量、风速、风向、土壤温度，将数据传输到预警检测系统及时推送给用户，起到防灾减灾的作用。

（4）系统可实现用网页和手机 APP 双重管理，种植养殖数据实时掌握在手，通过互联网技术实现智慧农业、物联种植。

（5）节省肥料及人工成本，大大提高了水资源的利用率，减少水土流失。

技术指标

（1）物质要求：水溶性肥料。

（2）管径：入水口 DN50，出水口 DN50。

（3）准确度：施肥量±0.2kg，延时±3s。

（4）环境温度：−15～50℃。

（5）介质温度：>0℃。

（6）工作电源：AC380V。

（7）功耗（泵功率）：增压泵：1.5kW，搅拌泵：0.75kW。

（8）数据存储：肥量实时上传。

技术持有单位介绍

唐山海森电子股份有限公司（股票代码：835691）成立于 2005 年 8 月，注册资金 5713.5 万元。近年公司坚持技术创新引领，专注于农田水利计量控制设备和农业用水信息管理平台的研发、生产、销售、管护，是一站式农业水价综合改革整体解决方案提供商，是中国水交所 8 个创始会员之一，合同节水联盟副理事长单位，水利部华北 6 省农业水价综合改革定点观摩培训示范基地。结合河北省近 3 年农业水价改革的丰富经验，公司提出"定额管理、计量收费、累进加价、节水奖励、协会运作"的基本模式，获得水利部门的高度认可，并向全国迅速推广。未来公司将结合物联网技术、云计算等高端科技，解决农业水资源过度开采及有效管理的问题，为节水型社会建设贡献一份力量。

应用范围及前景

该系统广泛应用于大田、农场、温室、果园、生态农业等种植灌溉作业等领域。

解决问题：①通过信息技术提升设施农业生产科学管理水平；②肥液与灌溉水一起，均匀、

准确地输送到作物根部土壤，减少肥料的挥发和流失，或营养过剩；③依托与先进的灌溉技术和设施，实现自动化精准灌溉施肥；④肥料养分成溶液状态，可以较快地渗入土壤，被作物根系吸收，促进作物产量提高和产品质量的改善；⑤能够有效控制灌溉施肥量，可以避免化肥交到深层土壤，造成土地和地下水的污染，避免了土壤板结退化。

中国的农业设备正在向低价格、性能可靠、简捷的方向发展，而公司生产的水肥一体化设备是实现灌溉和施肥同步进行，整个系统可协调工作实施轮灌，充分提高灌溉用水效率，实现节水、节电，减少劳动强度，降低人力投入成本，海森智能联控精准水肥一体化系统已应用于多个农业项目，应用前景广阔。

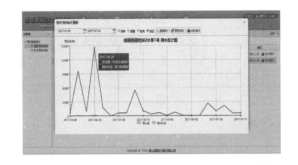

■机井用水统计

■水肥一体化系统应用现场

■智慧果园自动化灌溉平台

■水肥一体化系统应用现场

■智慧果园自动化灌溉平台管理界面

技术名称：海森智能联控精准水肥一体化系统
持有单位：唐山海森电子股份有限公司
联 系 人：毕爱霞
地　　址：河北省唐山市丰南区临港经济开发区兴
　　　　　业街 8 号
手　　机：18931586320
传　　真：0315 - 8280111
E - mail：tshaisenyf@126.com

135 中水润德水肥一体化智能云灌溉系统

持有单位

北京中水润德科技有限公司

重庆固润科技发展有限公司

技术简介

1. 技术来源

全集中城市污水处理模式，根据地形地貌、高程布置和经济社会条件等特征，利用建设的排水管网和提升泵站将城市规划区域内的生活污水输送到污水处理厂统一处理。这种模式的运行管理特点是集中式管理和控制，污水处理系统庞杂，对操作管理人员专业素养要求高，设备日常管理和维护保养严格，安全管理、设备维护成本高，实际水量与设计水量偏差较大时，污水处理厂运行负荷不足，有机剩余污泥产量高，污泥排放与处置费用高。基于以上原因，自主研发了分布式微生物污水处理系统，以适应不同用户。

2. 技术原理

贝斯采用自主研发的 A3/O - MBBR 技术，该工艺是在 MBBR 的基础上通过明晰预脱硝区、厌氧区、缺氧区和好氧区的功能定位，优化污泥回流系统和硝化液回流系统的布局结构，将活性污泥法和生物接触氧化法的优势充分结合，在降低 COD 的同时强化脱氮除磷的效果。在缺氧条件下预脱硝区充分去除入流污水和回流污泥中的硝酸盐和氧气，保证厌氧区的严格厌氧环境，使得聚磷菌在厌氧区中释放磷的效率大大提高，确保其在好氧池的吸磷效率相应得到充分提升，通过将硝化液回流至缺氧池强化反应器脱氮能力，进一步实现贝斯一体化设备对氮、磷的高效去除能力。

3. 技术特点

（1）分布式微生物污水处理系统按照居住密集程度、村庄分布、地形地貌将城镇划分为不同区域，通过配套铺设局部污水管网将每个区域内的小区或村庄的污水进行收集，因地制宜地采用管网收集，管网长度短，且无需提升泵站，投资和维护成本比大型集中污水处理厂要低很多。

（2）人员管理与运行维护方面，分布式微生物污水处理系统规模小、建设灵活，无需配备多名专业技术人员，基于信息化管理平台进行集中智能化管理，仅需定期巡检即可。

（3）分布式微生物污水处理系统在末端保障方面就有明显优势，不需要配套设置化验室及在线监测设备，主要通过智能控制系统实现工艺稳定运行，保障各站点出水水质达标。

（4）与大型集中式污水处理厂相比，"分布式微生物污水处理系统"具有规模小，便于选址，建设方式灵活，建设周期短，施工难度小，管网建设及运行管理投资低等优点。因此，"分布式微生物污水处理系统"可广泛应用于城镇、农村地区的污水处理，通过缩小污水收集半径，有效节省管网投资，在满足乡镇片区污水处理配套设施要求的同时，实现污水处理的投资成本最小化和处理效率的最大化。

技术指标

（1）乡镇一体化污水处理设备单台最小处理规模 30t/d，装机功率仅有 0.99kW，单台最大处理规模 650t/d，装机功率 16.82kW，运营费用 0.4~0.6 元/t，能 0.3~0.5kW·h/m³，处理后的出水水质达到 GB 18918—2002《城镇污水处理厂污染物排放标准》中的一级 A/一级 B 排放标准。

（2）分户一体化污水处理设备采用发泡保温设计，应用 HDPE 环保材料，地埋时间可达 50年以上。单台设备日处理规模 0.6t/d，运行费用

低至 0.3 元/d，年耗电 158kW·h 左右，年电费 60～100 元，运行费用低，出水水质达到 GB 18918—2002 中的一级 B 标准。

（3）农家乐、小客栈污水处理设备单台设备最小日处理规模 0.6t/d，单台最大日处理规模 25t/d，水的运营费用 0.4～0.6 元/t，可实现有机污泥近零排放，排泥周期为 6～12 月/次，出水水质达到 GB 18918—2002 中的一级 B 标准。

技术持有单位介绍

北京中水润德科技有限公司成立于 2014 年 5 月，是一家集研发、生产、销售、技术服务为一体的智慧农业、智慧水务专业化高新技术企业。中水润德致力于智慧农业和智慧水务产品的研发，拥有多个具有自主知识产权的软硬件产品。公司现已申请国家发明专利 7 项，实用新型专利 8 项，软件著作权 17 项，经过多年的技术积累和研发创新，已经形成一整套完备的智慧农业和智慧水务的解决方案。公司坚持"科学技术是第一生产力"的理念，持续加大研发投入，广泛学习国内外先进技术，吸纳专业技术人才，加深与科研院所及行业专家的学习交流，不断实现技术创新，引领智慧农业水利现代化、信息化发展潮流。

重庆固润科技发展有限公司是一家集研发、生产、销售的高新科技企业。公司致力于污水处理领域的传感、控制、信息化及一体化环保设备提供创新技术与产品解决方案，公司的核心团队具有多年行业研发和应用经验，并长期与固高长江研究院、河南科技大学、洛阳理工学院等院校进行科研合作。自主研发污水处理领域的多参数水质同传感器、一体化网络控制控制、污水处理智慧信息化平台及一体污水处理设备已经投入行业使用并获得国家相关专利。公司坚持以持续技术创新为客户不断创造值。

应用范围及前景

主要应用于传统客栈、农家乐、别墅区、旅游区等生活污水处理，以及雨污混合水、景观水、鱼池水等微污染水体处理，应用前景广阔。箱体采用特种钢防腐结构；界区内噪声低于 45dB，无异味；采用球型生物填料，纯生物处理技术；几乎不产生剩余污泥；操作简单，启动时间短，运行安装无需调试；抗冲击能力强，长期稳定运行；标准化模块配置，便于增容扩建；外观与环境融合。

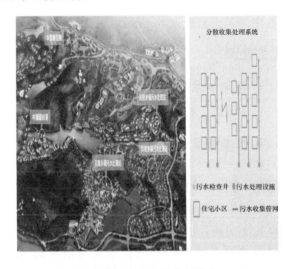

■乡镇污水分布式处理模式

技术名称：中水润德水肥一体化智能云灌溉系统
持有单位：北京中水润德科技有限公司、重庆固润科技发展有限公司
联 系 人：刘芳芳
地　　址：北京市海淀区车公庄西路 20 号
电　　话：010 - 58440213
手　　机：18810642630
E - mail：zhongshuird@126.com

136　RTU－JDY 型机井灌溉控制器

持有单位

中兴长天信息技术（南昌）有限公司

技术简介

1. 技术来源

自主研发，相关发明授权专利 4 件。

2. 技术原理

RTU－JDY 型机井灌溉控制器内部集成遥测终端机、IC 卡刷卡模块、GPRS（LoRa）数据传输、断路器、电表、软启动器（交流接触器、变频器）于一体，可实现灌溉用水、用电的实时监测以及水泵的本地和远程控制，为用水总量控制、定额管理和农业水价综合运行提供了良好的服务。产品通过中国农业机械化科学研究院与中国电子技术标准化研究院测试。

3. 技术特点

（1）操作简单，刷一次开泵，再刷一次关泵；支持多张卡使用一个设备，也支持 1 张卡适用多个设备。

（2）集成自组网传输模式，针对区域内的灌溉，可以有效地降低 SIM 卡的使用数量。

（3）支持水泵保护功能，支持水泵的软启动和软停止。

（4）支持远程通过手机或者电脑启动/停止/查看水泵工作状态等操作，支持水量超采、地下水位过低、卡内余额不足等自动停止水泵，支持 IC 卡结算和远程账户结算。

技术指标

（1）可设置采集水位、流量计、电量等多种数据采集发送；采集精度高，电量 0.01kW·h，水量 0.1m³。

（2）供电电压：AC380V（AC220V），电压波动 ±15%，具有短路、漏电保护功能。

（3）模拟量输入：6 路（4～20mA），采集精度 0.1%FS。

（4）开关量输入 4 路；开关量输出 2 路（12V/1A）；继电器输出 2 路；冲量输入 2 路。

（5）3 路 RS232 接口；2 路 IC 卡读卡，读卡时间 ≤1s，读卡距离 ≤5cm。

（6）数据存储：4G TF 卡存储，支持手机读取。

（7）数据传输：内部集成 GPRS 数据传输和自组网传输，支持 GPS 定位；组网传输距离：城市间 5km，无障碍 10～15km；防水等级：IP65。

技术持有单位介绍

中兴长天信息技术（南昌）有限公司成立于 2008 年 8 月，是中兴通讯集团公司体系下服务水利信息化自动化的专业高科技公司，拥有软件著作权 88 项，申请专利 38 项。

应用范围及前景

该产品适用于农业灌溉。

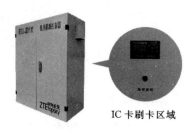

IC 卡刷卡区域

■RTU－JDY 型机井灌溉控制器

技术名称：RTU－JDY 型机井灌溉控制器
持有单位：中兴长天信息技术（南昌）有限公司
联 系 人：李永
地　　址：江西省南昌市高新区艾溪湖北路 688 号中兴软件园
电　　话：0791－86178300－8008
手　　机：13301137809
E － mail：li. yong3@zte. com. cn

137　力创基于物联网的新型超声波流量计

持有单位

山东力创科技股份有限公司

技术简介

1. 技术来源

自主研发。

2. 技术原理

超声流量计是一种可以测量液体、气体的精密电子仪器仪表。超声流量计利用超声波原理测量介质的流速，结合管道的结构，就可以准确计算出介质的瞬间流量，配合精确而快速的电路采集周期，最终计算出累积流量。

3. 技术特点

（1）功耗低，超声流量计采用多种供电方式，有电池供电和外部供电，超声流量计运行时能耗极小，可方便地实现长年电池供电，加之先进的智能化主机可方便地进行网络无线通信，其应用前景更加广阔。

（2）技术是对中间层流速或多个层面的流速进行采集，在小口径的流量计中间层流速可以代表整个层面的流速，在大口径的流量计采用多个层面进行流速采集，能保证流速的精确度。采用超声测流技术，不受磁场干扰，无机械转动部件，无磨损，可靠性高，维护量小。

（3）超声流量计的始动流量比电磁流量计始动流量低，在测量小流量时，比电磁式准确度高，这样在低流速的情况下也能保证测量的准确性。

技术指标

准确度等级：1.0。

工作压力范围：0～1.6MPa。

工作环境温度：−20～55℃。

换能器：压力范围 0～1.6MPa，温度范围 0～50℃。

被测液体：水密度均匀，充满管道。

零点值：≤4mm/s。

电池供电 3.6V，IP68 保护等级。

安装形式：DN15～DN40 为管螺纹连接；DN50～DN600 为法兰连接。

技术持有单位介绍

山东力创科技股份有限公司是能源计量与智慧管理专家、国家重点高新技术企业、热计量与电测控技术研究领军企业、电测行业开创性企业之一。力创成立于 2001 年 8 月，分别在北京、济南、莱芜建有三大核心研发基地，专注于能源计量与智慧管理等相关产品研发、生产与销售，主营集成电路、热计量、流量计、电测控、智能电工五大系列产品。产品销售覆盖国内所有省区，并转销欧洲和新加坡、老挝、缅甸等东南亚国家。2007 年，公司投资 5000 余万元，进军微电子领域——集成芯片研发。设有省级专用芯片工程实验室，掌控核"芯"科技。其中超声波测量芯片，打破国外技术垄断，替代进口，降低制造成本，显著提升民族企业竞争力，凸显了自主创新支撑民族产业发展的重要价值。

应用范围及前景

产品主要应用于大型公建及居民用水流量计量、水库放水计量、农田灌溉、肥水一体计量、污水处理等领域，也可广泛应用于民用住宅小区天然气、楼宇用水、农田灌溉、工业生产的计量。

多数水资源较少甚至匮乏的地区，对于节能

用水，高效用水的意识形成更加迫切。山东力创科技研发的基于物联网的新型超声波流量计，具有稳定性能和较高计量精度。达到准确度 1.0 级，可满足小流量工况情况，防止流量损失。计量精度准确、稳定，可以作为水利灌溉、水利检测的有力依据，市场应用前景广阔。

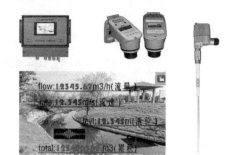

■规则断面明渠流量计

■表计装配车间

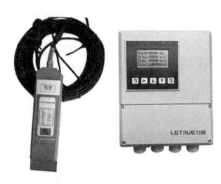

■断面不规则明渠流量计

■时差法超声波明渠流量计

■一体式水电双控物联网
　智能终端系列（1）

■一体式水电双控物联网
　智能终端系列（2）

技术名称：力创基于物联网的新型超声波流量计
持有单位：山东力创科技股份有限公司
联 系 人：吴明花
地　　址：山东省莱芜高新区凤凰路 9 号
电　　话：0634 - 6251394
手　　机：18806340815
传　　真：0634 - 6251399
E - mail：market@sdlckj.com

138 余姚银环—电磁流量计

持有单位

余姚市银环流量仪表有限公司

技术简介

1. 技术来源

自主研发。

2. 技术原理

电磁流量计由流量传感器和转换器两大部分组成,其基本工作原理:根据法拉第电磁感应定律,在与测量管轴线和磁力线相垂直的管壁上安装了一对检测电极,当导电液体(电导率大于 $5\mu S/cm$)沿测量管轴线运动时,导电液体切割磁力线产生感应电动势,此感应电动势由两个检测电极检出,其数值大小与流量成比例: $E = KBVD$,式中: E 是感应电动势, K 是仪表常数, B 是磁感应轻度, D 是电极间距(测量管内直径), V 是导电液体平均流速。传感器将感应电动势传送到转换器,经放大、变换滤波及一系列的数字处理后,获得瞬时流量和累积流量。

3. 技术特点

(1)流量计管壁内有衬里材料,配合选用合适的电极,可达到耐腐蚀、耐磨损、耐温的要求,因而可测量强酸、强碱等强腐蚀性液体和泥浆、矿浆、纸浆等。

(2)测量结果不受液体压力温度密度等物理参数和环境影响,测量精度高,工作稳定可靠,可实现对流量长期可靠的监测。量程范围宽,最大流量和最小流量比最大可达 30:1 及以上,这样可对小流量和大流量的监测提供了更大的保障。可实现流量的双向测量,便于对排放流量的全面监测。

(3)流量计测量管内无阻流件,压力损失为零,不易堵塞,节能效果显著。

(4)仪表配置模拟、数字多种信号输出,流量信号可上传至计算机,以便多台流量计通过有线网络或 GPRS 无线传输组合成监控网络。

技术指标

(1)管道通径:①法兰式 DN10~DN2200;②插入式 DN250~DN3000。

(2)电源:① AC220V(功耗约 12W);②DC24V(功耗约 12W);③ ZD 锂电池(3.6V)5X19AH。

(3)输出信号:①脉冲、电流输出(四线制)标配;②脉冲、电流输出(四线制)+485 通信(除 FOX 转换器);③脉冲、电流输出(四线制)+带 HART 协议。

(4)介质温度:① T1≤+65℃;② T2≤+120℃;③T3≤+180℃(仅供分体式)。

(5)测量范围:流速范围 0.3~12m/s。

(6)测量精度:①±1%, DN10~DN2200;② ± 0.2%, DN10 ~ DN600, 量程 10:1;③±2.5% FS, 插入式;④ ± 0.5%, DN10 ~ DN2200, 量程 10:1。

(7)测量介质:电导率>5μS/cm 的液体。

技术持有单位介绍

余姚市银环流量仪表有限公司。拥有一流的水、气、油流量测试装置。通过"中国计量科学研究院"检测,综合测试能力强大,具有年产值超过 1 亿元的生产能力。前身为余姚市流量仪表厂及中国四联集团余姚流量仪表联营公司,是国家二级企业,专业生产流量仪表和其他工业自动化仪表。公司主要研制销售玻璃浮子流量计、金属浮子流量计、电磁流量计、涡街流量计、涡轮

流量计、椭圆齿轮流量计、超声波明渠流量计等产品，品种多规格齐全。广泛应用于、化工、石油、冶金、造纸、制药、食品、环保及科研等领域。并出口东南亚、南美、欧洲等地区的国家。

应用范围及前景

电磁流量计就显示方式分为：分体型电磁流量计，一体型电磁流量计。该产品广泛应用于环保、石油、化工、冶金、纺织、食品、制药、造纸等行业以及环保、市政管理，水利建设等领域。电磁流量计的管道内没有其他部件，所以除用于测量导电流体的流量外，还可用于测量各种黏度的不导电液体（其中加入易电离物质）的流量。流量计与计算机配套可实现系统控制。

■电磁流量计液体校验装置

■电磁流量计

技术名称：余姚银环-电磁流量计
持有单位：余姚市银环流量仪表有限公司
联 系 人：胡建成
地　　址：浙江省余姚市东郊工业园区彩虹路1号
电　　话：0574－62689066
手　　机：13805804701
传　　真：0574 62689088
E－mail：759001613@qq.com

140　农田暗沟滤排水减污增效综合技术

持有单位

绍兴市灵鹫农业科技发展有限公司

技术简介

1. 技术来源

自主研发。

2. 技术原理

农田暗沟滤排水减污增效综合技术，通过在农田表层下科学建设持久、高效配套的农田暗沟滤排水的水利基础设施，把农田面源污染水利用地球自然引力水往下渗，通过暗沟过滤系统自净后排放，改变农田数千年来表层面源污染水直排到河流、湖泊的落后旧习惯，能有效提高水质，提高农作物产量，展现农田种植科学先进的优质排水理念，农田种植管理科学，省工高效。

3. 技术特点

农田建设暗沟一般在农田表层下 350～400mm，暗沟深度为 0.8～1.5m，（根据河流与农田落差因地制宜灵活运用。）直沟间距为 20m 左右一条，横沟间距为 50～70m 一条，建沟宽度 250mm 左右为宜，质量一定要严格把关。沟开好沟底先放入 30～50mm 厚的大石子进行沟底平整，石子也可用城镇化改造中的旧墙、断石板、破旧的水泥路面粉碎筛选后的石子，也可用强度好的陶粒或回收废旧塑料制品加工后制成的大、中、小塑料制品颗粒，进行废物利用，变废为宝。然后中间放上多孔波纹管，直径 70～160mm 为宜，上面铺上 300mm 宽尼龙丝或化纤丝编织的小孔多孔紧密过滤网布过滤杂质等（40 目左右为宜），投放大石子厚度 300mm，再投放中石子厚度 150mm，再上面投放小石子厚度 100mm，铺上 300mm 宽一张尼龙或化纤丝编织小孔过滤网布，再后上面铺设 50mm 后秸秆或谷壳等回垫田泥平整即可。

技术指标

（1）农田暗沟滤排水减污增效综合技术在农田创新建设后，能有效减少农田面源污染水对河流、湖泊排放的污染，经权威部门检测结果数据明明：滤排水田暗管管口排出的水样差别明显，硝 N 含量、铵 N 含量、总 N 含量分别减少 0.55mg/L、0.09mg/L、0.95mg/L，降低 239%、90% 和 138%，养分流失显著减少，可提高肥料利用率，粮食产量增产改善排放水质显著。

（2）农田种植水稻、大小麦、玉米、水果、蔬菜等粮食作物可增产 15% 以上，冷浸农田、低洼农田甚至可以增产 35% 以上，该技术应用后，效果明显。

技术持有单位介绍

绍兴市灵鹫农业科技发展有限公司成立于 2012 年，技术发明人韩秋华任董事长，主要从事农田暗沟滤排水减污增效综合技术开发研究推广应用，获得国家知识产权局和美国知识产权局专利局颁发的农业水利系列专利 12 个，是一家立足现代农业、水利高新技术企业，以改善绿色水质生态，提高粮食产量为宗旨，科研实力雄厚、积累了丰富经验的农业及水利基础建设的科技公司。经营产业主要涉及基础农业、水质保护、生物技术、专业生产建造和制造专利产品农田暗沟滤排水减污增效综合技术和配套闸门阀等领域。

应用范围及前景

该技术适宜我国农业农田种植各种作物（水稻、大小麦、玉米、水果、蔬菜等粮食作物），特别在我国长江以南和中部地区，效果会显得更加优越突出。

经浙江省绍兴市柯桥区、湖北省咸宁市咸安

区、安徽省蚌埠市新马桥镇示范区实践应用，解决了农作物种植过程中的实际问题，达到作物种植管理科学，省工高效，提高粮食作物产量，改变农田源污染水直排到河流、湖泊的落后方式，农田耕作层下建设好持久暗沟，农田面源污染水通过暗沟滤排放有效提升河流、湖泊水质。突破了传统的农业种植管理模式，推动了我国农田基础建设和水利科技的迅速发展，在我国广大农村农田推广应用具有巨大的潜在市场，前景可观。

■农田滤控水改土脱盐持久暗沟

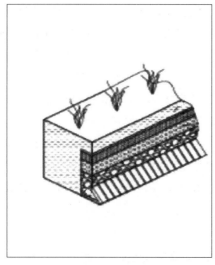

■一种潜层式农田丰产永久性排水沟

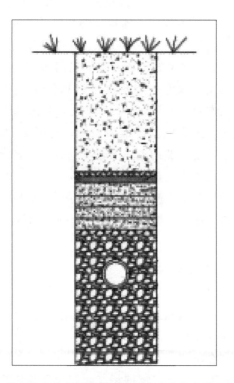

■一种现代农业种植潜层滤排改良水土丰产技术暗沟

技术名称：农田暗沟滤排水减污增效综合技术
持有单位：绍兴市灵鹜农业科技发展有限公司
联 系 人：韩秋华
地　　址：浙江省绍兴市柯桥区齐贤镇振贤街华龙
　　　　　小区6号
电　　话：0575 - 85520586
手　　机：13357555596
传　　真：0575 - 85520586
E - mail：18267566586@163.com

141 软管串接水泵技术

持有单位

上海创丞科功水利科技有限公司

技术简介

1. 技术来源

自主研发。水泵软管串联技术解决了在长距离或超高扬程作业时使用软管的难题，广泛地运用在各种应急输水场合。

2. 技术原理

软管串接水泵系统的工作原理是：在后级水泵入水口处装有压力传感器，通过传感器监控后级水泵的进水水压，通过计算机（MCU）的压力与动力的匹配算法，对软管串接水泵系统内的压力-轴转速进行自动调节；当前级水泵输送流量的增加或减少造成后级水泵的进水压力变化时，后级泵的计算控制单元会相应调整后级泵的轴转速，改变后级泵输水量以此来匹配整个串接系统；当前级水泵由于各种原因停止向后级水泵输水，造成后级水泵的进水压力变为零，这时后级水泵在计算控制单元作用下会及时停止后级水泵的输水，避免后级水泵的进水口形成负压将软管吸入水泵造成水泵损坏，如此实现了在多级水泵之间采用软管进行串联连接的作业模式。

3. 技术特点

（1）软管（柔性管道）具有敷设方便，易于收储，便于运输等优点，大量使用在临时或应急场合，作为水泵的输出管路，应用十分普遍。

（2）软管的承压有限，软管串接水泵的连接管路是在等压环境下工作，通过计算机（MCU）的压力与动力的匹配算法，如此实现了在多级水泵之间采用软管进行串联连接的作业模式。

技术指标

流量：80m³/h。

进水口口径：100mm。

出水口口径：100mm。

叠加扬程：单泵 19m 时出口压力不降低（垂直）。

增程距离：单泵 240m 时出口压力不降低（水平）。

控制模式：MCU 自动控制。

连接方式：软管串接。

管道承压：不大于 3kg/cm³。

单机重量：51kg。

移动模式：双轮手推式。

技术持有单位介绍

上海创丞科功水利科技有限公司成立于2016年，注册资金420万元，注册地为上海张江高新开发区。公司主要从事应急远程输水系统的设备研发与制造。公司现有已授权国家发明专利（授权号：ZL201310729396.9）和实用新型专利（授权号：ZL201320865680.4）各一项，公司不断致力于应急输水设备的创新。

应用范围及前景

适用于在城市防汛应急排涝、临时的人饮输水、旱季农业抢灌等临时紧急用水场合，需要使用水泵进行长距离输送，或在地铁站、地下车库、矿区等深井抽水的作业中，需要很高的水泵扬程。这水泵软管串联技术可以让水泵的输送管路承压很低，但同时却可以进行超长距离和超高扬程的输水作业。软管串接水泵系统运用具有快

速高效的特点，由于系统中的水泵和软管可以快速组装拆卸的特点决定了系统的快速响应性。

■软管串接水泵

■压力显控

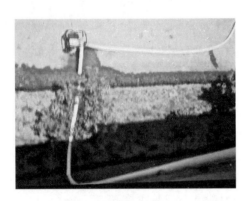

■长距离输送流体

■高扬程作业

技术名称：软管串接水泵技术
持有单位：上海创丞科功水利科技有限公司
地　　址：上海市徐汇区斜土路 2526 号弘汇商务
　　　　　中心 308 室
联 系 人：樊治波
电　　话：021 - 64867585
手　　机：13801905117
传　　真：021 - 64867585
E - mail：cccw2017@163.com

142　小型一体化水雨情应急监测设备

持有单位

四川省水文水资源勘测局

技术简介

1. 技术来源

集成研发。

2. 技术原理

通过数据采集终端（RTU），每 5min 自动从雨量传感器和水位传感器采集一次监测现场的降雨量和水位数据，再由通用分组无线服务技术（General Packet Radio Service）（简称 GPRS 通信）和北斗卫星数传信道形成的一主一备双信道传输实时水雨情信息。以具有实时在线、畅通率高、设备值守功耗低等特点的 GPRS 信道为主要信息传输通道，当因监测点通信条件限制，而造成 GPRS 主信道通信失败后，数据采集终端（RTU）将自动切换到北斗卫星信道，及时、准确地将采集的水文信息传到指挥信息中心，从而实现水位、雨量自动采集与传输，其工作模式从性能上能够满足水文数据应急监测的要求。

3. 技术特点

（1）该小型一体化水雨情应急监测设备，是以铝合金设备机箱为载体，将技术先进、成熟的数据采集终端（RTU）、信息传输终端、电池和太阳能电池、雨量传感器等设备与机箱集成为一体。

（2）具有自动化程度高、水文数据采集密度大、实时性强、采集数据准确及时、体积小、重量轻、结构简单紧凑、安装便捷、一体化集成程度高、交通运输与短距离搬运方便、造型美观等特点，特别适用于水文数据应急监测。

技术指标

（1）雨量传感器：口径 $\phi(200\pm0.6)$mm，分辨率 0.5mm。

（2）水位传感器：压阻式，精度 $\pm0.075\%$FS（最小值）、$\pm0.1\%$ FS（典型值）、$\pm0.25\%$ FS（最大值），分辨率 $\leqslant0.01\%$FS。

（3）数据采集终端：具有《全国工业产品生产许可证》及水利部水文仪器及岩土工程仪器质量监督检测中心的检测报告。

（4）GPRS 通信模块：取得中国移动的入网许可，且集成于 RTU 内。

（5）北斗卫星数传终端：接收信号误码率：$\leqslant1\times10^{-5}$（天线端口输入信号功率 $\geqslant-154.6$dBW）；发射功率 EIRP 值：$\leqslant19$dBW，开机首捕时间：$\leqslant2$s；取得北斗用户设备检测中心入网注册测试的《测试报告》。

（6）电源系统：蓄电池（24Ah/12V）与太阳能电池（20W/12V）等，均具有产品合格证。

技术持有单位介绍

四川省水文水资源勘测局是四川省水文行业管理的职能部门，现有水文、水位、雨量、水质、墒情等监测站点 1200 余处，并拥有先进的水量水质测验仪器设备如 ADCP、GPS、全站仪、激光测距仪、离子色谱仪、气相色谱仪、原子吸收分光光度计、机动监测车等，时刻监测着河流湖库的情况。

应用范围及前景

小型一体化水雨情应急监测设备的实用新型设计与应用，是基于目前已在国内外得到广泛应用的水雨情自动监测工作模式。

```
技术名称：小型一体化水雨情应急监测设备
持有单位：四川省水文水资源勘测局
联 系 人：薛内川
地　　址：四川省成都市金牛区兴科路 1 号
电　　话：028 - 65523192
手　　机：13709082886
E - mail：xnc1960@qq.com
```

143　潞碧垦测控一体化槽闸

持有单位

潞碧垦水利系统科技（天津）有限公司

技术简介

1. 技术来源

"948"项目引进的澳大利亚潞碧垦公司先进技术。

2. 技术原理

一体化测控槽闸既是流量控制闸门又是流量测量仪器，现已广泛应用于灌区尤其是明渠灌溉系统。一体化测控槽闸可根据上游水位、下游水位及灌溉流量的要求来调节闸门开度进而控制水流。一体化测控槽闸完全由太阳能驱动，其太阳能动力系统具有先进的动力调节管理硬件和软件。

3. 技术特点

一体化测控槽闸是一种高质量、高精度产品，具有设计先进、安装维护方便、模块化以及多功能等优点。

一体化测控槽闸是精确的流量及控制仪器，其流量测量精确度可达 ±2.5%。它通过 Rubicon 专有的流量计算程式，高精度超声波水位感应器测得的上游、下游水位，和数码闸门位置数值来计算流量。

具有以下闸门控制功能：全渠道控制；流量控制；上游或下游水位控制；和远程下游水位控制。

技术指标

系统电源：12V 太阳能电池板，85W。

蓄电池电压：12V。

蓄电池容量：24Ah（可选配 48Ah，72Ah）。

蓄电池类型：密封铅酸电池；最大不充电操作周期 5d。

待机电流：70mA。

仪器电流（12V）：250mA。

远程终端设备（RTU）电流：（12V）5A。

马达电流（12V）：20A。

操作温度范围：−30～85℃。

操作湿度：最高达 95%（不凝结）。

屏幕显示：4×20 液晶显示屏。

界面操控：6 键触摸键盘。

马达类型：直流有刷。

最大功率：200W。

驱动技术：脉冲宽度调制（软启动功能）。

保护技术：实时持续电流监控和过流保护。

位置反馈：256 脉冲每转正交编码器。

超声波传感器测量范围（从基准点起）：100～1400mm。

精度（空气中）：0.5mm。

分辨率：0.05mm。

测流精度：±5%。

操作温度范围：−10～+60℃。

最小有效测量上下游水位差：+40mm。

传感器设计使用寿命：10 年。

其他电子元件设计使用寿命：5 年。

技术持有单位介绍

潞碧垦水利系统科技（天津）有限公司是澳大利亚潞碧垦公司在中国设立的全资子公司。澳大利亚潞碧垦公司创立于 1995 年 5 月，位于澳大利亚墨尔本，致力于发展农业现代化灌溉水资源管理产品和技术。为了应对全球灌溉现代化持续快速增长的需求，于 2003 年进行结构重组并开始国际化运作，目前在美国、墨西哥、中国均设有办公室。澳大利亚潞碧垦公司与墨尔本大学合作研究

的流量计量和控制理论已获得政府和学术奖项，并参与"十二五"国家科技支撑计划项目——"水联网多水源实时调度与过程控制技术"。

应用范围及前景

适用于灌区尤其是明渠灌溉系统的槽闸控制。

目前已在全球安装超过 2 万套一体化测控闸门，作为水利部灌排中心通过"948"项目引进的先进技术，已在甘肃、宁夏、山西、内蒙古等地的大中型灌区安装超过 400 套一体化测控闸门。

澳大利亚潞碧垦公司研制的闸门硬件设计理念先进，采用了航天和船舶制造方面的保密工业技术材料，一次成型冲压而成，具有强度高、重量轻、高耐久性、驱动可靠灵活、简单易安装、安全易操作、便于维护等特点；闸门控制软件系统具有计量精确、联通系统可靠、数据查询功能强、报警和紧急处理功能强大、同其他信息管理系统兼容及节水、节能、节力、低排放等特点。该控制系统能够实现按需供水，对水资源进行精确分送、过程跟踪、实时监测、准确投递，符合服务改善、效率提高、运转持续的现代化灌区特征。潞碧垦公司研发生产的测控一体化闸门技术是对传统水工金属结构和水利控制系统的一次革命，对我国供水控制和水利信息化提升具有很强的借鉴意义，是当前水利信息化工程建设的有效替代产品之一。

■ 测控一体化槽闸

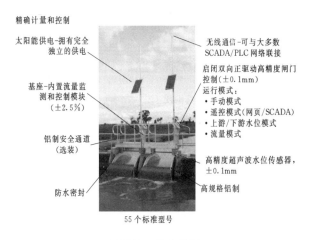

■ 测控一体化槽闸

技术名称：潞碧垦测控一体化槽闸
持有单位：潞碧垦水利系统科技（天津）有限公司
联 系 人：贾光耀
地　　址：北京市丰台区总部基地十区 28 号楼
　　　　　3 层
电　　话：010 - 52913788
手　　机：18611454558
传　　真：010 - 52913788
E - mail：jacky.jia@rubiconwater.com

144　水（肥）智控缓释剂-耕农保牌抗旱宝

持有单位

吉林省汇泉农业科技有限公司
吉林省润禾滩地农业开发有限公司

技术简介

1. 技术来源

新型生物节水技术。

2. 技术原理

依托生物节水的专技术，以大面积农田节水抗旱为重点，研制开发多功能水（肥）智控缓释抗旱宝，能均匀的分散在肥料中，具有强的节水、保水保肥、释水作用，可增加土壤的通透性，提高作物产量，提升作物品质。在农业上，由于保水能改善土壤的物理性状，增强其保水能力，故而可缓解水分胁迫对作物的不良影响，提高种子发芽率和移栽植物的成活率，提高豆科植物的根瘤菌活性，促进植物的营养生长和生殖生长过程，使作物增产增收。

3. 技术特点

（1）水（肥）智能控制：减少水流失。少浇水、少用水不低于50%。

（2）释水缓慢均衡：可以规避或减轻不同程度的旱灾，让作物生长不受影响。

（3）提高肥效，控肥缓释：水肥协调，促进作物生长，节约投肥，减轻环境污染。

（4）土壤增加通透和氧气：改善土壤环境，增强地力，加快有机质转化和微生物活性提高。

（5）均衡养分，稳定供应：提高作物品质，增强作物抗性。

（6）蓄积积温：降低初霜冻害风险，促进早熟，抢占市场。

（7）调节水、肥、气、热，促进丰产增收。

实践证明对照比增产一般不低于10%。

技术指标

多功能水（肥）智控缓释抗旱宝是以超微腐殖酸、有机高分子材料为原料，适用于各种地块，适合各种农作物，拌底肥使用，施肥过程中能与肥料均匀分布在农作物大田里；具有很强的吸水、保水作用，节水超过40%左右，肥料利用率提高10%以上，且可增加土壤的通透性，能使作物增产10%以上。粒径为3.5mm，吸水倍率达260倍，达到饱和的时间达30min。

技术持有单位介绍

吉林省汇泉农业科技有限公司是多功能水（肥）智控缓释剂——耕农保牌"抗旱宝"的研发、生产、推广单位。汇泉农科专注做农业高效节水、规避旱灾、改变靠天吃饭的被动局面的科技引领者。"抗旱宝"的研发成功解决了长期以来农业稳产增产的困扰，解决了水、肥的高效利用，营造了作物生长的良好环境，"抗旱宝"为我国农业合同节水、农业水价改革保证农业可持续发展，保持生态平衡起到了很好的技术支撑作用。

吉林省润禾滩地农业开发有限公司聚集对农业及农业经济等方面有较深研究的多名博士、高级农技师、专家为社会服务，润禾公司有自主产权独立研发的多功能水（肥）智控缓释技术，此项技术已经由吉林省汇泉农业科技有限公司转化成了生产力，即耕农保牌抗旱宝，通过实验推广，在节水和促农业增产上效果显著。该产品在不同的方案中发挥良好的作用，这项技术已完成了吉林省科技厅的专家成果鉴定，已申请国家发明专利，并且申报了科技进步奖。

应用范围及前景

多功能水（肥）智控缓释抗旱宝适用于所有旱作物，不受土壤条件限制，使用方便，节约人力成本。

该项目在小试研究成果基础上开展中试放大研究工作，通过"生长检验-完善技术-中试生产"的模式开展转化，产品的中试优化和工业化生产相结合，对已有专利技术进行扩大生产，达到年产 2 万 t 水肥智控缓释剂的生产规模。2016 年推广使用面积 2.6 万亩，2017 年推广面积 13.2 万亩，"抗旱宝"产品已经推广到了青海、甘肃、宁夏、内蒙古、辽宁、吉林、黑龙江等 11 个省（自治区）。

典型应用案例：

案例 1：在吉林省多县应用，其中最大用户前郭县万青农机专业合作社应用 2.5 万亩面积，取得了非常好的增产提质效果。

案例 2：大安的龙昭镇三十几户农民经 2017 年使用了不到 100 公顷地，扣除抗旱宝投入还纯增收了 15 万元，"抗旱宝"给农民带来了实实在在的收入。

案例 3：在青海的一户燕麦种植 2000 亩的应用中，帮助使用户多创收 40 多万元，带动和影响青海当地的土地经营大户农场和枸杞种植户等使用抗旱宝的积极性。

■ "抗旱宝"研讨会

■ "抗旱宝"使用效果增产明显

■未使用抗旱宝与使用抗旱宝种植蔬果效果对比

■水肥智控旱缓释科技产品"耕农抗旱宝"

技术名称：水（肥）智控缓释剂-耕农保牌抗旱宝
持有单位：吉林省汇泉农业科技有限公司、吉林省
　　　　　润禾滩地农业开发有限公司
联 系 人：张殿锡
地　　址：吉林省松原市长岭县北正镇
手　　机：13904411116
E - mail：492325855@qq.com

145 毛细透植物根系节水渗灌装置

持有单位

四川威铨工程材料有限公司

技术简介

1. 技术来源

自主研发。

2. 技术原理

该技术产品巧妙利用了大自然原有机制及四种物理现象——"毛细力、虹吸力、表面张力、重力",设计出一套模拟大自然生态机制,具有主动导排水功能和高效抗淤堵能力,用作植物根系节水渗灌导水介子,使整体渗灌系统自动完成高效节水的植物根系水肥一体的渗灌。整体根系渗灌系统分为设置于地表以上的供水系统和埋设于植物根系层适当位置用于导水渗灌的渗灌系统两部分组成。

3. 技术特点

(1) 直接将植物所需水分及营养液渗灌于植物根系层,避免了地表灌溉方式所造成的灌溉水及营养液地表径流损耗、渗透损耗、大量的蒸发散尽损耗。

(2) 渗灌系统埋设于地表以下,使系统避免了传统浇灌方式中装置长期裸露地表,日晒雨淋带来的系统老化损坏缺陷。

(3) 毛细渗灌系统由有压力主供水管与无压力渗灌管互通,通过毛细渗灌带将水流导入毛细孔槽内,通过干燥土壤的毛细力作用将毛细孔槽中水流吸入土壤中完成植物根系灌溉,使灌溉稳定均匀,高效节水。

(4) 毛细渗灌系统具有渗灌水量抑制功能,当根系层土体干燥时,土体毛细力强能迅速将渗灌带毛细孔槽内水流吸入根系层土体中,增加根系层土体含水量完成根系渗灌。

技术指标

毛细透排水带外型规范:材质 PVC 复合塑料;宽度 20cm±1cm;厚度 2mm±0.3mm;每卷长度 100m(约>35kg/卷)。

毛细透排水带性能指标:有效开孔面积率>20%;流量(15cm 水头压力)>4L/mim;压缩强度(40%)>30kgf/cm²;拉力强度>6kgf/mm²;延伸率>115%;撕裂强度(MD)纵向>2.64kgf/mm²;撕裂强度(CD)横向>6kgf/mm²;耐酸性耐碱性优。

技术持有单位介绍

四川威铨工程材料有限公司成立于 2010 年,系国内专业从事地下工程防排水材料及防排水领先技术研发、设计咨询、材料加工生产的专业科技企业,公司拥有自主知识产权 14 项(其中发明专利 5 项)。公司核心技术及产品为毛细·虹吸集排水系列产品,已在病险水库除险加固、大型水利输水项目、植物节水渗灌项目、挡土边坡等水利工程上广泛应用。

应用范围及前景

适用于用作植物根系节水渗灌导水介子,使整体渗灌系统自动完成高效节水的植物根系水肥一体的渗灌。产品在高尔夫球场排水、厂房仓库地下基础排水排气、盐碱地排水、污水及垃圾掩埋等各大领域都进行了"毛细透"排水带的实践应用,解决了有关排水、排气、加固、止漏等一系列难题。

技术名称:毛细透植物根系节水渗灌装置	
持有单位:四川威铨工程材料有限公司	
联 系 人:古欣	
地 址:四川省成都市高新区中和大道一段99 号	
电 话:028-85657846	
手 机:13330996001	
E - mail:1611959342@qq.com	

146　远程控制节能型卷盘喷灌机

持有单位

江苏金喷灌排设备有限公司

技术简介

1. 技术来源

自主研发。

2. 技术原理

该卷盘喷灌机主要由机架、底盘、PE管、卷盘、喷水行车、水涡轮驱动装置及变速箱传动机构、排管机构、控制装置等部件组成。采用水能动力转换效率较高的扼流直冲式水涡轮，可在较低的入口压力（0.3MPa）下使水涡轮产生强劲的驱动力，而且水涡轮叶轮直接安装在变速齿轮减速箱的动力输入轴上，简化了传动方式，提高了传动效率。通过变速箱输出强劲扭矩而使卷盘转动，进而驱动排管装置将PE管均匀紧密地排布在卷盘上，实现PE管的自动回收。在主机上设置有控制模块，当喷头车（装有喷枪或桁架）回收到主机前，停车装置会自动切断动力，将变速箱的离合档位推至分离位置，并举起喷头车。同时主机控制模块发出指令，使机井泵电机停止运转，实现远程无线联动控制机井泵，安全结束回收过程。

3. 技术特点

采用水力转换效率高的扼流直冲式水涡轮驱动，其叶轮、涡壳及弯头均采用先进制造工艺，流道光滑和流畅，水流阻力小。同时在涡壳压力水入口处设置收缩式射流喷嘴，使得驱动叶轮的压力水流速加快、动能增大，提高水涡轮的水能动力转换效率。

水涡轮叶轮直接安装在变速箱的动力输入轴上，提高传动效率。

变速箱体积小、结构紧凑、传动比大，变速操作便捷、省力、维护方便。

停机自动实现同泵操作，方便实用、安全可靠。

技术指标

入机压力范围：0.3～1.00MPa。

入机流量范围：13.0～45.0m³/h。

组合喷灌强度：≥6.0mm/h。

有效喷洒长度：≥300m。

灌水深度：8～50mm。

变速箱挡位设置：快、中、慢3挡。

PE管回收速度：6～100m/h。

远程控制距离：500～1000m。

技术持有单位介绍

江苏金喷灌排设备有限公司是一家集研发、生产和销售为一体的高新技术企业，是中国水利企业协会灌排设备企业分会会员单位。产品有：2英寸、2.5英寸、3英寸、4英寸涂胶软管；喷灌泵；高效节能型喷灌机组；喷头及各类喷灌管件；65、75、85、90系列卷盘喷灌机。公司建有江苏大学-金喷灌排产学研合作基地，在2016年承担江苏省科技厅《智慧灌溉轻巧型自循环多级自吸灌溉泵系统的研发》科技项目。

公司现有厂房面积约8000m²，拥有员工120余名，其中技术人员36人。拥有三条涂胶软管生产线及数控、普通机床、焊接等设备，自制卷盘喷灌机的关键核心动力部件（即水涡轮及变速齿轮箱）。于2014年通过ISO 9001质量体系认证。市场覆盖国内30多个省（自治区、直辖市），并远销亚洲、非洲及美洲的多个国家与地区。

217

应用范围及前景

适用于灌溉面积大、劳动力人口少、年龄大、电力能源匮乏、机井泵距离灌溉区域较远、机井水位较低的大田块农村地区。也适用于电厂、港口、运动场、城市绿地等需要灌溉防尘场合下的喷洒作业。

解决目前市场上传统型卷盘喷灌机存在的如下问题：①水力转换效率及传动效率低；②运行能耗及成本高；③不能实现自动同泵作业。

该公司生产的这种远程控制节能型卷盘喷灌机具有自主的知识产权，机组能耗低，智能化程度高。是传统卷盘喷灌机的升级换代产品，它有利于抢占国内外市场，增强企业的核心竞争力，提高企业知名度。对促进新农村建设和节能减排有着重要意义，具有广阔的推广应用前景和显著的社会经济效益。

■卷盘式喷灌机核心部件

■卷盘式喷灌机

技术名称：	远程控制节能型卷盘喷灌机
持有单位：	江苏金喷灌排设备有限公司
联 系 人：	严斌成
地 址：	江苏省常州市金坛区尧塘镇汤庄沿河西路 70 号
电 话：	0519－82444466
手 机：	13706148301
传 真：	0519－82444466
E－mail：	13706148301@163.com

147 灌 溉 用 电 磁 阀

持有单位

宁波耀峰液压电器有限公司

技术简介

1. 技术来源

自主研发，产品专为各种水控制用途设计。

2. 技术原理

该灌溉用电磁阀门有多种产品型号，包括 1 英寸、1.5 英寸、2 英寸、3 英寸和 4 英寸阀门，功能包括流量控制、压力调节、不同的端口链接方式，以及可以选配内置的 2 先解码器的电磁阀 (Decoder In A Solenoid，简称 DIAS)。凭借简约的设计，灌溉用电磁阀门允许在最低水平的维护下实现最大的靠性，从而产生最佳的灌溉效果。

3. 技术特点

主要技术特点如下：①水头损失小；②开启水压低；③能适应各种恶劣环境；④简便的安装与维护；⑤通用性设计，极具竞争力的价格优势，3 路和 2 路操作方式；⑥耐腐蚀性强；⑦采用了"低功耗的设计"；⑧减压阀的配置（适用于丘陵地带或者地势高低不稳定的情况因压力突然增加，导致下游的管子爆裂等情况）；⑨带解码器的设计。凭借简约的设计，灌溉用电磁阀门允许在最低水平的维护下实现最大的靠性，从而产生最佳的灌溉效果。

技术指标

1 英寸增强尼龙电磁阀适用于流量≤5m/h，最低压力 1bar，最大压力 10bar。

1.5 英寸增强尼龙电磁阀适用于流量范围5～10m/h，最低压力 1.5bar，最大压力 10bar。

2 英寸增强尼龙电磁阀适用于流量范围 10～20m/h，最低压力 1.5bar，最大压力 10bar。

3 英寸增强尼龙电磁阀适用于流量范围 20～45m/h，最低压力 1.5bar，最大压力 10bar。

3 英寸 UPVC 电磁阀适用于流量范围 20～45m/h，最低压力 0.6bar，最大压力 10bar。

4 英寸 UPVC 电磁阀适用于流量范围 45～80m/h，最低压力 0.6bar，最大压力 10bar。

技术持有单位介绍

宁波耀峰液压电器有限公司，位于长三角核心经济区，创建于 1978 年，工厂实用面积 20000m²，是阀用电磁铁专业制造商。公司拥有骨干精英 200 多名，领先行业 39 年，达到年生产值 300 万套的能力，公司设立了技术部，产品研发中心，拥有各项配套的生产设备以及精密仪器和测试仪器，满足生产和研发的需求；公司现有技术团队完成了多项产品测试，自主研发了液压阀用开关型电磁铁和比例电磁铁、灌溉电磁铁；水阀等 3 大系列产品，300 余个品种，产品测试通过了 CE 认证，CTS 认证，Rosh 认证等多项国际权威认证。产品荣获 37 项国家专利证书，并于 2014 年成为国家灌溉排水委员会会员单位。目前产品远销美国、加拿大、意大利、波兰、西班牙、以色列、澳大利亚、俄罗斯等多个国家，受到了国际的公认和一致好评。

应用范围及前景

宁波耀峰液压电器有限公司生产的灌溉用电磁阀为创新性塑料控制阀门，适用于农业灌溉、温室、园林绿化、高尔夫球场等自动化灌溉领域。已广泛应用于各种水控制工程。

该公司所研发的灌溉电磁铁中所设计的电流都较一般标准偏低，达到省电的效果，磁保型电

磁铁通过永久磁块的吸力不需要长时间通电，只需短频率的脉冲就能达到控制的效果，非常有效地节省电力；在节水方面，公司生产的电磁铁供给以滴灌技术出名的以色列 NETEFIM 公司、DOROT 公司等用户，应用前景广阔。

■NB－24VAC灌溉用阀

■SF－1/8M－FF－A 电磁阀

■DSF－1/2－FF 电磁阀

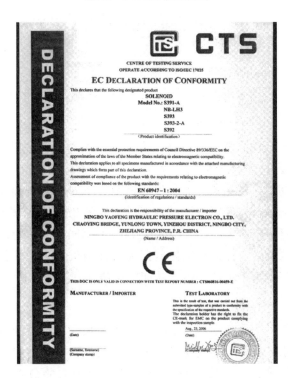

■电磁 CE

■3W－NO－12VD 可直接控制小流量水的打开或者关闭

技术名称：灌溉用电磁阀
持有单位：宁波耀峰液压电器有限公司
联系人：柳素宁
地　址：浙江省宁波市鄞州区云龙镇荷花桥工业区
电　话：0574－88345768
手　机：18758325323
传　真：0574－88474878
E－mail：serina@yfsolenoid.com

148　一体式智能化苦咸水淡化装备

持有单位

江苏美淼环保科技有限公司
中国水利水电科学研究院
常州苏南水环境研究院有限公司

技术简介

1. 技术来源

自主研发。苦咸水是指含盐量在 1000mg/L 以上的水，在我国一些地区苦咸水的含盐量已达 2000～8000mg/L，苦咸水口感苦涩，氟化物、砷离子、铬离子以及可溶性固体等物质的浓度通常超出 GB 5749—2006《生活饮用水卫生标准》，长期饮用苦咸水或用苦咸水进行农业灌溉，严重危害人体健康。有数据显示，我国目前约 3.2 亿人次使用不安全饮水，其中，饮用高氟水的人数占 16%，饮用苦咸水的人数占 12%，主要分布在西北、华北及东部沿海地区，饮水安全迫在眉睫。

2. 技术原理

该技术为针对高盐度苦咸水而研制的集高效处理、实时监测、智能控制、远程监测于一体的一体式智能化苦咸水淡化装备，在处理过程中采用自主研发的小涡流高凝聚吸附的工艺结构、反冲式过滤的粉末活性炭滤池工艺结构、新型石墨烯为电极的电容式去离子技术（MCDI）、就地微嵌控制与水处理过程控制相结合的智能化集成控制技术，精细化控制水处理絮凝、吸附、脱盐系统的运行、正洗、反洗、加药状态，并通过远程终端系统实时监督管理设备运行状况，实现了高效制水、节能降耗、管护自动化的目的。

3. 技术特点

（1）研发了小涡流高凝聚微絮凝吸附工艺结构。

（2）研发了反冲式过滤的粉末活性炭滤池工艺结构。

（3）研发了新型石墨烯基电容式去离子净化技术（MCDI）。

（4）研发了水处理过程智慧监控系统，无缝实现水处理装备远程监控。

技术指标

一体式智能化苦咸水淡化装备，典型规模下单价为 50 万元，针对氟化物、砷离子、铬离子以及可溶性固体等物质超标的苦咸水进行全天候、全自主的智能治理与监控，出水水质优于 CJ 94—2005《饮用净水水质标准》。

技术持有单位介绍

江苏美淼环保科技有限公司创立于 2008 年，始终专注饮水安全产业，已发展为一家致力于提供饮水安全整体解决方案的国家级高新技术企业。公司凭借雄厚的科研力量、先进的生产设备和坚实的产业基础，整合产品、设计、运营、技术、服务，提出行业首个"饮水安全整体解决方案"，满足军用、工业、商用、民用等众多领域的饮水安全需求。美淼创业伊始确定"三水"产业布局，聚焦安全饮水改造项目智能装备、商用家用安全饮水产品、智慧水务系统，近年来不断发展壮大。

中国水利水电科学研究院隶属中华人民共和国水利部，是从事水利水电科学研究的国家级社会公益性科研机构。历经几十年的发展，水科院已建设成为人才优势明显、学科门类齐全的国家级综合性水利水电科学研究和技术开发中心。截至 2016 年年底，全院在职职工 1415 人，其中包

括院士 6 人、硕士以上学历 881 人（博士 474 人）、副高级以上职称 740 人（教授级高工 277 人），是科技部"创新人才培养示范基地"。现有 13 个非营利研究所、4 个科技企业、1 个综合事业和 1 个后勤企业，拥有 4 个国家级研究中心、8 个部级研究中心，1 个国家重点实验室、2 个部级重点实验室。研究领域已覆盖水文水资源、水环境与生态、防洪抗旱与减灾等 18 个学科、93 个专业方向。

常州苏南水环境研究院有限公司主要从事水环境安全技术相关的基础研究和前瞻技术研发、技术成果推广应用、先进适用技术和装备的产业化推进、水生态保护、水环境监控预警等业务。依托中国水利水电科学院、总后建筑工程研究所、江苏中科院智能科学技术应用研究院、江苏省安全饮水工程技术中心，与久盈、三水、美联、百得、泽润等企业开展合作，开展研究院工作。

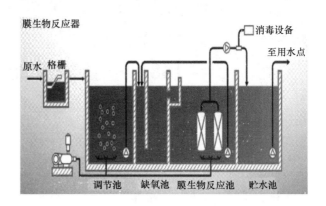

■膜生物反应器

应用范围及前景

该设备主要用于农村、山区、岛礁、矿区、农场、牧场和部队营房等偏远散地区，以标准模块式一体化拼装的智能化水处理装备替代原有的饮水安全工程及传统的净水设备，以实现饮用水处理行业智能化转型升级。美森农村安全饮水改造业务已在中西部农村中取得了显著效果，通过模块集成形成高效节能的标准化、智能化水处理成套装备，解决了高氟、高砷、高浊度等一系列问题。

今后两年产值预计分别为 2000 万元、3000 万元，销售数量预计约 40 台、60 台，利润分别为 600 万元、1000 万元。项目市场潜力大，设备投资收益大，投资回收期短，抗风险能力强，设备未来市场前景广阔。

技术名称：一体式智能化苦咸水淡化装备

持有单位：江苏美森环保科技有限公司、中国水利水电科学研究院、常州苏南水环境研究院有限公司

联 系 人：张亦含

地　　址：江苏省常州市武进区常武中路 18 - 55 号

电　　话：0519 - 86339778

手　　机：15351972530

传　　真：519 - 86339780

E - mail：lisazhang@maymuse.com

149　新型矿物基一剂多效水环境快速治理技术

持有单位

沃顿环境（深圳）有限公司

技术简介

1. 技术来源

自主研发。

2. 技术原理

矿物基除藻、除臭、杀菌消毒净化剂是矿物离子溶液，溶液中起作用的矿物呈完全离子状态，活性极强，应用时可以达到微量、高效的完美治理效果。它以溶液中的矿物离子去包围藻细胞、臭源菌群、病菌和其他有毒有害细菌，影响其新陈代谢，直至死亡，从而达到除藻、除臭、消毒、絮凝净化的目的。这些矿物离子会与死亡的藻类和病毒菌群一起沉淀到水底，快速分解后回归自然。

3. 技术特点

快速、高效：药剂往水面喷洒后，可在数分钟或 2～3d 时间内产生明显效果；因此，也可以作为事故应急处理药剂使用。

安全、环保：药剂无毒，微观上属于物理性制剂，依靠离子吸附发生作用，应用时不发生化学反应；由于微量高效，所以也不会产生毒副作用和次生环境问题，安全、生态、环保，是理想的环境制剂。

使用简单、免维护：药剂直接喷洒在污染物上，在水体中应用时，可自动向四周扩散，一般不需要外力搅拌，因此，使用简单、方便，用后不需要维护。

全天候、不浪费：药剂不沉淀、不蒸发、不挥发、不怕阳光照射、不消失、不浪费，一旦在水体中应用，它会全天候、24h"悬浮"在水中、自动为人类值班站岗，随时消灭出现的任何有害蓝绿藻细胞和各种有毒、有害菌群，是十分理想的水环境卫士，投入到水中的药剂不会消失浪费，直至完成其除害兴利使命。

适用环境无限制：药剂使用不受温度、湿度、日照条件、通风供氧等环境因素的影响，也不受污染物或水体温度、硬度、酸碱度、和水体中污染物种类及其浓度的影响。

抑制蚊蝇：在水体中施用后，可以抑制蚊蝇滋生，有利于环境卫生和人类健康。

既是消除剂又是抑制剂；有藻除藻、无藻防藻；有害除害，无害防害。

药剂使用量的多少与水体中污染物的多少和浓度有关，越多越浓需要量就越大；抑制时间的长短也与药剂用量有关。

技术指标

具有 CMA 认证资质的第三方检测机构检测结果：

（1）水体除藻率 100%，死后沉淀的藻类在约 10d 后变成黄泥色（目测施药后水藻死亡沉淀，水体变清澈透明）。

（2）COD 和 BOD 去除率可达 80%（COD 由 62mg/L 降到 13mg/L；BOD_5 由 14.5mg/L 降到 3.45mg/L），总悬浮物去除率可达 70%（由 13mg/L 降到 4mg/L），粪大肠菌去除率 97.81%（由 16 万 MPN/L 降到 3500MPN/L），总细菌去除率 99.74%（由 12 万个/mL 降到 310 个/mL）。

（3）臭源污染物处理前后，氨气去除率可达 99.4%（由 150mg/m³ 降到 0.95mg/m³），硫化氢去除率可达 99.3%（由 46.5mg/m³ 降到 0.32mg/m³），满足并远远超过住建部最新制定的《生活垃圾除臭剂技术要求》的除臭效果要求。

（4）经急性经口毒性试验检测，沃顿卫保牌除臭剂为"实际无毒"。

技术持有单位介绍

沃顿环境（深圳）有限公司于 2017 年 3 月在深圳市南山区留学生创业大厦注册成立。公司致力于利用国际先进技术研发安全、环保、实用、高效的水环境与市政环卫治理产品，为我国水环境、市政环卫治理与生态环境改善事业做出贡献。

应用范围及前景

适用于各种水体（河道、湖泊、池塘、游泳池、黑臭水体、污水、污泥等）的除藻、除臭、消除病毒和有害细菌、絮凝净化、抑制蚊蝇孳生等。

各种固、液态生活垃圾、污泥、人畜粪尿等废物产生的恶臭气体、病毒菌、有害细菌、蚊蝇滋生等。

可广泛用于家庭和市政环卫除臭、消毒、除蚊灭蝇等，如厕所、下水道、地漏、垃圾桶、垃圾站、垃圾填埋场、公园和景观河道池塘、宠物饲养异味控制和抑制蚊蝇孳生、家庭臭衣臭袜臭鞋清洗前除臭预处理等。

可用于位于阴暗潮湿处的生活和生产储存场地的霉菌消除。

用于牲畜饲养和屠宰场牲畜垃圾粪便废物的除臭、消毒、除蚊灭蝇等。

也可用于工矿生产企业或工程施工企业在通风条件较差的坑道、下水道、地下室、密闭室因硫化氢、氨气、甲烷等有毒有害气体致人或动物死亡事故的预防。

在牲畜养殖或水产养殖场使用时，在实现环境改善的同时，可同时取得牲畜和水产疾病防疫和增产增收的增益效果（生长增快 20％左右）。

技术名称：新型矿物基一剂多效水环境快速治理
技术

持有单位：沃顿环境（深圳）有限公司

联 系 人：段增山

地　　址：广东省深圳市南山区粤海街道高新南环
路 29 号留学生创业大厦 1705 室

手　　机：15012807726

E - mail：981820963@qq.com

150　HJG 型全自动高效一体化供水装置

持有单位

佛山市弘峻水处理设备有限公司
广东水利电力职业技术学院

技术简介

1. 技术来源

自主研发。

2. 技术原理

自动加药装置将混凝剂直接投加至进水管道混合器中，混凝剂与原水经混合器充分混合后进入高效旋流反应区，絮凝反应后的水进入高效斜管沉淀区沉淀，经沉淀处理后的出水直接进入高效过滤区过滤，再经消毒最后供饮用。自动投药装置可根据原水浊度自动控制投药量，反冲洗装置设有气体反冲洗功能，使反冲洗更高效。该设备将絮凝、反应、沉淀、过滤、杀菌高效组合为一体，自上至下依次设置的竖流沉淀池、反冲清水池与无阀滤池，由混凝、沉淀、过滤和消毒四道工艺组成，可以自动投药和自动反冲洗。其工作流程为：原水→投加混凝剂→混合反应→沉淀→过滤→投加消毒剂→清水。

3. 技术特点

（1）自动化程度高。对于中小型净水厂工程，常规钢筋混凝土构筑物水处理技术自动化应用必要性较小，相对成本较高。本设备充分考虑技术的先进性、现代化、自动化，避免重复改造，规模扩大方便，水厂的设备全部自动控制，最大限度减少人员配置并可实现远程操控。

（2）系统模块化。一体化水处理设备处理规模为 $20 \sim 3000 m^3/d$，使用过程中根据水厂规模不同选择不同的设备组合，以保证选用设备总处理水量满足日处理水量要求，同时最大限度提高

检修时的供水保障率。此外可以根据实际用水量的大小，进行投入运行模块数量的增减，从而有效提高单模块水处理效率。

（3）运行成本低。运行成本是净水厂能否持续正常运营的重要指标，本净水器内没有设置任何阀门，因此在使用净水器过程中无需有过多的操作，只需投进相应过滤所需的絮凝剂（如明矾），而净水器的净水过程是自动进行的，反洗系统充分利用原水水压，缩小人员配置以降低运行成本。

（4）占地面积省。采用新型的集成式一体化净水厂技术，使空间利用率大幅提高，大大节约了占地面积。本设备较土建沉淀池＋土建虹吸重力无阀过滤池所占的面积小 30% 以上。且设备做成架配式的，组成单元为小型模板，因此装卸搬运皆非常方便，能够满足农村各种复杂地形地貌建设。

（5）投资小、施工周期短。新型的集成式一体化净水设备采用钢结构制作，工业化批量生产，生产成本低速度快，设备制造与土建施工可同时进行，所有主体设备组件制造标准化定制，比传统土建施工建造的净水水厂项目可缩短近一半的时间，且能确保项目实施的高复制性。

技术指标

根据《以地表水为原水的水质处理设备评审规定》、GB 5749—2006《生活饮用水卫生标准》和 GB/T 5750—2006《生活饮用水标准检验方法》，设备在正常工况下，出水水质符合 GB 5749—2006《生活饮用水卫生标准》。

技术持有单位介绍

佛山市弘峻水处理设备有限公司成立于 2006

年，是一家专业从事水处理设备设计、制造、安装、调试、技术开发以及配套物件销售的高新技术企业，项目范围包括农村供水水处理项目、工业纯水和超纯水设备、工业及生活废水中水回用、海水淡化设备等，完成项目遍布全球 50 多个国家和地区，是多家世界 500 强企业的合作商。

广东水利电力职业技术学院创建于 1952 年，是广东省唯一以水利电力类专业为主的公办全日制高等职业院校。2015 年，学院被中央文明委评为第四届全国文明单位。学院是国家（示范）骨干高职院校、水利部首批全国水利职业教育示范院校、全国高校就业工作 50 强示范单位，2016年被广东省教育厅、财政厅确定为广东省一流高职院校建设计划立项建设单位。

应用范围及前景

该设备用于城镇给水、农村供水以及工矿企业等中小型自来水厂，特别适合农村小型集中式供水水处理工程。

设备运行自动化，实现远程控制，解决农村供水运行管理难，缺乏管理人员和管理水平低的问题；设备可现场组装，解决农村偏远地区，特别是山区，大型设备安装困难的问题；设备投资小，运行成本低，解决农村供水工程建设资金不足的问题；施工周期短，解决农村供水工程建设效率不高的问题。应用前景广阔。

技术名称：HJG 型全自动高效一体化供水装置
持有单位：佛山市弘峻水处理设备有限公司、广东水利电力职业技术学院
联系人：陈师楚
地　　址：广东省佛山市禅城区绿岛湖季华西路133 号 6 座 1608
电　　话：0757 - 82520343
手　　机：13703087408
传　　真：0757 - 82529532
E - mail：240691990@qq.com

151 蓝海自动自洁净水机

持有单位

浙江蓝海环保有限公司

技术简介

1. 技术来源

自主研发，研制了无动力、无运动部件、无故障率、根据滤层阻力来自动控制滤池反冲洗的滤料自动反冲洗装置。

2. 技术原理

该净水机构造独特，采用无动力、无运动部件、无故障率、根据滤层阻力来自动控制滤池反冲洗的滤料自动反冲洗装置，采用位差来控制反冲时间，采用防冰冻防虹吸的进水装置，在进水压力不小于 0.08MPa（8m 水头），滤速 6～8m/h，使得净水机无能耗正常工作，产生净水。

3. 技术特点

（1）该设备是"无动力，无人管理的傻瓜型小自来水厂"，特别适用于乡村供水。

（2）净水设备的提升泵或进水阀与清水池液位实行联锁控制，可以做到智能化控制。

（3）净水装置分体运输，安装，具有配置灵活，运输方便，占地省，上马快。

技术指标

（1）进水浊度不高于 500NUT，出水浊度不大于 3NUT。

（2）过滤单元反冲洗强度：12～15L/（m²·s）。

（3）过滤单元滤料反冲洗时间：5～6min。

（4）单机处理水量：5～200m³/h。

（5）单机外形尺寸：宽不超过 2.6m，高不超过 2.8m，可以模块化设计组合，便于交通运输。

技术持有单位介绍

浙江蓝海环保有限公司的前身为绍兴兰海环保有限公司，是一家专业生产各类净水设备及污水处理设备的科技型企业。年销售额 1.6 亿元以上。公司坚持"做一种产品，创一种品牌，交一方朋友，拓一次市场"的经营理念，主要经营给排水工程的设计、制造、安装、调试及售后服务，研制开发的主要产品有 LJD 系列农村饮水安全水处理成套设备及各类工业废水处理设备和农村生活污水治理设备。2002 年通过 ISO 9001：2000 国际质量体系认证，2003—2013 年连续 10 年被水利部评为农村供水工程材料设备产品推荐企业。系全国同行业拥有卫生部颁发大型饮用水卫生安全产品卫生许可证（卫水字 2005 第 0069 号）的第三家企业。2005 年被中国农业节水技术协会授予"全国农村饮用水安全技术保障百强企业"。

应用范围及前景

适用于原水浊度小于 100NTU 的各类江、河、水库水净化，广泛应用于中小城镇，农村自来水及工矿企业自备水的制备。该净水设备净水量为 5～200m³/h，特殊规格及要求可另行设计制造。

无能耗全自动自洁净水机以及同类产品已经得到广泛应用。2008 年"5·12"汶川特大地震发生后，受水利部特别指令，公司一周内赶制 50 套净水设备，并与水利部领导一起奔赴汶川、青川、汉源等灾区，参与应急供水保障工作，解决了十万灾区群众的应急供水难题，受到了水利部"一方有难、八方支援""同舟共济、患难与共"的特别嘉奖。2010 年 4 月青海玉树发生了 7.1 级地震，公司紧急赶制了价值 21 万元的 3 套净水设备无偿捐赠给灾区，解决了 1 万人饮水安全问题。2010 年上半年西南地区旱灾时，公司及时提

供净水设备 110 套，保证 30 万人饮水无忧。2010 年 8 月 7 日甘肃舟曲特大泥石流灾害后，8 月 11 日接到国家工信部紧急指令，8 月 17 日公司就将专门研制的 60 多套小型净水设备和 150 多台配套家用型净水机送往舟曲，解决 3 万多人的饮水问题。

■应用于十字铺茶场

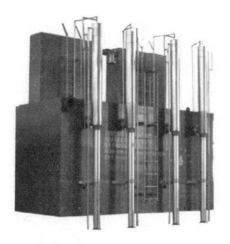

■LJD-Ⅰ型无能耗全自动自洁净水机

■应用于霍山石家河工程

■LJD-Ⅱ型组合式全自动净水设备
（傻瓜型净水机）

■应用于六安钱集

技术名称：蓝海自动自洁净水机
持有单位：浙江蓝海环保有限公司
联 系 人：罗华杰
地　　址：浙江省绍兴市上虞区曹娥街道严村
电　　话：0575 - 82159367
手　　机：18058479367
传　　真：0575 - 82152838
E - mail：sx@lanhaicn.com

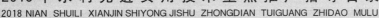

152 SZ型自动净水设备（分体式无动力）

持有单位

浙江神洲环保设备有限公司

技术简介

1. 技术来源

自主研发。

2. 技术原理

反应沉淀、分配水箱、虹吸无阀过滤池巧妙组合成为全自动净水设备，再配套管道混合器、正压加药装置、缓释消毒设备，组成一整套净水设备，使山区农村彻底改善用水质量，用上放心安全的饮用水。

3. 技术特点

（1）整套设备无需专人操作，只需管理人员每1～2个月去增添药剂一次就行，是真正的无人看管的小型自来水厂。

（2）水质保证：过滤是净水设备的要点，及时反冲洗是保证水质的关键，利用虹吸无阀滤池，外加手动强制反冲洗操作阀，保证了出水品质。

（3）无需增设用电负荷，整套设备无电能使用，节约能源，减少维修费用。

技术指标

经浙江省环保设备质量检验中心检测，均符合标准要求。

（1）焊缝在每米长度内的宽度偏差小于±3mm。

（2）尺寸：罐1直径914mm、高度5100mm，罐2直径910mm、高度5102mm。

（3）防腐：设备内表面涂刷饮用水涂料，设备外底漆防腐，金属锤纹漆面，防晒遮雨。

（4）压力试验：1.5倍试压，持续30min，无变形不渗漏。

（5）流量：不低于额定流量，反冲洗强度12～15L/（m²·s），反冲洗时间5～7min。

（6）按$Q=10m^3/h$设备为例，投资总价：7.5万元。运行药剂费：混凝剂0.108元/m^3水；消毒剂0.02元/m^3水；人工费：0.05元/m^3水；折旧费：20年计，每年3750元/年，约1元/m^3水。合计：1.178元/m^3水。

技术持有单位介绍

浙江神洲环保设备有限公司成立于2003年，是长三角地区从事净水设备的设计制造、安装调试、售后服务于一体的专业水处理科技型企业，拥有净水设备卫生许可批件，年产设备2000台套，为农村饮水安全工程推荐企业与水利系统招标推荐企业。

应用范围及前景

净水设备为广泛应用于农村城镇、企业机关、部队营房、生产生活用水等行业，可作为生产生活预处理系统的前期处理。该产品技术已日趋成熟，以运行过程无电能消耗、自动反冲洗自洁净、无人工操作方式等优势，快速被市场认可，并得到较快的推广。主要在江苏省、江西省、福建省、浙江省等山区农村饮水安全工程等地应用，受到广大用户的一致好评。

技术名称：SZ型自动净水设备（分体式无动力）
持有单位：浙江神洲环保设备有限公司
联 系 人：杨金波
地　　址：浙江省绍兴市上虞区东关联星工业区
电　　话：0575－82563222
手　　机：13505852108
传　　真：0575－82567288
E - mail：1035038738@qq.com

153 HC型除氟除砷净水设备

持有单位

浙江华晨环保有限公司

技术简介

1. 技术来源

自主研发。

2. 技术原理

将原水放入原水桶中，打开电源开关，在高压自吸泵的作用下，水进入第一级过滤，将水中的泥沙、铁锈、胶体和大于 $5\mu m$ 的颗粒性杂质滤掉；进入第二级过滤，祛除水中异色、异味等；进入第三级过滤，过滤掉第二级颗粒活性炭上脱落下来的碳粉，加压后进入第四级过滤；在第四级过滤中，水经过 RO 反渗透膜，将水中钙、镁、金属离子、有机物等杂质全部滤掉，祛除水中细菌、病毒；第五级过滤中，将纯水深度处理，改善水的口感。

3. 技术特点

该设备水质适应性强，除氟效率高，相比传统滤料可大大减少设备体积，在使用过程中无任何有毒有害物质溶出。

技术指标

（1）色度≤15。

（2）浊度≤1。

（3）出水含氟量＜1.0mg/L。

（4）出水含砷量＜0.01mg/L。

技术持有单位介绍

浙江华晨环保有限公司自创立以来，抓住中国城镇化高速发展带来的历史机遇，坚持以客户为中心，以创新为发展，以质量求生存。对新型一体化净水设备、反渗透水处理设备、消毒设备、污水处理设备领域持续进行研发投入。从国外引进了先进自动组装设备和智能检测设备，并与同济大学等多所科研院校接轨，搭建了将科技成果转化为产品的高层次平台。超过45％的员工从事创新、研究与开发，已累计获得各类专利40余项，先后成功研制开发了30余种特别适合城镇、农村、学校、偏远山区、牧区的净水设备、消毒设备、直饮水设备及生活污水处理设备，其中一体化净水设备、消毒设备、生活污水处理设备荣获科技厅颁发的科学技术成果鉴定证书，属国内领先技术。历年来获得了环境污染防治工程（废水）（废气）专项设计资质；环境污染治理工程总承包资质；卫生厅涉水产品卫生安全产品许可证、消毒产品卫生安全许可证；连续3年入选水利部农村饮水安全中心推荐产品；水利部科技推广中心先进实用重点推广产品；企业已通过质量管理体系、环境管理体系、职业健康管理体系认证；节水产品认证企业；国家强制性产品认证。

应用范围及前景

适用于农村、偏远地区饮用水中氟砷均超标地区，特别是城市自来水管网不能覆盖的农村和偏远地区。

技术名称：HC型除氟除砷净水设备
持有单位：浙江华晨环保有限公司
联系人：叶开良
地址：浙江省绍兴市上虞区东关街道傅张街
电话：0575-82058899
手机：13705859196
传真：0575-82058800
E-mail：949013308@qq.com

154　光催化解毒＋生物操控水生态修复技术

持有单位

江苏拜仁环境科技有限公司
南京苏全信息科技有限公司

技术简介

1. 技术来源

自主研发。

2. 技术原理

光催化降解水环境中有机、有毒污染物技术，是集量子光催化剂和光催化剂异质负载材料等科研成果于一身的高端技术产品体系。该技术能够在较短时间内完成水质净化提升和水体自净能力的恢复，而且无需外加能源动力、无需添加化学药剂或生物菌种、无需专人值守，是一种具有广泛应用前景的水体净化技术。产品敷设在水体里可长期发挥作用，功能不会衰减，并可易地反复使用。

3. 技术特点

（1）光催化技术的实施，为生物操控系统的建立奠定基础。

（2）生物操控是通过对"水体微生态系统""水生植物系统"和"水生动物系统"的优化型操控实现这三大系统的良性循环。

技术指标

（1）黑臭水体从劣Ⅴ类治理到Ⅳ类水质按 GB 3838—2002《地表水环境质量标准》执行。

（2）景观水体从劣Ⅴ类治理到Ⅲ类水质按 GB 3838—2002《地表水环境质量标准》执行。

（3）蓝藻暴发水体（富营养化水体）从劣Ⅴ类治理到Ⅳ类或Ⅲ类水质按 GB 3838—2002《地表水环境质量标准》执行。治理结束后铜绿微囊藻孢子、藻毒素无检出。

技术持有单位介绍

江苏拜仁环境科技有限公司正式成立于 2016 年，是一家专注于水生态环境治理领域专业化企业，以治理河湖水体生物种群过度生长为突破口，通过 BARON 独特调控技术，对水体的藻类、植物、动物以及微生态系统的种群比例进行重新配置，实现对水生态循环系统的重新构建。已形成完整的企业核心技术系统"BARON 种群调节暨生态重构技术""BARON 黑臭河道生态治理技术"。

南京苏全信息科技有限公司主要从事信息技术开发、计算机系统集成工程、水利工程、水处理工程及软件的研发、销售和技术服务。

应用范围及前景

适用于黑臭河道、景观水体及水源地水体治理。能够将水体中总磷消减到 0.02mg/L 以下，总氮消减 70% 以上，对底泥进行原位消减，景观水体和水源地透明度达 3m 以上，水体水质达到 GB 3838—2002 地表水环境质量标准Ⅲ类水质。该技术在潘家口水库进行了示范工程建设，典型应用案例有徐州市玉泉河黑臭河道治理工程、徐州市小沿河水源地生态治理工程以及徐州市新城区肖庄大沟景观水体设计及施工等。

技术名称：光催化解毒＋生物操控水生态修复技术
持有单位：江苏拜仁环境科技有限公司、南京苏全信息科技有限公司
联 系 人：范敬兰
地　　址：江苏省徐州市新城区元和路 1 号
电　　话：0516 - 80801223
手　　机：13776789725
E - mail：284275579@qq.com

155 BH—高效纳米纤维滤料处理高浊水一体化净水系统及设备

持有单位

青岛兰海希膜工程有限公司

技术简介

1. 技术来源

针对传统工艺受高浊水冲击负荷出水效果不达标问题,自主研发了 BH—高效纳米纤维滤床处理高浊水一体化净水系统及设备,解决了传统过滤工艺不节能、出水水质差、故障率高、维修麻烦等问题。

2. 技术原理

BH—高效纳米纤维滤床处理高浊水一体化净水系统及设备是采用高效的特殊沉淀工艺,使用高效纳米纤维滤料过滤工艺替代各种纤维滤料及传统石英砂过滤工艺,根据原水的实际水质状况及用户具体要求,通过工艺设计计算后进行灵活的工艺单元组合。

3. 技术特点

(1) 结构紧凑一体化,管理方便、占地面积小,节约土地资源,程基建量小、投产快、易组合配套,造价低,制水成本低。

(2) 过滤精度高,可去除 98% 大于 $5\mu m$ 的悬浮固体颗粒;过滤速度快,水处理量增加 10% 以上;净水效率高,出水水质好。

(3) 可间断或连续运行,性能稳定、工作无噪声;使用寿命长,正常可使用 12 年以上,解决了石英砂、纤维球、纤维束滤池滤料 2～3 年内必须整体割除更换的弊病。

(4) 截污容量大,截污容量在 15～35kg/m^3 的范围内。

(5) 反洗耗水率低,反冲洗耗水量为周期滤水量的 1%～2%,气水反洗工艺替代传统的虹吸工艺,确保滤料的净洁度。

技术指标

处理水量:200m^3/h。

外形尺寸:15000mm×4500mm×3000mm。

材质:碳钢。

过滤区平均设计滤速:8～10m/h。

滤池冲洗强度:14～18L/(m^2·s)。

滤池冲洗时间:3～5min(可调)。

总停留时间:65～90min。

技术持有单位介绍

青岛兰海希膜工程有限公司成立于 1998 年,注册资金 1 亿元,是一家集水处理设备研发设计制造、施工建设、投资运营为一体的综合性企业。承揽 PPP 项目、BOT 项目、BT 项目,业务范围涉及水生态、市政、水利、管网、超滤/滤池/一体化等工艺的自来水厂、海水淡化、苦咸水等。公司秉承"以用户为中心"的经营理念,凭借着先进的技术力量、持续地创新能力,不断开拓进取,不断发展壮大,市场前景日益广阔。公司将以先进的技术、优质的产品、良好的信誉,为用户提供一流的服务,为提高人们生活用水质量,为我国的饮水安全和水资源可持续利用事业作贡献。

应用范围及前景

适用于水浊度大于 5000mg/L 的各类江,河,湖,水库等为水源的农村,城镇,工矿企业的水厂,作为主要的净水处理装置。BH—高效纳米纤维滤床处理高浊水一体化净水系统及设备

在过滤技术和水处理方面有广阔的应用前景。

该装置为青岛兰海希膜工程有限公司独创的、具有自主知识产权的折板絮凝池＋组合式斜管斜板沉淀池＋高效纳米纤维滤床组成，能适应浊度500～4000NTU的进水水质，可短时间承受浊度为5000～8000NTU的进水水质，确保水处理效率更高、运行更稳定、自动化程度更高。与同样处理规模的常规一体化水处理设备相比，该设备具有水处理效率更高、占地面积更少、投资更省的优点。自多年投入使用以来，设备运行一切正常，而且出水水质优良并能满足国家饮水卫生标准106项，因此客户对其给予了高度的评价。

■一体化净水设备

■一体化净水设备

■一体化净水设备

■一体化净水设备

技术名称：BH—高效纳米纤维滤料处理高浊水一体化净水系统及设备

持有单位：青岛兰海希膜工程有限公司

联 系 人：张欣欣

地　　址：山东省青岛市崂山区香港东路23号中国海洋大学浮山校区F区502

电　　话：0532－88737617

传　　真：0532－85901768

E － mail：sup@lanhaixi.com

156 大型海水淡化（高盐水脱盐）节能系统及设备

持有单位

青岛兰海希膜工程有限公司

技术简介

1. 技术来源

自主研发。较传统自来水处理工艺（包括模块化水厂）和废水深度处理工艺，大型海水淡化（高盐水脱盐）节能系统及设备具有更多的优点：处理规模灵活，可有效去除有机物、胶体、贾第鞭毛虫和隐孢子虫等微生物、细菌等，出水浊度可达到0.1NTU，出水水质更稳定优质，占地面积更小，操作管理更方便。它的能耗仅为电渗析法的1/2，蒸馏法的1/40。

2. 技术原理

大型海水淡化（高盐水脱盐）节能系统及设备采用高反渗透法进行海水淡化，利用只允许溶剂透过、不允许溶质透过的半透膜，将海水与淡水分隔开。在通常情况下，淡水通过半透膜扩散到海水一侧，从而使海水一侧的液面逐渐升高，直至一定的高度才停止，这个过程为渗透。此时，海水一侧高出的水柱静压称为渗透压。如果对海水一侧施加一个大于海水渗透压的外压，那么海水中的纯水将反渗透到淡水中。

3. 技术特点

（1）节约能耗：它的能耗仅为电渗析法的1/2，蒸馏法的1/40。

（2）工程造价低：占地面积小，土建投资费用低。

（3）运行成本低：众所周知，海水淡化设备的运行成本普遍较高，此系统及设备相对传的海水淡化技术，在运行成本上有所降低。

（4）净水效率高，出水水质好。

技术指标

处理水量：2500m³/h。

药剂投加量：7.5L/h。

材质：碳钢。

SWRO 反渗透淡化冲洗流量：300m³/h。

RO 化学清洗流量：200m³/h。

技术持有单位介绍

青岛兰海希膜工程有限公司成立于1998年，注册资金1亿元，是一家集水处理设备研发设计制造、施工建设、投资运营为一体的综合性企业。承揽PPP项目、BOT项目、BT项目，业务范围涉及水生态、市政、水利、管网、超滤/滤池/一体化等工艺的自来水厂、海水淡化、苦咸水等。公司秉承"以用户为中心"的经营理念，凭借着先进的技术力量、持续地创新能力，不断开拓进取，不断发展壮大，市场前景日益广阔。公司将以先进的技术、优质的产品、良好的信誉，为用户提供一流的服务，为提高人们生活用水质量，为我国的饮水安全和水资源可持续利用事业作贡献。

应用范围及前景

大型海水淡化（高盐水脱盐）节能系统及设备在水处理领域有广阔的应用前景，可有效地去除海水中的无机盐、重金属离子、有机物细菌及病菌等有害成分，将海水淡化为符合国家生活饮用水标准的优质水。同时，其对高盐水脱盐等其他方面也有较好的效果。具体应用领域如下：海水、苦咸水淡化；纯水、高纯水的制备；锅炉补给水的制备；医药用纯水的制备；饮料行业用水；工业纯水的制备；宾馆、楼宇、社区机场房产物业的优质供水网络系统及游泳池水质净化；

工业废水处理及回用；垃圾渗沥液的处理等。

■海水淡化预处理

■海水苦咸水淡化

■海水淡化预处理

■海水苦咸水淡化

技术名称：大型海水淡化（高盐水脱盐）节能系统
　　　　　及设备
持有单位：青岛兰海希膜工程有限公司
联 系 人：张欣欣
地　　址：山东省青岛市崂山区香港东路 23 号中
　　　　　国海洋大学浮山校区 F 区 502
电　　话：0532 - 88737617
传　　真：0532 - 85901768
E - mail：sup@lanhaixi.com

157 HD 型全自动多功能净水设备

持有单位

浙江华岛环保设备有限公司

技术简介

1. 技术来源

自主研发。

2. 技术原理

HD 型全自动多功能净水设备具有反复曝气功能，设备包括储水罐、过滤罐和曝气池，技术特征在于储水罐上部设有进水管，底部设有出水管，储水罐一侧连接有虹吸管道。水流通过提升水管连接有喷淋装置，喷淋装置位于曝气池的上方，正对喷淋装置的曝气池中没有格栅，曝气池与过滤罐通过水管连接，过滤罐中设有过滤层，过滤罐下部与储水罐相连。通过喷淋装置在曝气池中进行充分曝气，使得水中的矿物质氧化沉淀，然后通过过滤罐进行过滤，制备的水质清澈。

3. 技术特点

（1）在传统进水器基础上，增加反复曝气功能，有利于水中矿物质氧化沉淀，特别对源水含铁锰超标地区尤其明显。

（2）该设备具有射流曝气、跌落曝气、喷淋曝气、循环曝气等反复曝气功能，对水中矿物质分析具有极好的效果。设备有成熟的虹吸功能，多种曝气不会增加运行成本。

（3）双罐设计，便于运输、安装。占地少、上马快。

技术指标

以每小时处理水量 10t 为例，允许进水浊度 <1000NTU，出水浊度≤1NTU，处理流量 $Q=$ 10m³/h，供水压力 0.4MPa，经国家环保设备质量监督检验中心（浙江）检测，均符合要求。外观要求：表面平整，无鼓突现象；焊缝在每米长度内的宽度偏差小于±3mm，外表光亮平整、清洁、整齐、美观、布局合理，设备外表设有产品标志。尺寸：罐 1 直径 1800mm，高度 5500mm；罐 2 直径 1800mm，高度 5501mm。喷漆要求：表面平整光滑，色彩均匀，无裂纹、气泡、龟裂、剥落等缺陷。净水流量：不低于 10m³/h；反应时间：8～10min；工作压力：0.1～0.3MPa；水头损失：≤0.05MPa；反冲洗强度：12～16 L/(m² · s)。

技术持有单位介绍

浙江华岛环保设备有限公司坐落在风景秀丽的杭州湾畔，中国环保设备发源地的浙江绍兴市上虞区，是一家集科研、制造、销售、安装、维护为一体的水处理设备专业公司。

公司坚持"没有最好，只有更好"的产品理念，借助浙江省水利厅下属杭州水处理研究中心、中冶海水淡化投资有限公司专家和 20 多年环保企业出来的骨干施工，理论与实践的充分结合，潜心钻研、刻苦攻关，不断实践，不断创新，成功开发制造了多个品种的各类大中小型水处理设备。目前已实施科技成果转化 8 项，已获专利 10 项，获得卫生部颁发的大型《卫生部涉及饮用水卫生安全产品卫生许可》，批准文号：浙卫水字（2013）第 0173 号、浙卫水字（2015）第 0303 号，获得卫生部颁发的《浙江省大型反渗透水处理器产品卫生许可》，批准文号：浙卫水字（2013）第 0096 号、浙卫水字（2015）第 0251 号。公司先后通过 ISO 质量管理体系认证、ISO 环境管理体系认证、OHSAS 职业健康安全管理体系认证，并通过北京中水润科有限责任公司颁发的节水产品认证证书，获得浙江省科技型

企业、绍兴市高新技术企业等荣誉。

应用范围及前景

　　适用于未开通自来水管网的农村山区、缺乏设备操作技术人员、无安全饮用水供应的自然乡镇，不能大面积集中供水的地区；特别适用于源水铁锰超标的地方。

　　对提高偏远地区农民生活饮水水质、改善健康状态、推动当地经济建设具有重要意义。同时设备运行不消耗常规能源，无污染，绿色节能，符合国家可持续发展理论。

■全自动净水设备——贵州大方

■净水设备单元

■全自动净水设备——云南麻栗坡

■HD 型组合式净水设备采用了反应
絮凝沉淀过滤单元

技术名称：HD 型全自动多功能净水设备
持有单位：浙江华岛环保设备有限公司
联 系 人：王军民
地　　址：浙江省绍兴市上虞区曹娥街道新建庄工业区
电　　话：0575－80270158
手　　机：18605753570
传　　真：0575－80270158
E － mail：zjhuadao@163.com

158　智能型分布式微生物污水处理系统

持有单位

北京中水润德科技有限公司
重庆固润科技发展有限公司

技术简介

1. 技术来源

自主研发分布式微生物污水处理系统，作为全集中城市污水处理模式的互补。全集中城市污水处理模式，根据地形地貌、高程布置和经济社会条件等特征，利用建设的排水管网和提升泵站将城市规划区域内的生活污水输送到污水处理厂统一处理。这种模式的运行管理特点是集中式管理和控制，污水处理系统庞杂，对操作管理人员专业素养要求高，设备日常管理和维护保养严格，安全管理、设备维护成本高，实际水量与设计水量偏差较大时，污水处理厂运行负荷不足，有机剩余污泥产量高，污泥排放与处置费用高。

2. 技术原理

组团式乡镇污水处理站，是以一定的聚合空间为基础，通过优化村镇布局和形态，结合实际污水处理需求而构建的点状布局组团式污水处理体系。这种模式的运行管理特点是规模小，便于选址，建设方式灵活，建设周期短，施工难度小，管网建设及运行管理投资低，利于污水就地回用，建设费用低，适用范围广。组团式污水处理站通过缩小污水收集半径，可有效节省管网投资，在满足乡镇片区污水处理配套设施要求的同时，实现污水处理的投资成本最小化和处理效率最大化。

3. 技术特点

目前，全集中城市污水处理模式，普遍存在污水收集管网投资大、地方财政难以负担和实际运行效率低的多重困境。因此，城镇污水处理体系应根据实际需求进行合理规划设计，摒弃城市集中处理的做法，坚持分布式处理的原则，因地制宜、科学规划，处理好分散与集中的关系。

技术指标

（1）分户、农家乐、客栈污水设备处理指标。

型号规格	材质	功率/W	设备尺寸 (L×W×H)/(m×m×m)	基础尺寸 (L×W)/(m×m)	吨水占地面积/m²	出水标准	在线监测及远程监测功能
RD-0.6B	PE	35	φ1.2×1.4	φ1.4	2	一级B 总磷除外	有远程监控功能
RD-0.6T	镀锌板	35	0.85×0.82×1.25	1.2×1.0	2		无在线监测
RD-0.9T	镀锌板	35	1.20×0.82×1.25	1.5×1.0	2		
RD-5T	碳钢	400	2.4×1.30×2.0	2.8×1.7	2		
RD-25T	碳钢	750	4.9×2.5×2.6	5.3×2.8	1	一级B	有

（2）乡镇污水设备处理指标。

型号规格	一级A处理规模范围/(T/d)	一级B处理规模范围/(T/d)	主箱体外观尺寸 (L×B×H)/(m×m×m)	装机功率/kW	设备自重/t	吨水占地面积/m²	在线监测及远程监测功能
RD-30T	30	45	5.0×2.2×2.7	0.99	4	0.3~0.5	有
RD-60T	60	80	6.0×2.7×3.0	1.23	6		有
RD-75T	75	100	6.0×2.7×3.0	1.58	6.7		有
RD-100T	100	135	9.0×2.7×3.0	2.33	10		有
RD-150T	150	200	12.0×2.7×3.0	3.03	14.3		有
RD-200T	200	275	16.0×2.7×3.0	3.46	20		有

技术持有单位介绍

北京中水润德科技有限公司成立于2014年5月，是一家集研发、生产、销售、技术服务为一体的智慧农业、智慧水务专业化高新技术企业。中水润德致力于智慧农业和智慧水务产品的研发，拥有多个具有自主知识产权的软硬件产品。经过多年的技术积累和研发创新，已经形成一整套完备的智慧农业和智慧水务的解决方案。

重庆固润科技发展有限公司是一家集研发、生产、销售的高新科技企业。公司致力于污水处理领域的传感、控制、信息化及一体化环保设备提供创新技术与产品解决方案，公司的核心团队具有多年行业研发和应用经验，并长期与固高长江研究院、河南科技大学、洛阳理工学院等院校进行科研合作。自主研发污水处理领域的多参数水质同传感器、一体化网络控制控制、污水处理智慧信息化平台及一体污水处理设备已经投入行业使用并获得国家相关专利。公司坚持以持续技术创新为客户不断创造值。

■智能型分布式微生物污水处理系统示意

应用范围及前景

农村生产和生活污水处理；城镇居民生活小区污水处理；学校、宾馆、风景区、农家乐等分散式生活污水处理。单台处理能力 30～650t/d，可并联至 5000t/d。

智能精确，曝气回流控制；多点气提技术应用，更加节能；界区内噪声低于 45dB，无异味；设备自动运行，无需专人值守；能耗 0.3～0.5 $(kW \cdot h)/m^3$，污水无需添加药剂；占地 0.3～0.5m^2/m^3（含附属构筑物）；可实施远程监控及控制并实现集群联网。

■永州祁阳三家村污水处理设备 25T/D

技术名称：智能型分布式微生物污水处理系统
持有单位：北京中水润德科技有限公司、重庆固润
　　　　　科技发展有限公司
联 系 人：刘芳芳
地　　址：北京市海淀区车公庄西路 20 号
电　　话：010 - 58440213
手　　机：18810642630
E - mail：zhongshuird@126.com

159 倍 特 生 态 清 淤 技 术

持有单位

长江勘测规划设计研究有限责任公司

技术简介

1. 技术来源

倍特生态清淤技术是长江勘测规划设计研究有限责任公司从韩国引进的环境友好型水环境治理新技术。

2. 技术原理

倍特生态清淤剂的净化原理如下：首先，清淤剂结构特殊、吸附能力强、表面带正电荷，可引导水体中的有机污染物和底泥浮脱物向其表面聚集，形成凝聚体后沉淀。其次，水体透明度提高后，清淤剂中的光敏成分在光照条件下产生催化作用，将大分子和难分解的有机污染物转化为小分子物质，部分无机污染物被氧化为营养盐，为土著微生物提供养分。再者，清淤剂孔隙率高、亲水性好、微生物附着率高，可增加水体中的溶解氧，为土著微生物的增殖提供良好环境，促进底层微生物族群的组建。此外，底泥中的重金属离子与清淤剂电荷作用，形成稳定的无机沉淀物，被永久固化，不再溶出。长此以往，底泥被微生物吸收、转化、分解、沙化，上层沙化可阻断下层底泥污染物的再悬浮，内源污染得到有效控制。

3. 技术特点

主要有以下技术特点：①原位治理，无二次污染；②生态清淤，修复生态平衡；③材料天然，安全性能好；④目标灵活，适用范围广；⑤成本较低，经济可靠；⑥施工简便，易于管理。

技术指标

根据已实施的30余项工程的验收结果显示，

经倍特生态清淤技术处理后，底泥每年可消减15～30cm、表层淤泥中的重金属浓度下降 96% 以上、NH_3-N 浓度下降 98% 以上、TP 浓度下降 99% 以上、上覆水体的溶解氧浓度至少能提升到 4.5mg/L 以上、底泥中的污染物释放速率减缓 95% 以上。

技术持有单位介绍

长江勘测规划设计研究有限责任公司是国家核准的高新技术企业，拥有中国工程院院士 3 人，全国勘察设计大师 4 人，国家级人才 126 人，各类科研技术人才逾千人。

应用范围及前景

倍特生态清淤技术，已先后在韩国、日本、中国实施 30 余项内源污染控制工程，处理对象广泛，包括饮用水源地水库、湖泊、河道、景观水池、核污染水等不同类型的、不同污染程度的水体，均取得了良好的治理效果，底泥逐渐分解、沙化，上覆水体水质改善明显，水体生态平衡逐渐恢复。主要的处理对象为：①河流：流速较缓、淤积严重的河道，尤其适合于城市内河、黑臭水体的治理；②湖泊：天然湖泊或人工湖的治理；③水库：水库水体内源污染控制；④饮用水源地：饮用水源地水体内源污染控制；⑤景观水体：景观水池、造型水体内源污染控制。

技术名称：倍特生态清淤技术
持有单位：长江勘测规划设计研究有限责任公司
联系人：张曦
地　　址：湖北省武汉市江岸区解放大道 1863 号
电　　话：027 - 82926422
手　　机：13886187341
传　　真：027 - 82820432
E - mail：zhangxi@cjwsjy.com.cn

160 假俭草新品种"涵宇一号"技术

持有单位

长江水利委员会长江科学院
荆州长江水土保持工程有限公司

技术简介

1. 技术来源

自主研发。

2. 技术原理

假俭草为禾本科蜈蚣草属多年生草本植物，是我国分布较为广泛的暖机型草坪草之一。假俭草新品种的研究紧密结合我国生态建设与水土保持的实际需求，以原产于我国的野生假俭草为研究对象，运用先进的科研方法，合理安排技术路线，历时7年，成功选育出了中国假俭草新品种"涵宇一号"。

3. 技术特点

假俭草"涵宇一号"叶片呈线性状，长2～4cm，宽1.5～3mm，蔓延力强。植株低矮，茎叶密集，平整美观，是集工程效益、生态效益、经济效益和社会效益于一体的假俭草新品种，是防治水土流失的理想植物材料，同时对改变我国长期大量依赖进口草种的局面，实现草种国产化具有重大的现实意义。

技术指标

10分制评分标准。

绿期：265d，等级：长。

耐旱性：9.8分，等级：强。

抗寒性：9.7分，等级：强。

抗热性：9.0分，等级：强。

耐践踏性：8.9分，等级：强。

综合评定：9.2分，很适宜。

技术持有单位介绍

长江水利委员会长江科学院始建于1951年，隶属水利部长江水利委员会。主持完成了大量的国家科技攻关、国家自然科学基金以及数十项国家科技计划和省部级重大科研项目。荣获国家和省部级科技成果奖励431项，其中国家级奖励32项；获得国家发明和实用新型专利165项；主编或参编国家及行业技术标准、规程规范44部；出版专著近70部。

荆州长江水土保持工程有限公司主要从事草皮研发、销售；水利堤防、海防护坡工程；沙漠化治理工程、水土保持工程；公路、铁路、运动场、大型休闲广场、高尔夫球场的设计与施工、管理、咨询；园林绿化工程、屋顶绿化工程设计与施工。

应用范围及前景

假俭草"涵宇一号"能广泛应用于水土流失及沙漠化治理工程、植被护坡工程、园林绿化工程、草地湿生态保护与恢复工程等需要植物措施的工程当中，可在我国长江流域和黄河流域大量栽培应用。

技术名称：假俭草新品种"涵宇一号"技术
持有单位：长江水利委员会长江科学院、荆州长江
　　　　　水土保持工程有限公司
联系人：高强
地　址：湖北省武汉市江岸区黄浦大街23号
电　话：027-82820726
手　机：13971181992
传　真：027-82820726
E-mail：xclgq@126.com

161 DT 碟 管 式 膜 技 术

持有单位

烟台金正环保科技有限公司

技术简介

1. 技术来源

碟管式反渗透（DTRO）技术来源于德国，原始应用方向为垃圾渗滤液过滤处理，解决了大量排放标准高、不可生化等难题，此技术进入中国以后，已经应用于几百个垃圾填埋场污水达标排放项目。烟台金正环保公司在德国技术基础上，采用优质膜材，开发了流量更大、运行压力更低、更耐污染的膜元件，应用于市政、化工、电力、石油等行业的污水循环再利用，出水好于自来水标准，更接近于去离子水标准。

2. 技术原理

DT 膜技术即碟管式膜技术，分为 DTRO（碟管式反渗透）、DTNF（碟管式纳滤）两大类，是一种独特的膜分离设备。该技术是专门针对高浓度料液的过滤分离而开发的，已成功应用近 30 年。碟管式膜组件采用开放式流道，DT 组件两导流盘直接距离为 4mm，盘片表面有一定方式排列的凸点。这种特殊的力学设计使处理液在压力作用下流经滤膜表面遇凸点碰撞时形成湍流，增加透过速率和自清洗功能，从而有效地避免了膜堵塞和浓差极化现象，成功延长了膜片的使用寿命；清洗时也容易将膜片上的积垢洗净，保证碟管式膜组适用于处理高浑浊度和高含沙系数的废水，适应恶劣的进水条件。

3. 技术特点

（1）简化预处理；回收率高、能耗低。

（2）极少的化学操作费用。

（3）膜使用寿命长，膜片可单独更换。

（4）出水水质高，分离性能稳定。

（5）系统可靠性高，可移动性能强。

（6）占地面积小，灵活紧凑的模块化单元。

技术指标

以各种膜片为例，最小脱盐率 99.0%，稳定脱盐率 99.5%，给水流量 0.4～1.2t/(h·支)，运行温度 5～40℃。

最高工作压力与建议进水含盐量如下：

膜片型号	最高工作压力/bar	建议进水含盐量/(mg/L)
XDT - SW75	75	<35000
XDT - SW90	90	<45000
XDT - SW120	120	<60000
XDT - SW160	160	<80000

技术持有单位介绍

烟台金正环保科技有限公司成立于 2012 年 7 月 5 日，注册资本 2000 万元，是以膜法水处理技术为核心的新型环保科技公司，是国内首家以特种膜元件研发、膜元件制造、膜系统应用开发为主营业务的高科技企业。在德国技术基础上，采用国际领先的美国陶氏膜原材和国际一流自动化设备，规模化生产 DTRO 膜组件，并将 DTRO 膜技术应用于再生水资源回用、酸分离、碱分离、垃圾渗滤液深度处理、高盐、高 COD 污水零排放预浓缩领域的高新科技企业，解决了化工行业高污染难题和膜堵塞难题，应用技术世界领先，且运行成本低，维护简单。公司拥有环境污染治理设施运营资质，已获得 ISO 9001 认证。

应用范围及前景

DTRO 膜是一种应用于液体脱盐及净化的新

型膜分离组件，应用于处理高浓度污水，其耐高压、抗污染特点十分明显。即使在高浊度、高 SDI 值、高盐分、高 COD 的情况下，也能经济有效稳定运行。

（1）新生水厂高品质回收污废水。

（2）工业园区尤其是缺水地区工业园区高盐废水浓缩减量与高品质回用。

（3）发电厂脱硫废水处理及全厂废水零排放蒸发前浓缩。

（4）煤化工、制药、印染、电镀等用水量大，污染严重行业的近零排放工艺。

（5）垃圾渗滤液的高效处理；垃圾填埋场，堆肥场，焚烧场的渗滤液的处理。

（6）海岛、舰艇、船舶等海水淡化补充饮用水及生活用水。

（7）应急救灾、露营等特殊领域应用。

■碟管式反渗透 DTRO 膜用于钛业三洗废水回用

■碟管式反渗透 DTRO 膜用于电厂
脱硫废水零排放

■碟管式反渗透 DTRO 膜用于克山
30t 垃圾渗滤液处理

■技术原理示意

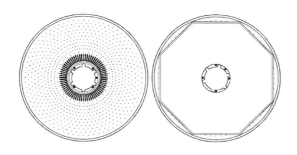

■碟管式膜组件采用开放式流道

技术名称：DT 碟管式膜技术
持有单位：烟台金正环保科技有限公司
联 系 人：王少媛
地　　址：山东省烟台市莱山区蓝德路 8 号
电　　话：0535 - 6264177
手　　机：13963899295
传　　真：0535 - 6262600
E - mail：sawang@jinzhegnhb.com

162　中小河流岸坡生态防护成套技术

持有单位

南京水利科学研究院

新疆水利水电科学研究院

四川大学

技术简介

1. 技术来源

在国家自然科学基金"天然土体渐进变形控制理论与数值分析方法研究（50409009）""天然岸坡土体的渐进变形分析及生态加固理论（50679044）""降雨入渗作用下滑坡灾害预测预报模式研究（51009097）"，以及水利部公益性行业科研专项经费项目"西部中小河流及其岸坡生态防治成套技术研究（201301022）"、江苏省水利科技项目"生态防护工程应用技术研究（2012009）"等多项科研项目的支持下，经过近10年的跨学科和多家单位、多部门协调研究凝练而形成的水利先进实用技术。通过上述项目研究，深入揭示了西部地区特殊土岸坡失稳破坏机制，建立了中小河流河岸劣化、水土流失与泥石流致灾过程的计算分析方法，构建了西部地区中小河流域滑坡泥石流综合防治技术；研发了中小河流岸坡新型护岸技术，并通过工程应用，提出了相应的设计方法及施工质量验收与评定方法，在此基础上综合形成了中小河流岸坡生态防护成套技术。

2. 技术原理

传统岸坡防护设计着重于强调岸坡稳定性，一般采用刚性护岸的结构型式，在保持岸坡稳定性、防治水土流失以及保证防洪安全等方面起到一定作用。但因刚性防护结构较少考岸坡与射流生态之间的关系，一定程度上人为干扰了自然环境，对景观环境和生态产生不良影响，造成水体与陆地环境恶化和生态破坏。要解决中小河流岸坡劣化、水土流失和水生态系统环境恶化等重大问题，迫切需要研究出取代传统的"硬质""非生态型"岸坡防护的"活性""生态型"的复合岸坡生态防护理论和技术，以及集流域内生态恢复与河道岸坡生态防护于一体的综合防治技术，解决水土保持及水环境改良等生态环境建设难题，给予整个河流生态系统健康与可持续性的生命活力。该先进实用技术以中小河流域劣化岸坡生态防护建设作为目标，系统集成石笼网装生态袋和废旧轮胎联合的生态护岸、空心砌块生态护面的加筋土轻质护岸、岸坡水土流失石笼拱生态柔性拦挡坝、废旧轮胎及植生带覆盖层防护边坡变形的自适应护坡技术等岸坡生态防护新技术，形成中小河流岸坡生态防治成套技术。

3. 技术特点

（1）土质岸坡变形破坏机理研究土工模型试验新技术。

（2）土质岸坡冲刷破坏机理研究大比尺模型试验新技术。

（3）严寒地区岸坡冻融变形新型监测技术。

（4）基于变形自适应原理的特殊土岸坡生态柔性防护技术。

（5）基于以柔克刚理念的泥石流生态柔性防治新技术。

技术指标

经新疆维吾尔自治区水利科技主管部门主持鉴定，该实用技术具有以下主要技术指标：

（1）准确模拟复杂受力条件下土石岸坡变形破坏过桯的新型模型试验装置。

（2）提出了特殊土岸坡冲刷破坏大比尺模型

试验新技术，实现了岸坡线面体冲刷破坏全过程的实时动态连续精细监测，测量精度≤2mm。

（3）严寒地区岸坡与渠道冻融变形与受力的新型测量装置及方法，测量精度±0.1%FS。

（4）构建了特殊土岸坡渐进变形解析理论与生态加固分析方法。

（5）提出了中小河流流域泥石流起动与致灾过程的计算分析方法。

（6）一体化的岸坡变形自适应生态防护体系，形成了岸坡生态柔性防护新技术。

（7）提出了以柔克刚的泥石流柔性拱生态防治理念，建立了中小河流域泥石流生态柔性防护技术。

（8）提出了中小河流岸坡生态防护设计及施工质量验收与评定方法。

（9）适合于干旱半干旱区的中小河流流域及其岸坡生态柔性防护成套技术。

技术持有单位介绍

南京水利科学研究院建于 1935 年，原名中央水工试验所，是我国最早成立的综合性水利科学研究机构；2001 年被确定为国家级社会公益类非营利性科研机构。主要从事基础理论、应用基础研究和高新技术开发，承担水利、交通、能源等领域中具有前瞻性、基础性和关键性的科学研究任务，兼作水利部大坝安全管理中心、水利部水闸安全管理中心、水利部应对气候变化研究中心、水利部基本建设工程质量检测中心、水利部水文仪器及岩土工程仪器质量监督检验测试中心。

新疆水利水电科学研究院（简称新疆水科院）成立于 1954 年，是新疆维吾尔自治区专事水利水电科学研究的公益性科研机构，行政隶属新疆水利厅，业务归口新疆科技厅管理。多年来，新疆水科院主要从事高效节水灌溉技术及灌溉制度研究、土壤改良与水盐动态观测研究、水资源水环境研究、河工水工模型试验、材料与结构试验、岩土工程试验研究等；同时还承担着节水新产品、新技术、新方法的研究、推广应用与示范，农田水利规划与勘测设计、水土保持方案

与设计、水利水电工程质量检测、大坝安全监测等任务。

四川大学是教育部直属全国重点大学，由原四川大学、原成都科技大学、原华西医科大学三所全国重点大学于 1994 年 4 月和 2000 年 9 月两次"强强合并"组建而成。四川大学学科门类齐全，覆盖了文、理、工、医、经、管、法、史、哲、农、教、艺等 12 个门类，有 34 个学科型学院及研究生院、海外教育学院等学院。现有博士学位授权一级学科 45 个，博士学位授权点 354 个，硕士学位授权点 438 个，专业学位授权点 32 个，本科专业 138 个，博士后流动站 37 个，国家重点学科 46 个，国家重点培育学科 4 个，是国家首批工程博士培养单位。

应用范围及前景

适用于特殊土岸坡（膨胀土、季节性冻土、碎石土、盐渍土等）生态防护，适用于中小河流域及其岸坡水土流失的治理，也适用于城市景观河道岸坡、城市老河道改造及河道两岸土地开发利用受限的生态治理工程。

技术名称：中小河流岸坡生态防护成套技术
持有单位：南京水利科学研究院、新疆水利水电科学研究院、四川大学
联系人：沙海飞
地　址：江苏省南京市鼓楼区广州路 223 号
电　话：025-85828135
手　机：13915975513
传　真：025-85828135
E-mail：hfsha@nhri.cn

163　生物生态水处理技术（EPSB/B&Z）

持有单位

昆明光宝生物工程有限公司

技术简介

1. 技术来源

该技术是昆明光宝生物工程有限公司在水污染治理及水生态修复中，历经 10 余年研究的技术成果。

2. 技术原理

该技术以生态修复学理论为基础，以食物链传递原理为支撑，直接向受污染的水体中投加特异性光合细菌（EPSB），将污染水体及底泥中的有机物，分解转化生成二氧化碳、氮气、甲烷、水等；同时根据水体生态系统演替规律，合理配置觅食性水生动物（如鱼、贝、蚌等）和水生植物，并依靠食物链传递实现对污染物的循环利用，达到净化水质，消除污染的目的。

3. 技术特点

（1）技术安全可靠，作用效果好，简便易行。所用生物菌种取自于长江流域，是经实验室控制技术研制而成，不存在外来菌种侵害。

（2）该技术无毒副作用，安全可靠，不会对水体生物安全构成危害。

（3）操作简便易行，效果明显，建设和运行成本适宜。

（4）可与光催化技术、立体弹性填料、生态浮床等载体相结合，提高处理功效；参与其他水处理技术工艺过程，有助于提高其处理效果。

（5）该技术对污染水体有增加光合效能、提高水体溶解氧的作用，有助于改善水体生态系统质量；抑制蓝藻生长，能在较短时间去除水体中臭味，改善水体感观效果。

技术指标

（1）EPSB 总菌数不低于 30 亿个/mL；活菌数不低于 20 亿个/mL；酸度 pH 值 6.5～7.0；电导率 6～8mS/cm。

（2）在河道（含旁路塘系统）污水治理中对 TN、TP、COD_{Cr}、BOD_5、SS 的降解率可分别达到 37.7%～82.28%、33.0%～82.30%、21.31%～50.07%、46.0%～88.26%、39.77%～75.94%。

（3）用于湖泊库塘富营养化水体的治理，效果优于河道治理效果，对 TN、TP 的降解率可分别达到 22.0%～60.0%、59.0%～74.4%。

（4）该技术处理有机废水，建设成本适中，基本可无动力运行，单位处理成本约为 0.5 元/m^3。

技术持有单位介绍

昆明光宝生物工程有限公司成立于 2003 年 5 月，是专门从事微生物研发和生产、销售，环保技术研发及推广应用、环保生态工程设计和施工的科技型企业。先后与国家环境保护部华南环境科学研究所、中国科学院研究生院等建立了良好的合作伙伴关系。公司研发的生物生态水处理技术于 2007 年通过了云南省科技成果鉴定。2003 年起至今，已在云南滇池、程海、异龙湖、湖南南湖、洞庭湖等流域自然水体生态修复中得到应用。

应用范围及前景

生物生态水处理技术适宜于富营养化的湖泊、河流、库塘、村落生活污水、景观水体水质净化及水体食物链重建，适宜于高浓度可生化工业废水的处理，如造纸废水、养殖废水、食品厂废水、垃圾渗滤液等处理，也适合各类养殖水体水质净化及底泥分解利用。

该该项技术已在云南、湖南、北京、广东、湖北等地组织实施了10余项科技示范与环保工程项目，取得了较好的社会经济效益，水治理前景十分广阔。

■云南民族村公园景观水体生态浮床

■采莲河东大沟治理前水体感观

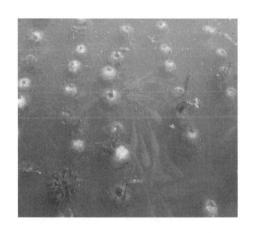

■生态基滤膜与鱼类共同净化水质

■采莲河东大沟治理后水体感观

技术名称：生物生态水处理技术（EPSB/B&Z）
持有单位：昆明光宝生物工程有限公司
联系人：王晓全
地　　址：云南省昆明市经开区春漫大道迅图国际
　　　　　6栋11楼
电　　话：0871 - 63855597
手　　机：13808706631
传　　真：0871 - 63855597
E - mail：xwqjc@126.com

164 无栽培基质的混凝土植被护坡技术

持有单位

中国科学院武汉植物园

技术简介

1. 技术来源

自主研发。

2. 技术原理

克服生态混凝土强度与连通孔隙率均衡的矛盾，通过特殊的植物配套栽培管理技术将植物直接种植在无土覆盖的生态混凝土上，植物根系穿透生态混凝土并扎根于混凝土下层土壤，实现植物与生态混凝土的一体化建植，最终实现植物长期持续生长与边坡防护的双重功能。

3. 技术特点

（1）突破传统生态混凝土植物种植依赖栽培基质的瓶颈，实现了生态混凝土的无栽培基质绿化。

（2）构建建筑材料与植物材料穿透融合型一体化的技术体系，实现了生态混凝土设计、制作工艺与植物设计、种植技术的集成。

（3）筛选了适生生态混凝土的耐水淹、耐干旱、耐瘠薄等植物，满足了不同应用需求对植物多样性的要求。

（4）创新水域消落带生态治理技术，解决了建筑固坡与植被建植融合技术难点。

技术指标

抗压强度：≥15MPa。

抗折强度：≥5MPa。

透水系数：≥1cm/s。

连通孔隙率：≥25％。

饱和冻融循环：冻融循环50次后质量损失≤5％。

技术持有单位介绍

中国科学院武汉植物园是我国三大核心植物

园之一，面向生物多样性保护与可持续利用、湿地恢复与大型工程生态安全、全民素质教育三个国家重大需求，重点围绕植物保育遗传学与遗传资源的可持续利用、水生植物生物学与内陆水环境健康、湿地恢复与大型水利工程生态修复技术与生态安全等学科领域开展基础性、战略性和前瞻性研究。以华中地区与长江流域植物资源为主要对象，拓展资源保护与可持续利用、湿地恢复与大型工程生态安全两大优势领域，引领我国特色农业种质创新与产业发展、水生植物与水环境健康和大型工程区生态修复技术的研究；在植物系统学、水生植物生物学、流域生态学等方面取得了一系列原创性研究成果。在大型工程生态安全研究方面，针对三峡工程和南水北调工程（中线）引起的区域生态环境变化，构建了"物种筛选—修复技术—重建示范—生态监测"的完整体系。

应用范围及前景

适用于水域消落带、道路边坡、山体切坡等边坡的生态修复治理；河流湖泊护岸、人工湖泊的构筑；停车场、大型广场等。

该技术实现了边坡生态修复中的建筑防护、水保绿化及景观美化的综合效果，具有明显的生态修复效益。后期管理维护成本低，第2年后即可实现免维护。

技术名称：无栽培基质的混凝土植被护坡技术

持有单位：中国科学院武汉植物园

联 系 人：刘宏涛

地　　址：湖北省武汉市东湖新技术开发区九峰一路201号（九峰一路与光谷七路交叉口）

电　　话：027-87700803

手　　机：13986103776

E - mail：lhongtao@wbgcas.cn

165 工程创面人工土壤微生态修复技术

持有单位

四川大学

技术简介

1. 技术来源

在山区进行水电开发、道路修建、矿山开采等工程建设中会有大量裸露工程创面产生，导致出现大量的次生裸地以及产生严重的水土流失现象，造成了生态环境的极大破坏。由此，自主研发工程创面土壤微生态修复技术。

2. 技术原理

人工土壤是裸露工程创面生态修复的重要物质基础，为适应工程创面特殊生境的需要，人工土壤往往添加了大量的粘合剂、稳定剂等化工产品，由此对土壤微生物生态系统和理化特性带来某些不良影响。针对此问题，工程创面人工土壤微生态修复技术是一种利用微生态改良剂进行人工土壤改良的技术。

3. 技术特点

工程创面人工土壤微生态改良剂由原料组分微生物菌剂、农田土壤或/和自然土壤、农业废弃物、腐植酸、生物活性物质在一定条件下进行有效复混制得。

工程创面人工土壤微生态修复技术可通过微生物的生命代谢活动，缓解土壤生态环境的恶化，从而增加土壤有效养分的供给、改善土壤理化特性、促进植物的生长发育。

工程创面人工土壤微生态修复技术对人工土壤良好微生态系统的形成具有明显促进作用，在工程创面生态防护与景观绿化方面具有良好的效果。

技术指标

工程创面人工土壤微生态改良剂的土壤固氮菌数量$\geq 5 \times 10^6$ CFU/g、土壤解磷菌数量$\geq 2 \times 10^6$ CFU/g、土壤解钾菌数量$\geq 0.6 \times 10^6$ CFU/g。

技术持有单位介绍

四川大学是教育部直属全国重点大学，由原四川大学、原成都科技大学、原华西医科大学三所全国重点大学于1994年4月和2000年9月两次"强强合并"组建而成。四川大学学科门类齐全，覆盖了文、理、工、医、经、管、法、史、哲、农、教、艺等12个门类，有34个学科型学院及研究生院、海外教育学院等学院。现有博士学位授权一级学科45个，博士学位授权点354个，硕士学位授权点438个，专业学位授权点32个，本科专业138个，博士后流动站37个，国家重点学科46个，国家重点培育学科4个，是国家首批工程博士培养单位。

应用范围及前景

适用于水利、道路、矿山等工程建设产生的工程创面的生态修复，应用前景十分广阔。

■工程创面

■生态修复

■工程创面生态修复

■工程创面生态修复初期

■工程创面生态修复

技术名称：工程创面人工土壤微生态修复技术

持有单位：四川大学

联系人：艾应伟

地　　址：四川省成都市一环路南一段24号

电　　话：028-85412053

手　　机：13699005798

传　　真：028-85412571

E-mail：aiyw99@sohu.com

166　城市水库消涨带水土生态修复技术

持有单位

深圳市水务规划设计院有限公司

技术简介

1. 技术来源

2005 年，深圳市面临城市缺水、水体污染、水安全保障三大核心水问题，市政府提出"水环境恢复、水资源保障、水安全保障"三大水战略措施；同期，水利部提出将水源地保护作为全国水土保持工作的重点。2006 年，深圳市水务局将饮用水库水源保护林建设纳入全市水土保持生态建设的重点并开展前期规划设计工作，2010 年全面开工建设。由于消涨带修复处于技术难题，因此，2010 年市水务局要求暂不全面开展水库消涨带治理，仅在部分水库进行试点工作。2012 年，深圳市三洲田水库选取了三个典型地块，采用了本技术进行消涨带生态修复。2015 年，三洲塘水库、红花坜水库、上坪水库选取了 6 个典型地块，应用了此技术。

2. 技术原理

该技术以系统论、生态修复理论为基础，利用水土保持学、植物生态学、林业生态工程学等，对深圳地区水库消涨带现状及生态特点进行分析，认为恶劣的库岸土壤环境和稀缺的两栖植物品种，是导致修复困难的核心因素。技术体系从水库消涨带可修复范围论证、水库消涨带类型划分着手，针对水库实际运行高水位和低水位及上下各 2m 高差范围提出了消涨带水土生态修复技术体系，并提出了"6 类整地 + 6 种两栖植物群落"的修复模式，采用工程辅助措施营造岸坡植被生长的土壤环境，选择适生两栖植物进行造林复绿，提出了"生物修复 + 工程辅助"的修复模式，以实现库岸造林的高成活率和植被的高覆盖度。

3. 技术特点

消涨带水土生态的修复与水库运行水位频变、立地现状类型、适生树种选择、岸坡土壤环境四方面具有着密切的联系，技术给出了：①消涨带范围论证；②消涨带类型划分；③适生水陆两栖植物选择；④营造适生的土壤立地环境。

技术指标

根据科技部西南信息中心查新中心（国家一级科技查新咨询单位）提供的《科技查新报告》（报告编号：J20131702）查新结论："本技术所提出的水库消涨带范围论证方法、采用生物措施为主工程措施辅助的消涨带水土生态修复技术体系，在国内未见相关研究"，属于创新技术。

根据该技术在三洲田水库的实际推广应用情况，修复后各类岸坡实现了全年复绿，可修复范围植被覆盖度达到 95％以上，植被成活率达到了 90％以上，保土效果高达 97.9％，保水效果也达 69.3％。通过消涨带复绿，可年均减少库岸水土流失 7.50 万 t。另外，库岸整体生态系统将逐步得到构建，同时，库岸生物、微生物数量及种类将得到明显增加，生物多样性得到保护和重建。

技术持有单位介绍

深圳市水务规划设计院有限公司是深圳市唯一一家水利行业综合甲级单位，持有水利行业工程设计、市政行业（给水排水）工程设计、工程勘察、工程测绘、工程咨询、水土保持方案编制、水资源论证等 7 项甲级资质证书，以及风景园林工程设计、建筑工程设计、水电设计等 6 项乙级资质证书，业务涵盖水利、水土保持、生态景观、测

绘、信息技术等 20 多个领域。目前设有博士后创新实践基地和研发中心，拥有多项专利，是"国家高新技术企业"和 AAA 信用等级企业。公司以前瞻性水务研究和策划在国内率先提出"系统解决城市水问题"，特别是在水资源、水生态、水环境、水土保持综合治理等领域形成了特色和专长，在城市水务技术服务方面走在全国前列。

应用范围及前景

该技术提出的水库消涨带修复技术体系，包含了"水库消涨带可修复范围论证方法""缓坡、陡坡、崩塌、库湾"4 类普遍消涨带类型的整地模式及植被修复模式，可分别应用于深圳及华南红壤地区不同类型、不同坡度的消涨带范围，可实现各类水库消涨带区域植被复绿、水土生态修复，营造长效、稳定的岸坡植被生态系统。消落带植被具有过滤泥沙和面源污染物、保持水土、稳定库岸、保护水质和生物多样性等多种重要的生态功能，并具有一定的景观美学功能；在保障城市生态安全方面也占有重要地位；在防止水土流失、预防和减少地质灾害的发生、改善城市生态环境、提升城市形象等方面具有重要的社会经济、生态效益。

■消涨带水土生态修复案例（3）

■消涨带水土生态修复案例（4）

■消涨带水土生态修复前后对比

■消涨带水土生态修复案例（1）

■消涨带水土生态修复案例（2）

技术名称：城市水库消涨带水土生态修复技术
持有单位：深圳市水务规划设计院有限公司
联 系 人：党晨席
地　　址：广东省深圳市罗湖区宝安南路 3097 号
　　　　　洪涛大厦 12 楼
电　　话：0755 - 83072219
手　　机：13826535992
传　　真：0755 - 83071145
E - mail：dangcx@swpdi.com

167 复合型人工湿地污水处理集成技术体系

持有单位

武汉中科水生环境工程股份有限公司

广州市水电建设工程有限公司

技术简介

1. 技术来源

人工湿地是利用自然生态系统中的物理、化学和生物的三重协同作用来实现对污水的净化作用，使水质得到改善，实现对废水的生态化处理。由于其具有效率高，投资、运行成本低，景观效果好等特点，在国内外已广泛应用于生活污水、暴雨径流、农村面源污染及污水处理厂尾水的处理。然而受污染地表水体与其他污水不同，其有机质含量低、总氨氮及总磷浓度高，低碳氮比（C/N）不利于人工湿地系统对微污染地表水体中总氮的去除。同时由于大量污水的排入，受污染地表水体往往为黑臭状态，溶解氧含量低，不利于人工湿地中好氧微生物的生长。此外水量大变化大、悬浮物含量高的特点，也给人工湿地处理系统的持续性运行造成很大困难。

2. 技术原理

复合型人工湿地污水处理集成技术体系就是针对上述问题，而提供一种适用于受污染地表水体处理的人工湿地系统。主要由自动翻板闸、格栅、沉淀池、表流湿地及垂直流人工湿地复合构成。通过自动翻板闸拦截上游污水，抬高水位，使污水自流进入湿地系统，保证处理系统无需动力支持，又能在行洪期间保证下泄，防止洪水对湿地系统影响。格栅及沉淀池能有效拦截水体易沉淀、粗大悬浮物和漂浮物。表流湿地以耐污沉水植物为主，搭配挺水及浮叶植物及水生动物，利用水生态系统综合作用初级净化水质，又可以

调节水位变化；沉水植物的促沉降及吸附作用，可高效去除水体中不易沉降的细小悬浮物，防止后续垂直流人工湿地堵塞；沉水植物光合作用放氧，为后续垂直流人工湿地表层硝化区提供了良好的氧化还原条件，同时在光照、藻类等作用下可有效提高水体中有机物的可生化性，为后续反硝化提供了良好的条件。垂直流湿地包括床层结构、导气管、补水系统和出水系统，床层结构包括 3 个以上的填料层，加大了床层结构的深度和截面积，提高污水处理能力，补水系统用于向通过出水系统调控床层下降水位甚至放干，形成床层"真空"，从而吸入空气，满足床层需氧要求，大大提高脱氮效果，导气管消除实施"放空"作业后补水系统进水时的受到的床层气阻，并且可以作为床层放空时的进气充氧通道使用。

3. 技术特点

该复合型人工湿地污水处理集成技术体系结合了沉水植物型表面流和垂直流人工湿地的优点，根据表面流和潜流人工湿地不同的溶氧环境，在处理污染水体时，在保证工程处理效果的同时，兼顾了营造湿地景观的目的。具有占地面积小、处理效率高、建设成本低、不宜堵塞、运行稳定性好、景观效果佳等优点，易于在受污染的河流、湖泊水体的水生态治理中推广应用。

技术指标

包含管理用房、园区道路、淤泥处理车间等附属工程在内，单位污水处理投资建设费用约 1800~2500 元/m³。

根据运行管理人工、正常维修、收割植物、清理淤泥等费用计算，单位污水处理运行费用约 0.1 元/m³，远低于其他污水处理工程费用。

技术持有单位介绍

武汉中科水生环境工程股份有限公司由中国科学院水生生物研究所 2002 年发起成立，注册资本 1.3 亿元，系国家高新技术企业。2016 年 2 月登陆全国中小企业股份转让系统——新三板，并进入首批创新层。公司成立以来，依托中科院水生所雄厚科研实力，完成水体污染综合整治（生态修复）与污水处理（人工湿地）科研成果转化，建立水体污染综合整治技术、污水处理生态工程技术及水体原位净化产品等三大技术体系，已取得专利 50 余项，制定省级地方标准 4 项，形成具有自主知识产权的核心技术体系。公司具有工程咨询乙级、环境工程专项设计甲级、环保工程专业承包壹级等多项专业资质，可提供水资源综合利用与水污染综合整治领域全方位的服务能力，在水体污染综合整治与污水处理人工湿地技术细分领域居国内领先水准。

广州市水电建设工程有限公司成立于 1975 年，现为国家高新技术企业，具有水利水电工程施工总承包壹级、市政公用工程施工总承包壹级、房屋建筑工程施工总承包贰级、电力工程施工总承包叁级、送变电工程专业承包叁级、环保工程专业承包叁级、河湖整治工程专业承包叁级等资质。公司注册资本 10300.45 万元，是一家人才结构合理、专业技术精湛、施工经验丰富、机械设备配套齐全的建筑企业。

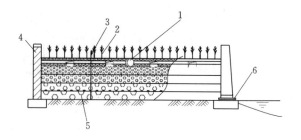

■适用于低 C/N 污水处理的人工湿地技术结构示意图

1—布水主管；2—植物；3—导气管；4—填料床边墙；
5—填料；6—出水管

■黄石雨水处理湿地

■北京奥林匹克湿地公园

应用范围及前景

人工湿地处理按照污水流动方式，分为表面流人工湿地、水平潜流人工湿地和垂直潜流人工湿地。十多年来该公司已成功采用以上类型人工湿地或组合人工湿地技术运用于山西、山东、广东、北京、湖北及三峡库区近 30 多个项目，取得了良好处理效果。

技术名称：	复合型人工湿地污水处理集成技术体系
持有单位：	武汉中科水生环境工程股份有限公司、广州市水电建设工程有限公司
联 系 人：	赖佑贤
地 址：	广东省广州市越秀区寺右南路 19 号首层
手 机：	13922413913
传 真：	020 - 37574693
E - mail：	2424686680@qq.com

168   一种人工芦苇根孔床

持有单位

中科绿洲（北京）生态工程技术有限公司

技术简介

1. 技术来源

目前的生态浮岛设计大多采用漂浮于水面的形式，根系微生物起不到净化作用；生态浮岛多数选择鸢尾、美人蕉、千屈菜等具有普通根系的植物种类，这种传统的生态浮岛植物根系虽然发达，不能形成"网状结构"，难以为水生动物提供更多的生存空间；这类传统的浮岛只是漂浮于水面，对于较深的水体，植物根系难以对水体中部的污染进行净化。该技术结合工程实际应用案例，研发出了一种人工芦苇根孔床。

2. 技术原理

人工芦苇根孔床可形成稳定的水中"潜水岛"，不但在功能上有助于生态系统恢复，恢复水体自净能力，而且在景观上可形成仿自然的人工岛屿，增加水面有"渚"的自然景观。人工芦苇根孔床的设计在遵循水利平衡原则基础上，设置在非行洪河道上，主要应用于水深超过 3m 的水体中，利用芦苇根孔系统中的微生物系统增强水体的自净能力，利用芦苇对水体中氮磷钾的吸收作用，为鱼、虾等水中动物提供栖息、繁殖空间，增加生物多样性，优化水面景观。

3. 技术特点

芦苇根系形成"网状"根孔结构，有利于微生物挂膜，促进为微生物群落的形成，利用微生物对污染物质的降解多用，促进水体的净化。

漂浮于水中的芦苇群落可为水生动物提供栖息环境，增加生物多样性。该系统对治理富营养化水体效果明显。运转维护管理方便，可以重复

利用。

技术指标

芦苇根系形成"网状"根孔结构，有利于微生物挂膜，促进为微生物群落的形成，利用微生物对污染物质的降解多用，促进水体的净化，根据实验结果，发现对 TP 的去除率可达 78%，对 TN 的去除可达 59%。此外，漂浮于水中的芦苇群落可为水生动物提供栖息环境，增加生物多样性。

技术持有单位介绍

中科绿洲（北京）生态工程技术有限公司是一家专业型环境咨询和技术服务机构，提供生态规划、河湖流域整治、土壤污染治理、矿山修复及产业化全链条式解决方案的综合性服务商，是集咨询、研发、技术、产品、施工于一体的综合性高科技企业。公司自成立以来，已经在国内完成了多个环境影响评价项目和环境调查项目。

应用范围及前景

可广泛用于受污染的城市河道、湖泊、水库治理、农村生活污水排放治理等领域，也可适用于受损湿地系统的生态系统的生态系统重建。

技术名称：一种人工芦苇根孔床

持有单位：中科绿洲（北京）生态工程技术有限公司

联 系 人：阚凤玲

地　　址：北京市海淀区西三旗建材城东路 10 号院 9 号楼

电　　话：010 - 62670766

手　　机：18910266146

E - mail：2128074063@qq.com

169 一种抗径流抗侵蚀生态防护毯复合结构体及其施工方法

持有单位

衡水健林橡塑制品有限公司

技术简介

1. 技术来源

自主研发。抗径流抗侵蚀防护毯是三层聚丙烯精微格栅线连接复合一层具有过滤性能的土工材料。拦土墙施工法是在边坡上设置拦土沟，阻挡土分子随水分子运动。

2. 技术原理

通过最少15mm高度的抗侵蚀防护毯，密集折叠成为限制土壤颗粒运动的载体，由植物根系及三维的体系形成一种密实牢固的矩形阵列，其特殊结构与植物错综复杂的根系形成一个"捕获机制及侵蚀控制系统"用于限制土壤颗粒的运动，以达到植被茂密、根系牢固的目的，通过机械拉伸工艺提高产品的力学性能达到拉伸强度最小为12kN/m，为整个三维体系的牢固性、抗冲击性提供了基本条件。复合的土工滤水材料，能够为土壤的牢固性起一个加筋作用，加筋带挡土墙土工材料的设置改变了土体变形条件，提高了土体工程特性。

3. 技术特点

（1）结构特性鲜明。防护毯的三维特性，对土壤有"夹持"作用，有效减弱了因为水流冲击、雨水，甚至是动物践踏而造成的土壤流失。

（2）工艺先进。经过近些年的研究，产品性能有了很大的提升，拉伸强度好，质量稳定。

（3）施工便捷。防护毯交叉铺设，用U形钉固定，易于施工。

（4）施工方法先进环保。环形滤水材料挡土墙的施工方法尽可能地保持了环境的原生态，又抵挡了土壤的运动。

技术指标

有6种规格：PM280、PM380、PM580、GPM380、GPM480、GPM680。

以PM280为例：

（1）单位面积质量：$>280g/m^2$。

（2）厚度：$>15mm$。

（3）上、下层网面单位面积质量：$\geqslant 60g/m^2$。

（4）中间折叠层展开单位面积质量：$\geqslant 80g/m^2$。

（5）孔径尺寸：$<20mm$。

（6）峰值拉伸强度：$\geqslant 12kN/m$。

（7）屈服点延伸率：$\leqslant 20\%$。

技术持有单位介绍

衡水健林橡塑制品有限公司始建于2012年，注册资金11800万元，系生产铁路、公路、地铁、桥涵、水利等系列工程材料的专业厂家。主要生产遇水膨胀止水条、复合盾构条、膨胀橡胶、复合止水条、橡胶止水带、铜止水、土工合成材料、防水卷材、PET土工固袋、生态生态防护毯、双组分聚硫密封胶、防水涂料、软式透水管、硬式透水管、石笼网、护栏网、软式防护网、保温板、闭孔泡沫板、可更换逆止式排水器、全方位可调压防淤积盖板式逆止阀、塑料盲沟、排水板及排水花管等产品，质量稳定，性能卓越，并通过了国家相关检测。产品品种规格齐全，已应用于水北调东线和中线等国内外多项重点工程。

应用范围及前景

典型应用案例：

生态边坡护岸；客土喷播挂网；不稳定边坡治理工程；贫瘠土地治理工程；潮土、细沙土、粉质土、膨润土等颗粒小、土水势、自由水及弱结合水多的土质修复工程；径流冲击性比较大的地势修复工程。

抗径流抗侵蚀生态防护毯对于自身恢复能力较差的环境提供一个长久牢固的"抗侵蚀系统"，抵抗外营力作用。解决了边坡的不稳定及易冲刷问题，与植物根系形成一个整体，抵抗来自多方面的侵蚀。滤水材料拦土墙施工法解决了因潮土、细沙土、粉质土、膨润土等土质条件差的粘结不够的自由水高的，容易而引起的洞蚀现象。避免饱和水高引起水流动造成塌陷水毁现象。

技术产品已应用于北京地铁、广州地铁、宁台温高速公路、渝怀铁路、武汉长江过江隧道、秦皇岛港、漫水湾电站，以及南水北调东线和中线等国内外多项重点工程。

■应用于兰州南绕城高速

■应用于南水北调配套工程

■应用于黑龙江省三江治理工程
（雷诺护垫、格宾石笼）

技术名称：	一种抗径流抗侵蚀生态防护毯复合结构体及其施工方法
持有单位：	衡水健林橡塑制品有限公司
联 系 人：	高武刚
地　　址：	河北省衡水市景县龙华工业区
电　　话：	0318 - 4419999
手　　机：	18631821166
传　　真：	0318 - 4419999
E - mail：	1299835611@qq.com

170　一种新型植生土工固袋

持有单位

衡水健林橡塑制品有限公司

技术简介

1. 技术来源

自主研发，专利产品。

2. 技术原理

新型植生土工固袋由封底、袋身、顶盖及粘接带组成，袋身无接缝，封底及底盖用高强涤纶线连接。封底及袋身的材料相同，整体性能强。顶盖材料为生态防护毯结构，其具有三维特性和抗径流特性，能够挟持土壤，抵抗侵蚀，并利于植物生长。

3. 技术特点

工艺先进：由单股单一纤维编织而成的高拉力合成织布。

结构完整：除上下盖外，袋身无接缝。

抗冲刷强：用于河道治理中起到稳固堤防、保护边坡、防止土壤流失的作用，是生态工法中效果显著的结构性护岸治理，有极强的抗冲刷能力。

美观便于绿化：用于水流湍急的河段坡岸及河道内汀、洲、岛的保护，完工后主体覆土后可以直接绿化，就地取材。

缩短工期：独特的结构可机械施工缩短工期，就地取材，填放现状泥土、沙土、砾石或天然级配，快速形成柔性结构的坚固重力挡土墙或护岸。

用生态防护毯结构代替原编织体袋身有利于植物根系的生长。并形成一个毯型防护体系。

技术指标

有 3 种规格：GPM380、GPM480、GPM680。

袋身及袋底技术指标：①材质及编制方法，由单股单一纤维编织而成；宽度 5cm 粘扣带，袋身无接缝。②拉力强度（双面宽幅）：≥80kN/m；破坏前延伸率：＜30％；透水系数：$5 \times 10^{-1} \sim 5 \times 10^{-4}$ L/s。③单股单丝纤维拉力（双向）：＞0.19kN/根；CBR 顶破强度：≥6kN。④抗老化性能：光照辐射强度 $550 W/m^2$；连续光照 150h，拉伸强度＞95％；抗老化等级为第四级。⑤耐冻性能：$-40℃$ 冷冻养治 6d；在 $-40℃$ 环境下测试强度保持率＞95％。

技术持有单位介绍

衡水健林橡塑制品有限公司建于 2012 年，系生产铁路、公路、地铁、桥涵、水利等系列工程材料的专业厂家。主要生产各类止水条、复合盾构条、膨胀橡胶、土工合成材料、防水卷材、PET 土工固袋、生态生态防护毯、双组分聚硫密封胶、防水涂料、软式透水管、硬式透水管、各类防护网、保温板、闭孔泡沫板、可更换逆止式排水器、全方位可调压防淤积盖板式逆止阀、塑料盲沟、排水板及排水花管等产品，质量稳定，性能卓越，并通过了国家相关检测。产品品种规格齐全，已应用于水北调东线和中线等国内外多项重点工程。

应用范围及前景

河川护坡、塌岸治理、人工湿地，高速公路、铁路边坡治理，山体滑坡抢险工程，河海护岸及防汛工程，设置跌水池，生态边坡护岸，绿化景观，围堰等。

技术名称：一种新型植生土工固袋
持有单位：衡水健林橡塑制品有限公司
联系人：高武刚
地　址：河北省衡水市景县龙华工业区
电　话：0318 - 4419999
手　机：18631821166
传　真：0318 - 4419999
E - mail：1299835611@qq.com

171　ZN－130 全液压遥控割草机

持有单位

河南黄河河务局焦作黄河河务局

河南紫牛智能科技有限公司

技术简介

1. 技术来源

ZN－130 全液压遥控割草机是根据黄河水利工程堤坡割草的特点，利用现行先进的割草机械技术，经过技术革新改造研制而成的。该设备具有先进的设计理念及特定的设计目标，确保了设备的适用性，在充分利用现有割草机市场先进技术的同时，特别强调了适用于爬坡、遥控、节能、高效的特点。

2. 技术原理

通过对上一代 WPG－1 型割草机升级改造，发动机采用环保型高速风冷 V 型双缸柴油机，动力强劲；传动系统采用静液压无级变速器（简称HST）＋机械式变速箱，实现了大扭矩、无级变速，行进速度为 ±6km/h；行走系统采用履带式行走机构，有效减小接地比压，降低了作业过程中对坡面草皮的破坏程度。宽履带、长接地提高了整机坡面作业的直线行走和防侧滑性能；操纵系统采用低频无线遥控操纵，设有 12 个通道，分别控制前进后退、左右转向、油门加减、割台升降、割草启停、临时停车、超距停车等作业所需全部操作内容。遥控距离 80～100m。操作者可以站在堤顶完成全部割草作业。割草装置采用垂刀式，可适应于各类草种。

3. 技术特点

（1）采用 HST（液压无级变速）＋机械式变速箱传动方式，合理设置速比，实现了割草机前进和倒退的无级变速，可适应多种地形和不同类型的草皮作业。

（2）研发了全方位遥控集成系统，通过程序对割草机的运动状态进行远程控制，实现了人机分离。

（3）采用宽履带、大轨距行走机构和铰接中置支重台车，整机重心低，提高了作业的安全性、适应性，以及复杂地形整机行驶的稳定性。

（4）通过加装液压提升系统、预留浮动滑槽、随行地轮，以及采用弧形导轨提升结构型式调节割草机接近角，实现了割草过程中的仿地形作业，保证了对地形的适应性。

技术指标

（1）ZN－130 型，机长 2600mm，宽 1600mm，高 1000mm，整机质量 580kg，使用质量 650kg。

（2）行进速度为 ±6km/h；排放标准满足"国三"要求，功率可选配 17～22hp。

（3）有效割幅宽 130cm，最小留茬高度为 5cm，作业效率为 $1000m^2/h$。驱动形式采用液压马达驱动，可以在超载情况下对割草装置提供有效保护。最大爬坡能力大于 25°。可在 1∶2 坡度轻松完成割草作业。

技术持有单位介绍

河南黄河河务局焦作黄河河务局成立于 1986 年，为黄河水利委员会河南黄河河务局派驻焦作区域的黄（沁）河水行政主管机关，负责焦作市境内黄（沁）河的治理、开发与管理工作，肩负着焦作市黄（沁）河防汛、防洪工程建设及管理、水行政管理、水利国有资产监管和运营等职责。承担着黄河及支流沁河两条重要河流的防汛任务。

河南紫牛智能科技有限公司作为遥控割草机的专业制造者，针对堤坡割草养护的特点，推出

紫牛系列割草机，为堤坡割草养护提供更好的解决方案。

应用范围及前景

该技术产品主要是针对黄河及其他江河流域大面积堤坡养护使用，替代人工和进口机型，快速研制具有高科技含量的遥控控制、无级变速割草机，并批量推向市场，满足国内市场需求。

解决的具体问题：有效利用现有机械设备进行创新改造，对割草机的动力系统、行走系统和操作系统等进行大胆的改革和创新，使其具有爬坡能力强、遥控操作、接触面适应能力强、割草可控性强的先进性，其具有的体积小、无人驾驶、操作简便、适应性强和安全系数高等特点，解决了机械对植被根系、排水沟、路面的损害；噪声小，提高操作者的操作舒适度；人机分离，大大改善了操作人员的劳动强度和作业环境。

ZN－130 全液压遥控割草机单价：每套 13 万元。运行费用、投资效益：2016 年在武陟二局、堤坡进行了割草应用情况统计，效益分析情况如下：传统割草机 1 马力耗油 180g，ZN－130 全液压遥控割草机 1 马力耗油 161g；用传统割草机每人每天割草 3000m²，ZN－130 全液压遥控割草机 2500m²/h，一天按照 8h 计算，每台班割草 20000m²，工作效率提高了 6.67 倍；经测算 ZN－130 全液压遥控割草机割草费用为 1.24 元/100m²，传统割草费用为 6.33 元/100m²，一般黄（沁）河堤防割草每年 5—9 月共割草 4 次，每年每 100m² 可节约资金 20.36 元。

■ 应用于黄河大堤焦作段

■ 应用于长江流域汉江大堤仙桃段

■ 应用于南水北调中线鹤壁段

技术名称：ZN－130 全液压遥控割草机
持有单位：河南黄河河务局焦作黄河河务局、河南　　　紫牛智能科技有限公司
联 系 人：闵晓刚
地　　址：河南省焦作市丰收中路 2039 号
电　　话：0391－3612173
手　　机：13938155958
传　　真：0391－3612178
E － mail：1335771637@qq.com

172　一种实现植被快速复绿的生态护坡结构

持有单位

马克菲尔（长沙）新型支档科技开发有限公司

技术简介

1. 技术来源

该生态护坡结构主要通过马克菲尔的最新专利成果植生型护垫来实现，该结构是由特殊防腐处理的低碳钢丝经机器编织成的六边形双绞合钢丝网组合的工程构件。

2. 技术原理

枯水期施工完毕时，植被尚未生长，水位开始上涨，此时种子、土壤和肥料的拌和物易在水流冲刷下流失，难以进一步形成绿化防护层。因此，对植生前的拌和物进行有效的保护是必要的。抗冲性能试验表明，加筋网能显著提高了加筋麦克垫的植生前的抗冲刷性能。加筋麦克垫使植被最初生长阶段的泥土侵蚀最小，保证了耐久的植被保护层的存在，自然生长的草根又将有利于更厚更强植被层的生成。用加筋麦克垫作为植生型护垫的盖板，加筋麦克垫的网面钢丝使拌和物与填充石料形成一个整体，防止拌和物层的变形及错动；加筋麦克垫网面钢丝上挤压的三维聚合物，有效填补了网面钢丝较大的网孔，能够防止松散拌和物脱出，并且能抵抗一定水流冲刷，起到了固土护种的作用。为了保证防护效果，三维聚合物应与网面钢丝连接紧密，达到一定的剥离强度。

3. 技术特点

植生型护垫兼具雷诺护垫与加筋麦克垫的特点，既能提供长期有效的边坡冲刷和侵蚀防护，又能达到边坡绿化的效果。由于整体结构并没有采用任何污染性材料，结构主材料石材为自然界中寻找，附加的限制性材料钢丝网对于自然也没有任何污染。由于结构内存在较多的填石孔隙，首先可以实现河水和结构后土体的自由交换，增强水体的自我净化能力，改善水质；其次为各类水生动物提供生存空间，维持生态系统的平衡；并且不需要水泥等污染水质和环境的人工材料，对环境不会造成太大的破坏；同时该结构能与周边环境完美融合。

技术指标

网孔型号 6×8，网孔尺寸 $D = 60mm$，公差 $0mm / +8mm$，网面钢丝直径为 $2.0mm$，网面抗拉强度为 $30kN/m$，翻边强度 $21kN/m$。聚合物剥离强度 $3N/cm$。

技术持有单位介绍

马克菲尔（长沙）新型支档科技开发有限公司成立于 2006 年 3 月，是意大利百年企业马克菲尔集团在华投资的第一家外商独资企业。公司专注于双绞合钢丝网系列产品在土木工程领域的开发应用，大力推广"工程与环境完美结合"的建设理念，在涉及水利、航道、公路、铁路、建筑、矿业及环境等土木工程领域内完成超过 1000 个项目。

应用范围及前景

作为兼具绿化效果好、柔性、透水性、整体性及生态性的结构，可运用于水利、航道整治工程的岸坡、坝面及滩面的防护；同时也可用于河道整治、生态修复等工程中。该生态护坡结构一方面充分满足抗冲刷的基本功能要求，另一方面有利于植被的快速覆盖，提高了工程的生态效果。

技术名称：一种实现植被快速复绿的生态护坡结构

持有单位：马克菲尔（长沙）新型支档科技开发有限公司

联 系 人：张勇强

地　　址：湖南省长沙市宁乡经济开发区谐园北路 205 号

电　　话：0731 - 87744577

手　　机：13467698646

E - mail：market@maccafe rri - china.com

173 启鹏现浇生态混凝土技术

持有单位

福建启鹏生态科技有限公司

技术简介

1. 技术来源

自主研发。

2. 技术原理

该技术一种不加筋的现浇生态混凝土挡墙/护坡结构，是包括现浇细骨料透水混凝土层和现浇大骨料多孔混凝土生态层的复合结构，不加筋的现浇生态混凝土挡墙后部或护坡底层设为现浇细骨料透水混凝土层，现浇细骨料透水混凝土层前部或表层设为现浇大骨料多孔混凝土生态层，在所述现浇大骨料多孔混凝土生态层内填充复合营养土，植物种植在现浇大骨料多孔混凝土生态层内，即设为挡墙前部或护坡表层。

3. 技术特点

该挡墙/护坡的结构形式类似传统重力式挡墙/护坡，该结构形式的挡墙/护坡为立模现浇工艺，无需加筋、只需较小开挖面，节约土地资源及拆迁资金。

技术指标

（1）边框抗压强度：≥20MPa。

（2）内芯抗压强度：5～10MPa。

（3）有效孔径：25%～30%。

（4）透水系数：≥0.1cm/s。

技术持有单位介绍

福建启鹏生态科技有限公司专业从事水利、交通、市政、铁路等领域生态修复工程，是一家集研发、施工、服务为一体的高新技术企业。公司核心团队由一批来自全国的长期专注于生态修复领域的专家组成，根据国内外生态修复领域各类技术的最新趋势，博采众长，不断研发不断创新。公司目前已拥有多项具有独立知识产权的发明专利以及实用新型专利。2015 年，公司和福州大学、河海大学成立了生态混凝土研发中心，进行各类力学实验和抗冲刷实验。2017 年，公司分别和长江科学院、福建农林大学成立生态技术研究中心，为技术升级和工程实践提供有力的理论依据、实践依据。

应用范围及前景

该技术主要适用于水利、交通、市政等领域的岸坡、人行道、广场、屋顶绿化工程。技术提供方的一种不加筋的现浇生态混凝土挡墙/护坡结构，它具有整体性强、安全稳定性高、无需加筋、较小开挖面的特征，同时也具有透水透气、适合动植物生长等多种特性。

启鹏现浇生态混凝土技术效果（1）

■启鹏现浇生态混凝土技术效果（4）

■启鹏现浇生态混凝土技术效果（2）

■启鹏现浇生态混凝土技术效果（5）

■启鹏现浇生态混凝土技术效果（3）

技术名称：启鹏现浇生态混凝土技术
持有单位：福建启鹏生态科技有限公司
联 系 人：丁晨
地　　址：福建省福州市新店镇磐石路 18 号东区
　　　　　一号楼 5 层
电　　话：0591 - 87538520
手　　机：13705091284
传　　真：0591 - 87538520
E - mail：77287142@qq.com

174 沃而润蜂巢约束系统

持有单位

深圳市沃而润生态科技有限公司

技术简介

1. 技术来源

自主研发。蜂巢约束技术最初是为几天到数周的软土路基重载车辆通行等短期军事应用而开发的。

2. 技术原理

通过系统中相互连接的巢室所形成的高强度网络来限制和稳定土壤，蜂巢约束系统显著提高了土壤性能。应用蜂巢约束技术实现土壤（填充材料）约束、稳定和加筋的工程解决方案，通过三维柔性蜂巢形网状结构的蜂巢格室及填料、植被、其他材料、基础的复合作用，达成土壤加筋、基础稳定、水土保持和生态绿化等特定工程目标。

3. 技术特点

沃而润蜂巢约束系统在安全性、可靠性、经济合理、生态环保、施工简捷、养护便捷等方面具有较好的优势体现。

技术指标

种类 A：单片焊缝开裂强度≥22kN/m，屈服强度-有孔幅宽≥20kN/m。

种类 B：单片焊缝开裂强度≥23kN/m，屈服强度-有孔幅宽≥22kN/m。

种类 C：单片焊缝开裂强度≥24kN/m，屈服强度-有孔幅宽≥24kN/m。

技术持有单位介绍

深圳市沃而润生态科技有限公司一直专注于雨水管理系统和蜂巢约束系统等新产品新技术的设计研发，经过十多年品牌铸造孵化，由单一产品生产商发展为蜂巢约束系统和雨水管理系统应用的规划、设计、施工、生产的集成供应企业。

应用范围及前景

蜂巢约束系统工程应用一般分为四大类系统化的解决方案：荷载支撑系统、土地拦固系统（挡土墙）、边坡保护系统、河渠保护系统等。能够高效解决路面（表面）稳定、软基承载力不足、不均匀沉降、吸水翻浆、黄土湿陷、冻胀冻融等传统技术难以解决的难题与工程病害。

■蜂巢约束系统应用场景

技术名称：沃而润蜂巢约束系统
持有单位：深圳市沃而润生态科技有限公司
联 系 人：邓雪莲
地　　址：广东省深圳市龙华新区宝能科技园宝创大厦 B 座 16F
电　　话：0755－86016366
手　　机：13622332560
传　　真：0755－86016399
E - mail：dengxl@vorain.cn

175　柔性三维网格系统（SINOECO系统）

持有单位

黑龙江华生工程材料有限公司

技术简介

1. 技术来源

自主研发。柔性三维网格系统是由高分子合金材料经挤压成表面带三维网状花纹的条状片材，经表面冲圆形透水孔（植被根系锚固孔）后，再经超声波焊接而成仿蜜蜂窝三维网状结构。与专用锚钎、限位件、连接件、介质布、三维植被网、导流管、填料等组成具有强大侧向限制和刚度的新型生态工程材料。

2. 技术原理

当三维网格内部填充颗粒材料时，高强度网格材料、几何结构以及压实的填充材料之间相互作用的复合结构就产生了。三维网格不仅改善了填充材料的使用性能，同时也增强了它的模量，因此路面结构层的承载能力也显著提高。由于网格结构的环箍效应，网格壁和填充料的综合刚度增强，约束路面结构的移动和填充料的剪切变形，在整个设计使用年限内，能够保证压实度稳定以及提高整个约束层的回弹模量。

3. 技术特点

在护坡结构中，由锚钎等固定的三维网格将坡体表土分格约束，避免坡体重力叠加；无数个"拦沙坝"防止表土的向下滑移；而网格片材的透水孔可有效渗流减轻水体重力，防止表面径流的形成；网格中植被根系在片材锚固孔中穿插缠绕形成强大锚固力，可以有效抵制水流冲蚀，保护表土；柔性材料及结构可有效抵制坡体及网格内填料的冻胀；形成近于100%绿化面积，生态效益显著。

技术指标

（1）片材密度：$0.94 \sim 0.96 \mathrm{g/cm^3}$。

（2）片材厚度：$\geqslant 1.4 \mathrm{mm}$。

（3）焊缝宽度：$\geqslant 15 \mathrm{mm}$。

（4）片材拉伸屈服强度：$\geqslant 28 \mathrm{kN/m}$（无孔）、$\geqslant 18 \mathrm{kN/m}$（有孔）。

（5）片材开孔率（透水率）：$4\% \sim 15\%$。

（6）焊缝抗拉强度：$\geqslant 20 \mathrm{kN/m}$（承载）、$\geqslant 32 \mathrm{kN/m}$（护坡）。

（7）低温脆化温度：$\leqslant -50℃$。

（8）抗紫外线强度保持率：$\geqslant 80\%$。

（9）氧化诱导时间：$\geqslant 280 \mathrm{min}$。

（10）热膨胀系数 CTE：$\leqslant 230 \mu \mathrm{m/(m \cdot ℃)}$。

（11）限位件：高分子合金，套筒直径$\geqslant 12 \mathrm{mm}$，套筒、夹持臂长度$\geqslant 50 \mathrm{mm}$。

（12）连接件：尼龙扎带，厚度$\geqslant 1.5 \mathrm{mm}$、宽度$\geqslant 8 \mathrm{mm}$、长度$\geqslant 150 \mathrm{mm}$。

（13）材料环保 RoHS：材料中不得含有重金属及排放有害气体。

技术持有单位介绍

黑龙江华生工程材料有限公司于2016年7月投资注册成立，公司创始人是我国最早从事柔性三维网格生态工程材料领域研究与实践的开拓者之一，数次国外考察、学习并结合我国的工程实际，与国内多家科研机构与设计部门合作进行实验工程数十项，取得非常宝贵的经验和技术数据。公司已引进5条国际最先进三维网格全自动生产线，年产能560万 $\mathrm{m^2}$，是国内本领域目前规模最大的制造企业。公司开发的高分子合金材料突破多项性能指标，已实现针对承载、护坡、水体、高温、极寒、酸碱、沙漠等工程应用的细分产品30余个规格逾百个品种。

应用范围及前景

柔性三维网格系统可用于道路基层、软基处理、临时道路、生态道路、生态停车场、广场基础、码头货场基础、路基防护、生态挡墙等承载稳固应用，还可用于边坡防护、山体修复、河道治理、水土保持、江河护岸、屋顶绿化、坝体外坡防护、农田灌渠治理、排水沟渠、溢洪道防护、消力结构、湖堤护坡。被称作继木材、钢筋、混凝土后第四大革命性建材，在交通、水利、国土、市政、军事等领域有较大应用，在我国生态文明建设中将发挥出作用。

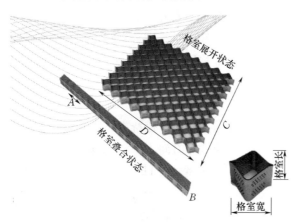

■SINOECO 系统

A—焊缝距离；*B*—格室高；*C*—单组格室展开后的长度；*D*—单组格室展开后的宽度

■北京 APEC 停车场

■北京凉水河生态修复工程

■北京永定河生态修复工程

■哈尔滨市内河生态治理工程

技术名称：	柔性三维网格系统（SINOECO 系统）
持有单位：	黑龙江华生工程材料有限公司
联 系 人：	乔支福
地　　址：	黑龙江省哈尔滨市香坊区征仪南路 97 号
电　　话：	0451－81999111
手　　机：	18845155677
传　　真：	0451－81999333
E－mail：	uu5uu@163.com

176　元亨河长制管理信息系统

持有单位

浙江元亨通信技术股份有限公司

技术简介

1. 技术来源

自主研发。

2. 技术原理

元亨通信的河长制管理信息系统围绕河长制工作的实际需求，基于河道网络化管理体系，依托 GIS 地理信息、GPS、云计算、物联网、大数据、移动通信等技术，同时融合"受理、管理、监督、考核"四个监管机制进行设计开发。该系统充分整合现有水利、环保、住建等多部门资源，规范巡查任务管理，在满足各级河长工作需要的同时，还为公众提供了多种便捷的参与渠道，以满足各级河长、河长办管理人员、公众三类用户的不同使用需求，实现河长治水、公众治水的静态展现、动态管理、常态跟踪，达到水环境治理保护的长效机制。

3. 技术特点

（1）河道数据可视化呈现，一张 GIS 地图直观呈现河道所有信息。

（2）对河道进行网格化划分管理，打造河长巡河闭环处理体系。

（3）针对围绕河长制六大主要任务进行的项目管控。

（4）模块内容展现可定制化，界面操作灵活方便。

（5）图形、报表等多维角度展示静态数据和动态业务。

（6）多版本 APP/微信号适应不同用户需求，使用简单方便。

（7）功能可扩展，业务可扩充，系统可对接。

技术指标

该软件已经过浙江省软件评测中心检测，产品测试环境为：CentOS 6.5、Windows7 操作系统，Tomcat 7.0 支撑软件，MySQL 5.6 数据库，服务器内存 8GB/硬盘 500GB。信息系统可依据用户数量进行实际配置。

技术持有单位介绍

浙江元亨通信技术股份有限公司是国内领先的行业信息化综合解决方案提供商，公司致力于河长制信息化建设，自主研发了河长制信息管理平台，成功地完成了包括浙江省（钱塘江）河长制管理信息系统在内的多个河长制信息系统的部署建设。

应用范围及前景

可应用于河长制信息化管理（包含水质在线监测、视频在线监控、河道及流域水污染治理、水生态保护监控管理等业务）、水利信息化、河道修复规划与方案评估等方面。

技术名称：元亨河长制管理信息系统
持有单位：浙江元亨通信技术股份有限公司
联 系 人：陈昊
地　　址：浙江省杭州市滨江区江虹路 459 号
电　　话：0571 - 88859092
手　　机：18651886226
传　　真：0571 - 88859865
E - mail：chenhao@uhope.com

177　河长制信息管理服务系统 V1.0

持有单位

中科水润科技发展（北京）有限公司

技术简介

1. 技术来源

自主研发。

2. 技术原理

河长制信息管理系统综合 3G、4G 网络、物联网、云计算等技术，基于一云多端管理手段，结合自动化监测设备，Web 端提供工作台、监督管理、考核管理、统计分析、基础数据管理等功能，APP 端提供任务管理、巡查签到、问题上报等功能；微信端提供曝光台、河长动态、通知公告等功能。系统面向河湖监管，实现数据传输实时化、业务管理流程化、监督考核智能化、预警通报自动化，提高河湖问题的响应速度，增加河长考核的透明程度，增强河长管理的整治力度。

3. 技术特点

（1）业务管理丰富、细致，图表展示多维、可视。

（2）绩效考核精细、科学，定期、自动更新排名。

（3）事件处理规范、高效，评估智能、通报自动。

技术指标

河道巡查管理子系统：通过智能手机等移动采集终端，有针对性地对沿河景观、沿河截污、侵占河道、河道保洁等实际问题进行检查，通过将发现的污染现象或者水质状态通过简单填写文字并上传到服务器，巡查人员可以使用便捷的数据更新入口，通过 PC 浏览器或手机客户端快速

地对污染源数据进行上报、更新。

河道保护成果分析展示子系统：对于污染源数据、水质监测数据以及治理难点、项目开展情况等信息，实现历史及当前状态的统计对比，依照治水目标，从不同方面对现状进行自动评估，例如水质变化、水网河段改造工程、排污工程等；针对污水治理而开展的治污工程完工后，结合遥感影像空间分析等技术，在地图上展现治污成效的地理位置分布图；展现河流水质和河流水系治理前、改造中、改造后的效果。

技术持有单位介绍

中科水润科技发展（北京）有限公司位于北京市高新技术公司汇聚的海淀区中关村，注册资金 1000 万元。公司以信息采集、信息处理、信息安全、运维服务作支撑，以水利行业标准规范体系、指标评价体系为保障，运用最新的相关水利行业研究成果和网络信息科学技术，已经完成了智慧灌溉、智能感知、智能传输、自组网及基于 GIS 的信息化平台的硬件和软件的开发与商用，可以为水资源优化管理、防灾减灾、水文监测、水利工程监控与调度管理、移动互联网应用等水利水务业务提供智慧化监测、控制与信息化管理平台。

应用范围及前景

适用于河湖管理。在河长制信息管理平台下，系统的架构设计是以"数据"为核心，包括数据采集—数据存储—数据预处理—数据分析—数据展示等。系统通过实时数据的采集和汇聚相关数据的叠加和可视化展示分析，发现各相关要素的变化迹象和变化关联度相对较高的要素并密切监视；根据数据统计的高概率显示出某种迹象

时将可能出现何种状态、何种相应的结果，以便提供实时的相关性预测信息，从而在一定程度上预测下一步的可能变化行为或状态，为快速决策提供依据。

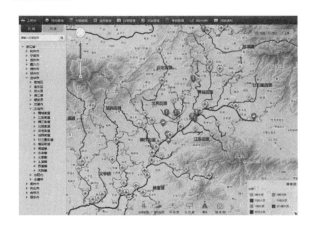

■河道实时监控

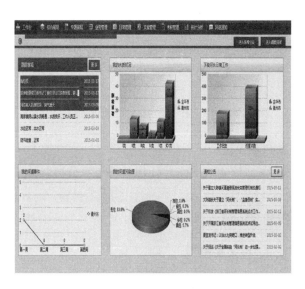

■河长制管理系统工作台

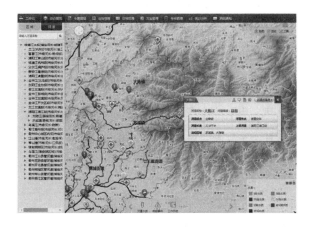

■河道信息查询

■河道公示牌展示

技术名称：河长制信息管理服务系统 V1.0

持有单位：中科水润科技发展（北京）有限公司

联 系 人：许昊翔

地　　址：北京市海淀区天秀路 10 号中国农大国际创业园 3 号楼 2 层 2009

电　　话：010 - 65181289

手　　机：13581924445

传　　真：010 - 65181289

E - mail：xuhxmail@126.com

178　基于华浩超算平台的河长制管理信息系统

持有单位

华浩博达（北京）科技股份有限公司

技术简介

1. 技术来源

自主研发。

2. 技术原理

华浩超算平台- SinovineSIS 是目前正在研发的针对于国家测绘领域中关于遥感数据和航飞数据的处理工作计算量超大的需求为基础的超算平台，平台是开放型的基础平台软件，是基于 SOA 体系架构，充分整合了 3S 空间信息处理技术、海量三维信息发布及显示技术、海量空间数据云计算技术以及异构系统四大核心技术，能有效地应用于空间信息数据处理、工业自动化以及各个行业信息化建设中。河长制管理信息系统基于华浩超算平台。

3. 技术特点

（1）海量速度的快速浏览，让用户的操作完全摆脱长时间等待计算机响应的历史。

（2）文件和数据库平滑兼容，支持大于 4G 以上的大影像数据处理，支持影像的快速发布。

（3）高性能计算环境下拥有完整的故障容错机制。

（4）具备 SinovineSIS 并行计算的优势。

技术指标

（1）高效的遥感数据采集及处理平台，其单台工作站的运算速度超越现有国内外专业软件的在单台计算机上处理速度的 30 倍以上。

（2）高分辨率遥感数据的全套处理功能，包括校正、镶嵌、融合、平差、匹配、分类、平面测图等，建立完整的高效实时处理，及实时可视化显示功能。

（3）兼容超过 10 种国内外的卫星数据格式及模型处理，完成卫星数据处理加工功能。

（4）基于高性能计算的显示环境，完成基本平面测图功能，包括点、线、面的编辑、拓扑检查及编辑、栅格矢量化等功能。

（5）支持校正、镶嵌、融合的智能可视化显示功能。支持大于 4GB 以上的数据处理。

技术持有单位介绍

华浩博达（北京）科技股份有限公司是一家通过国家高新技术企业认证、专门服务于空间地理信息行业的高科技公司，于 2016 年年初完成新三板挂牌。公司长期从事于华浩超算技术的研发，为行业用户提供空间地理信息系统、遥感测绘数据处理、数字民航、数字环保、数字水利、数字林业、数字矿山等智慧城市空间应用服务，提供优秀的 IT 产品和完整的解决方案。

应用范围及前景

河长制信息化管理平台基于河道网格化管理方式，对省级、市级、县级分级管理，整合现有各种基础数据、监测数据和监控视频，该系统适用于河湖管理。

技术名称：	基于华浩超算平台的河长制管理信息系统
持有单位：	华浩博达（北京）科技股份有限公司
联 系 人：	贾晋鹏
地　　址：	北京市海淀区知春路 9 号坤讯大厦 1001 室
电　　话：	010 - 62973920
手　　机：	13901214518
传　　真：	010 - 62960169
E - mail：	iajp@sinovine.com

179　鼎昆远程实时白蚁监测预警系统

持有单位

浙江鼎昆环境科技有限公司

技术简介

1. 技术来源

自主研发。

2. 技术原理

产品具有无导线、非接触、准确率高、持久性长等特点，全自动实时监测和数据传送，彻底解决了人工开舱检测的劳动强度和检查费用，更是让开舱导致的装置破损率减至零，将极大减少白蚁防治单位检查的人力物力。在蚁害发生的第一时间准确获取信息，并确保在白蚁群体存在的状态下，对其进行喷药灭杀，从而真正达到所需的灭治效果。

3. 技术特点

产品首创电磁感应非环路通断技术原理，采用全自动监测和信息自动传输，彻底解决了人工开舱检查的繁重劳动和检查费用；每个自然日对各个监测点进行多次检测，一旦发现白蚁第一时间通过电脑平台和手机平台自动报警，显示入侵位置，抓获白蚁于现场。电子元器件全部封闭无裸露、非接触、无导线结构，非金属材料，解决了金属导线易腐蚀的特性。

技术指标

地下型装置规格 12.24cm×12.24cm×23cm，地上型装置规格 6cm×7.4cm×15.4cm，内芯木材采用干燥原松，每个装置内芯数量 6 块。上盖设计有排气孔，可以延缓饵料的霉变，壳体壁厚度 3mm，外表整体光洁无裂痕，外壳采用尼龙＋玻纤材料、内架采用 ABS 塑料，在潮湿、酸性等不同土壤环境中不易霉变或腐蚀，具有较好的耐久度。

技术持有单位介绍

浙江鼎昆环境科技有限公司创建于 2014 年，致力于白蚁预防的非药物研发及推广，是一家专门从事白蚁自动化监测研究的科研公司。基于物联网的各项数据形成智能控制服务系统多项成果，是节能环保"测、治、控"一体化的专业化公司。公司拥有全国最大的白蚁自动化监测仪器生产基地，与中科院联建"产、学、研"一体化的研发中心，拥有专利多项，为公司优质专业服务、快速发展奠定了基础，努力"做环境保护的专科医生"，"做白蚁监测细分领域的领跑者"，拥有目前全球唯一的白蚁远程实时监测系统。

应用范围及前景

适用于远程实时白蚁监测，能广泛适用于房屋建筑、古建筑、水库堤坝、园林市政等领域对白蚁侵害的检测和控制；创新构建的"旬区管理软件系统"，能够为用户提供实时、准确、智能的数据和增值服务。

■远程实时型白蚁监测系统地下型白蚁监测装置

技术名称：鼎昆远程实时白蚁监测预警系统
持有单位：浙江鼎昆环境科技有限公司
联系人：姚静
地　　址：浙江省嘉兴市桐乡市迎宾大道 2018 号
手　　机：15990355028
E－mail：dekan2014@foxmail.com

180　钛能水环境监测管理系统

持有单位

钛能科技股份有限公司

技术简介

1. 技术来源

自主研发。

2. 技术原理

水环境监测管理系统主要以信息技术、水质监测技术为基础，综合地理信息、遥测、网络、多媒体以及计算机仿真等现代高新科技手段，对水源地水质状况、生态环境等各种信息进行数字化采集与存储，动态监测和分析，及时预警，从而提升水质监测预警措施，达到兴水防灾的目的，为政府决策部门对各种水体环境进行有效的综合管理和宏观决策提供信息化保障。

3. 技术特点

（1）大分布监测系统平台：采用大数据云平台实现数据自动处理、对比分析，减少监测人员工作量，为建立大地域分布式监测应用提供基础平台系统。

（2）多信道兼容通信模式：兼容 GPRS、4G、NB-IOT 等通信接口，可双通道、多通道互备，解决以往复杂通信环境中的数据远程传输的问题。

（3）多传感器区域定位应用：采用小型化传感器多站点部署，加大监测密度，实现超标数据的监测告警定位，完成污染区域的范围界定，为事故处置提供便利。

（4）OnCall 信息推送点播：利用短信、微信等平台，建立事件信息的实时推送。

技术指标

（1）接入站点数：≥10000；测量采集时间：≤30s；数据传输方式：北斗/GPRS/4G/NB-IOT。

（2）系统的平均无故障时间（MTBF）：≥50000h；主站各类设备的平均无故障时间（MTBF）：≥50000h；热备用主备机切换时间：＜1s。

（3）正常情况下任意 300s 内平均 CPU 负荷率：＜10%；发生告警时任意 300s 内平均 CPU 负荷率：＜25%；正常情况下任意 300s 内平均网络负荷率：＜15%；系统告警状态下任意 300s 内网络负荷率：＜25%。

技术持有单位介绍

钛能科技股份有限公司成立于 2004 年，专业从事水利水电、工业自动化等产品的研发、制造、工程设计和技术服务。公司是国家级高新技术企业、江苏省重点规划布局软件企业，公司建有南京市企业技术中心、南京市柔性配电工程技术中心，拥有计算机信息系统集成二级、电子与智能化工程专业承包贰级、水文水资源调查评价乙级、水利部重点新产品新技术推广等资质。

应用范围及前景

适用于对水源地水质状况、水生态环境等各种信息进行采集与存储、监测和分析、展示与预警，而为水资源管理部门提供高效管理和决策支持。

```
技术名称：钛能水环境监测管理系统
持有单位：钛能科技股份有限公司
联 系 人：印小军
地    址：江苏省南京市浦口区江浦街道凤凰路
          7 号
电    话：025-58180883
手    机：13505155674
传    真：025　58180881
E - mail：13505155674@139.com
```

182　华微 5 号无人船测量系统

持有单位

中国水利水电科学研究院

上海华测导航技术股份有限公司

技术简介

1. 技术来源

自主研发。

2. 技术原理

无人船测量系统由无人船系统、GNSS 定位系统、水下地形测深系统 3 部分组成，船体在设计上符合流体力学原理，利用无线控制系统实现远程精确控制，利用无线数据传输系统进行 GNSS 定位信息和测量数据信息的实时回传。

3. 技术特点

（1）船体在 500W 的推进器推动下最高对流速度可达 5m/s，材质上，船体材料为高分子碳纤维，重量小于 10kg，可由一人轻松搬运，轻便易运输。船体作为主要载体，可搭载多波束测深仪、ADCP 等多种仪器设备。

（2）无线控制系统可通过控制软件进行计划线规划和航线指令下达，在顺逆流的时候会自动调整推进器转速以保证自动模式 3m/s 的工作速度，切流方向工作时会自动调整推进器方向使得推进力产生水流方向的速度分量，即使在流速与流向不断变化的复杂工作环境中自动控制系统也能保证无人船在自动模式下按照计划线航行，最大限度地贴合计划线。

（3）GNSS 定位系统采用高精度的三星八频 GNSS RTK 智能接收机，可提供厘米级的精确定位。

（4）水下地形测深系统采用 D230 单波束测深仪系统，测深精度为目前国内测深仪最高精度，最浅测深能力 0.3m，能够轻松应对浅水测量。

技术指标

无人船系统。船体尺寸：1600mm×380mm×240mm；自重：10kg；供能：18.5V，44Ah；最大船速：5m/s；吃水：0.15m；最大载荷：40kg；通信方式：电台、网桥；通信距离：2～10km。

GNSS 定位系统。卫星跟踪：北斗全星座；RTK 精度：平面精度，$\pm(8+1\times10^{-6}D)$mm，高程精度，$\pm(15+1\times10^{-6}D)$mm。

水下地形测深系统，测深范围：0.3～300m；安装吃水：13cm；频率：≥30Hz；频率：200kHz；精度：1cm+0.1‰h；脉冲功率：300W。

技术持有单位介绍

中国水利水电科学研究院隶属中华人民共和国水利部，是从事水利水电科学研究的公益性研究机构。历经几十年的发展，中国水利水电科学研究院已建设成为人才优势明显、学科门类齐全的国家级综合性水利水电科学研究和技术开发中心。截至 2017 年年底，共有职工 1396 人，拥有中科院院士 1 人、工程院院士 5 人，具有正高级专业技术职务 323 人、副高级专业技术职务 501 人。主持承担了一大批国家级重大科技攻关项目和省部级重点科研项目，承担了国内几乎所有重大水利水电工程关键技术问题的研究任务，还在国内外开展了一系列的工程技术咨询、评估和技术服务等科研工作。取得了一大批原创性、突破性科研成果，共获得国家科技进步奖 100 项、省部级奖 745 项。

上海华测导航技术股份有限公司成立于 2003

年，是一家以 GNSS（全球导航卫星系统）及其衍生产品的研发、生产、销售于一体的高科技产业集团。公司拥有 10 多年的研发、应用、服务经验，主营业务包括"测绘""地理信息""北斗地基系统""系统集成""水上产品""数据采集"六大板块，目前相关产品已广泛应用于水文测量、河道地形测量、水利科研、防汛抗旱、环境监测等水利领域。

应用范围及前景

可广泛应用于水文测量、水利科研、防汛抗旱、环境监测等领域，目前已成功应用于水电站建设前期水下地形测量、核电站蓄水池淤积情况测量、近海水下地形测量、长江中游鱼类产卵场地形测量、长江上游常规监测、金沙江地形调查等实际工作中。

典型应用案例：

尼泊尔上马相迪 A 水电站监测项目、珠海港珠澳大桥内侧水下地形测量、福建福州内河测量、四川大渡河-水下地形测量、襄阳水系连通工程断面测量、长江中游四大家鱼产卵场定位及特征研究项目等。

■董事长在华测展位介绍华微系列无人测量船

■华微 5 号在湄公河作业

■华微 5 号绝对直线技术

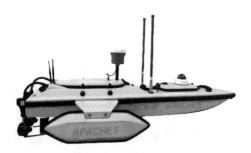
■华微 5 号无人船

■华微 5 号在 Chinter GEO 高端测绘
地理信息设备展

技术名称：华微 5 号无人船测量系统
持有单位：中国水利水电科学研究院、上海华测导
航技术股份有限公司
联系人：常清睿
地　址：北京市海淀区玉渊潭南路 1 号
电　话：010 - 68781072
手　机：13331028332
传　真：010 - 68786006
E - mail：changqr@iwhr.com

183　地下水分区动态预测与评价技术

持有单位

中国水利水电科学研究院

技术简介

1. 技术来源

河北省地下水超采综合治理项目"地下水分区预测系统"。

2. 技术原理

集成实时数据传输技术、数据汇集校验技术、基于 GIS 的数据空间展布、模型计算、统计分析等多项地下水预测与评价技术方法，对地下水实施分区监测、分析、模拟、预测、评价，形成一套集地下水信息服务、地下水模拟预测展示、地下水统计分析、地下水资源自动化评价为一体的地下水预测与评价的创新技术方法体系，为地下水资源管理与合理调配提供综合分析技术与方法。

3. 技术特点

（1）充分考虑空间异质性，实现了不同分区的地下水预测与评价，提供了流域和行政区划双口径预测与评价结果。

（2）基于海量历史地下水动态变化信息，利用大数据数理统计方法，构建不同预见期的地下水预测随机性模型。

（3）以监测井、雨量站和水文站的数据为输入条件，实现了地下水资源评价的计算机化，可节省大量人工作业。

（4）数据实时传输、数据收集审核、统计分析、模型计算等均通过地下水分区动态预测与评价系统实现，对地下水资源动态分布、水位变化做出分析和预测，并根据输入条件，实现对地下水资源量信息查询、统计、管理。

技术指标

预报数据查询时间不超过 3s，水资源评价数据查询时间小于 3s，地下水分区预测结果误差普遍低于 10%；地下水资源评价结果误差控制在 10%左右。

技术持有单位介绍

中国水利水电科学研究院隶属中华人民共和国水利部，主持承担了一大批国家级重大科技攻关项目和省部级重点科研项目，承担了国内几乎所有重大水利水电工程关键技术问题的研究任务，还在国内外开展了一系列的工程技术咨询、评估和技术服务等科研工作。取得了一大批原创性、突破性科研成果，共获得国家科技进步奖 100 项、省部级奖 745 项。

应用范围及前景

该技术依托的项目已通过验收，验收意见指出：研究成果可为地下水分区预测、地下水资源评价等提供科学依据，并为构建地下水分区预测及评价系统提供了范例。成果总体达到国际先进水平，部分达到国际领先水平，已在京津冀、甘肃等地成功应用，具有广阔的推广前景。

典型应用案例：

河北平原地区地下水演变规律研究；河北省地下水超采综合治理实施方案；地下水动态监测与预测系统平台。

技术名称：地下水分区动态预测与评价技术
持有单位：中国水利水电科学研究院
联系人：常清睿
地　　址：北京市海淀区玉渊潭南路 1 号
电　　话：010 - 68781072
手　　机：13331028332
传　　真：010 - 68786006
E - mail：changqr@iwhr.com

184 南水水尺图像水位自动提取软件

持有单位

水利部南京水利水文自动化研究所

江苏南水科技有限公司

技术简介

1. 技术来源

自主研发。

2. 技术原理

软件运行建立在图像采集基础上，通过图像采集系统将现场水尺图像通过有线或无线网络传输至中心站服务器，存储于文件系统中，并将其存储路径写入指定库表结构中。在中心站服务器上，安装南水水尺图像水位自动提取软件，对数据库进行轮询，当软件轮询到有图片传输过来时，通过图片存储路径定位图像，然后对图像进行增强、二值化、水尺定位、分割、识别等一系列处理，并把提取结果保存到数据库中。

3. 技术特点

（1）图像采集设备易实现。软件运行所需图像采集设备费用低，易安装，维护方便。在测站现场只需要安装摄像头和水尺，可利用全网通无线网络传输图像数据。

（2）基于 MATLAB。MATLAB 是美国 Math-Works 公司出品的商业数学软件，用于算法开发、数据可视化、数据分析以及数值计算的高级技术计算语言和交互式环境。

技术指标

（1）7×24h 运行。

（2）数据处理平均响应时间：≤3s。

（3）图像识别正确率：≥98%（图像识别正确率与图像质量有关）。

（4）可适应不同 Windows 操作系统（Windows XP 及以上）。

技术持有单位介绍

水利部南京水利水文自动化研究所已具有 60 多年的发展历史，目前主要从事水文仪器、岩土工程仪器及成套设备技术和防灾减灾与水利信息化系统集成技术研究，包括各类水利水文仪器、洪水预警预报系统、防洪调度自动化、水文自动测报、水资源实时监控与调度、大坝安全监测、水利工程优化调度、泵站及闸门监控自动化、水环境自动监测、节水灌溉控制等技术研究。

江苏南水科技有限公司是水利部南京水利水文自动化研究所全资公司，专业从事水情自动测报、防汛预警预报、水资源监控与调度、水环境监测与水生态保护、水利工程及山地灾害监测、节水与灌区信息化、水土保持监测等高新技术的研究与应用，正与国际先进水平同步发展。

应用范围及前景

基于该软件所搭建的水位自动监测系统是一种非接触式的水位自动监测系统，可在水质浑浊、复杂的环境下使用，特别适用于对重点测站的监测。对于偏远地区或山区条件恶劣的河流湖泊，只要测站可架设摄像头和水尺并有无线网络（移动、联通或电信等），都可以应用此技术进行水位监测。

技术名称：南水水尺图像水位自动提取软件

持有单位：水利部南京水利水文自动化研究所、江苏南水科技有限公司

联 系 人：牛智星

地　　址：江苏省南京市雨花台区铁心桥大街 95 号

电　　话：025－52898354

手　　机：15850590943

传　　真：025－52808404

E－mail：517550017@qq.com

185　CK－LAT 低功耗数据采集仪

持有单位

长江水利委员会长江科学院

技术简介

1. 技术来源

自主研发。

2. 技术原理

该仪器是一款能够对多种类型传感器进行数据采集和无线传输的仪器。通过多个微处理器运用，实现不同处理器的功能分工及休眠机制，并结合 LoRa 无线技术的应用，与 CK－LDC 集中器组网，解决了传感器野外自动测量、低功耗及远程传输的问题，具有可靠性高、无人值守的特点。

3. 技术特点

主要有以下技术特点：①低功耗：微安级功耗，无需外供电，自带锂电池组，工作时间 2～3 年。②无线技术：采用 LoRa 无线通信技术，提供更广的无线覆盖区域。③野外适应性：设备防水、防震、防雷，完全适应野外环境。④环境量监测：支持温湿度、电池电压等参数的实时监测。⑤快速安装：省去传统外置供电单元和有线通信电缆，简化施工安装和维护过程。⑥手机配置：手机蓝牙连接集中器（CK－LDC），APP 配置 CK－LDC 采集时间策略及 CK－LAT。

技术指标

（1）工作温度：－30～60℃。

（2）供电方式：3.6V 20Ah 锂亚电池，每天采集 3 次可工作 2 年。

（3）系统功耗：待机≤50μA；测量≤50mA。

（4）通道数量：6 通道，可扩展 64 通道。

（5）通信距离：无遮挡，2km。

（6）防护等级：IP66。

（7）差阻式传感器。测量范围：电阻比 0.8～1.2；电阻和 0.00～120.02Ω；分辨力：电阻比 0.0001；电阻和 0.01Ω；准确度：电阻比≤0.0001；电阻和≤0.02Ω。

（8）振弦式传感器。测量范围：频率 400～6000Hz；温度 －20～80℃；分辨力：频率 0.1Hz；温度 0.1℃；准确度：频率≤0.2Hz；温度 ≤0.2℃。

（9）电流/电压信号传感器。测量范围：电流 0～20mA；电压 －10～＋10V；分辨力：≤0.01％FS；准确度：≤0.05％FS。

技术持有单位介绍

长江水利委员会长江科学院（简称长科院）创建于 1951 年 10 月，隶属水利部长江水利委员会。长科院为国家水利事业，长江流域治理、开发与保护提供科技支撑，同时面向国民经济建设相关行业，以水利水电科学研究为主，提供技术服务，开展科技产品研发。

应用范围及前景

CK－LAT 是一款能够对振弦、差阻、标准信号量等类型传感器进行数据采集和无线传输的仪器。适用于无供电、开放式的野外环境，例如边坡、土石坝以及传感器分布较分散的廊道、隧道等位置，且此产品还适用于施工期安全监测的自动化布置。

技术名称：CK－LAT 低功耗数据采集仪
持有单位：长江水利委员会长江科学院
联 系 人：周若
地　　址：湖北省武汉市江岸区黄浦大街 23 号
电　　话：027－82829732
手　　机：13886130317
传　　真：027－82829781
E－mail：13886130317@139.com

186　降雨侵蚀过程测定仪器及其测定方法

持有单位

长江水利委员会长江科学院

技术简介

1. 技术来源

自主研发。降雨侵蚀过程的定量监测是水土保持学科研究中必不可少的内容之一，传统的测量土壤溅蚀量的方法多采用溅蚀盘进行，无法对降雨侵蚀过程有一个定量的描述，天然降雨过程中不同时段，雨强也并不相同，不同质量土粒溅蚀距离也不相同，以往在整个降雨过程中将土壤溅蚀量作为平均化处理所获得的数据，容易产生较大的误差，影响土壤溅蚀动力测量的精度。降雨侵蚀过程的定量研究及计算相对滞后，以至于无法对降雨侵蚀过程进行深入细化的研究。

2. 技术原理

该项技术包括一种可观察各个时间段，各个距离土壤溅蚀量的降雨侵蚀过程测定仪器，以及运用该降雨侵蚀过程测定仪器的降雨侵蚀过程监测方法。

降雨侵蚀过程测定仪器，包括设置于室外的降雨侵蚀过程测定仪器和三脚架固定平台，其中，降雨侵蚀过程测定仪器包括溅蚀台、承土器。将三角加固定平台的可伸缩架腿插入野外土壤中，并通过圆水准仪调至水平；将降雨侵蚀过程测定仪器通过固定螺旋安装至三脚架固定平台，使用承土器采取原状土样，并将承土器嵌入溅蚀台顶部；将收集器用清水冲刷干净，并烘干，准备取样，每次收集满一个收集器立即更新一个，继续收集并记录时间，试验过程中不间断；通过不同高度处进水管线进水，使各高度处环形同心圆水槽有一定流量的清水，清水流量通过管线阀门控制；降雨过程中各个时段雨滴冲击溅蚀承土器内土样，土粒向四周溅散开，其轨迹为抛物线，同一时段，不同质量土壤颗粒获得的雨滴动能不同，其溅蚀距离也不同；不同时段，雨滴动能不同，对土壤溅蚀程度也不同，相同质量土粒溅蚀距离也不同；降雨结束后，将各个时间段的各高度处收集器收集到的样品烘干、称重并记录，即得到整个降雨过程中各个时段、不同距离土壤的溅蚀量。

3. 技术特点

（1）操作方便，测控精度高，利用降雨侵蚀过程测定仪器测定各个时段、不同溅蚀距离的土壤溅蚀量，能够将整个降雨过程中土壤溅蚀的发生发展规律进行定量分析，绘制降雨侵蚀过程线，应用范围广。

（2）降雨侵蚀过程测定仪器设置在三脚架固定平台上，便于野外使用，适用于各种地形。

（3）设置进出水管线与同心圆水槽相连，能够将降雨过程中发生的土壤溅蚀，通过同心圆内固定流量的清水及时地收集，将从降雨开始土壤溅蚀的发生发展的数据及时获取。

（4）设置不同高度的同心圆水槽，能够收集降雨过程中各个时段研究区域不同距离的溅蚀量，为相同土壤环境下各个降雨时段溅蚀程度提高计算参数。

技术指标

进出水管线为内径5cm的PVC管；承土器外径为20cm，高度为5cm，与溅蚀台底部高度差为20cm；环形同心圆水槽的高度为5cm，设置在0cm、5cm、10cm和15cm高度处，可收集降雨过程中各个时段研究区域不同距离的溅蚀量；0cm高度处环形同心圆水槽外壁设置有高度高于

20cm 隔板，可防止少量动量较大的土粒飞出。

技术持有单位介绍

长江水利委员会长江科学院（简称长科院）创建于 1951 年 10 月，隶属水利部长江水利委员会，是一个以水利水电科学研究为主，并面向全国各行各业开展技术服务、科技产业开发的多学科的综合性科研机构。在武汉、宜昌、丹江口、重庆设有科研基地，总占地面积 45 万 m²，配有现代化的试验大厅和实验室以及国内一流的科研仪器设备和先进的计算机应用软件。目前，主要专业包括：防洪减灾、河流泥沙、水资源和环境科学、水土保持、水工程水力学、土工与渗流、工程岩石和病害防治力学、水工结构、基础处理、工程材料、爆破与抗震、工程安全监测、机电控制设备、自动化与水工仪器、遥测遥感和地理信息系统等。并向水资源保护及利用、水土保持、生态农业、环境工程、信息产业、材料科学等领域开拓。2000 年 7 月长科院作为国内水利水电行业科研单位，首家通过 ISO 9001 质量体系认证，2001 年被确定为国家非营利性科研机构。

应用范围及前景

雨滴溅蚀是降雨对地表土壤的最初作用方式，是通过打击地表土壤，造成土粒分散并以跃移的形式搬运的土壤侵蚀方式。

该技术所设计的降雨侵蚀过程测定仪器及其测定方法可以测定各个时段、不同溅蚀距离的土壤溅蚀量，能够将整个降雨过程中土壤溅蚀的发生发展规律进行定量分析，从而能够更精确地预测在选定降雨区域的土壤溅蚀量，对降雨侵蚀过程进行更加深入细化的研究。将本技术应用到生产建设项目的水土保持监测中，可以为控制土壤流失量提供理论依据，从而更好地设计水土保持措施。

技术名称：降雨侵蚀过程测定仪器及其测定方法
持有单位：长江水利委员会长江科学院
联 系 人：周若
地　　址：湖北省武汉市江岸区黄浦大街 23 号
电　　话：027 - 82829732
手　　机：13886130317
传　　真：027 - 82829781
E - mail：13886130317@139.com

187　水平式 ADCP 流量自动监测系统

持有单位

长江水利委员会水文局

技术简介

1. 技术来源

自行研发。

2. 技术原理

水平式 ADCP 在线测流技术基于流速面积法原理，通过断面平均流速与过水面积两个水力因子的乘积来获取断面流量。因此，要得到实时流量过程，就必须实时获取断面平均流速与过水面积。而对于实时过水面积的获取，只要测验断面形态稳定，通过实时获取断面的水位（水深），利用水位面积关系即可将水位（水深）转换为过水面积。水平式 ADCP 是一种利用声学多普勒频移测量水体流速的声学流速传感器。该设备一般水平地安装在河渠岸边水深一半处。按照预先设定的采样时间间隔向河流中泓方向发射超声波脉冲信号，以采集仪器安装高度处这一水平层的横向流速剖面。系统中内嵌了指标流速法、数值积分法两类常用的流量在线监测计算模型，可实现水平式 ADCP 流量在线监测的精确测量。

3. 技术特点

（1）系统支持多个站点水平式 ADCP 流量同时在线监测，即可组成多个断面流量在线监测系统。

（2）系统的部署形式灵活，可部署在监测站端，也可部署在中心站端。

（3）系统支持指标流速法、数值积分法等两类流量计算模型。

（4）系统支持使用水平式 ADCP 内部水位和外接基本水尺水位推算面积两种模式。

（5）系统针对水平式 ADCP 采集的原始二进制文件直接解码，无需用户生成文本数据，操作便捷。

（6）系统考虑了各种干扰、通信故障、数据异常等因素，加入了容错机制，可保证系统稳定运行。

（7）可将在线监测的流量成果实时入库，数据成果可导出为 Excel 电子表格形式。

技术指标

软件经湖北省软件评测中心验收测试，整体通过测试。系统为单机版程序，为了便于系统的推广应用，系统客户端的硬件平台适用于普通微机〔CPU 不低于 1GHz，内存≥512MB，硬盘≥850MB（x86）、2GB（x64）〕，操作系统采用 Windows XP SP3 及以上版本操作系统。并通过了功能性、可靠性、易用性、可维护性、可移植性测试。

技术持有单位介绍

长江水利委员会水文局成立于 1950 年，所辖 7 个水文水资源勘测局（水环境监测中心）分布在重庆、宜昌、荆州、襄阳、武汉、南京和上海等地。拥有水利部首批颁发的甲级水文水资源调查评价证书、建设项目水资源论证资质证书和国家测绘局首批颁发的甲级测绘资格证书。2003 年通过国际质量体系认证。

应用范围及前景

可广泛应用于多种类型河流、明渠、湖库的流量在线监测。

技术名称：水平式 ADCP 流量自动监测系统
持有单位：长江水利委员会水文局
联 系 人：张国学
地　　址：湖北省武汉市解放大道 1863 号
电　　话：027 - 82829670
手　　机：13886048359
传　　真：027 - 82410216
E - mail：29740437@qq.com

188 内陆水域水文泥沙采样成套设备

持有单位

长江水利委员会水文局荆江水文水资源勘测局

技术简介

1. 技术来源

自主研发。

2. 技术原理

根据波义耳-马略特定律,利用连通器自动调压工作原理,使采样器的取样腔器内压力与采样器所在测点的器外静水压力保持平衡,达到样品进口流速接近天然流速的目的。

3. 技术特点

(1) 大容量筒式悬移质泥沙及水质采样器采用活塞式触发连动机构,利用较小外力即可关闭窗门,并获取多种容量的悬移质泥沙或水质样品。

(2) 双尾翼临底悬移质采样器通过大尾翼、固定旋转式容积仓和触底关门设计,同时配置不同重量模块,适用于复杂水域临底悬沙测验。

(3) 双门挖斗式采样器采用主轴连动门控机关及双门关闭设计,既增强器体在水体中的平衡性,又增大取样粒的范围。

(4) 与测船配套装置连接,抗水流冲击能力强,支撑稳固,系统操作简单、安全,又能极大地提高测验精度和生产效率。

技术指标

(1) 大容量双桶悬移质泥沙及水质样品采样器获取水样容量范围:2000～8000mL;容器自重:20～30kg;挂载铅鱼配重50～150kg;允许最大流速5m/s;允许最大水深200m。

(2) 双尾翼临底沙采样器。采集距河床10cm处临底悬移质样品;器体自重:150～200kg;据水体流速可调配重量;适用环境:流速5m/s及以下、水深200m内。

(3) 双门挖斗式床沙采样器。设计自重:150～200kg;采集样品重量:2～10kg,根据取样粒径大小,可适当增减挖斗口门尺寸;适应环境:水深150m、流速3～5m/s;主要适用沙、卵河床质取样,卵石粒径15cm及以下。

技术持有单位介绍

长江水利委员会水文局荆江水文水资源勘测局是水利部长江水利委员会水文局下属的科研事业单位,成立于1953年,负责为长江荆江综合治理、防汛抗旱、水资源开发管理、水利水电工程建设及其他国民经济建设收集提供水文、河道勘测、水质监测资料及科研成果的专业机构。

应用范围及前景

适用于内陆平原河流、水库、湖泊等水域泥沙样品采集,尤其适用于水体中含沙量极小须加大容积取样或同点需获取多套悬移质水样,以及较高流速条件下的临底悬移质取样、卵石夹砂河床质取样。

设备已广泛用于水文测验及30余项生产科研项目中,已被长江三峡集团公司、长江科学院、武汉大学等单位使用。并在该局9个水文站及河道勘测中心、宜昌市水文水资源勘测局、长江三峡水文水资源勘测局等单位水文测验中使用,均取得了良好的社会及经济效益。

技术名称:内陆水域水文泥沙采样成套设备
持有单位:长江水利委员会水文局荆江水文水资源
　　　　　勘测局
联 系 人:周儒夫
地　　址:湖北省荆州市沙市区塔桥北路
电　　话:0716-8521064
手　　机:13593897586
传　　真:0716-8521005
E - mail:598340222@qq.com

189 XF－A悬浮直立水尺

持有单位

山东黄河河务局菏泽黄河河务局

技术简介

1. 技术来源

自主研发。水尺在制作过程中充分考虑了浮子自重和浮子与密闭桶之间的摩擦力，通过水中试验或计算求出浮子漂浮的实际零点高度，在水尺制作过程中减去浮子自重（摩擦力）产生的误差高度，定出安装基准线。水尺安装过程中通过测量获取的高程点要与此基准线在同一高度水平安装水尺。同时为了方便观测，可通过调节水尺架高程调节滑槽，选取测量取得的整数高程点，按照整数高程进行安装，方便观测当中读取计算数据。

2. 技术原理

该水尺是在传统水尺的基础上进行了技术革新，主要是利用水桶密闭原理，在一定空间内创造相对不受外界环境影响的静水面，并利用水的浮力作用，采用浮子传导的方式，把需要观测的水平面高程利用指示针传递到水面以上观测，观测数据刻度和水位指示针采用彩色荧光漆喷涂。

3. 技术特点

（1）采用水桶密闭方式，在一定空间内创造相对不受环境影响的静水面，解决了水位受风浪、冰凌、水流等因素影响观测不稳定、不准确的问题。

（2）利用水浮力作用，通过浮子带动水位指示针把实际需要观测水位传递到水平面以读取，克服了水面光反射、水尺倒影等问题，方便了观测人员作业，数据读取简捷明了。

（3）水尺数据刻度和水位观测指示针采用彩色荧光漆喷涂，数据表现更加清晰，提高了昼夜水位观测数据的清晰度。

（4）水尺为整体式构件，制作简单，拆装、携带、维修、保管方便，提高了工作效率。

技术指标

浮子直径与密闭桶内径间隙保持在1～2mm；密闭桶浮子指示针滑槽保持平滑直顺，宽度2～3mm；水尺固定架安装滑槽保持10cm左右的调整高度；密闭桶采用不锈钢无缝钢管直径10～12cm，钢管壁厚1～2mm；一般每个水尺制作2～3m为宜；水尺工作过程中，通过浮子沿水位指示针滑槽带动指示针随水位升降而升降，不受水位剧烈增高或剧烈降低影响，工作平稳。

技术持有单位介绍

山东黄河河务局菏泽黄河河务局是菏泽市境内黄河水行政管理单位，承担着黄河菏泽段的防洪规划治理与水行政执法等任务。所辖河道长185km，各类堤防256km；险工12处、坝岸357段；控导工程17处、坝岸346段；引黄涵闸9座，设计引水能力405m³/s。

应用范围及前景

广泛用于江河、湖泊、水库、滩区等人工水位观测点的水位观测。与传统水尺相比主要是解决了观测数据受环境影响误差大、工作效率低、数据读取清晰度不高和水尺安装不便等问题。

技术名称：XF－A悬浮直立水尺

持有单位：山东黄河河务局菏泽黄河河务局

联系人：徐辉

地　　址：山东省菏泽市长江路887号

电　　话：0530－5592149

手　　机：13583028084

E－mail：1356258704@qq.com

190   水下地形智能勘测船

持有单位

珠江水利委员会珠江水利科学研究院

技术简介

1. 技术来源

研发水下地形智能勘测船的主要目的是为湖库的水下地形监测、水文信息采集和水资源管理工作提供有效的数据支撑，为我国进行湖库治理、洪涝灾害及水污染防治提供强有力的技术手段。水下地形智能勘测船研制涉及多个学科，在整个研制过程中，系统引进了多项关键技术，已解决研制过程中所遇到的问题，并实现了多项创新。

2. 技术原理

水下地形智能勘测船是一个综合系统，融合了机械、电子、通信、网络和软件等多方面专业技术内容，整个系统由地面控制基站、手动控制终端和无人测控船组成，还可方便扩充其他测量仪器，如水质监测仪器、ADCP 剖面流速流向仪。

3. 技术特点

（1）船体采用小水线面双体船，有效减小航行阻力，提高航行速度；有效提高了抗浪性，增强航行稳定性；有效增加了甲板面积，增加了负载能力。

（2）推进装置采用自主设计的直流电驱动的水下吊舱式推进系统。该系统采用直流电驱动，不会产生油污，非常环保；能够直接改变推进电机的推进方向，极大提高舵效，使得船体几乎实现原地转向；携带新设计的防水草缠绕装置。

（3）系统嵌入了高性能的 IMU，实现了对船体六自由度的高精度测量，有效消除了水下地形

测量时，船体姿态及波浪对测量产生的影响。

（4）采用双频无线通信模式，既满足了近距离、大数据量和实时数据传输的要求，又满足了远距离无线控制的需求。

（5）采用 GPS＋RTK 技术，有效提高了定位的精度。

技术指标

（1）船体尺寸：1.4m×1m×0.6m。
（2）船体重量：25kg。
（3）最大航速：2.5m/s。
（4）续航能力：8h。
（5）最大负载：20kg。
（6）平面定位精度：<2cm。
（7）高程定位精度：<5cm。
（8）水深测量精度：<0.2%FS。
（9）数据采集频率：20Hz。

技术持有单位介绍

珠江水利委员会珠江水利科学研究院建于 1979 年，中央级科研机构。主要从事基础研究、应用基础研究，承担流域重大问题、难点问题及水利行业中关键应用技术问题的研究任务，为华南地区与珠江流域最大的综合性水利研究机构。现设有河流海岸工程、资源与环境、水利工程技术、信息化与自动化、遥感与地理信息 5 个专业研究所，并设有广东华南水电高新技术开发有限公司和广州珠科院工程勘察设计有限公司。目前建设有水利部珠江河口动力学及伴生过程调控重点实验室、国际泥沙研究培训中心珠江研究基地、水利部珠江河口海岸工程技术中心、珠江流域水土保持监测中心站和珠江委水政监察总队遥感工作站等重要的科技创新平台。

应用范围及前景

水下地形智能勘测船适用于中小型湖库、河道的水下地形监测、水文信息采集。已应用在广州龙洞水库、广州增城碧潭村碧潭、梅州水库、西江省寻乌县九曲湾水库、贵州红枫湖水库等地进行了水下地型测试并获得业主认可。并销售 1 台给武汉地质局用于长江三峡滑坡段水下地型测试。将进一步加强模块化设计功能，给用户提供一个可进行二次开发的软件平台，扩展更多的量测仪器产品接口，以适应不同的科研生产需要。

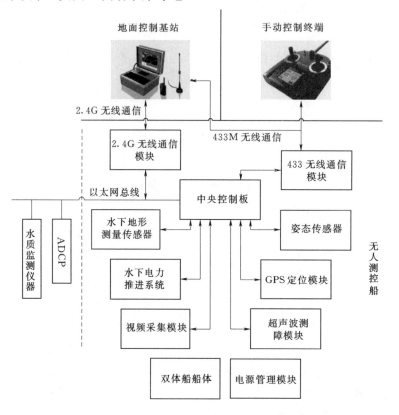

■系统结构框图

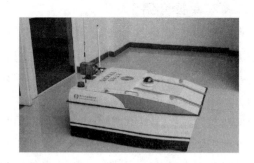

■船体尺寸 1.4m×1m×0.6m

■作业途中

技术名称：	水下地形智能勘测船
持有单位：	珠江水利委员会珠江水利科学研究院
联系人：	王磊
地址：	广东省广州市天河区天寿路 105 号
电话：	020 - 87117089
手机：	15989180832
E - mail：	wl4117@126.com

191 水土保持无人机对地动态监测技术

持有单位

江西省水土保持科学研究院

技术简介

1. 技术来源

水土保持无人机对地动态监测技术主要来源于江西省水利科技成果重点推广计划项目"无人机遥测技术在水利枢纽水土保持监测中的应用（项目编号：201201）"。

2. 技术原理

该技术根据无人机低空遥测以及摄影测量等技术原理，构建了一套基于无人机（旋翼、固定翼）的水土保持对地动态监测与三维建模仿真系统，可通过无人机进行地表信息的影像前期采集，结合研究以及工程项目需要，通过近景摄影测量后期处理分析，获取研究区以及工程施工地段的 DEM、DOM、DLG 等数据，结合人工目视解译以及软件自动提取等方法可实现水土保持措施的数量、分布、长度、面积、体积以及植被盖度等信息的快速提取，用于水土保持施工以及后期效益的动态监测。

3. 技术特点

（1）将无人机低空遥测和摄影测量技术有效集成。

（2）针对不同的水土保持监测对象（点、线以及面状项目），构建了一套快速、准确、全自动的水土保持无人机对地动态监测技术体系。

（3）可实现研究区水土流失三维重建以及土壤侵蚀过程模拟，进行水土保持施工以及效益的实时动态监测。

技术指标

无人机遥测平台重量：含电池≤1.5kg。

防水等级：经过 IEC IP55 标准验证。

内存：16GB 数据收集闪存。

最大飞行速度：12m/s。

最长飞行时间：30min。

单次最大测量面积：3km^2。

相机：4K 相机（1600 万或者 2000 万）。

地面采样距离（GSD）：最小 2cm。

3D 模型精确度：1～3x 解析度（GSD）。

工作环境温度：0～40℃。

处理软件：Pix4Dmapper 或者 Agisoft PhotoScan。

摄影测量产出成类：DEM、DOM、DLG 以及植被覆盖度。

技术持有单位介绍

江西省水土保持科学研究院是我国南方唯一的省级水土保持科研机构，是江西省的水土保持科技支撑以及服务中心，全院现有职工 121 人，其中：教授级高工 8 人，高工 23 人，博士（后）18 人，硕士 59 人。先后承担"十三五"国家重点研发计划、国家自然科学基金、水利部公益性行业专项等科研项目 200 余项，一批成果达到国际先进、国内领先水平。先后获得国家级、省部级科技奖励 44 项，授权国家专利 15 项，发表论文 400 多篇，出版专著 4 部。探索总结出了一套具有南方特色的水土保持技术体系和 10 大水土流失治理模式，并构建形成了由 1 个国家级科技示范园、1 个省级重点实验室、1 支省级优势科技创新团队、1 个博士后科研工作站和 12 个野外试验基地组成的科学试验研究体系。

应用范围及前景

适用于水土保持无人机对地动态监测，是当前国家大力推进水土保持信息化建设，实现生产建设项目水土保持天地一体化监管的有效补充和技术手段。

将低空无人机遥测与摄影测量技术有效集成，可实现小流域水土保持措施面积、数量、施工进度、治理成效的对地动态宏观监测，同时可为水土保持规划以及施工提供详尽的 DEM、土地利用、植被盖度等前期本底数据，最高精度可达厘米级。

典型应用案例：

已成功应用于水土保持重点治理工程、江西水土保持生态科技园二期建设等项目的水土保持前期施工调研以及水土保持措施和效益动态监测，涉及宁都县、兴国县、泰和县和德安县 4 个县，应用推广面积达 15.16km²，节省了大量的人力、物力、财力，节支总额 105 万元，与传统监测技术相比，可提高工作效率 3 倍以上。

■水土保持局部影像分析

■无人机遥感影像

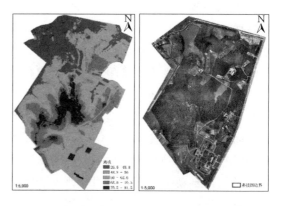

■水土保持影像分析案例

■无人机对地动态监测设备

技术名称：水土保持无人机对地动态监测技术
持有单位：江西省水土保持科学研究院
联系人：宋月君
地　　址：江西省南昌市青山湖南大道 290 号
电　　话：0791 - 88828171
手　　机：13979104382
传　　真：0791 - 88828185
E - mail：well3292@126.com

192 多邦水位计（TP－SYQ10气泡式、TP－SYT压力式、TP－SWL雷达式）

持有单位

重庆多邦科技股份有限公司

技术简介

1. 技术来源

自主研发。

2. 技术原理

采用静压液位测量原理，中央处理单元实时采集或定时采集压力传感器、温度传感器、气压传感器信号，并在内部运用复杂算法对压力传感器数据进行线性修正和温度补偿；系统采用传感器全部为高稳定性，高精度传感器，从根本上保证了产品的稳定性和精度；产品为RS485数字输出接口，数据传输协议为标准MODBUS－RTU协议，可同时连接多台水位计。

3. 技术特点

（1）产品具有独有的高精度、多功能、微功耗特点。

（2）TP－SYT系列压力式水位计结构采用一体式设计，各部件间接头连接方便可靠、易于拆装，便于产品安装调整、使用维修。

（3）兼容常用压力水位计协议这样易于用户在不修改RTU协议基础上就能使用。

技术指标

（1）精度：最高0.05％FS（TP－SYT10系列精度0.15％FS，TP－SYT20系列0.05％FS）。

（2）量程：10～100m，其他量程可定制。

（3）测量频率：实时测量。

（4）供电电压：7～15VDC（外部电源电压）。

（5）工作电流：10mA。

（6）温补补偿：自动温度补偿。

（7）工作温度：－10～70℃，（TP－SYT20系列－40～85℃）。

（8）记录存储：30000～50000条记录（地下水位一体机测量）。

（9）读取水位协议兼容，兼容市场上常用水位计的水位读取。

（10）通信方式：RS485接口 MODBUS－RTU协议。

（11）温度测量分辨率：0.1℃。

（12）防护等级：IP68。

技术持有单位介绍

重庆多邦科技股份有限公司位于重庆市沙坪坝区西永微电子工业园，成立于2001年。是一家集研制、销售、生产和技术服务于一体的高新技术企业和软件企业。经过10多年跨越式的发展取得了骄人的业绩，公司的成长性、创新性和盈利能力获得了多家风险投资基金的关注和认可。2015年7月16日，重庆多邦科技股份有限公司在全国小企业股份转让系统成功挂牌。

应用范围及前景

可广泛应用于地下水监测、水库及地表径流水位监测、罐体液位监测等多种场合。TP－SYT系列压力式水位计综合实现了水位、水温、电源电压等水文参数的实时监测记录和自动定时记录。

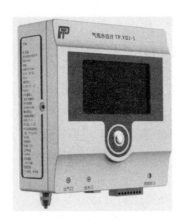

■气泡式水位计

■应用于水库水雨情在线监测系统中

■压力式水位计

■雷达式水位计

■应用于水资源在线监测系统中

技术名称：多邦水位计（TP－SYQ10 气泡式、TP－
　　　　　SYT 压力式、TP－SWL 雷达式）
持有单位：重庆多邦科技股份有限公司
联 系 人：杨盛
地　　址：重庆市沙坪坝区西园二路 98 号附 3 号
　　　　　标准厂房一期三号楼 4 层
电　　话：023－65455812
手　　机：13500365041
传　　真：023－65350899
E－mail：180301450@qq.com

193 TP－DXS－02型地下水位在线监测一体机

持有单位

重庆多邦科技股份有限公司

技术简介

1. 技术来源

自主研发。

2. 技术原理

TP－DXS－02型地下水在线监测一体机是一款稳定性好、精度高、功耗低、体积小、功能全的电容式压力水文测量仪器，内置水位计采用高精度、高稳定性的电容式压力传感器作为压力感知元件，输出数据经过内部智能线性修正和温度补偿，很好地满足了用户关于产品高精度和高稳定性的需求。

3. 技术特点

（1）精度高：精度高达0.05%FS，分辨力可达1mm。

（2）功耗低：智能电源管理设计，内部锂电池可用3～8年。

（3）体积小：φ130mm×320mm一体式设计结构。

（4）功能全：水位、水温、气压、电池电压等多参数实时监测，同时具有电池存储功能。

（5）传输远：一体机主机与水位计间采用RS485通用，水位计线缆传输距离可达1.2km。

（6）抗干扰：金属外壳，集成防反接、防过压电路及抗干扰处理电路。

技术指标

（1）量程：0～10m、0～20m、0～35m、0～50m、0～100m。

（2）精度：0.05%FS（0～80℃）；分辨力：0.1cm。

（3）固态存储容量：32MB（100万条记录）。

（4）测量频率：监测频率可配置（1min～24h）。

（5）自带电池：也可外部5～24V供电；日功耗：0.1W·h。

（6）通信协议：《国家地下水监测工程（水利）通信报文规定》；内部通信方式：RS485接口MODBUS－RTU协议。

（7）防护等级：井口部分IP55，水下部分IP68。

技术持有单位介绍

重庆多邦科技股份有限公司成立于2001年，是一家集研制、销售、生产和技术服务于一体的高新技术企业和软件企业。2015年7月16日，重庆多邦科技股份有限公司在全国小企业股份转让系统成功挂牌。

应用范围及前景

TP－DXS－02型地下水在线监测一体机可以同时检测水位、水温、电池电压等多种参数，具有良好的兼容性，方便用户大规模组网使用；产品内部集成大容量存储芯片及大容量锂电池，同时配有高精度时钟芯片，具有自动定时存储功能，产品的微功耗设计大大延长了内部锂电池的使用寿命，方便用户在偏远地区使用。

技术名称：TP－DXS－02型地下水位在线监测一体机

持有单位：重庆多邦科技股份有限公司

联 系 人：杨盛

地　　址：重庆市沙坪坝区西园二路98号附3号标准厂房一期三号楼4层

电　　话：023－65455812

手　　机：13500365041

E － mail：180301450@qq.com

194　WRU－2000 遥测终端机

持有单位

北京威控科技股份有限公司

技术简介

1. 技术来源

自主研发。

2. 技术原理

遥测终端机包含数据采集单元、数据处理单元、数据存储单元、数据上报单元和数据展示单元，共计五大模块组成。产品软硬件设计根据数据流向采用模块化处理，方便产品适应不同应用场景下的功能开发。

3. 技术特点

（1）为解决野外难以提供市电电力系统的问题，产品设计采用太阳能＋蓄电池的供电方式，同时设备功耗低。

（2）数据接口：RS485/RS232、DI、DO、AI、SDI－12，可以对接多种类型传感器。

（3）产品配有液晶触摸显示屏，可完成设备的配置和数据展示功能。

（4）产品支持远程配置和升级，客户无线到现场即可完成产品配置和升级，方便用户现场维护。

（5）产品支持短信、GPRS/CDMA/4G/NB－iot、北斗等多方式无线通信方式。

（6）针对野外复杂环境，产品具有数据断点续传功能，保障数据上报平台的完整性。

（7）支持远程控制，可以驱动其他外围设备的开闭功能。

技术指标

电源输入：9～24VDC。

电源输出：24V 100mA，5V 20mA；4 路数字量输出。2 路继电器输出。

模拟量输入：8 路 12bit，最大采集率1000Hz。

数字量串口输入：2 路 RS485，2 路 RS232。

无线模块：GPRS/CDMA/4G/NB－iot。

4.7 英寸 TFT 液晶屏，带触摸输入。

工作温度：－40～70℃。

工作湿度：0～95％，不结露。

平均无障工作时间：≥25000h。

技术持有单位介绍

北京威控科技股份有限公司成立于 2004 年，是中关村和国家级高新技术企业，一直本着"合作、诚信、笃实、创新"的经营理念，是一家致力于水文、水资源等领域内新技术的应用和新产品的研发、生产、销售及工程技术服务的高新技术企业。

应用范围及前景

WRU－2000 是一款低功率可编程的远程测控终端，行业内也称之为最稳定的功勋级 RTU 设备，拥有强大、灵活的通信功能，可以通过卫星、无线网络技术（支持局域网 WiFi 传输、支持广域网 GSM/GPRS/CDMA/3G/4G 传输）、电话线等方式实现远程数据传输。适用于河流水文、水资源、墒情、气象、灌区等方面的需求。

典型应用案例：

陕西洪道闸门改造、大庆闸门改造、新疆灌区一体化闸门改造、泰安农田灌溉系统、福建省山洪灾害防治图像信息化采集项目（厦门站）、铜仁 2014 年山洪及福泉水库项目等。

■遥测终端机

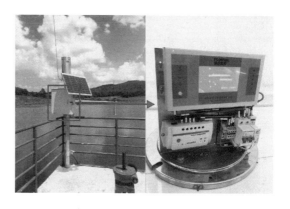

■遥测终端机应用现场（2）

■现场实施照片

■遥测终端机应用现场（3）

■遥测终端机应用现场（1）

技术名称：WRU－2000遥测终端机

持有单位：北京威控科技股份有限公司

联 系 人：陆莹

地　　址：北京市海淀区高里掌路1号院6号楼1
　　　　　层105

电　　话：010－62305007

手　　机：13910022527

传　　真：010－62305007

E － mail：Luying@vcontrol.com.cn

195　亿立能在线测流系统软件

持有单位

湖北亿立能科技股份有限公司

技术简介

1. 技术来源

自主研发。

2. 技术原理

亿立能在线测流系统软件集成物联网技术，利用气泡水位计或雷达水位计、雷达流速仪等自动监测设备进行实时监测，实现软件系统和遥测设备双向通信，有效提升系统的性能和遥测设备的稳定性。集数据采集模块、数据存储模块和数据缓存模块，通过 WCF 服务提供所有功能接口，实现了跨平台服务。该系统主要有首页、数据流量监测列表、数据图形显示、站点图像查看、智能报表几大模块组成。

3. 技术特点

实时性高，利于河道、沟渠、溢洪道、闸门等的流量实时监测，及时准确地作出相应的防汛措施，减少人民生命财产安全，受环境因素影响小，对比传统测流降低人工和资金成本。

技术指标

（1）流量监测数据默认兼容水利部 SL 323—2011《实时雨水情数据库表结构与标识符》表格，显示所有监测站点最近时间的雨量、水位、流速、流量、水势等记录，根据"测站编码""测站名称"进行模糊查询。

（2）流量监测数据过程线，可显示监测站水位、流量过程线，查看水位、流量时段内的趋势。

（3）流量监测图像监控，可现场对监测站流量现场进行拍照，并通过展示系统实时查看现场实际情况。

（4）集成物联网技术，实现软件系统和遥测设备双向通信，有效提升软件系统的功能性和遥测设备的稳定性。

（5）数据接收服务和展示系统分离，能兼容市面所有的数据库类型，展示系统采用 B/S 架构，支持电脑、手机、平板等上网设备的数据查看，方便用户实时查看数据。

（6）数据接收程序为 Windows 系统服务类型，安装后受系统托管，无需人工管理程序。

（7）数据展示系统提供 API，可接入手机 APP 进行查看，可对接其他水情业务系统进行数据展示，可灵活对数据进行扩展。

技术持有单位介绍

湖北亿立能科技股份有限公司创建于 2002 年，注册资本 2000 万元，是一家专业从事智能水文、水质仪器的研发、水利信息化、软件开发、系统集成及增值服务的国家高新技术企业。主要产品有：智能气泡水位计系列、一体式智能遥测监测仪（雨量、水位、温度）、数据终端机、称重雨量计、翻斗雨量计、蒸发传感器、全自动水位监测仪等。其中智能气泡水位计系列产品填补了国内市场的空白，并打破了国外同类产品在中国长达十多年的市场垄断和十多年的高价位局面。

应用范围及前景

适用于各级水文局、防汛办、一线水文站、使用移动终端访问数据者以及需要查看河道、沟渠、泄洪道、闸门等实时流量的用户和对象。

技术名称:	亿立能在线测流系统软件
持有单位:	湖北亿立能科技股份有限公司
联系人:	何翠华
地　址:	湖北省宜昌市高新区兰台路 13 号 8 幢
电　话:	0717 - 6339483
手　机:	18995888700
E - mail:	565375187@qq.com

196 一种智能数传蒸发站

持有单位

湖北亿立能科技股份有限公司

技术简介

1. 技术来源

中国实用新型专利产品。亿立能智能数传蒸发系统是依据中华人民共和国水利电力部 SL 630—88《水面蒸发观测规范》和中国气象局 2003 年版《地面气象观测规范》相关要求自主制造，用于自动观测水面蒸发过程。

2. 技术原理

投入运行的自动蒸发站蒸发桶内的水位高度应保持在水位标志线上。无降水日时，数据采集装置自动采集蒸发桶内水面高度的变化并计算出蒸发量。每当蒸发桶内水面高度降至约定值（水位标志线以下 10mm）时，采集器在观测日分界时刻控制补水泵工作，给蒸发桶和水圈自动补水，使蒸发桶内水位恢复至水位标志线高度，然后以补水后的高度作为起测点，测量下一时段的蒸发量。有降水日时，每当蒸发桶内水面高度超过约定值（水位标志线以上 10mm）时，采集器在观测日分界时刻控制补水泵工作，控制溢流水泵工作，将蒸发桶内水排出，使蒸发桶内水位恢复至水位标志线高度，然后以溢流后的高度作为起测点，测量下一时段的蒸发量。

3. 技术特点

高分辨力、高精度，全自动监控蒸发量，安装方便，系能稳定，可靠性高，方便维护。

技术指标

（1）蒸发量、溢流量测量分辨力：0.01mm。

（2）蒸发量、溢流量测量精度：±0.01mm。

（3）降雨量量测分辨率：0.1mm。

（4）降雨量量测精度：≤±1％（在 0.01～4mm/min 雨强范围）。

（5）通信方式：GPRS。

（6）系统电源电压：DC12V（由 12V 60Ah 蓄电池、100W 太阳能板和充电控制器组成供电系统）。

（7）系统工作电流：待机电流≤30μA，最大电流≤700mA（泵工作时电流）。

（8）工作环境：环境温度：0～60℃；相对湿度：＜95％（40℃）。

技术持有单位介绍

湖北亿立能科技股份有限公司创建于 2002 年 9 月，注册资本 2000 万元，是一家专业从事智能水文、水质仪器的研发、水利信息化、软件开发、系统集成及增值服务的国家高新技术企业。目前已开发出的产品有：智能气泡水位计系列、一体式智能遥测监测仪（雨量、水位、温度）、数据终端机、称重雨量计、翻斗雨量计、蒸发传感器、全自动水位监测仪、水利和工业信息自动化系统集成等。其中智能气泡水位计系列产品填补了国内市场的空白，并打破了国外同类产品在中国长达十多年的市场垄断和十多年的高价位局面。

应用范围及前景

亿立能智能数传蒸发系统主要是替代现有人工测量蒸发量的工作，通过太阳能和蓄电池的组合供电实现不间断监测水面蒸发量，通过上位接收软件自动生成报表。水面蒸发是大气水文循环的重要环节，通过对水面蒸发的监控，可以及时了解蒸发量的变化，从而为定制水资源的利用、

农业灌溉和气象研究提供科学的依据。目前我国蒸发量的观测以人工观测为主，而自动蒸发站主要是取代繁琐、复杂的人工测量蒸发量工作，并减少人工测量的误差，通过太阳能和蓄电池的组合供电方式来实现不间断监测水面蒸发量，通过上位接收软件可随时监控所有蒸发量的变化，并可自动生成相应的报表和图形，可以更加直观地了解到蒸发量的变化。

■亿立能智能数传蒸发系统

技术名称：	一种智能数传蒸发站
持有单位：	湖北亿立能科技股份有限公司
联系人：	何翠华
地址：	湖北省宜昌市高新区兰台路13号8幢
电话：	0717-6339483
手机：	18995888700
传真：	0717-6339483
E-mail：	565375187@qq.com

197　一种基于经验模态分解的中长期水文预报技术

持有单位

长安大学

技术简介

1. 技术来源

研究成果。

2. 技术原理

该技术将智能优化算法与水文机理分析结合，综合考虑水文变化的复杂性和不确定性，建立基于流域水文形成的外界条件与水文变化之间的映射关系的预报模型。对掌握研究流域水文演化的趋势和方向，水文序列变化的特性和规律，科学合理地开展水文预报工作，特别是中长期水文预报，进而指导流域水资源管理和开发利用，促进社会经济发展，具有十分重要的意义。

3. 技术特点

该技术方法步骤简单、实现方便且操作简便、使用效果好，能有效地解决人工智能算法缺乏水文机理分析，导致预报结果无法解释，在预测、预报方面效果差等问题。

技术指标

（1）该技术方法将复杂信号理论应用于水文预测预报技术中，提高了对复杂水文序列的预报能力。

（2）该技术方法相较于现有技术预测预报时段长、精度高。

（3）该技术满足 SL 250—2000《水文情报预报规范》实测径流的误差 20％要求。预测误差远低于 20％行业要求。

（4）水文预报精度提高可以增强水文预报结

果的可靠性和实用性。有效地提高预报信息传递的速度，确保信息传输质量，从而增加流域水资源管理、水资源利用的效益。据估算针对中小流域水资源管理过程，将比以前节约各种投资大约20％，可以减少直接损失，提高水资源管理政策实施的社会效益。

技术持有单位介绍

长安大学直属国家教育部，是教育部和交通运输部、国土资源部、住房和城乡建设部、陕西省人民政府共建的国家"211 工程"重点建设大学，是国家"985 工程优势学科创新平台"建设高校，国家世界一流学科建设高校。学校设有 21个教学院（系），有 5 个国家级重点学科，26 个部省级重点学科。现有全日制学生 34000 余人，其中博士研究生、硕士研究生、外国留学生10000 余人。

应用范围及前景

该技术提供一种基于经验模态分解的中长期水文预报技术，操作步骤简单、实现方便且操作简便、使用效果好，能有效解决现有水文预报技术对人类干扰强烈的复杂水文序列预测精度较低的问题。该技术可在水文预报、流域水资源管理与开发利用、水资源规划等方面广泛应用。

技术名称：一种基于经验模态分解的中长期水文预报技术

持有单位：长安大学

联 系 人：吕继强

地　　址：陕西省西安市雁塔区雁塔路 126 号

手　　机：13669259881

E - mail：lvjiqiang0721@chd.edu.cn

198　应用于流量巡测的便携式雷达

持有单位

上海航征测控系统有限公司

技术简介

1. 技术来源

航征科技是具有自主知识产权的雷达方案提供商，拥有多项专利和软件著作权。

2. 技术原理

流速测量基于多普勒测速原理测量液体表面流速，通过向液面发射频率为 35GHz 的雷达波，液面上的波浪将雷达波反射回雷达接收天线，因为波浪有流速，因此反射回去的雷达波与发射的雷达波之间存在一个多普勒频差，通过对此频差的测量并结合雷达波入射水面的角度可得到液面的表面流速。该技术采用数值模拟计算与物理模型验证相结合的研究手段，得到明渠测流断面无压均匀素流的流速分布规律及特征点流速与断面平均流速的关系。并在此基础上研究水位与纵向流速及过流流量的对应关系，进而根据点流速的实测结果确定对应的流量。

3. 技术特点

这种设备以非接触方式施测水流表面流速，不受液面条件的影响，在高速水流、浑水、漂浮物甚至泥石流、泥浆的情况下均能进行测量。并具有手持式便于携带移动式测量的优点。该设备由手持式表面流速仪＋手机或平板电脑组成，两者之间的通信由 WiFi 模块完成。

技术指标

（1）测速范围：0.15～20m/s。

（2）测速精度：±0.1m/s。

（3）最大测程：100m。

（4）测速历时：0.1～99.9s。

（5）波束角度：12°。

（6）微波频率：Ka 波段，35GHz。

（7）工作电源：锂电池供电，正常工作 10h。

（8）操作按键：6 个，开关、保存、回查、菜单、水平角、背光。

（9）显示内容：瞬时流速、平均流速、测速历时、流速方向、回波强度和发射状态。

（10）角度补偿：内置俯仰角传感器自动补偿，水平角手动输入。

（11）工作温度：－35～70℃。

（12）防护等级：IP68。

技术持有单位介绍

上海航征测控系统有限公司成立于 2010 年，是一家集小型雷达研发、生产、销售和技术咨询为一体的高新技术企业。公司在排水设施系统管理软件和雷达非接触式测水流速/水位/流量技术产业研究、排水内涝防治等多个方面均取得丰硕成果，具有丰富的经验。同时，还和清华大学水利系、国防科技大学电子学院进行密切的技术合作，有多位业内专家作为公司的技术后盾，使得公司在雷达非接触测量流速领域在技术层面做到了国内领先。

应用范围及前景

可广泛应用于野外巡测、防洪防涝、污水检测等领域。其体积小、自动化程度高，尤其适用于汛期和突发状况下的监测，对流体的含沙量、杂质及断面形状都没有要求，且非接触水体测量。

技术名称：应用于流量巡测的便携式雷达

持有单位：上海航征测控系统有限公司

联系人：金怡

地　　址：上海市徐汇区虹漕路 30 号 2 号楼

电　　话：021－54652966

手　　机：13816117200

E－mail：amelie.jin@shhzmc.com

199　应用于流量在线监测的雷达

持有单位

上海航征测控系统有限公司

技术简介

1. 技术来源

航征科技是具有自主知识产权的雷达方案提供商，拥有多项专利和软件著作权。

2. 技术原理

流速面积法是最常用的流量测验方法，其测验精度较高，主要通过非接触式雷达测流速及水位，并结合 RTU 等通信设备将数据远传至服务器，根据断面参数利用水力学模型得到表面流速与断面平均流速之间的关系，进而计算得到断面实时流量，此种方法非常适合用于在线自动测流。采用数值模拟计算与物理模型验证相结合的研究手段，得到明渠测流断面无压均匀紊流的流速分布规律及特征点流速与断面平均流速的关系。并在此基础上研究水位与纵向流速及过流流量的对应关系，进而根据点流速的实测结果确定对应的流量。

3. 技术特点

（1）雷达非接触式明渠流量在线监测技术，采用雷达非接触式测量流速和水位，对流体的含沙量、杂质及断面形状都没有特殊要求。且非接触测量，测量设备不接触水体，减小设备的维护成本；不破坏水的流态，保证测量的准确性；非接触测量，安装使用快捷，不受水体环境污染，免维护。

（2）非接触流速测量。基于多普勒测速原理测量液体表面流速，通过向液面发射频率为 35GHz 的雷达波，液面上的波浪将雷达波反射回雷达接收天线，因为波浪有流速，因此反射回去的雷达波与发射的雷达波之间存在一个多普勒频差，通过对此频差的测量并结合雷达波入射水面的角度可得到液面的表面流速。

（3）非接触水位测量。雷达非接触测量水位是利用发射高频信号来测得雷达距离水面的距离 D。高频电磁波经雷达天线向液面发射，当电磁波到达物料面后反射回来，再被同一天线接收。通过检测和分析发射波与反射波，即可以得到雷达与水面的距离，进而间接地得到水深。

技术指标

（1）测速范围：0.1～20m/s。

（2）测速精度：±0.01m/s；±1%FS。

（3）测速频率：24GHz。

（4）测距范围：30m、70m 可选。

（5）测距精度：±2mm。

（6）测距频率：26GHz。

（7）供电范围：7.2～24V，建议 12V；防护等级：IP68。

（8）水位雷达波束角支持：7°。

（9）流速雷达波束角：12°。

（10）信号输出：Modbus 协议，RS485 输出。

（11）重量：4.5kg。

（12）工作温度：-35～70℃。

技术持有单位介绍

上海航征测控系统有限公司成立于 2010 年 11 月，是一家集小型雷达研发、生产、销售和技术咨询为一体的高新技术企业。公司拥有一支比较全面和较高水准的技术团队，具有很强的技术研发和系统集成能力，在排水设施系统管理软件和雷达非接触式测水流速/水位/流量技术产业研究、

排水内涝防治等多个方面均取得丰硕成果，具有丰富的经验。同时，还和清华大学水利系、国防科技大学电子学院进行密切的技术合作，有多位业内专家作为公司的技术后盾，使得公司在雷达非接触测量流速领域在技术层面做到了国内领先。

应用范围及前景

　　雷达非接触式明渠流量在线监测技术，采用雷达非接触式测量流速和液位，对流体的含沙量、杂质及断面形状都没有特殊要求。且非接触测量，测量设备不接触水体，减小设备的维护成本；不破坏水的流态，保证测量的准确性。根据断面参数利用水力学模型得到表面流速与断面平均流速之间的关系，进而计算得到断面实时流量。

　　该技术已在山东、浙江、广东、湖南、福建、新疆、宁夏、云南等地推广使用，应用前景广阔。

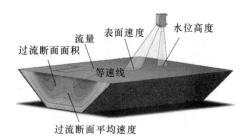

■流速测量示意

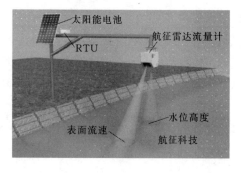

■雷达流量计单点安装

■雷达流量计双点安装

■明渠流量在线监测相关产品

■明渠流量在线监测

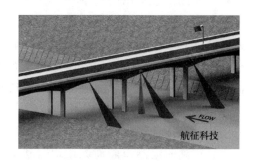

■阵列式雷达波量测流

技术名称：应用于流量在线监测的雷达
持有单位：上海航征测控系统有限公司
联 系 人：金怡
地　　址：上海市徐汇区虹漕路 30 号 2 号楼
电　　话：021 - 54652966
手　　机：13816117200
E - mail：amelie.jin@shhzmc.com

200　RTU－DXS03 型遥测浮子式水位计

持有单位

中兴长天信息技术（南昌）有限公司

技术简介

1. 技术来源

自主研发。

2. 技术原理

RTU－DXS03 型浮子式地下水位一体机是一款具备水位检测、数据采集和无线传输的地下水位监测仪器，可安装于地下水监测井内。设备采用低功耗设计，内置锂电池，可在无充电环境下使用 3 年以上时间。产品配备外部手持机进行参数的显示与设置。

3. 技术特点

具有精度高、体积小、高稳定性等诸多特点。

技术指标

微功耗设计，发送≤140mA＠12V，休眠功耗＜50μA＠12V，单节电池可持续工作 3～5 年。

量程：0～40m。

精度：0.1％FS。

工作制式：6 采 1 发。

使用环境：－30～70℃，≤95％RH（40℃）。

通信模式：GPRS/GSM，数据存储：存储容量 8MB。

数据传输：地下水监测数据传输规约。

防水等级：IP65。

技术持有单位介绍

中兴长天信息技术（南昌）有限公司成立于 2008 年 8 月，是中兴通讯集团旗下专注智慧水利（水务）业务的高科技公司。在水利信息化方面，公司于 2007 年在全国率先完成了"江西山洪灾害"系统的省级、市级、县级三级部署与运营。2008 年水利部以此技术方案为蓝本，开展了全国试点工作，中兴长天山洪灾害系统市场占有率全国领先。目前已形成以水利应用为主，兼顾其他行业的具有 RTU 无线通信和自组网技术为核心的感知硬件、数据网络侧和应用系统等多个层级的系列产品。用户及项目覆盖全国 26 个省（自治区、直辖市）的各级水文、防汛抗旱减灾、水资源监测与管理、农田节水灌溉、中小河流、灌渠信息化、城市水务、海绵城市、采砂管理、水库管理、水利资产管理与运维、电站、农场、林场等。参与国家 6 项标准制定，已有软件著作权 103 项、申请专利 47 项。

应用范围及前景

该技术产品适用于地下水位监测、水库水位监测与河道水位监测。地下水是一个非常重要的水资源，有效监测地下水位信息是一项非常重要的工作，现在很多地下水监测采用的方式一般为太阳能供电或者交流电供电，两种方式都能采集地下水位信息，但是造价都太高，地下水位一般在一天之内变化很小，采用微功耗的设计，每天采集 6 次发送 1 次，单电池工作 3～5 年已经可以满足地下水监测的需求，同时该方式简单、稳定安装方便，非常适合地下水监测工程安装使用。

技术名称：RTU－DXS03 型遥测浮子式水位计
持有单位：中兴长天信息技术（南昌）有限公司
联 系 人：李永
地　　址：江西省南昌市高新区艾溪湖北路 688 号
　　　　　中兴软件园
电　　话：0791－86178300－8008
手　　机：13301137809
传　　真：0791－86178300－8008
E － mail：li. yong3@zte. com. cn

201 RTU–JDY 型遥测终端机

持有单位

中兴长天信息技术（南昌）有限公司

技术简介

1. 技术来源

自主研发。

2. 技术原理

RTU–JDY 型遥测终端机通过模拟量/开关量/RS232/RS485/格雷码等多种数据接口采集传感器数据，采集后的数据进行本地存储并通过 GPRS/GSM/北斗/组网等多种传输方式将数据传输到后台管理中心，后台管理中心依据前端采集的数据进行数据统计、分析以及预警等操作。符合 SL 180—2015《水文自动测报系统设备 遥测终端机》和 SL 61—2015《水文自动测报系统技术规范》的行业标准要求。数据传输符合《水资源监控管理系统数据传输规约》和 SL 651—2014《水文监测数据通信规约》。

3. 技术特点

（1）触摸屏进行参数的显示和设置，全中文图形，方便用户的理解和操作。

（2）内置太阳能充电管理，不需要额外放置太阳能充电模块，简化安装的流程和操作。

（3）内置 GPRS 传输模块，GPRS 模块集成 GPS 定位功能，不需要外置 GPRS 模块，安装更简单方便。

（4）可扩展组网模式，对于 10km 以内的区域内如果有多台设备，采用该方式可以有效减低 SIM 的适用数量。

（5）低功耗设备，休眠功耗<1mA@12V，20W 的太阳能板和 24Ah 的蓄电池可持续阴雨天工作 30d 以上。

（6）外部传感器接口丰富，可以接市面上绝大部分的传感器。

（7）采用标准的全国水文和水资源协议，协议合理性更好。

（8）双看门狗设计，程序出错自恢复，较少设备故障的概率。

技术指标

（1）显示方式：触摸屏液晶显示。

（2）供电电压：7～24VDC。

（3）工作制式：混合式（自报、应答），具备一点多发功能，支持 5 个中心站发送。

（4）通信模式：内置 GPRS/GSM 和自组网通信模块，支持 GPS 定位，支持外接超短波、北斗卫星等；组网传输距离：城市间 5km，无障碍 10～15km。

（5）数据存储：存储容量 4MB（可内置 4GB TF 卡）至少存储 10 年历史数据。

（6）使用环境：温度 -30～70℃，湿度≤95%RH（40℃）。

（7）模拟量输入：6 路（4～20mA），模拟量采集精度：0.1%FS。

（8）开关量输入：4 路；开关量输出：2 路（12V/1A）。

（9）继电器输出：2 路（AC 220V/3A，DC 30/5A）。

（10）RS485 接口：3 路；RS232 接口：2 路。

（11）格雷码输入：14 位。

（12）自组网工作频率：433MHz/2.4GHz。

（13）功耗：mA@12V，≤140mA（工作）。

技术持有单位介绍

中兴长天信息技术（南昌）有限公司成立于

2008年8月，是中兴通讯集团旗下专注智慧水利（水务）业务的高科技公司。在水利信息化方面，公司于2007年在全国率先完成了"江西山洪灾害"系统的省级、市级、县级三级部署与运营。2008年水利部以此技术方案为蓝本，开展了全国试点工作，中兴长天山洪灾害系统市场占有率全国领先。目前已形成以水利应用为主，兼顾其他行业的具有RTU无线通信和自组网技术为核心的感知硬件、数据网络侧和应用系统等多个层级的系列产品。用户及项目覆盖全国26个省（自治区、直辖市）的各级水文、防汛抗旱减灾、水资源监测与管理、农田节水灌溉、中小河流、灌渠信息化、城市水务、海绵城市、采砂管理、水库管理、水利资产管理与运维、电站、农场、林场等。参与国家6项标准制定，已有软件著作权103项、申请专利47项。

■RTU–JDY型遥测终端机

应用范围及前景

该技术产品适用于自然水域和人工水域的水雨情遥控监测、地质灾害预警遥控监测、农业用水的遥控监测、气象与环保参数的遥控监测。

采集水位、雨量数据并通过GPRS/GSM/北斗等方式将数据传输后台管理中心，管理中心依据该数据进行分析，当发生险情时及时通知对应的人群发生撤离，防止人员和财产的损失。

采集流量数据并通过GPRS/GSM/北斗等方式将数据传输后台管理中心，管理中心依据该数据进行分析，合理分配每个地域的水资源，防止水资源的过度开发造成水资源的枯竭。

采集土壤墒情数据并通过GPRS/GSM/北斗等方式将数据传输后台管理中心，管理中心依据该数据进行分析，当土壤湿度过低时及时通知农户开始进行灌溉操作，减少由于干旱带来的经济损失。

技术名称：RTU–JDY型遥测终端机
持有单位：中兴长天信息技术（南昌）有限公司
联 系 人：李永
地　　址：江西省南昌市高新区艾溪湖北路688号
　　　　　中兴软件园
电　　话：0791–86178300–8008
手　　机：13301137809
传　　真：0791–86178300–8008
E－mail：li. yong3@zte. com. cn

202 RTU－DXS02 型压力式地下水位一体机

持有单位

中兴长天信息技术（南昌）有限公司

技术简介

1. 技术来源
自主研发。

2. 技术原理
RTU－DXS02 型压力式地下水位一体机是一款具备水位（水温）检测、数据采集和无线传输的地下水位监测仪器，可安装于地下水监测井内。设备采用低功耗设计，内置锂电池，可在无充电环境下使用 3 年以上时间，产品配备外部手持机进行参数的显示与设置。

3. 技术特点
具有精度高、体积小、防潮防水等特点。

技术指标

（1）配置独立便携式手持设备显示和参数设置。

（2）采用微功耗设计，发送：≤140mA@12V，休眠：≤50μA@12V。

（3）量程：0～100m。

（4）精度：0.1%FS。

（5）分辨率：0.05%FS。

（6）温度测量分辨率：典型 0.2℃。

（7）工作制式：6 采 1 发。

（8）使用环境：－30～70℃，≤95%RH（40℃）。

（9）通信模式：GPRS/GSM，数据存储：存储容量 8MB。

（10）数据传输：地下水监测数据传输规约。

（11）防水等级：IP65。

技术持有单位介绍

中兴长天信息技术（南昌）有限公司成立于 2008 年，是中兴通讯集团旗下专注智慧水利（水务）业务的高科技公司。在水利信息化方面，公司于 2007 年在全国率先完成了"江西山洪灾害"系统的省级、市级、县级三级部署与运营。2008 年水利部以此技术方案为蓝本，开展了全国试点工作，中兴长天山洪灾害系统市场占有率全国领先。目前已形成以水利应用为主，兼顾其他行业的具有 RTU 无线通信和自组网技术为核心的感知硬件、数据网络侧和应用系统等多个层级的系列产品。参与国家 6 项标准制定，已有软件著作权 103 项，申请专利 47 项。

应用范围及前景

适用于地下水位、水库水位与河道水位监测。

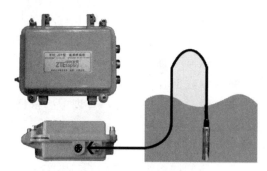

■RTU－DXS02 型遥测压力式水位计

技术名称：RTU－DXS02 型压力式地下水位一
　　　　　体机
持有单位：中兴长天信息技术（南昌）有限公司
联 系 人：李永
地　　址：江西省南昌市高新区艾溪湖北路 688 号
　　　　　中兴软件园
电　　话：0791－86178300－8008
手　　机：13301137809
传　　真：0701－86178300－8008
E－mail：li. yong3@zte. com. cn

203　智控扫描式声学多普勒测流仪

持有单位

杭州开闳环境科技有限公司

技术简介

1. 技术来源

传统的 ADCP 一般采用岸边固定安装,水平发射声波的方式获取一维的流速剖面数据,此流速数据称之为指标流速。指标流速对整个河道断面平均流速的代表性较差,并且当水位发生变化时,指标流速与断面平均流速的关系将发生根本性变化,必须持续率定二者关系才能保证测流系统的数据可用性,这将导致人力物力的大量消耗,且无法保证所测得流量数据的实时准确有效性。此外,由于洪水、淤积等原因可能造成河床形状的变化,而河床形状变化将直接导致测流系统得出的断面流量数据准确性下降,传统的测流系统无法实时得知断面情况,只有重新对河床进行人工断面扫描才能对断面数据进行修改完善,耗时耗力。基于以上问题,自主研发智控扫描式声学多普勒测流仪。

2. 技术原理

智控扫描式声学多普勒测流仪是我司基于智控扫描技术开发的二维流速 ADCP 产品,利用水下智控转动设备与超声波测距仪和声学多普勒流速剖面仪相结合的设计,使传统的一维流速剖面数据扩展为二维扫描流速数据,并采用流体动力学计算模型进行河道流量的计算拟合从而得到更准确的流量数据,解决了现有测量系统无法保证测得流量数据的实时准确有效性等问题。

3. 技术特点

(1) 实时在线监测河道流速及流量。

(2) 通过水下智控转动设备转动,实现由传统一维流速测量向二维流量测量转变。

(3) 通过超声波测距仪及其转动扫描,可自动测量测流断面分层流速。

(4) 通过流体动力学计算模型,自动拟合河道全断面流速分布并计算流量。

(5) 水下智控转动设备采用先进的动密封设计,水下长时间运行稳定可靠。

技术指标

工作频率 500～600kHz:最大剖面距离 120m,最小层厚 0.5m。

工作频率 1000～1200kHz:最大剖面距离 40m,最小层厚 0.25m。

流速测量范围:−6～6m/s(宽带),−20～20m/s(窄带)。

流速测量误差:$\pm 2mm/s \pm v \times 0.5\%$。

流速测量分辨率:1mm/s。

流量测量误差:$\pm 10\%$。

温度传感器:精度 0.1℃ 范围−70～100℃。

压力水位计:准确度 0.25%。

超声波水位计:准确度 0.1%。

水位量程:默认 0.1～10.0m,最大 19.0m。

倾斜计:精度 0.2°～0.5°,范围±30°。

智控扫描范围:180°。

最小扫描角度:1.5°。

扫描周期:3～30min;扫描速度:0.5°/s～5°/s。

供电:10～18VDC;额定功耗:25W。

对外接口:RS422/RS485。

技术持有单位介绍

杭州开闳环境科技有限公司注册在国家四大科技城之一的杭州未来科技城,公司定位于专业

的水环境监测系统服务数据提供商，拥有声学多普勒测流仪（ADCP）、浮标、水环境大数据云平台等产品系列，致力于海洋、环保、水利水文等监测领域的产品生产、软硬件应用技术开发、系统集成，为用户提供完善、专业的水环境监测综合解决方案，包括方案设计、产品开发、数据服务等。公司目前已形成了出水下装备制造、精密机械设计、声学传感技术等多学科组成的高科技开发应用平台，并拥有一支专业的技术团队，拥有研究员、高级工程师等各类高素质技术与管理人才，积累了丰富的产品设计及开发经验。公司立足于应用创新，其自主研发的"瑞声"牌AD-CP系列是目前唯一拥有实际应用的国产品牌，在行业内积累了一定的口碑；公司致力于以用户为核心，通过提供专业的监测综合解决方案、灵活的数据服务模式多资源整合走科技发展之路。

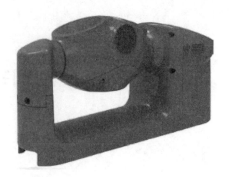

■智能扫描式声学多普勒测流仪主件

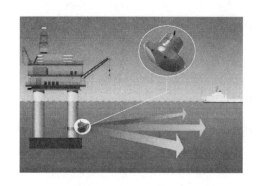

■水平式 ADCP 主件

■水平式 ADCP 配件

应用范围及前景

　　智控扫描式声学多普勒测流仪可广泛应用于水文流速流量在线监测、防洪防汛应急监测、调水工程以及其他水资源管理、河流质量评价、环保交界断面污染物通量连续监测。智控扫描式声学多普勒测流仪的出现解决了现有测量系统无法保证测得流量数据的实时准确有效性等问题，大大提高水体流速流量测量的精确度和实时有效性，现已广泛应用于太湖流域及长江水文监测。

■智能扫描 ADCP 测流示意

技术名称：智控扫描式声学多普勒测流仪

持有单位：杭州开闳环境科技有限公司

联 系 人：张天乐

地　　址：浙江省杭州市余杭区文一西路 1288 号
　　　　　海创科技中心 4 幢 8 楼

电　　话：0571 - 87208832

手　　机：18867541165

传　　真：0571 - 87208835

E - mail：zhangtianle@kaihongkeji.com

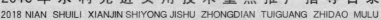

204　AJ 系列气相分子吸收光谱仪

持有单位

上海安杰环保科技股份有限公司

技术简介

1. 技术来源

自主研发。

2. 技术原理

气相分子吸收光谱法是基于被测成分分解成的气体对辐射光的吸收强度与成分浓度的关系遵守光吸收定律来进行定量分析的；根据辐射光源吸收波长的不同，进行定性分析。

3. 技术特点

通过具有自主创新的化学反应方法，将氮、硫化物从待检测液体中转换为气态进行光谱检测，因此该方法不受水体的浊度、色度、干扰金属离子等的影响，能够快速、准确的检测待定物质，该方法也填补了水质无机物气相检测的空白。

技术指标

（1）30min 零点漂移≤±0.0003Abs；信噪比：基线噪声≤±0.0003Abs。

（2）波长范围：190～900nm，波长准确度：0.2nm；波长重复性：0.1nm。

（3）相对标准偏差（RSD）：≤1.0％；测量误差：≤±3％。

技术持有单位介绍

上海安杰环保科技股份有限公司（股票代码300089）创立于 2001 年，总部坐落于上海机器人产业园，是国际上率先研发并将气相分子吸收光谱法投入应用领域的国家级高新技术企业，是科技创新板第一家分析仪器制造上市企业。

作为气相分子吸收光谱法及仪器的发明者及领航者，从 2005 年公司作为主要起草单位，起草制定了 HJ/T 195—2005、HJ/T 196—2005、HJ/T 197—2005、HJ/T 198—2005、HJ/T 199—2005、HJ/T 200—2005（气相分子吸收光谱法测定氨氮、总氮、硫化物等）6 个行业标准后，近年来陆续将该方法推广至 38 项国家及地方标准中。2016 年公司又作为主要起草单位，起草制定了 5 项水利团体标准 T/CHES 12—2017、T/CHES 13—2017、T/CHES 14—2017、T/CHES 15—2017、T/CHES 16—2017，并于 2017 年 9 月 1 日开始执行。公司产品"AJ 3000 PLUS"荣获"2015 科学仪器行业优秀新产品奖""2017 BCEIA 金奖""2017 CISILE 自主创新金奖"。

应用范围及前景

应用于测定各种水质中的氨氮、硝酸盐氮、亚硝酸盐氮、凯氏氮、总氮、硫化物等项目；广泛适用于水文监测、海洋渔业等各部门，为水文监测提供了新方法、新手段、新仪器。

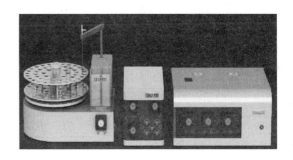

■气相分子吸收光谱仪整机装置

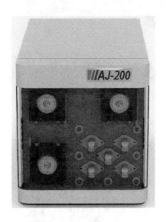

■在线紫外消解装置

■仪器出场组装调试

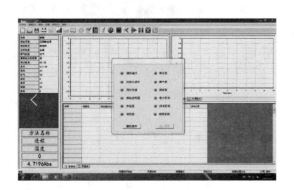

■操作软件界面

■现场调试验收

技术名称：AJ 系列气相分子吸收光谱仪

持有单位：上海安杰环保科技股份有限公司

联 系 人：曾祥丽

地　　址：上海市宝山区富联二路 189 号

电　　话：021－56606703

手　　机：13357726798

传　　真：021－36212790

E－mail：13357726798@163.com

205　H5110 型遥测终端机

持有单位

深圳市宏电技术股份有限公司

技术简介

1. 技术来源

自主研发。

2. 技术原理

宏电 H5110 遥测终端机是为满足水利水情行业遥测对多通信信道，大容量数据存储的要求而设计的新型遥测终端设备。它以高性能低功耗微控制器为核心，具有多个传感器接口和多个通信接口，是集数据采集、显示、存储、通信和远程管理等功能于一体的智能遥测数字终端设备。

3. 技术特点

（1）雨量、水位、流量等数据的整点采集、触发采集、整点上报模式；预警触发加报雨量、水位、流量等数据；可远程召测雨量、水位等多种监测数据，查询历史数据。

（2）图片实时抓拍，可外接宏电配套视频监测设备，进行实时上传。

（3）H5110 可以通过 GPRS、GSM、CD-MA、PSTN、超短波等方式进行组网通信。

（4）具有远程管理功能，可远程实现参数配置及程序升级；可用管理工具进行参数配置，也可本地进行参数配置；前置机软件可完成数据的转换和入库。

技术指标

（1）处理器：工业级 32 位 MCU；电源：12V/1.5A；功耗：传输数据（1kB/s）≤500mW；值守功耗≤0.5mW；操作系统：内置多嵌入式实时操作系统，支持 PPP/TCP/IP 协议栈。

（2）防雷抗电磁干扰：符合 GB/T17626 标准；工作温度：−30～70℃；PC 配置串口：一个 RS232 DB9 接口，波特率 115200bit/s，8 位数据位、1 位停止位、无校验、无流控。

（3）接口：1 路格雷码接口；1 路开关量接口；4～20mA 电流环接口；4 路 0～5V 电压环接口；2 路 RS232 接口；2 路 RS485 接口；1 路 SDI−12；2 路信号输入；1 路信号输出。

（4）实时时钟：采用高精度时钟芯片，时间偏差＜1s/d；无线模块：工业级模块，支持 GSM phase2/2＋，支持 GPRS class10，支持 GSM 900/1800MHz 双频。

（5）天线：一体化设计，标准 SMA 阴头天线；抽屉式接口，支持 1.8V/3V SIM 卡。

技术持有单位介绍

深圳市宏电技术股份有限公司成立于 1997 年，是全球领先的物联网通信产品与解决方案提供商。公司业务涵盖海绵城市感知系统、水库综合管理、水文水资源监测、防洪减灾预警、地灾及结构体安全监测等领域，是一家集核心技术研究、产品开发、设备制造、销售服务为一体的国家级高新技术企业。

应用范围及前景

该产品以其精准的监测能力和良好的性能被广泛应用于山洪减灾、水文、中小水库、水资源各种复杂环境的水利信息化项目中。

技术名称：H5110 型遥测终端机
持有单位：深圳市宏电技术股份有限公司
联 系 人：王涛
地　　址：广东省深圳市龙岗区布澜路中海信科技
　　　　　园总部中心 14～16 楼
电　　话：0755−88864288
手　　机：13316893575
E − mail：twang@hongdian.com

206　水质在线监测和水处理无人船

持有单位

深圳市百纳生态研究院有限公司

技术简介

1. 技术来源

自主研发，申请了相关发明专利"一种多功能无人船的制作方法"。

2. 技术原理

采用物联网＋无人船载无线传感器＋无人船载微纳米水处理装置等，通过传感器多参数同步测量，实时在线获得水质和水文参数，以及视频图像，这些大数据通过 loRa 通信系统或北斗通信及时上传至 APP、PC、大屏幕。在感知的基础上通过物联网程序控制，可以远程控制微纳米水处理装置等的开闭或者控制石墨烯基水质净化处理剂等水处理剂的投放等，形成水质在线监测和水处理一体化的智慧治河监控系统。

3. 技术特点

（1）无人船通过搭载水质、水文参数测量无线传感器及视频设备，成为实时在线、可移动上传水利大数据的工具，可实现覆盖性监测，成为河长制治河、湖长制治湖的眼睛。

（2）无人船采用模块化集成方式可以根据需要增加或者减少无线传感器。

（3）无人船通过搭载微纳米水处理装置等，在感知的基础上，智能控制水处理装置或者水处理剂的使用，有利于实现污染水体在线原位生态修复，有利于实现治河的智能化，提高效率，减少资源浪费、降低治河成本，有利于施工安全。

（4）无人船动力用高性能复合锂电池供电系统，安全、环保、无污染。采用 loRa 通信系统或北斗通信，传输数据安全可靠，通信距离长，抗干扰性强。

（5）无人船可实现组网运行，避障系统灵敏、可移动微纳米水处理装置可实现远程控制和自动控制；对于非船载水处理装置也有控制能力。

技术指标

（1）高性能锂电复合电池，容量 50～200Ah/36V/12V，最大载荷 300kg；loRa 无线移动通信，通信距离 15～30km，续航能力 3～6h，可以遥控或者自主航行。

（2）船载多参数同步测量无线传感器，包括溶解氧、氨氮、氧化还原电位、pH 值、盐度计、ORP、叶绿素、水深测量传感器等，其中溶解氧传感器测量范围 0～20mg/L，分辨率为 0.01mg/L，重复性 ±1% FS，RS485 信号 MODBUS 协议；氨氮传感器测量范围 $0.1 \times 10^{-6} \sim 1200 \times 10^{-6}$，误差（± 测量值的 5%）±0.2mg/L，RS485 信号 MODBUS 协议；数字 ORP 传感器测量范围 －1999～1999mV，分辨率 1mV，精度 ±0.1% ± Digit，RS485 信号 MODBUS 协议；数字 pH 传感测量范 0～14，分辨率为 1mV，精度 ±0.1% ±Digit，RS485 信号 MODBUS 协议；盐度传感器测量范围 0～200ms/cm，盐度范围 $0 \sim 70.0 \times 10^{-12}$，分辨率电导率 0.001μS/cm，盐度 0.1×10^{-12}，RS485 信号 MODBUS 协议；叶绿素传感器测量范围 0～500μg/L，精度 ±3% FS（＞300μg/L），测量原理荧光法。

（3）RS485 方便连接 PLC，工业控制计算机，通用控制器，无纸记录仪或触摸屏。

技术持有单位介绍

深圳市百纳生态研究院有限公司是深圳中

邦建设集团投资的水环境高新技术研发为主的新技术机构，由来自中科院的博士领衔创办。公司具有高级专业技术职称的 10 人，人员老中青结合，形成梯队，专业涵盖水利、水处理技术、水土保持技术、资源环境、材料科学、自动化和信息技术、计算机软硬件技术、传感技术、机电一体化技术等专业技术人员，具有较强科技开发能力和多学科交叉研发的优势，与河北工程大学、中科院沈阳分院、中国科技开发院等单位有良好的合作关系。主要从事水环境保护和水生态修复规划设计、河长制智慧治河、水土保持设计和监测、节水用水评估技术咨询等。特别是在物联网＋无人船河长智慧治河工作平台的研发和应用方面有独具特色的创新技术，也是把微纳米高效增氧装置应用于可移动平台治河的开拓者，现正努力为水利供给侧改革做贡献。

应用范围及前景

多功能无人船既可用于河流水质在线监测和治理，也可用于湖泊、水库、水塘、海洋等水体的水质、水文参数测量。

多功能无人测量船是省级、市级、县级、乡镇、村级 5 级河长特别是基层河长治河的眼睛，无人船提供实时在线的水质参数，与原有的固定的水质监测站配合，对于摸清治理前、治理中和治理后的水体水质状况，对于实现水利信息化是十分有效的工具和补充。而将微纳米气泡快速增氧技术与生物/生态修复技术结合有利于原位水生态修复。

无人船已经在广东、广西等水环境综合整治项目中应用，通过物联网＋无人船，了解水体现状快速准确、实时在线，处理水质污染可实现原位修复，有利于一河一策治水，对于实现智慧水务和物联网技术在河长制治河中的应用很实用，特别是对于基层河长智慧治河和需要覆盖性监测的场合更有推广意义。

无人船也可以用于一些应急和危险的任务，如快速确定污染源等。在 2017 年 11 月在深圳举办的中国国际高新技术成果交易会上水质在线监测和水处理无人船技术受到国内外同行的称赞和多家媒体的关注。

技术名称：水质在线监测和水处理无人船
持有单位：深圳市百纳生态研究院有限公司
联 系 人：张玉昌
地　　址：广东省深圳市福田区景田南 41－104
电　　话：0755－83936630
手　　机：13502852521
传　　真：0755－83936630
E － mail：469139011@qq.com

207　安全生产元素化管理系统 V2.1

持有单位

宁波子规信息科技有限公司

技术简介

1. 技术来源

自主研发。

2. 技术原理

把一个单位安全生产职责及管理对象层层分解、细化为安全元素，每个元素落实责任人；运用移动网络、物联网、大数据和标准化管理等手段，把每个元素安全状况、检查情况、隐患处理过程及时反映在系统上，使各级管理人员随时掌握安全生产动态，及时发现和消除安全隐患，保障单位安全运行。

3. 技术特点

（1）实现了安全生产精准化管理。首次提出把一个单位安全生产管理职责及管理对象层层分解、细化为安全元素，每个元素落实责任人，建立起横向到边、纵向到底的责任体系，避免由于工作疏漏造成安全生产责任事故。

（2）建立了独特的隐患分类及处理机制。把所有安全隐患分为内部隐患和外部隐患等两类，内部隐患指部门内部利用自身资源可以解决的隐患，外部隐患指必须利用部门外部资源才能解决的隐患。运用桌面提示和短信告知，第一时间通知相关责任人履行好职责。如责任人未按时完成任务的，系统会再次提示本人及其主管领导，督促其完成为止，从而保证安全隐患被及时处置。

（3）随时吸收、整合相关科技成果。本系统作为安全生产顶层管理平台，需要大量科技手段作支撑，如网络技术、自动监测技术、二维码技术、通信技术等。因此，大量运用现代科技手段，分析、判断安全元素实时状态，快速处置安全隐患，是本系统一大特色。

（4）实现上下级联通的远程监督。通过互联网，使相关责任人员履行好自己的职责。同时为上级管理部门及时指导、监督基层单位安全生产工作创造了条件。

技术指标

2015 年 12 月 15 日，在浙江省水利厅科技项目鉴定会上，专家组认为："该项成果在水库安全管理的系统化、制度化、规范化和信息化等方面具有创新性，代表了我国水利安全生产管理的先进理念和发展方向。"

技术持有单位介绍

宁波子规信息科技有限公司（宁波市原水研究院元素化管理研究所）是专业从事信息化服务的国有企业，主要从事计算机软硬件、网络技术、系统集成及技术转让服务。

应用范围及前景

适用于大中型水利工程管理单位、项目法人和农村水电站。已在浙江省、江苏省、山西省、湖北省等大中型水利工程管理单位、水行政主管部门及交通运输单位推广应用。

技术名称：安全生产元素化管理系统 V2.1

持有单位：宁波子规信息科技有限公司

联系人：江益平

地　　址：浙江省宁波市奉化区中山东路 888 号
　　　　　301 室

电　　话：0574 - 88900698

手　　机：13336609872

E - mail：ziguitech@126.com

208　采样/监测/测量/暗管探测无人船系统

持有单位

珠海云洲智能科技有限公司

技术简介

1. 技术来源

系统集成与创新研发。该公司的无人船平台产品具有世界领先的技术，广泛应用于环境监测、水文测绘、核辐射监测和水文研究等。云洲智能科技专注于水面无人船技术的研发和应用，至今已开发出"水环境监测、应急、监察系列无人船""水文、地貌、海洋调查系列无人船""安防、核安全、抗洪抢险系列无人船"等三大系列产品。

2. 技术原理

云洲无人船核心技术主要体现在无人船自主控制技术、协同控制技术、艇体材料技术、无中心自组织网络宽带通信技术、系统综合技术等方面。无人船与基站可建立数据和视频监控图像的实时传输。无人船工作采用先进的航行算法完成路径规划实现 GPS 自动导航，自主航行，自动避障。通过监控基站，可以实时控制无人船，设计规划无人船的自动工作任务，监控无人船工作状态；通过 GPS 卫星来进行实时定位，并且自主导航。

3. 技术特点

（1）高精度定位，智能自主航行。

（2）航行过程中遇到障碍物可以自行躲避。

（3）随时监控船体状态，行驶状态，任务完成状态，水质监测数据；视频图像信息。

（4）专利的模块化推进系统，采用锂电池，续航时间长，充电方便。

（5）专业的双体船型设计，航行平稳，满足湖泊、水库、河流和近海使用要求。船体仅 1m 多长，携带方便。

（6）隔舱防沉设计结构，GPS 防盗追踪，保障工作安全。

技术指标

共同指标：

（1）自主导航、自主航行。

（2）可分为手动/自动模式，分别接受遥控器/地面控制基站的任务指令。

（3）具有自主避障系统。

（4）无人船所拍摄画面可通过地面控制基站实时回传。

（5）材质：新型高强度复合材料、纳米级碳纤维及凯夫拉防弹装甲材质。

（6）通信方式：无线射频点对点通信方式。

（7）通信距离：2km（遥控器）、10km（地面控制基站）。

采样/监测无人船主要功能及指标：

（1）可按照预先设定的路线、采样点及采样量，实现多点采样，并生成采样工作报告。

（2）可搭载水质在线监测仪器设备并实现实时监测功能，并生成、绘制水质分布图。

（3）具备小巧轻便，操作方便等特性。

（4）尺寸：1.15m×0.8m×0.43m（小型）/1.5m×0.9m×0.6m（中型）。

（5）重量：26kg（小型）/54kg（中型）。

测量船主要功能及指标：

（1）搭载 ADCP 多普勒流量测量仪进行水文流量流速测量。

（2）搭载单波束测深仪进行水深/水下地形测量。

（3）尺寸：1.3m×0.5m×0.3m（小型）/1.6m×0.7m×0.4m（中型）。

（4）重量：10kg（小型）/35kg（中型）。

技术持有单位介绍

　　珠海云洲智能科技有限公司是中国领先的无人船艇研发及供应商，公司成立于 2010 年，专注于水面无人艇技术的研发和应用，至今已形成环境测量、海洋调查、安防、军用及无人货运五大业务版块。公司先后推出了环保无人船、测量无人艇、海洋调查无人艇及隐身无人艇等。

应用范围及前景

　　珠海云洲的采样检测无人船产品，可应用于水利部门日常开展江河湖泊水功能区水质采样工作，同时也适用于特殊环境高原气候条件的应急水质采样及现场监测工作。

　　2017 年 6 月 17 日，21 世纪中国第一次大规模第三极科考正式启动。云洲无人船所在的湖泊与气象水文队，在中科院青藏高原研究所副所长朱立平带领下，在本次科考首个考察区域——色林错江湖源区域开展科考工作。在 2017 年 7 月 4 日，科考队伍利用云洲无人船 MM70、ESM30、ME40 相继对达则错、孕阿错、瀑赛尔错、兹各塘错、其香错和江错等进行水质采样监测以及水深的测量。无人船的工作任务完成度获得了专家的一致好评。

■中央电视台直播第三极科考行动

■中科院研究员朱立平直播介绍湖泊
与气象水文大科考

■云洲无人船第三极科考探秘色林错江湖源区域

技术名称：采样/监测/测量/暗管探测无人船系统
持有单位：珠海云洲智能科技有限公司
联 系 人：刘阳雄
地　　址：广东省珠海市唐家湾镇软件园路 1 号教
　　　　　学区 2 号 214 室
电　　话：0756 - 3926636
手　　机：18575637288
传　　真：0756 - 3926636
E - mail：sales@yunzhou - tech.com

209　闸门测控一体化系统

持有单位

唐山现代工控技术有限公司

技术简介

1. 技术来源

自主研发。

2. 技术原理

采用单片机、微电子、传感、自动控制及射频/GPRS通信技术研制了"闸门测控一体化系统"。产品采用了闸位编码技术完成闸位监测；通过下游安装在标准堰槽的一体化遥测水位计实现对水位的监测，嵌入了先进的软件算法，集成灌区水位流量计算公式自动计算出瞬时流量和累计流量；可实现恒闸位、恒流量、恒水位三种形式的闸门控制，集成了GPRS/GSM通信模块，通过无线通信网络实现设备监测水情信息的定时和应答式上报；采用了2.4G射频通信技术以及ARM7处理器研制的无线闸门手操器，实现了无线参数设置、水位校正，且具有闸位预设定和点动两种闸门工作控制方式，可自动识别闸门运行方向并实时显示闸门开度，实现目视距离内现地无线遥控闸门启停。在不具备供电手动闸门还设计有太阳能供电系统，通过供电系统将手动闸门改造成电动闸门，实现对闸门的电动控制，通过设计配套有APP手机查看系统，实时查看闸门工况运行参数。

3. 技术特点

"闸门测控一体化系统"能够实时监测电动闸门的闸位、并能够通过下游标准堰槽处的一体化遥测水位计测量水位，通过内置水利学算法计算过闸流量、累积流量，本系统能够实现恒闸位、恒流量、恒水位三种不同方式的闸门控制，并能通过其控制系统面板上实现电动闸门的现地

自动/手动控制，还可通过射频通信方式实现对闸门运行参数进行设置、修改、校准及对闸门的闸位预设定和点动控制，实现目视距离内现地无线遥控闸门启停，解决了操作人员在启闭机室操作时无法了解放水是否安全，及防止闸门升降过度或卡住的问题；还可以通过手机APP查看系统，查看闸门现场运行工况信息。

技术指标

水位测量范围：0~10m。

水位测量精度：±5mm。

水位控制精度：±5mm。

闸位测量范围：0~10m。

闸位测量精度：±2mm。

闸位控制精度：±2mm。

流量测量精度：±5%。

通信方式：GPRS/2.4G无线/有线RS485。

工作温度：-25~55℃。

工作环境湿度：≤95%（40℃时）。

工作电压：AC220V/DC12V。

防护等级：IP65。

电磁干扰、防雷、绝缘性能、机械振动实验均符合国家标准。

技术持有单位介绍

唐山现代工控技术有限公司创建于1994年，专业从事量测水设备、闸门自控设备的开发制造，以及灌区信息化系统及应用管理软件研发业务。公司组织机构健全、技术力量雄厚，现有员工80余人，95%以上具有计算机、自动化专业学本科以上学历，具有多年水文仪器及信息化系统开发的研发设计人员40余名，具有研发、生产、投运及售后服务一整套成熟的经营体系、质

量保证体系和优良的售后服务体系。目前是河北省高新技术企业、ISO 9001 认定企业、河北省双软认定企业、河北省十佳软件企业、河北省软件行业协会常务理事单位、唐山市重合同守信用企业和唐山市两化融合示范企业。

应用范围及前景

该技术可广泛应用于水库、河道、灌区闸门的自动控制和远程监测。项目成果自 2013 年 5 月起至今已在全国近 25 条灌区及水库得到广泛应用。截至目前已累计推广应用闸门测控一体化系统 212 台（套），经用户使用，一致认为该系统具有技术先进、运行稳定可靠、自动化程度高，安全性高、易于维护等特点，实现了灌区管理人员目视闸门通过射频方式控制闸门的运行、过闸流量的精确计算及对闸门的远程监控，提升了灌区宏观调控水资源的能力，该系统的推广应用对保障国家数字水利和建设节水型社会具有突破性的意义。

■闸门测控一体化系统电动闸门控制箱

■闸门测控一体化系统安装在启闭机室

■闸门测控一体化系统安装在石津灌区

■闸门测控一体化系统安装在唐徕渠现场

■宁夏水利相关人员考察技术产品在灌区的应用

技术名称：闸门测控一体化系统

持有单位：唐山现代工控技术有限公司

联系人：于树利

地　　址：河北省唐山市高新区火炬路 122 - 1 号

电　　话：0315 - 3855158

手　　机：13933323071

传　　真：0315 - 3855180

E - mail：84734691@qq.com

210　强化耦合生物膜反应器（EHBR）技术

持有单位

天津海之凰科技有限公司

技术简介

1. 技术来源

自主研发。

2. 技术原理

强化耦合生物膜反应器（EHBR）技术是一种有机地融合了气体分离膜技术和生物膜水处理技术的新型污水处理技术。通过中空纤维膜为附着生长在其表面的微生物膜直接供氧，污水在透氧膜周围流动时，水体中的污染物在浓差驱动和微生物吸附等作用下进入生物膜内，经过生物代谢和增殖被微生物利用，使水体中的污染物同化为微生物菌体固定在生物膜上或分解成无机代谢产物，从而实现对水体的净化。

3. 技术特点

高效：一般 2 周内基本消除黑臭（无持续性大量排污）。

长效：一次安装，长期运行，水质持续提升，最终形成水体自净能力。

原位修复：膜组件直接安装于河底，无需任何土建，不影响行船和排洪。

生态安全：从原水体中培养驯化微生物，避免了引入外来菌种可能导致的生态风险。

技术指标

外形尺寸（长×宽）：2144mm×230mm。
膜丝有效长度：2000mm。
膜丝内径：0.3～0.45mm。
膜丝外径：0.65～0.75mm。
膜表面积：3.5m^2/个。

透气量（A 型/B 型）：≈16/32L/(m^2·h)。
机械拉伸强度：25N。
使用压力：0.025～0.055MPa。
适用温度：－15～45℃。
适用 pH 值：3～13。
适用盐度：≤10000mg/L。
膜丝形状复合层中空纤维。
膜材质改性高分子复合材料。
膜壳材质 UPV。
接口尺寸：ϕ25mm×4mm、标准 UPVC 管材尺寸。

技术持有单位介绍

天津海之凰科技有限公司成立于 2006 年，是一家面向全球水处理市场、为客户提供创新膜技术与产品及服务的高科技企业。致力于为水环境综合治理、农村及城镇污水处理、工业废水处理及特种废水处理市场提供高性价比的膜产品及综合解决方案。公司历经数年的潜心研究，成功开发出了国际领先的强化耦合生物膜反应器（EHBR）技术、膜蒸馏脱盐技术、膜法高效脱氨技术及快速混凝沉淀（磁分离）技术，并成功进行了技术的产业化转化，逐渐形成了以技术创新为支撑的核心竞争力。先后承担国家"十一五"科技支撑计划重点项目、天津市重大科技专项、天津市科技支撑计划重点项目和国家及天津市科技型中小企业技术创新基金项目等，并已成功实施数十个案例。

应用范围及前景

该技术可广泛应用于流域水体治理（包括黑臭河道治理、海绵城市建设）、城镇污水处理、工业废水处理等领域，尤其在河道湖库流域水体

治理方面，具有常规污水处理技术无可比及的技术优势、工程优势、成本优势和运行管理优势。

EHBR 运行管理简单，可实现自动运行、无人值守，大幅度节省人工与管理成本。抗污染冲击和系统自恢复能力强，在突发污染后，短期内回复水体感观和水质。运行成本低廉：每公里常规城市河道的直接运行费用（电费）一般不超过 6 万元，具备经济可持续性。

典型应用案例：

案例 1：天津达仁堂医药集团京万红制药废水，原水 COD 为 20000mg/L，经过 EHBR 反应器处理后达标排放。排放标准为天津地标三级标准 DB12/T 356—2008。

案例 2：天津滨海高新区海泰南北大街河道净化项目。海泰南北大街景观河道长约 2km，平均宽 15m，平均深 1.7m，服务面积约 30000m²，处理前为劣 V 类水体，使用 EHBR 系统处理后，达到地表 Ⅳ 类水体标准，主要指标达到地表 Ⅲ 类标准。系统稳定运行 2 年多，水质保持良好。

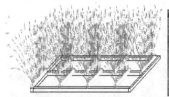

■EHBR 河道湖泊流域水体净化技术

■EHBR 天津达仁堂医药集团京万红制药废水处理

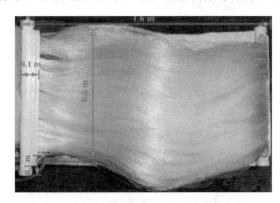

■原理示意一

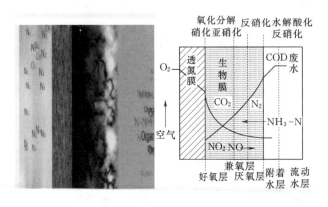

■原理示意二

技术名称：强化耦合生物膜反应器（EHBR）技术
持有单位：天津海之凰科技有限公司
联 系 人：宋盟
地　　址：北京市海淀区车公庄西路 20 号
电　　话：022 - 23857578
手　　机：18698157834
传　　真：022 - 23857579
E - mail：18698157834@163.com

211 一种修复富营养化水体的组合装置及方法
（细分子化超饱和溶氧-超强磁化技术）

持有单位

北京环尔康科技开发有限公司

技术简介

1. 技术来源

自主研发，专利技术。

2. 技术原理

细分子化超饱和溶氧技术通过改变水体分子团缔结状态，转化、降低污染物反应链。水体超饱和溶氧至 50mg/L 以上，氧的利用率大于 95%，创造了充分的好氧水环境，极大增加了好氧微生物活性，逐步恢复水体自净功能。超强磁化技术能够将水中的高浓度溶解氧转变成活性氧，极大提升水体中原有生物种群的活性、活力、生长速率，从而加速对水体中污染物的分解。细分子化超饱和溶氧-超强磁化技术的综合应用，运用物理化学、电化学、生物化学等多学科先进技术，提升水体的自净能力，从根本上提高水体自身的生命力、免疫力，逐步恢复水体原有的生态平衡。

3. 技术特点

（1）国内首创的先进专利技术，连续多年科技查新显示国内尚未有同类技术产品用于河道水体治理。

（2）不投加任何化学药剂和生物制剂，无二次污染，绿色、低能耗。

（3）工程投资少，运营成本低。

（4）设备体积小、重量轻，占地面积小，适应多种条件和环境。

（5）施工难度小、周期短，处理效果明显、见效快。

（6）工艺管理集中，操作简单，维护方便，运行安全可靠，使用寿命长。

（7）不影响河道行洪泄洪及河道原有功能。

技术指标

（1）氧气超饱和的溶解于水中，溶解氧可达 50mg/L 以上，氧利用率可达到 95% 以上。

（2）工程建设吨水投资约 150～200 元，运行成本低于 0.08 元/t。

（3）纯物理作用，不投加任何化学药剂和生物制剂，保证城市地下水及居民用水安全。

技术持有单位介绍

北京环尔康科技开发有限公司是在北京中关村科技园区丰台园注册的国家高新技术民营企业。专业从事环境工程领域的业务拓展，主要包括河湖水质净化、生活污水处理、工业废水处理、脱硫除尘等。公司资深科研人员对现有技术进行了大胆改革、科技创新，研发了具有自主知识产权的高新技术，现拥有 2 项发明专利，3 项实用新型专利，8 项计算机软件著作权。细分子化超饱和溶氧技术、超强磁化技术等多项技术已转化成专利产品，经初试、中试、多个工程案例的数据分析、专家论证、达标验收、用户评估等实践证明，该技术已经有效地解决了水体污染难题。尤其在解决黑臭水体、富营养化水体、高浓度有机废水、节能减排等国际课题中取得了突破性成果。

应用范围及前景

"细分子化超饱和溶氧-超强磁化技术"主要应用于水源地保护、黑臭水体治理、富营养化水体治理、长距离输水水质保优提优、水生态修复

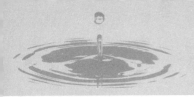

等领域。以其专利技术的先进性、投资运营的经济性、环境生态的可持续性及处理效果的显著性，得到新闻媒体的强烈关注和业主群众的广泛好评。已在北京市、天津市、河南省、广东省、福建省、安徽省建设运营几十个项目，正在面向全国布局、全面推广。

■专家听取技术汇报

■专家在北京考察技术应用现场（1）

■专家在北京考察技术应用现场（2）

■专家在北京考察技术应用现场（3）

■专家在北京考察技术应用现场（4）

■专家在北京考察技术应用现场（5）

■专家在北京考察技术应用现场（6）

技术名称：一种修复富营养化水体的组合装置及方法
　　　　　（细分子化超饱和溶氧-超强磁化技术）
持有单位：北京环尔康科技开发有限公司
联系人：扈佳玉
地　　址：北京市丰台区西四环南路88号418室
电　　话：010-62033199
手　　机：17301055826
传　　真：010-62033199
E - mail：Hek9898@163.com

212 水力自控翻板闸坝技术

持有单位

湖南省水电（闸门）建设工程有限公司

技术简介

1. 技术来源

自主研发，专利技术。

2. 技术原理

水力自控翻板闸坝主要由溢流堰和堰上的水力自控翻板闸门组成。水力自控翻板闸门利用水力和闸门重量平衡的原理，增设阻尼反馈系统来达到闸门随上游水位升高而逐渐开启泄流，上游水位下降而逐渐回关蓄水，使上游水位始终保持在要求的范围内（即上游正常水位）。例如，滚轮连杆式翻板闸门是一种双支点带连杆的闸门，它是根据闸前水位的变化，依靠其水力平衡作用自动控制闸门开启和关闭，在运行过程中无撞击和拍打的一种翻板闸门。

3. 技术特点

（1）原理独特、作用微妙、结构简单、制造方便、运行安全。

（2）施工简便、造价合理、投资仅为常规门的 1/2 左右。

（3）自动启闭、自控水位准确、运行时稳定性良好、管理方便安全、省人、省时、省力。

（4）门体为预制钢筋混凝土结构，仅支承部分为金属结构、维修方便、费用低。

（5）能准确自动调控水位。

技术指标

水力自控翻板闸坝的闸门（含支承墩、防护墩）按闸门挡水面积计算，设定翻板闸门高度为 4m，总宽度 80m，闸门单价（包含制作、安装）

按 3800 元/m² 计算，堰上总价闸门造价即为 3800×80×4＝1216000 元。

技术持有单位介绍

湖南省水电（闸门）建设工程有限公司前身为湖南省建设工程公司，于 1997 年经改制重组而成的大（2）型水利水电施工总承包贰级、水利行业丙级设计资质企业，是水利行业标准《水力自控翻板闸门技术规范》参编单位。公司拥有自主研发的水力自控翻板闸坝技术，其设计理念与技术成就达到了国际领先水平，先后在广东、湖南、湖北、海南等地区应用在水利水电、城市景观蓄水、河道整治等 1500 多个工程项目上。

应用范围及前景

水力自控翻板闸坝主要应用于水库溢洪道、水电站、航运及农田灌溉、蓄水、城市防洪、城市中小河道综合治理等水利工程。

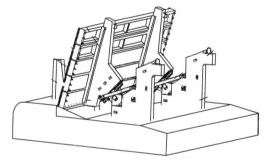

■一种水力自控翻板闸门结构

技术名称：水力自控翻板闸坝技术
持有单位：湖南省水电（闸门）建设工程有限公司
联 系 人：邓黎红
地　　址：湖南省长沙市天心区新姚南路 222 号御
　　　　　邦国际广场 806
电　　话：0731－82247459
手　　机：13548597779
E － mail：hnsddlh@163.com

213　气盾坝生产加工技术

持有单位

烟台华卫橡胶科技有限公司

技术简介

1. 技术来源

引进国外气盾坝生产加工技术。

2. 技术原理

气动盾形闸门系统是综合传统钢闸门及橡胶坝优点的一种新型闸门。闸门由门体结构、埋件、气囊和气动系统组成。门体挡水面是一排强化钢板，气囊支撑在钢板下游面，利用气囊的充气或排气控制门体起伏和支承闸门的挡水，并可精确控制闸门开度。闸门全开时，门体全部倒卧在河底，不影响景观和通航。闸门全关时，门顶可形成人工设计的各种溢流景观。

3. 技术特点

（1）利用橡胶气囊支撑钢护板挡水，安全性高，使用寿命长（30年以上）综合经济效益显著。

（2）模块化设计，可以简化安装过程和减少后期维护。

（3）无须设置中墩，可连续延伸闸门横跨水域，长度可以设计200m以上，可完全倒伏，实现高效行洪。

（4）钢护板可以很好地保护橡胶气囊免受冰块等漂浮物和泥沙、杂物的侵害，延长气囊使用寿命（50年以上）。

（5）闸门系统振动小，可安装在任何高度水头的河流、溢洪道等。

（6）容易实现自动控制，控制水位准确，运行费用低。

（7）充排系统采用空气作为充胀介质，不存在漏油问题，不会造成水和周围环境污染。

（8）在突然断电或控制系统失效情况下，可实现手工塌坝，安全性能高。

（9）可实现双向挡水功能，完全可以应用在河道入海口处。

技术指标

（1）气盾坝胶料采用抗老化效果最好的三元乙丙橡胶，抗低温性能达到−40℃，使用寿命50年以上。

（2）气盾坝帆布材料采用锦纶帆布，安全系数10倍以上。

（3）气盾坝单跨大，单跨气盾坝长度200m内不需要中墩，塌坝后可完全倒伏不阻水。

（4）气盾坝是以压缩空气作为充排介质，在冬季完全可以正常使用。

（5）气盾坝采用模块化设计，安装、维护、更换方便快捷，节省安装和维护费用。

技术持有单位介绍

烟台华卫橡胶科技有限公司成立于2005年，公司下辖华卫气盾装备（贵州）制造基地，是依托于中国核工业局，以水利、公路、铁路、港口、矿山、核电、军工产品等工程橡胶及复合材料的研发、生产、销售为主业的一个新型的高科技企业。公司主要产品：气动盾式闸门（简称：气盾坝）及其附件、橡胶坝及其附件、气盾坝和橡胶坝充排及自动化控制系统，产品销往全国各地并出口欧美、东南亚等地区的国家，年产值过亿。华卫气盾装备（贵州）制造基地是华卫公司的全资子公司，于2016年投产建成，专业生产气盾坝气囊及其附件、复合材料构件等，年产值2亿元以上。华卫橡胶与美国OHI公司合作，共同致力于气盾坝的研发生产及销售。

应用范围及前景

可用于发电、蓄水及城市景观、通航、道路和车库的防护、寒冷地区的应用、鱼道和环境保护、灌溉，可以准确控制灌溉渠道的水位和分流等。气盾坝是结合橡胶坝与传统钢闸门的共性来研制，具有橡胶坝可完全倒伏不阻水的特点，同时具有钢闸门高度可以建造12m以下，使用寿命长的优点，不受河道宽度和气候条件限制。公司目前生产安装（包括在建工程）气盾坝12座，工程地址分别位于辽宁、甘肃、宁夏、陕西、贵州和广东等省（自治区）。气盾坝最高建造高度4.5m，长度120m，最低高度1.2m，工程建造地点有山区河道，平原河道，以及入海口处。通过南北方不同地理环境和不同气候条件下运行观察，整个闸门系统性能安全可靠，性能稳定，尤其在山区河道，水位暴涨暴落，气盾坝能在短时间内塌坝和升坝，保证正常泄洪。

典型应用案例：

案例1：大连花园口经济区水系综合治理工程，工程位于大连花园口经济区内老龙头河（小沙河）、圣水河、小马河沿岸及上述三河交汇口以下入海口区域。气盾坝挡水高度3m，长62m。

案例2：大连花园口经济区水系综合治理工程，工程位于大连花园口经济区内老龙头河（小沙河）、圣水河、小马河沿岸及上述三河交汇口以下入海口区域。气盾坝挡水高度2.5m，长15m×8孔。此工程位于老龙头河入海口处，气盾坝具有双向挡水功能，防止下游海水倒灌。

案例3：阳山县七拱河全流域综合整治工程（试点段），工程地点阳山县七拱河流域，其中，堤岸交通及连接道路长约13.54km，陂头改建气盾闸1座。气盾坝工程高度2m，长度60m，气盾坝从安装至今运行良好，整个闸门系统性能稳定，操作简单，维护方便。城市景观效果好，可完全实现塌平不阻水，同时金属闸门面板能很好地保护橡胶气囊不受河道漂浮物和沙石损坏等优点，使用寿命长。

■气动盾式闸门

■广东阳山气盾坝高2m、长60m

■甘肃陇西气盾坝（双道）高3.2m、长6m，高3.2m、长24m

技术名称：气盾坝生产加工技术
持有单位：烟台华卫橡胶科技有限公司
联系人：马慧敏
地　址：山东省烟台市高新技术开发区
电　话：0535-6919901
手　机：18653573140
传　真：0535-6712890
E-mail：2374749779@qq.com

214　倾斜式升降水闸

持有单位

湖南力威液压设备有限公司

技术简介

1. 技术来源

该技术属自主创新的发明专利技术，已获发明专利 2 项。

2. 技术原理

依靠物体密闭容积的变化和介质的增量压力将流体的压力能转换为直线运动的机械能。即通过油泵、控制阀，将液压油输入油缸，推动油缸中的活塞杆控制河坝（水闸）的挡水板升降，使之竖立储水和卧倒泄洪。

3. 技术特点

（1）液压系统具有自动、手动和液动等多种操作模式，功能齐全、性能可靠、安全实用。

（2）液压系统具有一备一用、动力切换功能，可保证河坝稳定运行，安全可靠。

（3）采用活塞缸或柱塞缸相结合的执行机构，体积小，牵引力大，结构简单，维护方便。

（4）采用蓄能器加发讯装置双重保压模式，可保证河坝储水稳定，泄洪安全。

（5）具有自动检测故障功能。当系统压力小于工作压力时，报警器报警，并自动切换备用泵。提醒工作人员及时维修设备。

（6）具有自动泄洪功能，当河水水位达到设定的上限值时，系统即自动开坝泄洪。

（7）具有无电泄洪功能。当停电需要泄洪时，可手动打开安全球阀，挡水板即自动下降至河床基面泄洪。

（8）液压系统采用品牌元件或进口元件，动作灵敏可靠，性能稳定安全。

（9）液压系统输油管道采用不锈钢管，无需维护保养。

技术指标

（1）液压系统性能：液压系统设有双泵切换装置，一备一用。各油路无外泄露，各阀件动作灵敏。油缸伸缩动作灵活。单块储水板上升压力未大于 2MPa，单块储水板上升或下降时间均小于 8min/次。液压系统额定公称压力 18MPa；工作压力 15MPa。

（2）钢坝性能：钢坝坝面无可见泄露，坝门启闭平稳。

（3）电器控制：各部功能操作反应灵敏，满足使用要求。

（4）储水板竖立角度：75°～80°；储水板骨架：由角钢、槽钢、工字钢、方形钢管、矩形钢管及 Q235 钢板等焊接组成。综合使用性能：可实现单门或多门自动升降以及停电时手动泄洪。

技术持有单位介绍

湖南力威液压设备有限公司是一家大型民营型高新技术企业，专门从事液压升降式拦河坝（倾斜式升降水闸）、液压系统、油缸、液压启闭机、槟榔压机等液压技术的研究和生产制造。我公司近年来开发研制的，拥有独立自主知识产权的专利产品，已畅销全国各省市的江河流域。公司拥有各种专利 40 余项，其中，发明专利 11 项，实用新型专利 29 项。2006 年由水利部组织新产品鉴定：节能型自由侧翻式拍门整体结构达到了国际先进水平，设计理念达到了国际领先水平。2007 年节能型自由侧翻式拍门荣获大禹水利科学技术二等奖；2008 年在水利部首届水利新产品应用成果交流会上，节能型自由侧翻式

拍门经评审组评审，一致认为是"最具推广价值的创新产品"，要求在水利工程建设改造中优先选用。

应用范围及前景

液压升降式河坝（倾斜式升降水闸）主要应用于河道、水库、水电站、水利工程的建设或改造，也可用于城镇景观、灌溉农田和提高饮用水的水质。适用介质：原水、清水、浑水。液压升降式拦河坝，在拦河储水发电，灌溉农田应用中，深受各级领导和农友欢迎，收到了支援三农的实际效果。

水闸成本低，性能好，使用寿命可达 30 年以上；坝体降落后只高出河床基面 20cm 左右，可达到无坝一样的泄洪效果；无论河道多宽，无需在河中设计坝墩，坝体可下降到河床基面，既可顺利泄洪，也可顺利航运；既可拦河储水发电，灌溉稻田，又可为沿江风光带增添景观，经济社会效益显著。

■倾斜式升降水闸应用现场

■倾斜式升降水闸应用现场

■倾斜式升降水闸应用现场

■倾斜式升降水闸应用现场

■倾斜式升降水闸应用现场

技术名称：倾斜式升降水闸
持有单位：湖南力威液压设备有限公司
联系人：周骞
地　　址：湖南省湘潭市易俗河经济开发区海棠路
电　　话：0731－52670001
手　　机：15773256666
传　　真：0731－52670008
E－mail：1254707570@qq.com

323

215 竹缠绕复合管道技术

持有单位

浙江鑫宙竹基复合材料科技有限公司

技术简介

1. 技术来源

自主研发。

2. 技术原理

竹缠绕复合管是以竹材为基材，树脂为胶黏剂，采用无应力缺陷的缠绕工艺，加工制造而成的新型生物基压力管道。竹缠绕复合压力管的技术原理是将竹纤维的轴向拉伸强度使用至最大化，并在管道结构中形成无应力缺陷分布，从而使得管材达到更好的承压要求，具有耐压强度高、刚度好、绝缘、耐腐、水流性能佳、重量轻、安装方便、成本低廉、使用寿命长等特性。

3. 技术特点

竹复合管具有耐压强度高、耐腐蚀、绝缘、保温性能好、综合造价低等优势，符合生活饮用水输配水设备安全性评价标准。

可以替代市场上大部分的焊接钢管、聚乙烯管、预应力钢筒混凝土管等传统管材，广泛应用于水利输送、农田节水灌溉、城市给排水等管道运输行业，大幅度减少塑料、钢材、水泥等使用量。

除了压力管道，竹缠绕复合材料技术还可用于制造管廊和大型储罐等产品。

技术指标

管径：DN150～DN3000。
密度：0.9～1.35g/cm³。
轴向拉伸强度：18～24MPa。
弯曲弹性模量：9GPa。

短时失效水压：不小于管道的压力等级的3倍。
初始环刚度：≥5000N/m²。
使用寿命：≥50年。
内表面粗糙度：≤0.0082。
使用压力：≤1.6MPa。
使用温度：－40～90℃。

技术持有单位介绍

浙江鑫宙竹基复合材料科技有限公司是目前世界唯一一家专业从事竹缠绕复合材料的研发和成果转化的研发型企业，由技术发明人、中金和赛伯乐等资本共同投资组建。研发团队自2007年起，到2016年第一个竹缠绕复合材料产品——竹缠绕复合管实现产业化，整整走过了9年。竹缠绕复合材料可广泛应用于管道、管廊、容器、交通工具、军工产品等多个领域，创造了一个万亿级的生物基材料新兴产业。该产业将在可再生资源利用、节能减排、发展农村经济、精准扶贫、一带一路中发挥重要作用。

应用范围及前景

竹缠绕复合管的适用范围：公称直径150～3000mm，压力等级0.4～1.6MPa，环刚度等级不小于5000N/m²的城市给排水、输水、农田灌溉、石油污水处理、工业循环水等管道工程，环境温度－40～90℃，介质最高温度不高于90℃。

从2015年7月至今，已在湖北、山东、内蒙古建成投产年产2.5万t竹缠绕复合管生产基地，河南、福建、贵州、广西、辽宁、吉林、山西、云南、四川、新疆等省（自治区）也正在建设中。并与国际竹藤组织、中铁建等国内外大型机构建立了战略合作关系，推动竹缠绕项目的推广应用。

■生产基地

■世界首条管廊试铺设

■竹缠绕夹砂管

技术名称：竹缠绕复合管道技术

持有单位：浙江鑫宙竹基复合材料科技有限公司

联 系 人：陶勇

地　　址：浙江省湖州市德清经济开发区长虹东街
　　　　　966－2号

电　　话：0572－8021820

手　　机：18616839803

E － mail：taoyong@xzbbc.com

216　圣戈班穆松桥-球墨铸铁管道系统

持有单位

圣戈班（徐州）铸管有限公司
圣戈班管道系统有限公司

技术简介

1. 技术来源

自主研发。

2. 技术原理

采用新的 C 等级标准。可按管网设计压力，选择合适的压力等级管道。200g/m² 喷锌防腐技术提高了球管在不同土壤中的适应性并延长使用寿命。专利技术的新型粒化高炉矿粉水泥内衬，可改善管道内衬表面质量并避免有害物质的溶出，保证了输水质量。同时也保证管网的高效运行，节约供水单位的维护和运营成本。拥有国际领先的管道生产工艺和设备，完善的质量控制和检测手段，确保对管道壁厚均匀性的控制，提高管道质量的稳定性。

3. 技术特点

绿色环保，符合可持续发展的要求。在充分满足使用要求的前提下，优化铁资源利用率，在生产过程中大幅减少 CO_2 排放。和普通 K 等级管道相比，其使用寿命更长，每米管道成本更低，因此大大节约了管网的平均使用成本。

技术指标

（1）口径范围：100～1000mm；PFA：25～100bar（按口径不同）。

（2）有效长度：6m；接口类型：T 型或者 STD 型。

（3）允许的偏转角：1.5″～5°（按口径不同）；锌层厚度：200g/m²。

（4）抗拉强度：≥420MPa；伸长率：≥10%。

（5）布氏硬度：≤230。

（6）符合标准：GB/T 13295—2013，ISO 2531：2009，EN 545：2010。

技术持有单位介绍

圣戈班（徐州）铸管有限公司隶属于法国圣戈班集团，生产球墨铸铁管及相关配件产品，拥有完整、科学的质量管理体系，所有产品都严格执行（甚至超过）欧洲产品标准（EN 545）、国际产品标准（ISO 2531）和中国产品标准（GB/T 13295）。公司的诚信、实力和产品质量获得业界的认可。

圣戈班管道系统有限公司生产、加工、销售各种球墨铸铁管、铸铁管、管件和其他铸造产品以提供完整的管道系统，以及有关配件、中间产品和副产品，包括零件、水阀和取水管。

应用范围及前景

应用于输水领域，包括饮用水、原水和中水的输送。

技术名称：圣戈班穆松桥-球墨铸铁管道系统
持有单位：圣戈班（徐州）铸管有限公司、圣戈班
　　　　　管道系统有限公司
联 系 人：薛中欣
地　　址：江苏省徐州市东郊下淀乡杨庄
电　　话：0516－87782068
手　　机：18116375203
传　　真：0516－87878162
E－mail：zhongxin.xue@saint-gobain.com

217 微润灌溉技术与设备

持有单位

深圳市微润灌溉技术有限公司

技术简介

1. 技术来源

自主研发了"微润管",每平方厘米的膜上分布有上万个纳米孔。

2. 技术原理

微润生态一体化解决方案的技术核心是:纳米孔管状高分子半透膜——微润管。地下灌溉:微润灌溉以微润管为核心材料,埋入地下,水分子通过管壁上的纳米孔向外逐步迁移,像皮肤出汗一样向土壤缓慢润出水分,在作物根区附近形成均匀的湿润体。连续灌溉:微润灌溉过程与植物的吸水过程在时间上同步、在数量上匹配,消除了土壤旱涝胁迫,为植物营造了水气平衡的环境,使植物生长旺盛。

3. 技术特点

高效节水:比滴灌节水50%;低蒸发、无渗漏:地下灌溉,直接向作物根部供水,大幅度减少水分蒸发、渗漏、径流损失;提高作物品质和产量:可有效提高作物品质和产量20%。

抗堵塞能力强:只要管理到位定期维护,微润管可以多年使用;节能耗:除提水外,在灌溉期无需电力,大幅度节能;肥料高效利用:微润管水肥一体化,节肥40%以上。

技术指标

(1) 公称内径及其极限偏差:16mm±0.3mm;公称壁厚及其极限偏差:0.88~1.01mm;流量一致性:试样流量变异系数 C_v 值=6.79%;流态指数:0.8058。

(2) 压力与流量关系:$Q = 0.0099 \times H \times 0.8058$ ($r = 0.9876$);式中:Q 为流量,L;H 为工作压力,kPa;r 为相关系数。

(3) 耐环境应力开裂:试样不合格弯折数=0;耐静水压:微润管增至1.2倍公称压力(即120kPa),保持60min,未见损坏现象;微润管耐拉拔:微润管承受160N试验拉力(保持15min)未见断裂现象。

(4) 试验前后标线间距的变化量为0.25%,接头和微润管连接处耐拉拔:微润管承受180N试验拉力(保持15min),接头未见从微润管中脱出。

技术持有单位介绍

深圳市微润灌溉技术有限公司是专门从事高分子半透膜材料研究及产品开发的国家级高新技术企业,主要专注和服务于高效节水、荒山治理、土壤修复、水土保持、海绵城市、园林绿化、生态修复、现代农业灌溉、盐碱地治理和防沙治沙等领域。公司研究开发出的一种以高分子半透膜制成的具有纳米孔径的微润管是低能耗、连续、小流量灌溉的创新先行者。

应用范围及前景

微润灌技术适用于屋顶花园、花卉苗圃、城市绿化、水果种植等应用,用于干旱地区植树、种草、防风、固沙等也有着良好的效果。

技术名称:微润灌溉技术与设备
持有单位:深圳市微润灌溉技术有限公司
联 系 人:周梦娜
地 址:广东省深圳市南山区侨香路东方科技园
　　　　华科大厦2D-1
电 话:0755-26756298
手 机:18857542787
E-mail:szwr@moistube.com

218　光伏扬水系统

持有单位

深圳天源新能源股份有限公司

技术简介

1. 技术来源

自主研发。

2. 技术原理

Solartech 光伏扬水系统，主要由光伏扬水逆变器、远程监控器（选配）水泵、光伏阵列组成。光伏扬水逆变器对系统运行实施控制和调节，控制光伏阵列将太阳辐射能转化成电能，实现最大功率点跟踪，调节输出频率与日照辐射同步转换，驱动水泵将地下水或河水从低位提至高位，水泵由三相异步电机/直流无刷电机/永磁同步电机驱动，从江河湖井中提水或向灌溉设备加压。远程监控器对系统进行数据采集、智能分析、异常告警，通过 Solar Winsight 手机监控 APP 软件和 SPMaster 光伏扬水系统用户管理平台对系统运维进行管控。

3. 技术特点

（1）光伏扬水系统全自动运行，无需人工值守；系统由太阳电池阵列、扬水逆变器及水泵构成，省掉蓄电池之类的储能装置，以蓄水替代蓄电，直接驱动水泵扬水，可靠性高，同时大幅度降低系统的建设和维护成本。

（2）采用天源新能源光伏扬水逆变器，根据日照强度的变化调节水泵转速，使输出功率接近太阳电池阵列的最大功率；当日照很充足时，保证水泵的转速不超过额定转速；当日照不足时，根据设定最低运行频率是否满足，否则自动停止运行。

（3）水泵由三相交流电机驱动，从深井中提水，注入蓄水箱/池，或直接接入灌溉系统。根

据实际系统需求和安装条件，可采用不同类型的水泵进行工作。

（4）可以根据地区、客户不同需求提供经济有效的解决方案。

技术指标

采用自主研发的动态 VI 最大功率点跟踪控制法的 Solartech 光伏扬水系统转换效率高达 98%，根据型号选择，适用扬程范围 10～400m。

技术持有单位介绍

深圳天源新能源股份有限公司是光伏水利系统应用解决方案供应商，光伏扬水系统、光伏海水淡化系统、光伏节水灌溉系统、光伏水泵、光伏扬水逆变器、光伏并网逆变器专业制造商。公司产品的"最大功率点跟踪""防孤岛保护"等多项发明专利技术处于世界光伏应用领域的前沿。

应用范围及前景

系统产品广泛应用于光伏农林灌溉、光伏荒漠治理、光伏草原畜牧、光伏生活用水、光伏海水淡化、光伏城市水景等领域，已在 50 多个国家 100 多个地区的实际应用，具有巨大的应用市场。

技术名称：光伏扬水系统

持有单位：深圳天源新能源股份有限公司

联 系 人：罗丽新

地　　址：广东省深圳市南山区西丽街道九祥岭工业区九栋四楼 A

电　　话：0755 - 86150738

手　　机：13522131101

E - mail：llx@solartech.net.cn

219 水文水资源测控终端机

持有单位

北京奥特美克科技股份有限公司

技术简介

1. 技术来源

自主研发。

2. 技术原理

水文水资源测控终端机是以高性能的嵌入式处理器为核心，采用先进的模块化设计平台，基于 GPRS/CDMA/SMS/超短波/卫星等无线数据传输的新一代远程数据采集与传输的终端设备。具有开关量、模拟量信号采集和丰富的通信接口，可采集降水量、水位、水压、水质、图像等雨水情和工情有关数据。可方便实现各种有线/无线通信与控制。

3. 技术特点

（1）一体化设计：集数据采集、数据存储与管理、人机交互与无线通信为一体，图形化配置，界面直观，操作简单、设置方便。

（2）接口丰富：支持模拟输入、数字脉冲、数字增量脉冲、RS232 总线、RS485 总线、SDI-12 总线以及图片采集接口。

（3）具有覆盖范围广、组网方便快捷、运行成本低、安全性能高等诸多优点。

技术指标

（1）符合水利行业标准 SL 651—2014《水文监测数据通信规约》以及 SZY 206—2012《水资源监测数据传输规约》。

（2）基本功能：定时上报功能、远程通信功能、终端机报警功能采集参数显示功能、GPRS 在线保持功能、输出控制功能正常。

（3）工作环境：在−30℃、70℃、95％RH（40℃

凝露）三种工作环境条件下各保持 4h，工作正常。

（4）功耗：待机状态，小于 2mA@12V；工作状态，小于 10mA@12V；可靠性：平均无故障工作时间（MTBF）大于 25000h。

技术持有单位介绍

北京奥特美克科技股份有限公司成立于 2000 年，注册资金 3200 万元，专业从事水利环保信息化系统的规划设计、咨询评估、软硬件产品开发与服务。公司是国家级高新技术企业、连续几年都是中关村高成长 TOP100 强企业，2013 年公司在新三板挂牌上市。

应用范围及前景

可广泛应用于水文/气象/环保等行业的数据采集系统，高速、高精度、实时性和多参数综合数据采集系统，环境监测控制系统，有线/无线网络数据采集处理与传输系统，特别适合于水利方面信息的采集与监控。

■AM-SCKX 水文水资源测控终端机

技术名称：水文水资源测控终端机
持有单位：北京奥特美克科技股份有限公司
联 系 人：贾美
地　　址：北京市海淀区上地西路 8 号中关村软件园 10 号楼 208
电　　话：010-82894255
手　　机：18910579100
传　　真：010-82894252
E - mail：jiamei@automic.com.cn

220 水资源实时监控与管理系统

持有单位

北京奥特美克科技股份有限公司

技术简介

1. 技术来源

自主研发。

2. 技术原理

该系统以水资源实时监控为基础，以用户实际业务需求为中心，以水资源专业分类模型技术为支撑，统领区域水资源管理全局，从取水、输水、供水、用水、排水、节水、耗水、水环境监测 8 个方面进行全方位实时监控和管理。采用自主研发的通信服务器软件，实现了远程数据的实时采集和传输；在业务应用方面基于用户需求，系统分析和建立了水资源系统模型，达到通过计算机实现业务应用的目的。

3. 技术特点

（1）可部署在 Windows/Linux/Unix 等操作系统上，真正跨平台使用，客户端无需维护。

（2）采用独特的线程池和富客户端技术，可以同时保障用户使用和现场 GPRS 设备的实时数据传输，可以保证 GPRS 设备在线率和通信成功率。

（3）采用 GPRS\短信双通信服务器的通信模式，双信道互相备用，保证硬件数据通信正常。

（4）通过建立系统而完善的水资源对象关系模型，并依据全景式的信息展示构思，灵活采用地图、表格、图形等展示手段，使用户对本辖区内的水资源时空分布和变化情况了如指掌。

（5）对水资源管理业务，例如水资源论证、取水许可、水资源费征收、计划用水、排污口设置、水功能区管理、水资源管理年报和公报等进行了系统分析和全流程实现整合，在充分满足客户业务办理需求的同时，提供辅助决策支持功能。

（6）采用模型库技术实现了水资源评价、水资源调度等模型，为用户的水资源管理工作提供实时的决策和调度信息，从而更好地服务于社会，降低决策失误的可能性。

技术指标

（1）满足 SZY 206—2012《水资源监测数据传输规约》、SL 427—2008《水资源监控管理系统数据传输规约》并可扩展，以保证数据的安全可靠传输。

（2）功能测试：各功能挂接正确。

（3）软件功能实现：基础系统、监控系统、计费系统三部分 18 个功能模块中的各项功能均使用正常。

技术持有单位介绍

北京奥特美克科技股份有限公司成立于 2000 年，专业从事水利环保信息化系统的规划设计、咨询评估、软硬件产品开发与服务。公司是国家级高新技术企业、连续几年都是中关村高成长 TOP100 强企业，2013 年公司在新三板挂牌上市。

应用范围及前景

可广泛应用于各级流域管理机构、各级水行政主管部门的水资源管理工作中，实现对各类水文水资源监测信息的实时采集，帮助用户完成各类业务办理、台账管理、备案、统计分析等功能。

技术名称：水资源实时监控与管理系统
持有单位：北京奥特美克科技股份有限公司
联系人：贾美
地   址：北京市海淀区上地西路 8 号中关村软件
园 10 号楼 208
电   话：010 - 82894255
手   机：18910579100
E - mail：jiamei@automic.com.cn

221 山洪灾害预警系统

持有单位

北京奥特美克科技股份有限公司

技术简介

1. 技术来源

自主研发。

2. 技术原理

该山洪灾害预警系统基于多层架构设计，通过整合基础信息、水情、雨情、气象国土信息、预警信息、响应反馈信息、灾情信息及各种应用成果，为防汛部门提供一个数据信息的综合展示和防灾减灾的决策支撑平台。山洪灾害预警系统由基于平台的山洪灾害防御预警系统和山洪灾害群测群防预警系统组成。在数据共享方面，该系统可实现与水文部门、省及地市级防办、国家防总等部门间，基础信息、实时雨水情、预警响应信息等信息共享。

3. 技术特点

（1）系统总体基于 B/S 和 C/S 混合模式开发，后台数据库采用关系型数据库，支持多种软硬件平台，具备良好的可移植性。

（2）遵循《全国山洪灾害防治县级监测预警系统建设技术要求》和水利行业现有的各种数据库表结构和标识符标准、公共数据元标准、核心元数据标准等。

（3）系统通过 GIS 平台将水情、雨情、气象等监测信息的综合统计、查询融合为一体，在地图上直观显示各类站点的实时数据，并提供报警阈值的详细设定。

（4）系统可根据气象预报和内置的洪水数学预报模型，能够进行降雨洪水预报分析、单站临界雨量预测、成灾水位（流量）预测。真正做到预测预警。

（5）按照预警的不同阶段，分为内部（对防汛人员）和外部（对社会公众）预警两大类，支持预警短信、邮件、自动语音群发系统，支持无线广播、传真等多种发布方式。

（6）系统具有良好的安全性、易于升级。

技术指标

（1）系统具有的功能：基础信息查询、水雨情监测查询、气象国土信息服务、水情预报服务、预警发布服务、应急响应服务、系统管理功能、数据上报功能，测试通过。

（2）系统成熟性：系统无故障运行时间$>$8760h。

（3）易恢复性：系统出错可以自行恢复效率：Web GIS 操作平均响应时间$<$3s；复杂报表查询平均响应时间$<$3s；一般查询时间$<$2s。

技术持有单位介绍

北京奥特美克科技股份有限公司成立于 2000 年，专业从事水利环保信息化系统的规划设计、咨询评估、软硬件产品开发与服务。公司是国家级高新技术企业、连续几年都是中关村高成长 TOP100 强企业，2013 年公司在新三板挂牌上市。

应用范围及前景

可广泛应用于水利、气象、环保、地质灾害等行业，可实现对雨水情、气象等信息进行实时采集，水情预报、预警发布、应急响应、洪水预报调度等功能。

技术名称：山洪灾害预警系统
持有单位：北京奥特美克科技股份有限公司
联 系 人：贾美
地　　址：北京市海淀区上地西路 8 号中关村软件园 10 号楼 208
电　　话：010－82894255
手　　机：18910579100
E－mail：jiamei@automic.com.cn

222 中小河流信息管理系统

持有单位

北京奥特美克科技股份有限公司

技术简介

1. 技术来源

自主研发。

2. 技术原理

中小河流信息管理系统采用现代计算机网络技术、数据库技术（数据仓库）、地理信息系统技术、Web技术、模型组建技术、多媒体技术等高科技技术，通过先进的传感器、无线网络传输以及现代水资源模拟模型，建立基于 Web 的中小河流信息监测和数据处理系统。该系统总体结构上包括采集传输、网络通信、数据资源、应用支撑、业务应用、应用交互6层次，分为硬件和软件两部分。硬件部分包括计量设备、采集设备、通信设备、中心计算机设备等。软件部分包括基础信息子系统、实时监测子系统、业务管理子系统、地理信息子系统、信息维护子系统、系统管理子系统等模块。该系统为中小河流管理及灾害防治提供统一管理平台。

3. 技术特点

（1）采用主流 B/S 软件体系结构和 JAVA 语言进行开发，基于 Struts、Spring、Hibernate 等优秀框架，并结合 MVC 思想进行系统搞设计，支持部署在 Windows/Linux/Unix 等操作系统上，实现跨平台应用。

（2）采用 GPRS \ 短信 \ 卫星多信道通信服务器的通信模式，多信道互相备用，提高硬件数据通信的成功率，保证实时雨水情数据的及时、完整。

（3）独立的异常数据过滤服务，保证实时雨水情数据的有效、可靠，最人程度降低预警误报、错报的概率。

技术指标

（1）用户文档：完备性，正确性，一致性，易理解性，可操作性。

（2）功能性：系统管理、实时监测、信息维护。功能测试，符合要求规范要求。

（3）中文特性。中文显示：对话框、菜单、图标、窗口等界面。信息提示，帮助文档符合中文使用习惯；汉化程度：系统全部中文汉化；编码支持程度：支持 GB 2312 编码。

技术持有单位介绍

北京奥特美克科技股份有限公司成立于2000年，注册资金3200万元，专业从事水利环保信息化系统的规划设计、咨询评估、软硬件产品开发与服务。公司是国家级高新技术企业、连续几年都是中关村高成长 TOP100 强企业，2013 年公司在新三板挂牌上市。

应用范围及前景

该产品可广泛应用于水利局水文/气象/环保等行业的数据采集系统，高速、高精度、实时性和多参数综合数据采集系统，适用于中小河流水文监测及中小河流管理信息系统的建立及实施。

技术名称：中小河流信息管理系统

持有单位：北京奥特美克科技股份有限公司

联 系 人：贾美

地　　址：北京市海淀区上地西路 8 号中关村软件园 10 号楼 208

电　　话：010 - 82894255

手　　机：18910579100

传　　真：010 - 82894252

E - mail：jiamei@automic.com.cn

223　机井首部灌溉控制一体机

持有单位

北京奥特美克科技股份有限公司

技术简介

1. 技术来源

自主研发。

2. 技术原理

系统包括采集系统、远传系统、控制系统3部分组成。采集系统负责对现场用水量、水位、土壤墒情、气象、电量、压力等数据进行采集并进行分析、处理、远传和本地显示。远传系统将采集的数据通过网络模块传输至远端中心。控制系统可自动、手动控制现场取水系统、施肥系统、灌溉系统，实现现场灌溉施肥自动化。

3. 技术特点

（1）采集功能：可以采集雨量、水位、流量、气压、风速、土壤含水率、蒸发量、水压等相关的模拟量和数字量的仪表数据。

（2）机井首部灌溉控制一体机可以实现取水计量、拌肥、灌溉和施肥的自动化、精确化操作。利于管理部门的管控，可以有效保证计划用水、用肥目标的实现。

技术指标

（1）基本功能：控制功能、互锁与联动功能、参数设置/查询功能、失电数据保护功能符合标准要求。

（2）安全要求、抗雷击浪涌（冲击）、工频磁场抗扰度符合标准要求。

（3）数据采集：采集机井水位；土壤含水率；水泵、施肥泵、灌水阀门的状态；采集脉冲发讯水表。

（4）工作环境适应性：在－20℃、60℃、

95％RH（40℃时）3种工作环境条件下各保持4h，工作正常。

技术持有单位介绍

北京奥特美克科技股份有限公司成立于2000年，注册资金3200万元，专业从事水利环保信息化系统的规划设计、咨询评估、软硬件产品开发与服务。公司是国家级高新技术企业、连续几年都是中关村高成长TOP100强企业，2013年公司在新三板挂牌上市。

应用范围及前景

机井首部灌溉控制一体机是农业高效节水灌溉系统的一个组成部分，可以实现取水计量、拌肥、灌溉和施肥的自动化、精确化操作。主要应用于蔬菜大棚灌溉施肥、农作物灌溉、农作物施肥、水利计量收费等行业。

■机井首部灌溉控制一体机

技术名称：	机井首部灌溉控制一体机
持有单位：	北京奥特美克科技股份有限公司
联 系 人：	贾美
地　　址：	北京市海淀区上地西路8号中关村软件园10号楼208
电　　话：	010-82894255
手　　机：	18910579100
传　　真：	010-82894252
E-mail：	jiamei@automic.com.cn

224　系列超声波多普勒流速仪

持有单位

厦门博意达有限公司

技术简介

1. 技术来源

传统的机械转子流速仪存在着测速范围较窄，起动流速大，惧怕泥沙水草杂物，所测得的流速是较长时距（30s 或 60s）内的平均流速，破坏流场，传感器易损坏，测量精度低等缺陷。由此，自主研发超声波多普勒流速仪。

2. 技术原理

流速测量应用声学多普勒效应原理。当超声波入射水中，水中散射体（如悬浮粒子、气泡、微生物）对声波产生散射，由于水流存在，散射体与发射器、接收器之间有相对运动，接收信号相对发射信号有一定的频率偏移，即多普勒频移，频移值和流速有关。根据多普勒频移方程，流速 v 和多普勒频移 Δfd 成正比，只要测出多普勒频移 Δfd 和水中的声速 C，即可算出流速 v。

3. 技术特点

（1）精度高，量程宽，测弱流，也可测强流。

（2）感应灵敏，分辨率高，不受启动流速限制。

（3）响应速度快，测瞬时流速，也可测平均流速；测量线性，不存在校正曲线的 K、C 值。

技术指标

（1）测量范围：0.02～7m/s（可扩展）；测量准确度：±1％±1cm/s；分辨率：1mm/s。

（2）流向测量范围：0°～360°方位角；流向测量准确度：±3°；水温测量范围：0～40℃；水温测量准确度：±1℃；工作水深：0.2～80m。

（3）测量方式：自动和手动；测量间隔：自动分 0～120min 选择值，手动可单次或连续多次任意测量；测量历时：自动 60s、100s，手动 10～120s，任意选择。

（4）输出接口：USB 或串口（可提供 GPRS、GSM 无线远程通信）。

（5）工作电源：DC 12V±10％；AC 220V±10％。

技术持有单位介绍

厦门博意达有限公司是一家专门从事水文仪器、海洋仪器开发、生产和销售的高新技术（GR2-1735100150）。公司自 2006 年 12 月成立以来一直致力于研发先进的超声波多普勒流速仪，开发的超声波多普勒流速仪、流速流向仪、流量仪技术处于国内先进水平，并投入市场使用多年。

应用范围及前景

产品不但能够满足常规测量的要求，同时能够解决普通测流设备无法在低流速、水草繁多，冬季冰情复杂等场合使用的难题，尤其适合于在低流速、泥沙含量高、水草漂浮物多的水域测量使用。用户 80 多个，涉及水利水文、海洋、交通、石油、城建、科研、学校等部门，市场前景开阔。

技术名称：系列超声波多普勒流速仪
持有单位：厦门博意达有限公司
联 系 人：张霞青
地　　址：福建省厦门市火炬高新区信息光电园金丰大厦 702A 室
电　　话：0592－5571176
手　　机：18965189426
传　　真：0592－5571178
E－mail：18965189426@163.com

225 超氧纳米气泡黑臭水体治理技术

持有单位

太仓昊恒纳米科技有限公司

技术简介

1. 技术来源

集成研发。

2. 技术原理

超氧纳米气泡黑臭水体治理技术，通过向水体中充入高浓度的超氧纳米气泡，快速提高水体溶解氧，改善底泥表层缺氧环境，激活土著微生物，利用微生物的作用分解去除底泥表层中有机物，同时在河道泥水界面形成一层黄土色底泥好氧层，通过富集于底泥好氧层的底栖微型动物食物链的转换作用，持续消减有机底泥。底泥好氧层的形成对维持底泥好氧微生物区系和其他底栖生物多样性十分重要，底泥好氧层一方面分解底泥深层厌氧层不断渗出的有机质和其他污染物，隔阻污染物质向河道水体扩散；另一方面分解来自河道污染物、浮游动植物残体，提高河道自净能力。

3. 技术特点

（1）消减有机底泥，能有效除去底泥流动相和表层底泥的有机物，控制河道内源污染，降低河道治理和维护费用。

（2）底泥生物消减，在底泥表面形成好氧层，表面附着大量微型动物，形成河道底泥微生态系统，强化河道底泥对水体有机污染物分解和河道生态系统自净功能。

（3）抑制底泥营养盐释放，底泥表层氧化还原电位提高，抑制营养盐向水体释放，减缓水体富营养化过程。

技术指标

消除水体黑臭，水质指标达到 GB 3838—

2002《地表水环境质量标准》Ⅴ类水体（溶解氧 $\geq 2\mathrm{mg/L}$、化学需氧量 $\leq 40\mathrm{mg/L}$、氨氮 $\leq 2\mathrm{mg/L}$、总磷 $\leq 0.4\mathrm{mg/L}$）。

技术持有单位介绍

太仓昊恒纳米科技有限公司是一家专注于黑臭水体修复与水污染治理的高科技企业。公司集研发、生产和技术服务于一体，公司拥有多项专利。公司在黑臭水体治理方面，在不能做到完全截污、清淤的条件下，可快速消除黑臭，纳污能力强；在截污、清淤工作完善的条件下，可提升水体水质指标。

应用范围及前景

适用于黑臭水体治理。超氧纳米气泡黑臭水体治理技术以其溶氧效率高、快速消除黑臭、有效降解有机淤泥、安全环保、工程措施少、综合投资低等优势将得到大范围的推广和使用。

■超氧纳米气泡水上机

技术名称：超氧纳米气泡黑臭水体治理技术
持有单位：太仓昊恒纳米科技有限公司
联系人：范丹丹
地　址：江苏省苏州市太仓市经济开发区青岛西路 38 号
手　机：13382159944
E - mail：tcnm@tcbnnm.com

226 TAS9000 灌溉预报与管理系统

持有单位

钛能科技股份有限公司

技术简介

1. 技术来源

自主研发。

2. 技术原理

TAS9000 灌溉预报与管理系统是基于移动互联物联网络，通过 3G、GPRS 等方式采集各类数据，并存入数据库系统（包括基础数据库、实时数据库及决策数据库），形成以数据中心为核心的数据存储管理体系。系统由省级中心站服务器、采集监测终端、智能通信工作站、智能管理机、各级监测站等设备组成。

3. 技术特点

（1）基础数据管理：操作员人员管理及权限分配，乡（镇）村信息建设维护，变压器中心信息建设维护，机井信息建设维护，气象信息管理。

（2）实时采集监测：利用电子地图上展示各类工况、用水量、用电量、地下水位、土壤墒情和气象环境监测数据，分层数据汇总。

（3）灌溉用水管理：按照"四级水权"分配原则以及作物用水定额、作物种植种类面积，制定乡镇、村用水计划，机井取水情况统计分析。

（4）数据分析报警：对监测数据实时分析，对超限等信息实时报警。

（5）辅助决策管理：针对项目区种植作物所处生长周期，实现科学灌溉和灌溉自动化。

（6）综合信息服务：展示三条红线考核信息、实时监测信息、专题信息等，直观的描述各种水资源信息之间的内在联系和变化发展趋势。

技术指标

（1）采集监测终端技术指标。电子设备：MTBF $\geqslant$ 25000h；机械动作部件：MTBF $\geqslant$ 4000h；监测要素：瞬时取水量、累计取水量、取水用电量及工作状态；信息存储：保存数据不少于 10000 条记录。

（2）通信工作站技术指标。数据格式：8 位数据位；波特率：可选；供电电源：10～30V DC；工作环境：温度：－40～85℃；湿度：≤95%。

（3）灌溉预报系统技术指标系统年可用率：≥99.99%。所有设备在给定条件下运行，连续 3000h 内不需要人工调整和维护。

技术持有单位介绍

钛能科技股份有限公司成立于 2004 年，以水利水资源高效利用与保护为使命，专业从事水利水电、工业自动化等产品的研发、制造、工程设计和技术服务。公司是国家级高新技术企业，南京市柔性配电工程技术中心，拥有计算机信息系统集成二级、电子与智能化工程专业承包贰级、水文水资源调查评价乙级、水利部重点新产品新技术推广等资质。

应用范围及前景

该系统特别适合大范围的多点土壤水分监测项目及自动灌溉项目。软件平台可实现随时随地通过互联网查看土壤水分数据，控制电磁阀达到智能灌溉的目的。同时系统是以灌溉预报所需参数信息采集与传输系统为基础、节水灌溉预报为核心的节水灌溉预报系统。

技术名称：TAS9000 灌溉预报与管理系统	
持有单位：钛能科技股份有限公司	
联 系 人：印小军	
地 址：江苏省南京市浦口经济开发区凤凰路 7 号	
电 话：025－58180883	
手 机：13505155674	
传 真：025－58180811	
E－mail：13505155674@139.com	

227 PAS670 智能井房

持有单位

钛能科技股份有限公司

技术简介

1. 技术来源

自主研发。

2. 技术原理

井房集灌溉刷卡用水、自动用水用电计量、水泵控制、防盗报警、远程监测等功能于一体，实现（灌溉机井用水自动计量、IC 卡控制、远程传输）一体化多功能、一体化操作和一体化集成安装。智能井房采用远程 GPRS/Internet 传输，数据上传地下水超采综合治理项目信息监控管理系统数据中心，自动报送和远程遥测相结合模式，可实现远程查询遥测功能。

3. 技术特点

（1）与传统井房相比还有很多优势，一个传统砖砌井房占地约 $10m^2$，而一个智能井房只有 $0.6m^2$，可节约大量耕地。

（2）每 1 万亩农田实现"刷卡"浇地，年总效益可达到 170 万元。

（3）智能井房能够把相关数据及时传送到县水务局云平台，由平台指导农民适时灌溉。

技术指标

（1）电子设备：MTBF≥25000h。机械动作部件：MTBF≥4000h。

（2）监测要素：瞬时取水量、累计取水量、取水用电量，及工作状态。信息存储：保存数据不少于 10000 条记录。

（3）电源电压：AC 380V，可选三相三线制或三相四线制。机泵功率范围：适用于 7.5～45kW 的

各类机泵。备用电源：12V 免维护蓄电池。

（4）IC 卡控制：射频储存卡，读卡距离≥2cm，读卡时间＜2s。

（5）流量计指标：精度：0.5 级、1.0 级，流速范围：10～200m^3/h，耐受压力：2.5MPa。

（6）数据通信汇集站指标：供电电源：10～30V DC，平均电流：＜70mA/12V。工作环境：温度：－40～85℃；湿度：≤95％。

技术持有单位介绍

钛能科技股份有限公司成立于 2004 年，以水利水资源高效利用与保护为使命，专业从事水利水电、工业自动化等产品的研发、制造、工程设计和技术服务。公司是国家级高新技术企业，南京市柔性配电工程技术中心，拥有计算机信息系统集成二级、电子与智能化工程专业承包贰级、水文水资源调查评价乙级、水利部重点新产品新技术推广等资质。

应用范围及前景

PAS670 智能井房满足地下水超采综合治理项目对农业灌溉机井取水计量和控制要求。智能井房将智能化用水信息采集、水利设施的安全防护及运行状态的监测预警、农田灌溉基础数据管理等功能植入柜体，实现农用机井、农业用水管理。

技术名称：PAS670 智能井房
持有单位：钛能科技股份有限公司
联 系 人：印小军
地　　址：江苏省南京市浦口经济开发区凤凰路
　　　　　7 号
电　　话：025－58180883
手　　机：13505155674
传　　真：025－58180811
E － mail：13505155674@139.com

228　东深城市水资源管理系统

持有单位

深圳市东深电子股份有限公司

技术简介

1. 技术来源

自主研发。

2. 技术原理

系统主要服务于水资源管理的各项日常业务处理，由信息管理、业务管理两个子系统，包括基础信息、水利专题图、水资源专题图、取水许可管理、水资源费征收使用管理、水资源论证管理、用水管理、节水管理和年报管理 9 个子模块。通过对 9 个子模块的建设，实现业务处理过程的信息化、网络化，提高业务人员工作效率，构建协同工作的环境。

3. 技术特点

水资源管理系统由信息采集与传输平台获取监测数据，以网络、安全、存储、操作系统等系统软硬件为基础，以建设和开发各类数据库为支撑，以统一的应用支撑平台为框架，以开发应用系统为关键，以信息安全体系和标准规范体系为保障，面向系统内水资源管理人员、社会公众、涉水企业提供服务，实现水资源管理工作的互联互通、信息共享、业务协同。

技术指标

数据精度：数据库数据准确率 100%。

处理时间：数据更新时间 1s。

多维分析响应时间：<5s。

管理记录数：3000 万条。

增长频率：30 万条/月。

表最大记录数：30000 万条。

技术持有单位介绍

深圳市东深电子股份有限公司成立于 1998 年，公司发展至今已成为华南地区龙头、全国一流的水行业自动化、信息化全套解决方案与技术服务提供商、产品开发供应商。公司从事水行业信息化业务十多年，在行业内有丰富的积累，包括解决方案与产品应用、行业需求理解及市场培育。企业知名度日益扩大，品牌建设日趋完善，市场资源丰富广泛，是同行业内唯一一家同时获得国家鲁班奖、大禹奖及省科技进步特等奖的国家高新技术企业。

应用范围及前景

服务对象：省级、市级各级水资源管理部门。

城市水资源管理系统是集水资源相关业务于一体的应用产品。系统在城市饮用水源地、取用水户、供排水管网、地下水超采区、水功能区和入河排污口等监测点的水质水量监测的基础上，实现水源、取水、供水、用水、排水全过程管理。

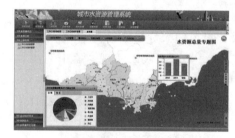

■城市水资源管理系统

技术名称：东深城市水资源管理系统

持有单位：深圳市东深电子股份有限公司

联 系 人：王志慧

地　　址：广东省深圳市高新区科技中二路软件园
　　　　　5 栋 6 楼

电　　话：0755 - 26611488

手　　机：15814053957

传　　真：0755 - 26503890

E - mail：wangzh@dse.cn

229 东深洪水预报调度系统软件 V2.0

持有单位

深圳市东深电子股份有限公司

技术简介

1. 技术来源

自主研发。

2. 技术原理

东深洪水预报调度系统是一个整体和交互式的计算机应用软件，它具有分析和处理信息的能力，能帮助决策者解决一些难度较大，非结构化的问题。系统集专家经验、人工智能和数学模型于一体，既具备信息、数据的通信与交换，又具有优化决策管理的高级功能。

3. 技术特点

东深洪水预报调度系统不仅要统筹考虑水库上下游的防洪矛盾，还要统筹考虑防洪与兴利的矛盾，通常是一个多目标、多属性、多层次的复杂决策过程，具有复杂性、确定性、不确定性、实时性、动态性等特点。

技术指标

数据精度：数据库数据准确率100％。

处理时间：数据更新时间1s。

多维分析响应时间：＜5s。

管理记录数：3000万条。

增长频率：30万条/月。

表最大记录数：30000万条。

技术持有单位介绍

深圳市东深电子股份有限公司成立于1998年，公司发展至今已成为华南地区龙头、全国一流的水行业自动化、信息化全套解决方案与技术服务提供商、产品开发供应商。公司从事水行业信息化业务十多年，在行业内有丰富的积累，包括解决方案与产品应用、行业需求理解及市场培育。企业知名度日益扩大，品牌建设日趋完善，市场资源丰富广泛，是同行业内唯一一家同时获得国家鲁班奖、大禹奖及省科技进步特等奖的国家高新技术企业。

应用范围及前景

东深洪水预报调度系统软件 V2.0 主要适用于河流、水库或行政区域内水利管理单位和行政机关用户，通过直观的界面实现水利工程项目和参建单位用户的快速查询、管理。

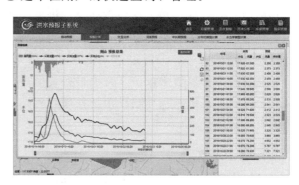

■洪水预报字系统

技术名称：东深洪水预报调度系统软件 V2.0
持有单位：深圳市东深电子股份有限公司
联 系 人：王志慧
地　　址：广东省深圳市高新区科技中二路软件园
　　　　　5栋6楼
电　　话：0755－26611488
手　　机：15814053957
传　　真：0755－26503890
E － mail：wangzh@dse.cn

230　东深水利工程建设管理系统

持有单位

深圳市东深电子股份有限公司

技术简介

1. 技术来源

自主研发。

2. 技术原理

东深水利工程建设管理系统，其业务目标定位以水行政主管单位政府监管角度为出发点，搭建包括主管部门、建设单位、设计单位、招标代理、承建单位、监理单位、质量监督单位等在内的水利工程建设参与各方的工作交互平台，通过工程参建各方的参与，完成相关业务办理，达到主管部门及时掌握水利工程建设项目的进展、积累工程建设过程的各类信息及资料，提高水利工程建设管理的效率；并通过信用信息动态管理、质量监督为重要监管手段，支持项目各类信息的及时公开，规范水利工程建设市场秩序，营造健康的市场环境。

3. 技术特点

（1）支持水利工程建设的过程管理，由传统的面向信息的管理转换为面向业务办理的支持。信息系统数据的从源头用户获取，在业务办理中完成系统数据的收集工作。

（2）信用管理、信息公开贯穿整个工程建设管理过程，可对项目各阶段的参建单位进行信用评价，落实主管部门的监管职责。

（3）提供各类标准的水利工程建设规范用表，并支持个性化定制功能。

（4）针对不同用户建立待办事项及工作指引页面，引导用户清晰明了的开展工作，降低系统使用难度，使系统能快速推广使用。

技术指标

数据精度：数据库数据准确率 100%；处理时间：数据更新时间 1s；多维分析响应时间：＜5s；系统数据管理能力：管理记录数：3000 万条；增长频率：30 万条/月，表最大记录数：30000 万条。

技术持有单位介绍

深圳市东深电子股份有限公司成立于 1998 年，公司发展至今已成为华南地区龙头、全国一流的水行业自动化、信息化全套解决方案与技术服务提供商、产品开发供应商。公司从事水行业信息化业务十多年，在行业内有丰富的积累，包括解决方案与产品应用、行业需求理解及市场培育。企业知名度日益扩大，品牌建设日趋完善，市场资源丰富广泛，是同行业内唯一一家同时获得国家鲁班奖、大禹奖及省科技进步特等奖的国家高新技术企业。

应用范围及前景

服务对象：水利工程建设管理部门、参建单位等。

技术名称：东深水利工程建设管理系统
持有单位：深圳市东深电子股份有限公司
联系人：王志慧
地　　址：广东省深圳市高新区科技中二路软件园
　　　　　5 栋 6 楼
电　　话：0755 - 26611488
手　　机：15814053957
传　　真：0755 - 26503890
E - mail：wangzh@dse.cn

231　中小流域水资源统一调度系统

持有单位

深圳市东深电子股份有限公司

技术简介

1. 技术来源

自主研发。

2. 技术原理

中小流域水资源调度管理系统由数据中心、水资源调度平台和高级应用系统三部分组成，首先建立数据中心部分，并对这些数据进行分析处理。其次建立水资源调度平台，包括各种调度模型库、模型的算法库及其逻辑处理，在根据业务需求建立各种调度模型构件和水资源调度应用系统。技术上采用 GIS 技术实现对地理数据的空间分析和可视化表达，采用 J2EE 构架作为系统的开发和运行平台，以适应不同客户端操作系统的需求，以其先进的三层体系结构确保各功能模块之间能够实现无缝整合，并具有良好的适应需求变化的能力和扩展性。开发方式上采用软件工程里的"瀑布式"开发方式，依次是需求调研、总体设计、详细设计、系统编码、系统集成、系统测试、系统运行等阶段。

3. 技术特点

中小流域水资源调度管理系统是一个由水库调度、调节补偿、用水可靠性持续性评估等子系统共同组成的系统，及时准确掌握水量、用水的变化情况，并考虑城市、灌区排水/用水需求，结合来水情况，根据水库的运行特性和库群间的水力联系，达到水资源合理调配目的，同时提高总的保证出力和水资源运用的可靠性，兼顾水资源运用的多目标性。而且，各子系统既能各自组成独立系统，又能通过开发的一系列插件无缝嵌入到水资源调度平台上，实现管理界面和数据流的统一，具有很强的灵活性和可靠性。

技术指标

数据精度：数据库数据准确率 100％；处理时间：数据更新时间 1s；多维分析响应时间：＜5s；管理记录数：3000 万条；增长频率：30 万条/月；表最大记录数：30000 万条。

技术持有单位介绍

深圳市东深电子股份有限公司成立于 1998 年，公司发展至今已成为华南地区龙头、全国一流的水行业自动化、信息化全套解决方案与技术服务提供商、产品开发供应商。公司从事水行业信息化业务十多年，在行业内有丰富的积累，包括解决方案与产品应用、行业需求理解及市场培育。企业知名度日益扩大，品牌建设日趋完善，市场资源丰富广泛，是同行业内唯一一家同时获得国家鲁班奖、大禹奖及省科技进步特等奖的国家高新技术企业。

应用范围及前景

中小流域水资源调度管理系统是面向中小流域而开发，通过建立流域水资源调度的多目标分析模型体系，从技术上优化水资源的利用方案，以实现整个流域水资源的合理分配和高效利用。

技术名称：中小流域水资源统一调度系统
持有单位：深圳市东深电子股份有限公司
联 系 人：王志慧
地　　址：广东省深圳市高新区科技中二路软件园
　　　　　5 栋 6 楼
电　　话：0755 - 26611488
手　　机：15814053957
传　　真：0755 - 26503890
E - mail：wangzh@dse.cn

232　SK 系列集成式一体化净水设备

持有单位

青岛鑫源环保集团有限公司

技术简介

1. 技术来源

自主研发。

2. 技术原理

集成式一体化净水设备技术将传统净水厂中的混合、絮凝、沉淀、过滤工艺单元集成为一体化净水设备，并配套相应的供水、消毒、检测、配电、监控等系统，使其成为一个具体而微的净水厂。原水经提升后进入一体化净水设备，并在入水管道上投加絮凝剂，一体化净水设备对原水进行混合、絮凝、沉淀和过滤后，出水自流到清水池，同时投加二氧化氯消毒剂，进行消毒处理。清水池出水经二次加压供向用户。沉入集泥区的絮体污泥通过排污阀定期排放；过滤区通过测量水头损失，自动强制反冲洗，污水排放。

3. 技术特点

（1）设备是集预氧化（选配）、絮凝、沉淀、气浮（选配）、过滤、活性炭吸附（选配）、消毒 7 个主要工艺为一体，可有效地去除浊度、色度、细菌、藻类、COD 等多种污染物。

（2）装置不仅适用范围广，处理效果好，出水水质优良，而且自耗水量少，动力消耗省，占地面积小，节水、节电、节人工，是新世纪饮水工程最理想的净水设备。

技术指标

相比传统工艺，建设周期缩短一半，投资可省 30%，面积减少 40%；直接运行成本仅为 0.2 元/t 水左右；正常环境条件下使用寿命长达 50 年。

技术持有单位介绍

青岛鑫源环保集团有限公司成立于 2009 年，是集水工业设备研发、技术引进、设计、销售、制造、安装、维护、市政工程施工、水厂投资运营为一体的综合性高新技术企业。公司致力于净水厂与污水厂全产业链产品的打造。企业结合自身优势，明确"实体制造＋市政水厂投资"的发展方向，2018 年正式涉足市政领域水厂投资。已获得国家专利 56 项，软件著作权 42 项目。

应用范围及前景

适用于可利用的土地面积小的新建或改造的自来水厂；适用于中小型城市、乡镇自来水厂或城镇污水厂的建设；适用于大型工业企业生产用水的处理；适用于三类以上水质的江、河、湖、泊地表水厂的建设；用于地震等自然灾害应急用水。

■SK 系列集成式一体化净水设备

技术名称：SK 系列集成式一体化净水设备
持有单位：青岛鑫源环保集团有限公司
联 系 人：吴莹
地　　址：山东省青岛市高新区正源路 35 号
电　　话：0532 - 87700037
手　　机：15753216098
E - mail：xinyuanep@xinyuanep.com

233 SK 系列反渗透设备

持有单位

青岛鑫源环保集团有限公司

技术简介

1. 技术来源

自主研发。

2. 技术原理

反渗透技术是当今最先进和最节能有效的盐分离技术之一，反渗透是渗透的逆过程，基本原理是运行时在高于溶液渗透压的压力作用下克服自然渗透压，借助只允许水分子透过而不允许其他物质透过的半透膜的选择截留作用，将溶液中的溶质与溶剂分离，浓水不断冲洗膜表面并将水中杂质带出。利用反渗透膜的特性，可以有效地去除水中的溶解盐、胶体、有机物、细菌、微生物等杂质。

3. 技术特点

（1）采用最先进的膜法处理工艺，运行稳定，设备出水水质优于国标直饮水标准。

（2）以水压作为推动力，能耗在许多处理方法中最低。

（3）无需大量化学药剂处理，无化学废液排放，无环境污染。

（4）自动化程度高，系统简单，操作方便，遇故障自动停机，具有自动化保护的功能。

（5）设备占地面积小，结构紧凑，运行可靠，产水水质稳定。

技术指标

（1）反渗透水处理装置出水水质：浊度<0.1NTU（国家标准要求：≤1NTU）；色度<5；pH值：6.26。

（2）脱盐率：96%；原水回收率：47%。

技术持有单位介绍

青岛鑫源环保集团有限公司成立于 2009 年，是集水工业设备研发、技术引进、设计、销售、制造、安装、维护、市政工程施工、水厂投资运营为一体的综合性高新技术企业。公司致力于净水厂与污水厂全产业链产品的打造。企业结合自身优势，明确"实体制造＋市政水厂投资"的发展方向，2018 年正式涉足市政领域水厂投资。已获得国家专利 56 项，软件著作权 42 项目。

应用范围及前景

设备适用于：地下水含盐量高于国家饮用水卫生标准、传统水厂升级改造、用水品质要求高的单位、需要用高纯水、企业锅炉补给水、中水回用、污水回用、物料浓缩等场合。

■SK‐RO（S）系列反渗透脱盐设备

技术名称：SK 系列反渗透设备
持有单位：青岛鑫源环保集团有限公司
联系人：吴莹
地址：山东省青岛市高新区正源路 35 号
电话：0532‐87700037
手机：15753216098
E‐mail：xinyuanep@xinyuanep.com

234　CTF 混凝土增效剂

持有单位

广州市三骏建材科技有限公司

技术简介

1. 技术来源

自主研发。

2. 技术原理

激发分散作用。CTF 混凝土增效剂通过调节拌和材料间的固-液界面能，增强了水泥颗粒及细集料的分散度，最大限度地分散并激发每一单位水泥分子的作用，减少粉体絮凝聚团，使部分仅作为填料的水泥颗粒得以发挥其应有的功效。

保水作用。水泥分散性提高后即与其他材料充分混合，拌和用水也得以有效地分配和利用，不仅保证混凝土持续水化用水量，而且减少了因不能充分水化而产生的孔结构。

黏聚性保持作用。CTF 混凝土增效剂通过对固-液界面能的作用，改善了界面过渡区结构，使液相材料（减水剂、拌和水）与固相材料充分浸润，新拌混凝土在较长时间内能保持一定的黏聚力。

3. 技术特点

（1）提升新拌混凝土性能：改善和易性；减少泌水；泵送摩阻小。

（2）减水叠加效应：解决了因外加剂过掺出现饱和点等敏感问题。

（3）高效激发功能：能最大限度地激发减水剂及分散胶凝材料。

（4）抗渗性/抗裂性：密实性增强，提高抗渗性，减少混凝土裂缝。

（5）抗冻融/抗碳化：提高混凝土的抗冻融和抗碳化能力。

（6）无腐蚀：无外加氯、钾、钠等离子，硫酸钠控制在最低水平。

（7）节能降耗：减少水泥用量 10％～15％，可保持或超过基准强度。

（8）绿色环保：产品无毒无污染，生产零排放，属绿色环保建材。

技术指标

（1）掺量为胶凝材料的 0.6％。

（2）在保证混凝土综合性能的前提下，可减少水泥用量 10％～15％。

（3）权威机构检测，产品各项性能指标满足标准 Q/SJJCKJ 1—2018 的技术要求。

（4）产品匀质性与混凝土性能达标。

技术持有单位介绍

广州市三骏建材科技有限公司成立于 2009 年，是一家专业从事新材料技术开发与产品应用推广的技术型企业，产品应用于化工、建筑等行业。公司主导产品 CTF 混凝土增效剂为国内首度研发并成功应用于市场，又相继研发出消泡剂、引气剂、缓凝剂等混凝土专用功能小料。

应用范围及前景

CTF 混凝土增效剂主要应用于混凝土搅拌站、管桩企业、构件企业、铁路及水利工程等。自 2009 年面市以来，已经在全国 30 个省（自治区、直辖市）建立了技术服务和产品配送站点，用户数量已突破 1000 家。

技术名称：CTF 混凝土增效剂
持有单位：广州市三骏建材科技有限公司
联 系 人：苏良佐
地　　址：广州市增城区朱村大道中五号
电　　话：020-89223266
手　　机：13352814899
E - mail：ctfchina@126.com

235 EPSB 生物生态综合治理技术

持有单位

四川清和科技有限公司

技术简介

1. 技术来源

自主研发。

2. 技术原理

EPSB 工程菌是特异性光合细菌（Especial Photosynthetic Bacteria）简称。光合细菌（能利用光能和二氧化碳维持自养生活的有色细菌）是地球上出现最早、自然界中普遍存在、具有原始光能合成体系的原核生物，是在厌氧条件下进行不放氧光合作用的细菌的总称，是一类没有形成芽孢能力的革兰氏阴性菌，是一类以光作为能源、能在厌氧光照或好氧黑暗条件下利用自然界中的有机物、硫化物、氨等作为供氢体兼碳源进行光合作用的微生物。

3. 技术特点

EPSB 生物生态水污染综合治理的技术特点有：原位治理、污染资源化、污染无害化转移、工程景观化。具有投资少、工程量极小、无能耗、无二次污染、无次生灾害等优点。

技术指标

短期内可快速治理劣 V 类水质，除臭、除黑，保持高密度持续投放可逐步提升水质。

工程菌剂投放量：每次 5～10L/亩；
菌液产品浓度：$\geqslant 3 \times 10^8$ CFU/mL；
投放周期：1 周；
COD 降解负荷：$\geqslant 20$ g/m²；
TP 降解负荷：$\geqslant 0.2$ g/m²；
TN 降解负荷：$\geqslant 1$ g/m²。

技术持有单位介绍

四川清和科技有限公司成立于 2007 年，是专业水环境综合治理、重金属污染治理及土壤改造和生态修复的高新技术企业。公司现有员工 85 人，技术人员 65 人，高级职称 7 人，中级职称 18 人，具备标准的生化实验室、工程菌生产车间，是集科研、生产、技术实施这一体的高新技术企业，拥有一支具有环保工程营建、水污染治理、土壤污染及荒漠化治理的高素质的专业队伍，拥有完善的技术专业资质，具备环保工程总承包的实力。公司秉承"责任、务实、诚信、专业"的经营方针、以技术为先导，走"自主创新，独立开发"的道路，参与大面积湖泊治理和城镇污水治理项目，并取得良好的效果和出色的工程业绩。公司成立以来，长期与环保系统紧密合作，密切追踪国际国内环保技术的发展趋势，致力于将自主研发的专利技术应用于江河湖泊、水污染治理和城镇污水治理，把最新的治理技术应用到环境管理、监测、监察中。

应用范围及前景

可广泛应用于江河、湖泊、海洋、水库、人工湖、景观水、养殖池塘以及污水处理厂的污染治理。

技术名称：EPSB 生物生态综合治理技术
持有单位：四川清和科技有限公司
联 系 人：李建
地 址：四川省成都市高新区天府大道 1700 号 3 栋 3 单元 1407 号
电 话：028 - 85193302
手 机：13908015864
传 真：028 - 85193352
E - mail：729601945@qq.com

236 一种汽车无水干洗剂

持有单位

上海美瀚汽车环保科技股份有限公司

技术简介

1. 技术来源

自主研发。

2. 技术原理

采用无水干洗剂：分解粘附在车身漆面沟槽内的污渍及软化沟槽内的泥灰颗粒；解决已分解在漆面与漆面划痕沟槽内的污渍与已软化的泥灰颗粒；既要去掉污渍与泥灰颗粒还要将养护漆面的高分子材料与蜡的保留；要使蜡在车漆面留下一层光亮保护膜。

3. 技术特点

喷涂后，物体表面有润滑感，洗后的车有蜡光感。

水中溶解性：可乳化。

技术指标

（1）产品洗一辆车耗水 0.5～1L，无排放，是有水洗车的 1%。

（2）产品洗一辆车耗电约为 0.005kW·h，是有水洗车的 1/500。

（3）pH 值为 6.5～9.5。

技术持有单位介绍

上海美瀚汽车环保科技股份有限公司是一家致力于推广节约用水，改善城市环境污染，推广科技微水环保洗车新工艺、新产品的专业公司，公司产品已取得行业唯一国家发明专利。该项目最终可解决洗车行业目前存在的"三废"问题，即"废水、废气、废物"改善环境污染，降低碳排放，属于"资源与环境——清洁生产与循环经济技术——重点行业污染减排和'零排放'关键技术"。

应用范围及前景

汽车后市场的服务，如汽车清洁、养护、美容等。

■微水洗车

技术名称：一种汽车无水干洗剂
持有单位：上海美瀚汽车环保科技股份有限公司
联 系 人：金文霞
地　　址：上海市张江高科技园区
电　　话：021-58073361
手　　机：13918505721
传　　真：021 58073178
E - mail：meidexiche@126.com